Bruno P. Kremer

STEINBACHS GROSSER PFLANZENFÜHRER

ulmer

Bruno P. Kremer

STEINBACHS GROSSER PFLANZENFÜHRER

Blumen
Sträucher
Bäume

Herausgegeben von Gunter Steinbach
Bäume und Sträucher bearbeitet von Bärbel Oftring
Illustriert von Reinhild Hofmann,
Hans Held und Fritz Wendler

2270 farbige Abbildungen

Inhalt Blumen

Inhalt Bäume und Stäucher

Aktiv

Serviceseiten

Blumen, Sträucher, Bäume

Tiere sieht man draußen nicht immer, Pflanzen aber jederzeit. Hinschauen lohnt sich: Einen derartigen Reichtum an Formen und Farben bietet nur die Natur.

Die heimische Flora

Für manche Menschen sind Pflanzen ein so selbstverständlicher Bestandteil der Umwelt, dass sie die grüne Kulisse schon fast gar nicht mehr wahrnehmen. Dabei sind auch Pflanzen ungeheuer interessant. Ihr Wachsen, Blühen und Fruchten überrascht mit erstaunlichen Abläufen und einer vielstufigen Farbpalette. Und noch etwas: Grundsätzlich sind alle Pflanzen wichtig, denn mit ihren grünen Organen verbessern sie ständig unsere Atemluft.

Zur natürlichen Ausstattung der heimischen Lebensräume gehören nicht nur zahlreiche Einzelarten, sondern auch eine überraschende Typenfülle: Neben den meist nur wenig wahrgenommenen Algen und Moosen finden sich fast überall auch Farne. Diese drei Verwandtschaftsgruppen setzt man von den Blüten- bzw. Samenpflanzen allerdings deutlich ab – nur die letzteren weisen als gemeinsames Merkmal die Fortpflanzung über Samen auf – hervorgegangen aus den Samenanlagen in den Blüten nach einer oft raffiniert eingefädelten Bestäubung und Befruchtung. Die Farne fasst man mit den Blütenpflanzen als Gefäßpflanzen zusammen.

Artenreichtum für das Auge: Eine Blumenwiese in den Bergen.

Alle diese Pflanzen haben einen gemeinsamen Grundbauplan: Sie bestehen nur aus den drei Grundorganen Wurzel, Sprossachse (Stängel) und Blatt. Dieser vergleichsweise einfache Generalbauplan hat bei den verschiedenen Arten allerdings vielerlei Abwandlungen und Ausgestaltungen erfahren. Die tatsächlich erlebbare Bandbreite verdeutlichen etwa die winzige Wasserlinse, eine schlanke Schwertlilie oder ein dickblättriger Mauerpfeffer ebenso wie ein kletternder Efeu oder gar dickstämmige Buchen und Eichen.

Von Kraut bis Baum

Aus praktischen Gründen teilt man die Blütenpflanzen nach ihrer jeweiligen Lebensform in Kräuter, Sträucher und Bäume ein. Kräuter bleiben in allen Teilen unverholzt und entwickeln demnach nur relativ kurzlebige, saftig-grüne Achsenorgane. Bei Sträuchern und Bäumen sind die Wurzeln und Sprossachsen dagegen verholzt und deswegen dauerhafter. Den ganz genauen Unterschied zwischen einem Strauch und einem Baum legt die Verzweigungstechnik fest: Sträucher sind immer mehrstämmig und verzweigen sich unmittelbar über dem Boden, während ein Baum seine Krone auf einem zunächst unverzweigten Einzelstamm trägt.

Die Einteilung nach Lebensformen liegt auch diesem Buch zu Grunde: Seine drei Hauptteile stellen jeweils die krautigen Wildblumen, die Sträucher und die Bäume heimischer Lebensräume vor.

Vielfalt in Zahlen

Wie viele Gefäßpflanzenarten kommen in Deutschland bzw. Mitteleuropa tatsächlich wild wachsend vor? Das ist angesichts der natürlichen und der vom Menschen stark gelenkten Artendynamik nicht ganz exakt anzugeben. Man kann aber davon ausgehen, dass man draußen in Feld und Flur sowie zwischen Nordsee und Alpen etwa 3500 verschiedene Arten erleben kann. Damit sind in Deutschland knapp 1,6 % der weltweit bekannten Gefäßpflanzenarten vertreten.

Diese Artensumme betrifft das Gesamtgebiet Deutschlands und damit eine Fläche von 357 021 km^2. Im Mittel kommen hier auf einer Bezugsfläche von etwa 1000 km^2 rund 1230 Gefäßpflanzenarten vor.

Als besonders artenreich, gewissermaßen als „hot spots“ der Artenvielfalt, erwiesen sich das untere Elbtal (Großraum Hamburg), das Odertal bei Eberswalde, das mitteldeutsche Trockengebiet (nördliches und südliches Harzvorland), das Fränkische Keuperland (um Schweinfurt und Windsheim), das Mittelrheintal, die südliche Frankenalb/der westlicher Bayerischer Wald (Großraum Regensburg) sowie das südliche Alpenvorland.

Basiswissen Blumen

Blühende Kräuter sind besondere Bodenschätze. Ihre Vielfalt zu zeigen, die Blumenarten vorzustellen und zu ihrem Schutz anzuregen, ist ein besonderes Anliegen dieses Buches.

Krautige Pflanzen stellen den größten Teil der heimischen Flora. Die im ersten Teil dieses Bandes vorgestellten 436 Wildblumen umfassen alle in Mitteleuropa häufigen und zusätzlich die besonders attraktiven, meist aber etwas selteneren Arten, die unseres besonderen Schutzes bedürfen. Sie stellen somit eine repräsentative Auswahl der heimischen Flora dar. Aufzunehmen waren aber auch viele Arten, die irgendwann aus Kulturen verwilderten oder aus anderen Regionen eingeschleppt wurden, sich nun wie Wildpflanzen verhalten und allgemein als solche angesehen werden. Solche Arten nennt man Archäophyten (wie Echte Kamille und Klatsch-Mohn), wenn sie den Weg in die heimische Flora schon in antiker Zeit gefunden haben, oder Neophyten, wenn sie erst nach der Entdeckung Amerikas (1492) nach Mitteleuropa gelangten (wie Knollen-Sonnenblume oder Franzosenkraut). Die hier behandelten Wildblumenarten finden sich in allen Lebensraumtypen, von den Salzwiesen der Küsten über die Randbiotope der Dörfer und Städte bis zu den Bergwäldern der Mittelgebirge sowie in den stehenden oder fließenden Gewässern heimischer Landschaften. Die Alpen mit ihrem in vieler Hinsicht eigenständigen und außerordentlich umfangreichen Artenbestand sind dagegen nicht berücksichtigt. Auch die formenreichen Gräser und grasähnlichen Blütenpflanzen wie Binsen und Seggen werden hier nicht behandelt.

Der Klatsch-Mohn zählt zu den Archäophyten.

Blüten und Blumen

Obwohl eine Blüte völlig anders aussieht als die beblätterten Abschnitte der Sprossachse, besteht sie – worauf erstmals übrigens der auch als Naturforscher bemerkenswerte Johann Wolfgang von Goethe hinwies – nur aus umgewandelten und ihrem jeweiligen Spezialauftrag angepassten Blättern. Entsprechend unterscheidet man bei den Blütenblättern von außen nach innen (bzw. unten nach oben): Kelch-, Kron-, Staub- und Fruchtblätter (siehe auch Musterpflanze, vordere Umschlaginnenseite). Nach rein formalen Kriterien lässt sich eine Blüte somit als unverzweigter Kurzspross definieren, der nur noch wenig in die Länge wächst und seine Blätter in dichter, gestauchter Folge trägt. Blüten stehen daher am Ende von Sprossachsen oder deren Seitenzweigen. Sie entwickeln sich erst, wenn eine Pflanze ihre Grundmasse aus Wurzeln und Stängeln erreicht und damit die Basis für ihre Vermehrungsphase geschaffen hat.

Blüten sind weitaus mehr als nur eine dekorative Zutat unserer Umwelt. In unserem Empfinden tief verankert, symbolisieren sie doch nachdrücklich Harmonie und Schönheit

Deutliches Blütensignal für Insekten: die Heidenelke.

Werbung für wichtige Dienste

Manche Blüten fallen nicht weiter auf, weil sie vom Wind bestäubt werden und daher mit einfachsten Formen auskommen. Die meisten Blütenpflanzen sind für ihre Fortpflanzung und Verbreitung jedoch auf die Mithilfe durch Tiere angewiesen – ihre Blüten wurden deshalb zu attraktiven Werbeträgern in eigener Sache und locken tierische Besucher für die erwartete Leistung des Bestäubens an.

Eine Blüte wirbt indessen nicht nur als Farbklecks mit Fernwirkung, sondern bietet darüber hinaus ein komplettes Servicepaket mit Orientierungsplan, Bedienungsanleitung und hochwertiger Nahrung. Eine zuverlässig wirkende Lenk- und Landehilfe für Fluginsekten leistet beispielsweise das Prinzip Zielscheibe – der Farbkontrast zwischen Blütenzentrum und Blütenrand. Nahezu alle von Insekten bestäubten Blüten färben ihre Blütenmitte entweder deutlich heller oder wesentlich dunkler aus als die umgebenden Randbereiche der Blütenkrone. Beispiele sind die Ehrenpreis-Arten ebenso wie die heimischen Vertreter der Nelkengewächse. Schauen Sie doch einfach einmal beim Blütenangebot eines beliebigen Gartens nach. Die Blüten und Blumen signalisieren den anfliegenden Insekten damit hochwirksam, wo genau die hungrigen Gäste nach Nektar und Pollen zu suchen haben. Striche und andere Linienmuster, die auf das Blütenzentrum zulaufen (eindrucksvoll realisiert bei allen Stiefmütterchen), verstärken diese Wirkung. Außerdem vermitteln viele Blütenkronen auch noch hilfreich orientierende Signale im ultravioletten Licht – eine hochwirksame Farbqualität, die unseren menschlichen Augen aber leider nicht zugänglich ist. Wenn uns eine Blüte (wie die der Hahnenfuß-Arten) also etwas eintönig erscheinen sollte, liegt es sicher daran, dass wir ihre kräftigen UV-Kontraste nicht wahrnehmen können.

Zu Lande, zu Wasser und durch die Luft

Luft und manchmal auch fließendes Wasser sind wichtige Transportrouten für den massenhaft produzierten Blütenstaub. Die gleichen Verkehrswege dienen auch der Ausbreitung von Früchten und Samen.

Ganz ohne Tiere

Betrachten wir zunächst die pflanzliche Luftflotte, in der Fallschirmspringer eben so wie Gleit- und Segelflieger antreten. Das bekannteste Beispiel liefert der Löwenzahn – hier gehen die Früchte mit einem geöffneten Fallschirm an den Start. Im Blütenkorb ist der Kelch jeder gelben Einzelblüte ausnahmsweise nicht blättrig wie sonst, sondern als Haarkranz entwickelt. Dessen Achse verlängert sich nach dem Abblühen in wenigen Tagen etwa um das 30-Fache, breitet sich aus der anfänglichen Faltlage schirmförmig aus, wird durch Trocknen noch ein wenig ausgesteift – und fertig ist das Fluggerät der Pusteblume. Im „Geschirr" hängt ein im trockenen Zustand federleichtes, nicht einmal ein halbes Milligramm schweres Gebilde, das wie ein Samenkorn aussieht, aber tatsächlich eine Frucht darstellt, weil Samenschale und Fruchtwand miteinander verwachsen sind.

Löwenzahn und anderen Korbblütlern hilft ihr Fallschirmchen bei der Ausbreitung.

Massenversand erhöht die Trefferquote

Aus wie vielen dieser Früchte besteht die Pusteblume? Etwa 200 bis 400 Segel- oder Fallschirmchen sitzen ab Ende Mai startbereit auf dem reifen Fruchtstand. Prüfen Sie jetzt einmal die Sinkraten – am besten zu Hause in geschlossenen Räumen: Bei absoluter Windstille fallen die Fruchtschirmchen mit etwa 30 cm je Sekunde und sind damit rund 20-mal langsamer als Sportfallschirme. Mäßige Turbulenzen halten sie längere Zeit in der Schwebe, und ein frischer Wind reicht vollends aus, sie sogar über viele Kilometer hinwegzutragen. Mit der Lupe erkennt man auch die rückwärtsgerichteten Haken, mit denen sich die gelandete Frucht wie mit einem Klippanker an

Mit dem Enterhaken-Prinzip ans nächste Fell geheftet und auf zu neuen Gründen!

Bodenteilchen verkrallt. So verhindert sie, dass der nächste Windstoß sie aufwirbelt und zu einem neuen Flugmanöver zwingt.

Die Samen- oder Fruchtausbreitung durch die Luft erinnert wie beim Pollenflug an das Prinzip Flaschenpost. Zielgenauer Versand ist auf diesem Weg nicht möglich, letztlich aber auch entbehrlich, denn mangelnde Trefferquoten werden durch Massenversand ausgeglichen. Wenn eine gewaltige Zahl von Verbreitungseinheiten an den Start gehen, ist auch die Wahrscheinlichkeit groß, dass sie irgendwo eine besiedlungsfähige Stelle in einem zusagenden Biotop treffen.

Tierische Kuriere

Nicht grundsätzlich anders steht es um den Samen- oder Früchtetransport durch federn-, fell- und gegebenenfalls auch Kleider tragende Wirbeltiere. Die häufigste Methode ist der alte Kletten- bzw. Enterhakentrick. Die Anhänglichkeit von Fruchtständen der Kletten ist geradezu sprichwörtlich. Die stachelspitzigen Hüllblätter sind wie die Enden einer Häkelnadel umgebogen. Sobald sie auf Fell oder strukturverwandte Textilien treffen, haken sie zielsicher ein und sitzen als Gesellschaft mit (nahezu) unbeschränkter Haftung genügend lange fest, um weit verschleppt zu werden. Diese Strategie verfolgen vor allem niedrigwüchsige Pflanzen wie Labkräuter (und der mit ihnen verwandte Waldmeister), sowie Nelkenwurz, Haftdolde, Klettenkerbel und Wilde Möhre.

Action im Garten – von Luftflotten bis Nektarklau

Auch mit wenig Zeit für große Ausflüge kann man spannende Naturbeobachtungen machen – und interessante Erkenntnisse gewinnen. Schauen Sie zum Beispiel dem **Flugbetrieb** auf den Blumen im Garten oder Park zu.

Die Blüte ist ein **Saftladen** …

Geschäftig eilen Bienen und viele andere Insekten von Blüte zu Blüte und übertragen den mitgebrachten Pollen. Die Tiere übernehmen ihre Frachtaufträge allerdings nicht uneigennützig. Obwohl sie zunächst im Mittelpunkt steht, ist die **Pollenbeförderung** eigentlich nur ein Randeffekt. Die tierische Luftflotte hat an den Blüten nämlich ein viel vordergründigeres Interesse.
Insekten besuchen Blüten nur deswegen, weil es hier **besondere Leckereien** gibt, die ihnen den mühsamen Anflug versüßen. Nektardrüsen (Nektarien) an den Kronblättern produzieren hochkonzentrierte Zuckerlösungen. Viele Bestäuber können mit ihren spezialisierten Mundwerkzeugen nur diese energiereiche Flüssignahrung aufnehmen.
Sehen Sie sich beispielsweise – mit der Handlupe – bei unseren Schaumkraut- und Wolfsmilch-Arten oder den Doldenblütlern um: Sie bieten ihren Nektar ohne große Umstände an. Der gesamte Blütenboden trieft geradezu davon. Richtige Saftläden tun sich da auf. Die Trinkfestigkeit der Besucher hat allerdings ihre Grenzen. Sinnvollerweise ist der Verdauungstrakt der Insekten so bemessen, dass sie auch nach ausgiebigem Gelage ihr zulässiges **Abfluggewicht nicht überschreiten**.
Bei anderen Blüten werden Sie den Nektar nicht sofort sehen. Wo steckt er bei Klee, Taubnessel und Veilchen? Sie finden ihn, wenn Sie eine solche Blüte vorsichtig auseinanderzupfen. Auch die Insekten müssen erst umständlich danach suchen. Bei den genannten Arten befinden sich die Nektarien immer **tief an der Basis** oder gar in der hintersten Reihe der Kronblätter. Zufällig ist diese Platzierung nicht: Wenn ein Insekt tief in die Blüte kriecht und dort den Saugrüssel mit klebrigem Nektar beschmiert, bleibt daran beim Rückzug der Pollen besser kleben und landet beim Besuch der nächsten Blüte auf den ganz vorne stehenden Narben.

… oder eine **Imbissbude**

Wer nicht nur **Hochkonzentriertes** wie Nektar zu sich nehmen möchte, findet in der Blüte auch eine Menge **Knabberzeug**. Denn manche Blumenarten setzen ihren Besuchern ausgerechnet Pollen als Fast Food vor, der ja eigentlich zum Versand zu anderen Blüten gedacht ist. Wo also auf der Menükarte auch Knabberpollen steht, müssen die voraussichtlichen Verluste durch Überproduktion ausgeglichen werden.

Massenweise findet sich Pollen im Mohn.

Bei Klatsch-Mohn, Anemonen und Fingerkraut-Arten ist dies der Fall. In ihren Blüten suchen wir den Nektar vergebens. Dafür besitzen sie sehr zahlreiche Staubblätter. Im wahrsten Sinne **sackweise** steht hier der Pollen zur Verfügung. Den meisten Insekten, die in ein derart (blüten)verstaubtes Lokal einkehren, sehen Sie auch gleich an, dass sie sich so richtig reingesetzt haben – wenn sie sich anschließend wieder buchstäblich aus dem Staube machen.

Natur-Tipp

Werden Sie zum Blüten-Detektiv!

Manche Blütenbesucher umgehen die vorgesehene Rüsselroute. An den Blüten des Beinwells, einer verbreiteten heimischen Heilpflanze, können Sie am Grund der Blütenkrone ziemlich häufig kleine Bissstellen entdecken. Hier waren kurzrüsslige Hummel-Arten schlicht auf Nektarklau. Ähnliches passiert auch in den seltenen Fällen, wo sehr klein dimensionierte Bestäuberinsekten unter Umgehung des „offiziellen" Weges gleichsam in Blüten einbrechen, ohne eine Bestäubung zu leisten.

Aktiv

Täuschungsmanövern auf der Spur

Die Werbung arbeitet gerne und offensichtlich erfolgreich mit Übertreibungen. **Mogelpackungen und Etikettenschwindel** können Sie auch bei manchen Blüten aufdecken.

Nichts als **Make-up**

Haben Sie sich auch schon einmal über die seltsamen Punktmuster und Flecken auf den Kronblättern von Nelken oder Rotem Fingerhut gewundert? Zunächst einmal scheinen sie keinen besonderen Sinn zu haben. Erst bei „näherer Betrachtung" entschlüsselt sich das Signal: Es sind **aufgemalte Staubblätter**, die der fliegenden Kundschaft den Eindruck vermitteln sollen, hier seien besonders viele Pollensäcke auszuleeren. Die Besucherinsekten gehen diesem Täuschungsmanöver auf den Leim, suchen eine ganze Weile in der Blüte herum und setzen sich dabei den spärlich vorhandenen Pollen zur Beförderung an die nächste Blüte in den Pelz.

Mehr zeigen als man hat

Pralle Staubblattbüschel sind für pollensammelnde Insekten wie Blütenkäfer, Bienen oder Hummeln ein besonders wirksames Verführungssignal zur Blüteneinkehr. Bei vielen Pflanzen entspricht die Botschaft durchaus dem tatsächlichen Angebot. Andere Blüten tricksen ihre Besucherinsekten aber aus. Sehen Sie sich dazu beispielsweise die Blüten unserer **Königskerzen** an. Von ihren insgesamt fünf Staubblättern enthalten nur zwei tatsächlich ein wenig Blütenstaub. Die übrigen drei sind reine **Attrappe**. An den Staubblättern wird Ihnen eine dichte Behaarung auffallen. Für Insekten sieht es aus gewisser Entfernung so aus, als würde ihnen der Pollen hier haufenweise aufgetischt. Die Besucher fallen darauf herein und suchen auch hier wühlend in der Blüte nach Nahrung. Damit erhöht sich die Wahrscheinlichkeit, dass sie sich mit dem wenigen tatsächlich vorhandenen Pollen beladen.

Ganz **geschwollen** tun

Pollenkörner sind fast immer gelb. Sie kennen die kräftig leuchtenden Farben vom angewehten Blütenstaub auf Fensterbank und Autokarosserie, aber sicherlich auch vom Pollen tierbestäubter Blüten. Auch die Staubblätter sind oft knallgelb, wie bei Akelei, Hahnenfuß oder Himmelsleiter, und damit ein wesentlicher Bestandteil der Signalwirkung einer Blüte.
Häufig werden gelbe Farbe und staubblattrunde Formen aber auch als reiner **Blickfang** eingesetzt. Schauen Sie sich beliebige Blüten daraufhin einmal genauer an: Mitunter sehen Sie im Randbereich der Blütenkrone nur Ersatzstaubblätter! Diese können beispielsweise die

Der Rote Fingerhut lockt mit aufgemalten Pollensäcken.

Gestalt einer kräftig gelb gefärbten und ansehnlich rund gewölbten Unterlippe haben wie beim Frauenflachs, Mauer-Leinkraut oder Acker-Löwenmäulchen.

In der Schaufensterauslage befindet sich hier also nur eine Attrappe. Die eigentlichen Staubblätter liegen tief versteckt im Blüteninneren.

Natur-Tipp

Besucher auf den Teppich stellen

Eine ganz normale Handlupe ist ein ungemein hilfreiches Werkzeug, um den Blüten durch noch genaueres Hinsehen ihre Geheimnisse zu entlocken. So gerüstet spüren Sie locker Fälle von Etikettenschwindel auf, beispielsweise bei vielen Schwertlilien-Arten. Die Deutsche Schwertlilie etwa rollt auf dem großen Landeplatz jeder ihrer drei Teilblüten einen gelben Teppich aus, der in der Nahansicht und aus der Perspektive des Blütenbesuchers geradezu wie eine ganze Hecke aus Staubblättern wirkt. Doch nichts ist es mit dem Superangebot: Statt der erhofften Staubbeutel stehen hier nur sterile, an der Spitze ein wenig dunkler gefärbte Haare.

Aktiv

An Wiesen verweilen

Halten Sie es für möglich, **stundenlang am Wiesenrand** zu liegen und dem bunten Treiben auf den vielen Pflanzenetagen zuzusehen? Warum nicht einfach mal ausprobieren?

Fülle zum **Reinsetzen**

Tintenblauer Salbei reckt sich neben leuchtenden Wucherblumen. Knallgelber Pippau wetteifert mit zartrosafarbener Esparsette, mit Hornklee und Wiesen-Lein. Dazwischen drängeln sich Bocksbart, Glockenblumen, Kronwicken, Klappertopf und Lichtnelken. Nicht zu vergessen das dichte Halmgewirr der Wiesengräser: Bewundern Sie die vielfältigen **Farbschattierungen** vom hellen Rauchblau des Knäuelgrases über das Gelb des Goldhafers bis zum kräftigen Purpur des Honiggrases. Eine richtig buntblumige Wiese in ihrer Vollblüte lässt Sie vermutlich einfach schwärmen – es sei denn, Sie haben etwas gegen Gräserpollen. Dann sollten Sie früh im Jahr anfangen.

Hoch und **Tief** im Jahresgang

Wiesen-Primel und Gänseblümchen eröffnen die Blühsaison schon **ab Ende März**. Ihnen folgt eine erste kräftige Gelbwelle mit Löwenzahn, abgelöst vom zarten Violett des Schaumkrautes und einer weiteren gelben Blühwelle mit Bocksbart, Hahnenfuß und Pippau. Schließlich erscheint die Wiese ganz in Weiß: Wiesen-Labkraut, Wucherblume, Wiesen-Kerbel und Schafgarbe bestimmen Ende Mai das Bild. Zuletzt setzen sich die blauen und rötlichen Blüher in Szene: Glockenblumen, Salbei, Storchschnabel, Wiesen-Klee, Flockenblumen und Lichtnelken werden Sie ab Juni entdecken – bis der Kreiselmäher alles flach legt.

Die Wiese hat zur Zeit der **Heuernte** ihren Tiefstand erreicht, sowohl in den Abmessungen der Wiesenpflanzen als auch in der Blütenflor. Zum **Spätsommer** ist sie aber wieder auf der Höhe: Bis zum zweiten Schnitt entwickelt die Futterweise einen zweiten Hochstand.

Leben auf allen Ebenen

Bei Betrachtung aus der **Bauchlage** werden Sie es sofort bemerken: Eine Wiese ist eine hochgradig vernetzte Lebensgemeinschaft mit artenreicher Wiesenfauna, die sich auf und zwischen der Wiesenflora bewegt.

Untergrundbewohner wie Maulwürfe und Regenwürmer bleiben meist im Verborgenen. Eventuell huschen eine Feldmaus oder ein Mauswiesel an Ihnen vorbei. Im Boden geht auch die Maulwurfsgrille auf Nahrungssuche. Sie können sie mit einem Grashalm aus ihrer Erdhöhle herauskitzeln.

Der **Boden** ist der Aktionsraum der Laufkäfer und der großen Bodenwanzen, dazu auch verschiedener Schnecken, Asseln und Ameisen. Weiter oben geht es noch bunter zu: Im Stängeldschungel sind die Raupen vieler Schmetterlings-

Dem regen Wiesentreiben zuschauen oder einfach genießen.

arten unterwegs. Blattläuse lassen sich mit frisch abgezapftem Zuckersaft volllaufen, und Marienkäfer sowie ihre violett-schwarzen Larven stöbern sie dabei unbarmherzig auf.

Auf den **höheren Etagen** liegen die Tagesverstecke der Heuschrecken und Nachtfalter. Die Tagfalter und Schwebfliegen, die so gefährlich nach Wespe aussehen, sind dieweil ganz oben unterwegs: Die zahlreichen Wiesenblumen empfehlen sich ihnen als gern besuchte Ausflugslokale. Das ist weitaus spannender als Fernsehen auf den Privatkanälen!

Natur-Tipp

Jede ist ein wenig anders

Vergleichen Sie verschiedene Wiesentypen und deren Blühmuster. Je nach Wasserangebot im Boden fallen die Blühwellen leicht unterschiedlich aus. Auf der Feuchtwiese wachsen ganz andere Arten als auf einem Trockenrasen. Dabei gilt eine überraschende Regel: Je trockener und nährstoffärmer der Untergrund, umso größer ist die Artenfülle. Fangen Sie diese mit Digitalkamera oder Foto-Handy ein – kalenderreife Motive sind dabei garantiert.

Basiswissen Bäume und Sträucher

Viele Pflanzen sind so klein, dass man sie kaum beachtet – die Algen auf der Mauer, die Moospolster in den Pflasterfugen oder die Gräser und Kräuter zwischen Asphalt und Beton. Sträucher und Bäume fallen da schon mehr auf: durch ihre Größe, ihre Stämme, Blätter und die Früchte.

Im Vergleich zu den Algen, Moosen, Gräsern oder Kräutern verkörpern sie eine besondere pflanzliche Lebensform. Ihr typisches Kennzeichen ist, dass nahezu alle Gewebe im Wurzel- und Sprossachsensystem verholzen. Bäume und Sträucher nennt man daher Holzpflanzen oder Gehölze.

Krautige Bäume gibt es ebenso wenig wie baumförmige Kräuter. Mit der Verholzung ist jeweils ein bestimmtes Wuchs- und Erscheinungsbild verknüpft.

Bäume haben einen Hauptstamm, der im unteren Teil astfrei ist.

Gekrönte Häupter

Ein **Baum** ist ein Gehölz mit aufrechtem, kräftigem Hauptstamm und astreicher, verzweigter Krone. Auch wenn Bäume im Freistand bis unten mit Ästen besetzt sein und buschig aussehen können, bleibt der untere Teil des Stamms meist astfrei.

Sträuchern fehlt dagegen der unverkennbare, aufragende Hauptstamm. Ihre Sprossachse verzweigt schon unmittelbar über dem Boden in mehrere ungefähr gleich starke Stämme und Äste. So bilden Sträucher schon wenige Handbreit über dem Boden dichte, buschige und oft undurchdringliche Gestalten. Einen Strauch könnte man daher als Baumkrone definieren, die unmittelbar auf dem Boden aufsitzt.

Von den voll verholzten Sträuchern sind die **Halbsträucher** zu unterscheiden – Pflanzen mit fließenden Übergängen zu Kräutern oder Stauden. Nur ihre Stämmchenbasis und die Hauptäste sind bis ins Mark verholzt. Sie überdauern die Herbst- und Wintermonate, verlängern sich in der neuen Vegetationsperiode durch Spitzenwachstum und verholzen erst im zweiten oder dritten Jahr. Viele bekannte Duft- und Aromapflanzen wie Salbei oder Thymian sind daher keine Kräuter und auch keine richtigen Sträucher, sondern eben Halbsträucher.

Baum, Strauch oder beides?

Einige Gehölzarten können sich sowohl zur Strauch- als auch zur Baumgestalt entwickeln. So tritt der Schwarze Holunder meist als Hollerbusch auf, ist aber ebenso als Holunderbaum bekannt. Ebenso verhält es sich mit der Stechpalme.

Unter besonderen Wuchsbedingungen unterliegen selbst sehr festgelegte Gehölzarten einen markanten Gestaltwandel: Die Rot-Buche, die üblicherweise imposante Baum-Gestalten aufbaut, wird nahe der klimatischen Baumgrenze im Gebirge oder Nordeuropa zu einem breitkronigen Strauch mit auf dem Boden anliegenden Ästen.

Der deutsche Name bieten nicht immer zuverlässige Hinweise: Buchs-, Essig-, Faul-, Judas-, Sade- oder Spindelbaum sind mittelgroße bis große Sträucher!

Während sich wenige Gehölzarten je nach Standortbedingungen zwischen Strauch- und Baumform entscheiden können, lässt die Natur den Gestaltwechsel zwischen Halbstrauch und Strauch oder Baum nicht zu. Ebenso wenig gibt es Halbbäume.

Überragender Erfolg

Seit fast 350 Millionen Jahren wachsen auf unserer Erde baumförmige Pflanzen. Kaum hatten sich im Devon aus grünen Tangen und Wasser bewohnenden Farnen die ersten Landpflanzen entwickelt, erwies sich die hoch aufragende Pflanzengestalt mit reich verzweigter Krone als besonders erfolgreiche Wuchsform.

Seither beherrschen Bäume das Pflanzenkleid des Festlands. Bereits in der auf das Devon folgenden Karbonzeit gab es kontinentweite Wälder, deren üppige Wüchsigkeit heute in mächtigen Steinkohleschichten lagert.

Sträucher sind vom Boden an reich verzweigt.

Bei Halbsträuchern wie dem Ysop ist nur die Stämmchenbasis durch und durch verholzt.

Aller Anfang ist ... klein

Auch die größten Bäume beginnen als winzige, krautige Sämlinge mit einer zunächst nur geringen Überlebenschance. Mit zunehmender Größe sind sie jedoch allen anderen Pflanzentypen überlegen. Ihr Erfolg zeigt sich in der natürlichen Pflanzendecke: Wo die klimatischen Gegebenheiten ein Bauwachstum erlauben, endet die ungestörte Vegetation immer bei Gehölzen bzw. Wäldern.

Am Ende der wärmeren Jahreszeit geben viele Pflanzen unserer Klimazone ihre oberirdischen Teile auf oder sterben gänzlich ab. Neue krautige Biomasse bildet sich im folgenden Jahr aus Reserve-Organen im Boden oder aus Samenkörnern. Gehölze legen ihre jährliche Zuwachsleistung dagegen in bleibender Holzsubstanz fest und erneuern sich jeweils aus Ruheknospen, die an den Zweigenden liegen. Damit sind Bäume langlebiger als jedes andere höhere Lebewesen. So werden etwa die kalifornischen Mammutbäume über 4000 Jahre alt. Die ältesten ihrer heute noch lebenden Exemplare keimten zu einer Zeit, als in Mitteeuropa gerade die Bronzezeit ihrem Ende zuging. Aber auch 2000-jährige Eiben oder 1000-jährige Linden haben die abendländische Geschichte buchstäblich überstanden.

Aufgestockter Artenreichtum

Trotz des relativ hohen Waldanteils enthält die heimische Baumflora insgesamt nicht besonders viele Arten. In Mitteleuropa sind von Natur aus nicht einmal drei Dutzend verschiedene Baumarten heimisch. Ihnen stehen etwa 100 heimische Straucharten gegenüber. Wildstrauch-Gesellschafen siedeln heute auf Standorten, die von Natur aus waldfrei sind. Dazu gehören Zwergstrauchheiden alpiner Matten und nordischer Tundren. Im mitteleuropäischen Binnenland gel-

Berühmte Riesenmammutbäume im Kings Canyon-Nationalpark in Kalifornien.

Alpine Zwergstrauchheide aus Heidelbeeren und Alpenrosen.

ten als natürliche Strauchgesellschaften die Strauchweidengebüsche an den Ufer- und Verlandungszonen stehender Gewässer, an Mooren und Nasswiesen aber auch Gehölzgruppen felsiger Steilhänge entlang der Mittelgebirgstäler.

Insgesamt finden sich hier aber viel mehr Arten, denn für viele nordamerikanische oder ostasiatische Arten herrschen in Mitteleuropa durchaus geeignete Wuchsbedingungen. Man hat sie in den vergangenen Jahrzehnten als Forst- und Ziergehölze eingeführt. So bereichern fremdländische Baumarten in großer Zahl nicht nur Gärten und Parks, sondern auch Forstkulturen, Straßenränder und nicht zuletzt Obstbaumanlagen. Heute gehören aufgrund gärtnerischer oder forstlicher Importe wieder mehr als 500 Gehölzarten zum festen Bestand unseres Kulturlandes.

Warum so wenige heimische Arten?

Noch in der Tertiärzeit vor rund 25 Millionen Jahren war der Artenreichtum der Gehölze in Mitteleuropa weit größer als heute, wie Fossilfunde belegen. Neben Palmen waren damals auch verschiedene Bittereschen-, Lorbeer- und Magnoliengewächse heimisch, die hier heute nicht mehr wild vorkommen.

Diese Verarmung an Arten ist jedoch kein modernes Umweltproblem, sondern vielmehr eine Folge der letzten Eiszeiten. Nur wenige der wärmebedürftigen Arten konnten vor den Eisfronten in südost- oder südwesteuropäische Refugien ausweichen, da die ost-westlich verlaufenden Hochgebirgsriegel (Pyrenäen, Alpen und Karpaten) unüberwindbare Barrieren bildeten. In Nordamerika dagegen verlaufen die großen Faltengebirge allgemein in Nord-Süd-Richtung. Daher konnten betroffene Wärme liebende Baumarten dort wesentlich leichter in südliche Gefilde ausweichen. Auf diese Weise erhielt sich die neuweltliche Baumflora weit artenreicher als diejenige nördlich der Alpen. Die Park- und Gartengehölze aus Nordamerika und Ostasien gleichen die Verluste wieder aus.

Flexibel durch Anpassung

Lebensstil und Wuchsgestalt der Gehölze bedingen sich häufig gegenseitig. Gerade Strauchgehölze haben vielerlei Anpassungen an besondere Umweltbedingungen entwickelt.

Bei **Hartlaubsträuchern** fühlen sich die mehrjährigen, immergrünen Blätter derb und ledrig an. Ihre Wachsimprägnierung der Oberfläche dichtet das Blattgewebe zusätzlich ab und gewährt einen optimalen Verdunstungsschutz. Immergrüne Arten wie Buchsbaum oder Stechpalme schätzen zwar den trockenwarmen Süden, ertragen aber auch Frost und reichen weit in die wintermilden Gebiete des westlichen Mitteleuropas hinein. Der Lorbeer ist dagegen ein echter Südländer, der bei und nur ausnahmsweise im Freien überwintern kann.

Rutensträucher zeigen ebenfalls eine recht beeindruckende Anpassung an unzuverlässige oder knappe Wasserversorgung. Ihre Blätter sind kleinflächig und können frühzeitig abfallen. Die lebenserhaltende Aufgabe der Fotosynthese fällt hier den schlanken, grünen Ästen und Zweigen zu, beispielsweise bei Besenginster, Flügelginster, Binsenginster und Stechginster. Eine einzigartige Besonderheit findet sich beim Mäusedorn. Hier verbreitern sich die Zweige sogar blattartig, um Energie liefernden Sonnenstrahlen eine größere Auffangfläche zu bieten.

Klimabedingt: ein Rot-Buchen-Strauch!

Oberhalb der Waldgrenze oder in der arktischen Tundra kommen winzige Weidenarten wie Netz- und Kraut-Weide vor. Von diesen Gehölzen sind oft nur die streichholzlangen Endabschnitte der Stämmchen oder Äste zu sehen, soweit sie aus dem Boden ragen. Man bezeichnet diese Arten als **Spaliersträucher**. Teppich- oder rasenartig dicht schmiegen sie sich zusammen, entgehen damit dem Angriff des Windes und nutzen in der kalten Jahreszeit den Schutz der Schneedecke.

Zwergsträucher wie Krähenbeere, Preiselbeere, Blaubeere, Heidekraut und Zwerg-Birke bilden eine weitere Größenklasse. Irgendwo zwischen knöchel- und kniehoch, entwickeln sie ebenfalls dichtwüchsige Kleingebüsche mit optimaler Nutzung der Bodenwärme und – bei auffällig kleinem Laub – einem wirksamen Verdunstungsschutz.

Zu Recht wehrhaft

Wenn die Hose an der Brombeerranke hängen bleibt oder die Hand versehentlich in einem Stechginster langt, fühlt man sich recht unangenehm berührt. Viele Pflanzen wehren sich wirksam. Hö-

Dicht und wehrhaft: die Heckenrose.

Klettert mit seinen Wurzeln: der Efeu.

here Pflanzen gäbe es nicht in ihren vertrauten Gestalten, hätten sie sich nicht seit Urgezeiten gegen Tiere zur Wehr setzen müssen. Sie entwickelten raffinierte und variantenreiche Antworten – Gift oder üblen Geschmack, Dornen und Stacheln. Rankende Rosen, Berberitze und Schlehe verkörpern solche allseitig wirksamen Festungen und wehren sich erfolgreich gegen die verletzlichen Lippen der großen Wiederkäuer. Mancher Insektenlarve aber, die aus Eiern an den Gehölztrieben schlüpft oder ihr grünes Menü im Dickicht zielstrebig ansteuert, bedeutet die vielspitzige Abwehr kein Hindernis, sondern wirksamen Schutz.

Schlingen und Klettern

Die langen, rückwärts gebogenen Stacheln der Brombeeren und Rosen wehren nicht nur erfolgreich Tierfraß ab, sie bilden auch wirksame Klimmhilfen, die nach dem Spreizhaken- bzw. dem Klettereisen-Prinzip arbeiten.

Bemerkenswerte Holzpflanzen sind auch die nach Lianenart in lichte Höhe steigenden Schling- und Windepflanzen, die Mauerwerk, Drahtzäune oder die Kronenregion anderer Gehölze durchsetzen. Die hoch reichende Waldrebe klettert beispielsweise mit Hilfe ihrer robusten Blattstiele. An offenen Säumen von Auen und Wäldern bildet sie viele Meter hohe, dicht Vorhänge, deren Stängelgewirr an Lianen tropischer Regenwälder erinnert.

Auch unter den eingeführten Ziergehölzen gibt es raschwüchsige Emporkömmlinge: Der Blauregen ist ein linkswindender Schlingstrauch. Efeu, der Mauern überwächst, an Bäumen stammaufwärts steigt und sich erst in deren Krone quer legt, ist dagegen ein Wurzelkletterer. Manche Jungfernreben weisen raffinierte Haftscheiben auf – sie bewältigen mit ihnen sogar völlig glatte Hausfassaden. Die Scheiben sind umgewandelte Blattteile.

Bunter Blickfang

Viele Ziersträucher setzen für die Bestäubung auf tierische Pollenspediteure. Um diese anzulocken, haben sie aus ihren Blüten attraktive Blumen gemacht.

Ein einfacher Farbklecks auf irgendeinem grünen Hintergrund macht kaum neugierig und lockt erfahrungsgemäß keine größeren Mengen an Blütenbesuchern an. Es darf schon ein wenig mehr sein. Denn Insekten, die durstig oder hungrig eine Blume ansteuern, möchten nicht lange nach dem Wesentlichen suchen.

Das Zielscheiben-Prinzip

An den Blüten vieler Ziersträucher werden Sie daher die entsprechenden Wegweiser sofort entdecken: Als Lenk- und Landehilfe dient hier eine kontrastbetonende Unterscheidung zwischen Blütenmitte und Blütenrand. Nahezu alle insektenbestäubten Blüten färben nämlich ihr für die angelockten Besucher interessantes Zentrum entweder deutlich heller oder wesentlich dunkler als die umgebenden Randbereiche aus – das gilt für Wildblumen ebenso wie für die auffällig blühenden Sträucher und Bäume.

Über ein solches Farbkontrastprogramm wird das anfliegende Insekt zielgenau in die Blütenmitte geführt, wo sich beispielsweise die lohnenden Nektarvorräte befinden. An den Blüten von Rosen, Strauch-Eibisch, Immergrün oder Schmetterlingsflieder können Sie das Zielscheibenmuster gut studieren. Und auch Kinder erfassen es intuitiv: Wenn sie eine Blume malen, stellen sie wie selbstverständlich die kontrastbetonte Unterscheidung zwischen Mitte und Randbereich dar.

Gemeinsame Sache: Blütenstand als Superblume

Warum besteht eigentlich bei Hartriegel, Holunder oder Schneeball der Blütenstand aus vielen kleinen Einzelblüten? Und bei einer Hortensie aus zahlreichen kleinen, aber fertilen Blüten in der Mitte umgeben von üppig aufgemachten, aber sterilen Randblüten? Solchermaßen komponierte Blütenstände sehen unabhängig von ihrem jeweiligen Aufbau aus wie eine einzelne große Blume. Ähnliches können Sie auch bei Wildblumen finden, vor allem bei den Doldenblüten- und Korbblütengewächsen. In den Blütenständen lassen sich bei genauem Hinsehen jeweils viele Dutzend

Bei der Berberitze bilden die Staubblattstielchen optische Führungslinien zum Blütenzentrum.

Auch der Sommerflieder bildet viele zusammenstehende Blüten aus und lockt damit zahlreiche Schmetterlinge an.

bis hundert Einzelblüten erkennen. Als Sammelgebilde wirken sie für die durstigen Bestäuber wie eine gewaltige und damit außerordentlich lohnende Superblume.

Auf die Linie achten

Um die Blicke zu lenken und einen anfliegenden Blütenbesucher ins Ziel zu führen, verwenden Blumen zusätzlich ein spezielles Make-up: Bei Kugelblumen, Rosmarin, Hauhechel und Strauchmalven werden Ihnen mehr oder weniger kräftig ausgeführte Strichmuster auf den Kronblättern auffallen. Bezeichnenderweise verlaufen diese Markierungen nicht ungeordnet, sondern immer streng radial zur Blütenmitte hin, wie Radspeichen zur Nabe.

Solche meist dunklen Strichmuster auf Kronblättern sind für die blütenbesuchenden Insekten erwiesenermaßen äußerst hilfreiche Wegweiser, die als ihnen eine Art optische Leitplanken dienen. Vergleichbare Blütenmuster sind mehrfach in ganz verschiedenen Familien entwickelt und optimiert worden, beispielsweise bei den Malvengewächsen.

Werbewirksame Leckerbissen

Viele Vögel haben Früchte buchstäblich zum Fressen gern. Der Ausbreitungserfolg mancher Gehölze geht tatsächlich durch den Magen ihrer Fruchtkonsumenten.

Hilfe für die „Sitzenbleiber"

Ein kleiner Strauch ist ein denkbar ungeeigneter Startplatz für Segelflieger, Schraubenflieger oder andere Luftlandetruppen. Wenn sich also die Samen und Früchte von Sträuchern nicht wirksam in die Lüfte erheben können und auf dem Geäst verbleiben, müssen eben tierische Ausbreitungshelfer angelockt und für die eigenen Zwecke eingebunden werden.

Das Ergebnis dieser Strategie kennen Sie: Die außerordentlich farbenfrohen und saftigen Früchte vieler Gehölze. Der Besuch eines Vogels oder Kleinsäugers auf einem Strauch mit Beeren oder Steinfrüchten ist sozusagen ein Streifzug durch einen üppig bestückten Obstgarten. Die Frucht ist das eigentliche Menü, der Samen bleibt dagegen unverdaut.

Werbung zahlt sich immer aus

Um einladend zu wirken, sind viele Früchte lebhaft ausgefärbt. Der Einsatz von Farbe kann kein Zufall sein, sondern ist ein auffordernd-plakatives Signal an die Adresse früchteverzehrender Tiere. Sehen Sie einmal genauer hin: Die Früchte prangen häufig mit knalligen Rottönen am Geäst und damit in einer völlig anderen Farbe als die Blüten der gleichen Art. Das hat seinen besonderen Grund: Die Bestäuberinsekten sind durchweg rotblind, aber Vogelaugen sehen im Rotbereich außerordentlich gut. Drosseln und andere Singvogelarten werden daher von Kornelkirschen, Hagebutten, Vogelbeeren (!) oder Schneeballfrüchten wie magisch angezogen.

Übrigens: Die verlockende Farbe ist nicht unbedingt auch eine Einladung an uns. Viele Früchte sind zwar für Vögel äußerst nahrhaft und verträglich, für den Menschen aber ziemlich giftig.

Unerkannte Glanzleistung

Warum wirken auch die Beeren- und Steinfrüchte in verhaltenem Blauschwarz so verführerisch? Ihre Farbe, die uns eher wie ein Tarnanstrich vorkommt, ist dennoch von besonderem Effekt. Meist weisen gerade diese Früchte einen wachsigen Belag auf, den man mitunter wie Reif abwischen kann. Diese Zusatzausstattung reflektiert besonders stark die kurzwelligen Bestandteile des Tageslichtes, und auch darauf sind die Vogelaugen bestens abgestimmt. Ähnlich wie Bienen können Vögel nämlich im UV-Bereich sehen. Wachsig bereifte Früchte erscheinen ihnen daher ziemlich grell und auffällig. Beobachten Sie Vögel bei der Ernte und sehen Sie bei Liguster, Kreuzdorn, Faulbaum, Schlehe oder Efeu nach: Auch deren Früchte finden erfahrungsgemäß reißenden Absatz.

Wintersteher für den Garten

Reife Früchte bleiben nicht lange unentdeckt. Zum Herbst hin wird die Zahl der

Wichtig für Vögel, schön für uns: Früchte im winterlichen Garten.

Konsumenten jedoch kleiner, weil viele Vogelarten wegziehen. Ein Teil der Ernte bleibt zurück, verdirbt aber nicht, weil die winterlichen Kühlschranktemperaturen zuverlässig konservieren. Die Reste vom Herbst verbleiben als Wintersteher am Geäst. So finden auch die Teilzieher oder Standvögel während der kalten Jahreszeit immer noch ein paar verwertbare Vorräte.

Nicht nur aus dekorativen Gründen, sondern für den praktischen Vogelschutz ist es daher besonders wichtig, ein paar Fruchtsträucher im eigenen Garten stehen zu haben. Berberitze, Holunder, Hartriegel oder Schneeball sehen nicht nur zu allen Jahreszeiten gut aus, sondern sind eine wirksame Lebenshilfe für die Vogelwelt. Sie als Schmuckreisig schneiden, ist unverantwortlich.

Viel Grün mit vielerlei Nutzen

Nur wenige Lebewesen bringen dem Menschen so unmittelbaren und vielfältigen Nutzen wie die Bäume und Sträucher. Nicht nur ihre Früchte, sondern auch ihre Schönheit und ihr Effekt auf unsere Luft sind unverzichtbar.

Sagen, Mythen und Gedichte

Bäume spielen im Naturerleben eine herausgehobene Rolle. Diese findet nicht nur in Brauchtum und Sage, in Märchen und Mythen, sondern auch in der Literatur und bildenden Kunst vielfältigen Ausdruck. Seit ältester Zeit waren Bäume den Menschen Orte der Begegnung, des Schutzes und der Rechtsprechung, aber auch Sinnbilder besonderer Werte wie etwa der Freiheitsbaum, Friedensbaum und Glücksbaum oder die Tanzlinde – kurz, Bäume sind Symbole und Kulturgut von weit reichender und überaus vielschichtiger Bedeutung.

„Mit Bäumen kann man wie mit Brüdern reden und tauscht bei ihnen seine Seele um", schrieb Erich Kästner. Hermann Hesse widmete gerade den alten, vom Lauf der Jahrhunderte gezeichneten Bäumen mehrere Betrachtungen, Essays und Gedichte.

Ansprechende Kulisse

Ohne Bäume und Sträucher wirkt eine offene Kulturlandschaft ausgeräumt und eintönig. Aber auch in Siedlungen kommt Gehölzen eine tragende ästhetische Wirkung zu. Sie imponieren allein schon durch beachtliche Wuchshöhen und bilden im Freistand mit üppig entwickelten Kronen raumgliedernde Blickfänge. In der Stadt lässt sich die Aufreihung gesichtslos grauer Betonmassen und die Monotonie durchlaufender Fassaden durch Gehölze wohltuend unterbrechen. Im ländlichen Raum leisten dorfnahe Baumbestände zudem die Einbindung des gesamten Orts in die Landschaft. Auch in der Stadt können Baumgruppen den Übergang der geschlossenen Siedlung in die von anderer Flächennutzung geprägten Bereiche des stadtnahen Umfelds verschönern. Selbst Industrieanlagen zeigen sich optisch erträglich, wenn sie von hochwüchsigen Laubgehölzen ummantelt werden.

Grün, das gut tut

In einer durch Bebauung, Industrie und Verkehr an natürlichen Bestandteilen weithin verarmten Umwelt erfüllen Bäume eine ganze Reihe ökologischer Grundfunktionen. Je nach Form und Größe ihrer Krone beschatten sie ihre Umgebung. Dadurch verringert sich die Erwärmung der Bodenoberfläche. Zugleich wird durch die Wasserabgabe über die Blätter in beträchtlichem Maß Verdunstungswärme verbraucht.

Somit gleichen Bäume die durch die Bebauung bedingte sommerliche Aufheizung der unteren Luftschichten anteilig wieder aus. Der gemeinsame Kühlungseffekt von Beschattung und Verdunstung kann mehr als 5 °C ausmachen. Bäume stellen also sehr leistungsfähige Klimaanlagen dar.

Bäume und Sträucher beleben und gliedern unsere Kulturlandschaft.

Schutz und Atemluft

So wie man in der freien Landschaft Gehölzzeilen als Windschutzpflanzungen einsetzt, bieten Bäume oder Baumgruppen auch in geschlossenen Siedlungsbereichen bemerkenswert wirksamen Schutz gegen Wind und Wetter. Sie mindern den Winddruck auf Gebäude und verhindern gleichzeitig die nachteiligen Effekte von Schlagregen. Ein großer Baum bindet im Jahr außerdem rund 100 kg Grob- und Feinstäube, die vom Regen dann nach und nach abgewaschen und weggespült werden. Bei der Fotosynthese wandelt das grüne Blattgewebe der Luft entnommenes Kohlendioxid in baumeigene organische Substanz um. Für jedes aufgenommenes Molekül Kohlendioxid entlässt es dabei ein Sauerstoffmolekül in die Luft.

Nachweislich kann ein Baum im Siedlungsbereich seinen Kohlenstoffbedarf bis zu 30 % aus Abgasen des Autoverkehrs decken. Ein großes, in die dritte Dimension gestaffeltes Gehölz arbeitet dabei als „grüne Lunge" ungleich wirksamer als es Grünflächen vermögen, die nur aus kurz geschorenen Gräsern bestehen. Außerdem sieht es einfach viel besser aus.

Zeitzeuge Baumstamm

Holz ist nicht völlig homogen. Am geschnittenen Stamm und auch bei der Maserung von Möbelstücken lässt sich aus Jahrringen die Biographie der Gehölze ablesen.

Der Herr der Ringe

Jahrringe sind eine vertraute Erscheinung: An der Schnittfläche eines gefällten Baumstamms und meist auch am verbauten Holz, beispielsweise einer Blockhütte, ist klar zu erkennen, dass das Holz nicht völlig homogen ist. In unseren Breiten zwingt das Klima den Gehölzen ein jahresrhythmisches Wachstum auf. Deshalb sehen Sie auf dem Stammquerschnitt eine Ringfolge, die – räumlich gesehen – eigentlich eine Serie ineinander geschachtelter Zylinder darstellt.

Die Ringe sind leicht zu erklären: Der Holzkörper besteht aus einer Folge von Jahrringen, die jeweils aus dem helleren, Frühholz mit vergleichsweise dünnen Zellwänden und dem dunkleren, dickwandigen Spätholz bestehen. Zwischen dem dunkeln Spätholz und dem hellen Frühholz befindet sich jeweils die Jahresgrenze, denn im Spätsommer setzt das Dickenwachstum der Bäume und Sträucher aus und beginnt erst wieder im folgenden Frühjahr.

Die Anzahl der Jahresgrenzen verrät das individuelle Alter des betreffenden Ge-

Besonders im angewitterten Bauholz sind Jahresringe klar erkennbar.

hölzes. Übrigens: Fachleute sprechen tatsächlich von „Jahrringen", obwohl der Begriff „Jahresringe" viel besser auszusprechen wäre.

Zuverlässiger Kalender

Eine besondere wissenschaftliche Disziplin, die Dendrochronologie, befasst sich mit den charakteristischen Ringbreitenfolgen und setzt sie als hochauflösende Datierungshilfe ein. Das funktioniert folgendermaßen: Durch den Vergleich der Ringbreiten genau datierbarer Hölzer, deren Fälldatum bekannt ist (beispielsweise durch Balkeninschriften), ist die Zuwachsleistung bestimmter Baumarten wie Eiche und Tanne nicht nur für die zurückliegenden Jahrzehnte, sondern sogar für die vergangenen Jahrhunderte und Jahrtausende exakt bekannt.

Für die Eichen des mittel- und westeuropäischen Wuchsgebietes hat man durch Ringbreitenvergleiche eine Standardchronologie für die letzten acht Jahrtausende ermittelt. Diese Modelleiche, die mit ihren Detailmaßen so nur im Computer existiert, hätte einen Stammdurchmesser von über 30 m. Eichenholzproben unbekannten Alters, an denen man ein paar Ringbreiten messen kann, lassen sich heute mit Rechnerhilfe in den wahrscheinlichsten Abschnitt der Standardkurve einpassen und somit erstaunlich exakt datieren. Auf diese Weise konnten bronzezeitliche Moorwege aus Eichenbohlen ebenso jahrgenau eingegrenzt werden wie römische Brückenfundamente im Rhein oder bestimmte Bauabschnitte mittelalterlicher Kathedralen.

Durch dick und dünn

Bei genauerem Hinsehen ist es klar erkennbar: Die Jahresringe sind nicht be-

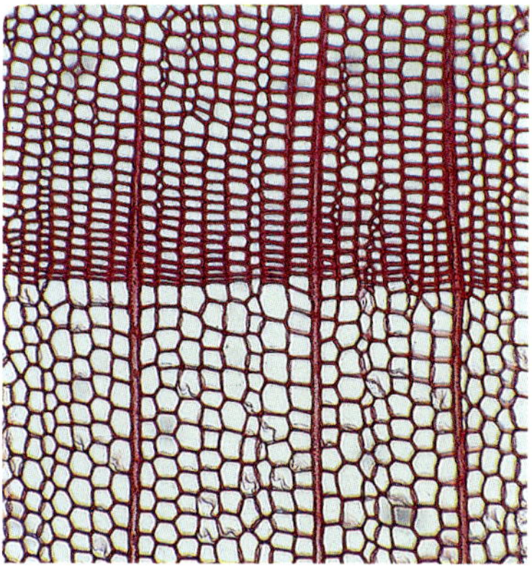

Auch unter dem Mikroskop unterscheiden sich das dickwandige Spätholz und das dünnwandige Frühholz.

sonders gleichmäßig, sondern weisen unterschiedliche Ringbreiten auf. An den jeweiligen Jahrringbreiten können Sie die Wachstumsbedingungen weit zurückliegender Zeiträume ablesen. Ein Baumstamm bewahrt mit seinen Jahrringen nicht nur seine eigene Biographie auf, sondern ist immer auch ein lückenlos überliefertes Klimaarchiv. Breite Ringe stehen für gute Wachstumsbedingungen, wie sie in ziemlich warmen, aber durchweg feuchten Sommern herrschen. In trockenheißen Sommern wird es auch bei den Jahrringen sichtlich eng. Vor allem bei Nadelholzstämmen werden Sie meist auch Folgendes beobachten: Die betreffenden Bäume starteten in ihrer Jugend mit kräftigen jährlichen Zuwächsen von mehreren Millimetern Ringbreite pro Jahr. In jüngerer Zeit und entsprechend ganz weit außen am Stamm werden die Jahrringe jedoch sehr undeutlich. Offenbar fand hier kein gutes Wachstum statt – ein klarer Ausdruck der Waldschädigung durch Umwelteinflüsse.

Endlich Frühling: Raus mit dem Laub!

Neben der Blühorgie der Frühlingsblumen am Waldboden ist der Blattaustrieb im Frühjahr eine der auffälligsten Erscheinungen in der Pflanzenwelt und lädt zu einem ausgedehnten **Frühlingsspaziergang** ein.

Die **Knospen schwellen**

Innerhalb weniger Tage brechen die Knospen auf und setzen das frischgrüne Laubwerk schrittweise an die Luft – sofern die Temperaturen stimmen. Eine wirksame Entwicklungshilfe beim Ausschlagen leistet nämlich nur die wärmende **Frühlingssonne**, während die sonst in die Entwicklung eingreifende Zunahme der Tageslänge eher unbedeutend ist.

Der Blattaustrieb setzt eine Reihe hochgradig koordinierter **Einzelabläufe** voraus. Weil die Blattgewebe in der Knospe den Winter im weitgehend entwässerten Zustand überdauert haben, müssen sie jetzt von innen wieder auf volle Wasserspannung gebracht werden. Mit der Außentemperatur steigen auch die Atmungsraten in den lebenden Stamm und Zweiggeweben. Dabei entsteht gleichsam als Abfallstoff Wasser, und dieses setzt die Wasserleitungen zunehmend wieder unter Druck. Noch vor dem eigentlichen Blattaustrieb können Sie bei Verletzung einer Strauch- oder Baumrinde diese Vorbereitung als **Blutungssaft** wahrnehmen. Im Frühjahr steigen eben – wie es die Umgangssprache zutreffend ausdrückt – buchstäblich und vor allem bei den Gehölzen die Säfte. Jetzt können auch die Knospen aufbrechen …

Die **Hüllen fallen**

… aber was heißt aufbrechen? Sehen Sie bei Ahorn, Birke, Eiche oder Hainbuche genauer nach. Auch ohne Lupe werden Sie erkennen, dass sich die Basis der zuvor sehr derbledrigen Knospenschuppen nunmehr stark **auflockert und ziemlich weich**, ja geradezu biegsam geworden ist. Die einzelnen Schuppenblätter fallen also beim Wiederergrünen unserer Gehölze nicht einfach ab wie eine zerrupfte Verpackung, sondern verlängern sich zunächst einmal durch Streckungswachstum. Dabei scheren sie zur Seite aus und geben so den Weg frei für die neuen Laubblätter, die sich nun durch **Wasseraufnahme** entfalten können.

Zellteilungen laufen beim **Vergrößern und Glätten** der Blattspreiten übrigens kaum noch ab. Der Blattaustrieb ist nämlich keine Zellvermehrung, sondern wird fast nur durch Zellvergrößerung bewirkt.

Sobald sich die neue Laubblattgeneration gestreckt und geglättet hat, sind die Knospenschuppen entbehrlich. Sie lösen sich vom jungen Blatttrieb ab und rieseln mengenweise zu Boden. Da Knospenschuppen umgewandelte Blattorgane sind, können Sie also schon im

Endlich Frühling – höchste Zeit, unsere Wälder wieder in vollen Zügen zu genießen.

Frühjahr einen feinen, aber heftigen **Blattfall** beobachten.

Verpackungsprobleme

Der Begriff „Blattentfaltung" weist auf eine der vielen Möglichkeiten hin, wie Blätter in der Knospe liegen. Schauen Sie bei Hainbuche oder Hasel nach – die **Knick- und Bügelfalten** der ziehharmonikaartig zusammengelegten Faltblätter bleiben fast den ganzen Sommer über erkennbar. Bei Birke und Buche glätten sie sich dagegen ziemlich bald. Die Blätter der Ahorn-Arten sind in der Knospe nicht ziehharmonikaartig, sondern fächerförmig gefaltet.

Bei anderen Gehölzen werden Sie in der Knospenlage **aufgerollte Blätter** entdecken. Bei den meisten Arten, darunter Eichen und Weiden, sind sie quer gerollt. Längsrollung, wie man sie bei jungen Farnwedeln sieht, kommen dagegen in der heimischen Gehölzflora nicht vor. Wenn sich die neue Blattgeneration an den Start begibt, findet also zunächst einmal eine richtige „Entwicklung" statt. Blätter, die in der Knospe liegen wie ein zerknülltes Taschentuch, kommen bei Gehölzen ebenfalls kaum vor. Sie werden sie allerdings von den Blüten des Klatsch-Mohns her kennen.

Bei genauerem Hinsehen mit der Lupe wird einiges klar.

Herbst genießen ... und verstehen

Sie kennen das aus Wäldern und Parkanlagen: Bevor sie endgültig zu Boden gehen, langen die zunächst noch sommergrünen Blätter kräftig in die Farbtöpfe und gewanden sich in knalliges Gelb, kräftiges Orange oder sogar flammendes Karminrot.

Schritt für Schritt zur **Farbenpracht**

Die Prozesse, die bei der Laubfärbung stattfinden, können Sie mit eigenen Augen verfolgen, denn die Logistik des Stoffrückzugs bildet sich im Blatt ab: Zunächst verfärben sich die **Randbereiche**, während die Säume entlang der Leitgewebestränge (Blattnerven) noch grün bleiben.

Finden Sie selbst heraus, welche Rolle das **Licht** bei der Umfärbung der Laubblätter spielt: Achten Sie dazu einmal auf Laubgehölze, die im direkten Lichtkegel der Straßenbeleuchtung stehen. Bei ihnen bleibt das vom Tageslicht vermittelte Schaltereignis aus, sodass die Blätter der betreffenden Zweigbereiche eventuell noch bis in den Dezember grün sind.

Die enge zeitliche Koppelung mit dem planmäßigen Blattabwurf lässt schon vermuten, dass die Umfärbung mit dem Alterungsstoffwechsel der Blattmasse zusammenhängt. Wichtiger Signalgeber für diese Prozesse ist die abnehmende **Tageslänge**.

Um- und **Ausfärbung**

Aber wie genau entsteht aus dem sommerlichen Grün die herbstliche Farbenpracht? Vor der endgültigen Verabschiedung ihrer Blätter leiten die laubwerfenden Gehölze ein umfängliches Materialrecycling ein. Äußeres Zeichen ist der rasch ablaufende Abbau des Blattgrüns (Chlorophyll), während die ebenfalls in den Blättern vorhandenen Carotinoide dort verbleiben. Das Ergebnis sind warmtonig gelb verfärbte Wälder.

Der Abzug der grünen Blattfarbstoffe erklärt aber nur einen Teil des herbstlichen Erscheinungsbildes: Das prächtige **Sattgelb** von Spitz-Ahorn, Rot-Buche oder Schwarz-Pappel beruht nämlich auf einem Anstieg der Carotinoidmengen zum Saisonende. Die herbstliche Umfärbung ist also manchmal auch eine Ausfärbung mit ergänzender Neusynthese. Schattengehölze, die mit ihren Kohlenstoffreserven sparsam umgehen müssen, bauen hingegen die Kohlenwasserstoffskelette der Carotinoide ab. Schauen Sie sich einmal den heimischen Holunder an: Sie sehen im Herbstkleid ziemlich **blass** aus, wie Holländer Käse. Ja nach Art verfärbt sich das Herbstlaub mitunter **intensiv rot**. Dabei beladen sich die Blattzellen mit rötlichen Anthocyanen, die auch in Blüten (Klatsch-Mohn) und Früchten (Weinbeeren) vorkommen. In Kombination mit den Carotinoi-

Die leuchtenden Farben des Spitz-Ahorn erfreuen Groß und Klein.

den ergeben sich besonders leuchtende Farben. Den Anthocyanen schreibt man heute noch eine andere Wirkung zu: Sie hemmen das Wachstum parasitischer Pilze, die sich eventuell vorzeitig über die Blätter hermachen könnten.

Natur-Tipp

Indianersommer im Stadtpark

Die Laubwälder in den Neuengland-Staaten der USA lösen mit ihrem herbstlichen Pigmentaufgebot („indian summer“) einen beachtlichen Blattfärbungs-Tourismus aus. Neben dem Witterungsverlauf ist dort auch eine genetische Komponente an der Steuerung des Farbwechsels beteiligt. Denn Arten wie Amber- und Tulpenbaum oder Zucker- und Rot-Ahorn, in Mitteleuropa gern als Parkgehölze angepflanzt, zeigen generell eine ungleich prächtigere Gesamtfärbung als die vergleichbaren Gehölze bei uns. Einen Hauch von Indianersommer können Sie also auch beim herbstlichen Parkspaziergang erfahren.

Hülle mit Fülle entdecken: die Kospen-Expedition

Ein Winterspaziergang durch die kahlen Wälder wird Sie überraschen: Die schuppigen Hüllen enthalten mancherlei Staunenswertes.

Frühling schon im Herbst?

Den jahresrhythmischen Laubwechsel bei den sommergrünen Gehölzen kennen Sie – er ist ein allgemein vertrautes Phänomen. Aber wozu sind eigentlich die **Winterknospen** da?

Machen Sie die Probe aufs Exempel: Schneiden Sie im Spätherbst oder Winter die Endknospe am Zweig einer Rosskastanie mit einem scharfen Messer oder einer Rasierklinge längs und betrachten Sie die Schnittfläche mit einer guten Handlupe. Das Ergebnis ist überraschend. Tatsächlich ist in einer lagenreichen Umhüllung bereits der **vollständige Blütenstand** für die kommende Saison zu erkennen, zunächst zwar noch en miniature, aber dennoch schon mit allen entscheidenden Details.

Und nun fragen Sie bei Ihren Bekannten oder Freunden genauer nach: Wann genau sind die Knospen mit der künftigen Blattgeneration am Zweig entstanden? Die meisten werden zögern oder einen falschen Zeitpunkt nennen. Die Wahrheit ist erstaunlich: Das Blatt- und Blütenwerk, das sich im nächsten Frühjahr mit dem Aufbruch der Knospenhülle entfaltet, ist bei Betrachtung im Winter schon mindestens **ein halbes Jahr alt**. Es wurde bereits im vorangegangenen Spätsommer angelegt und ist spätestens mit dem Laubfall ausgebildet. Denn was sich in der Knospe befindet, sind keine einfachen Blatt- oder Blütenanlagen, sondern immer schon die nahezu ausentwickelten, allerdings auf Kompaktformat zusammengedrängten Pflanzenorgane.

Wärmender **Wintermantel?**

Auch wenn Sie nach den Aufgaben der Winterknospen fragen, werden Sie allerhand seltsame Einschätzungen vernehmen. Sofern sie die Knospenschuppen überhaupt als schützende Hülle um die noch unentfalteten Blätter oder Blüten erkennen, werden viele vermuten, dass die derben, manchmal sogar ziemlich hornigen Knospenschuppen die zarten Gewebe im Inneren vor winterlichen Tieftemperaturen oder gar klirrendem Frost bewahren.

Nun sind Knospenschuppen nicht einmal einen halben Millimeter dick. Die Temperaturen außerhalb und innerhalb einer Knospe stimmen daher überein. Ein Wintermantel sind sie also gewiss nicht. Ihre eigentliche Aufgabe ist vielmehr der **Wasserschutz**: Die Knospenhülle soll das nahezu wasserfreie Gewebe der noch unentfalteten Blätter und Blüten vor einer verfrühten Wasseraufnahme von außen bewahren. Die schon

Sogar im Winter gibt es an Bäumen und Sträuchern etwas zu entdecken wie an dieser Tulpenmagnolie.

im Herbst erfolgende Entwässerung der Überdauerungsorgane ist tatsächlich einer der Gründe für die beachtliche Frostresistenz von Knospen: Nur wenn die Zellen weitgehend frei von Speicherwasser sind, unterbleibt die zerstörerische Bildung von Eiskristallen, die letztlich fast immer den Zell- bzw. Gewebetod bedeutet.

Trockene Typen

Einige Tricks zur Verhinderung von unerwünschten Wassereinbrüchen können Sie selber leicht aufspüren: Bei der Rosskastanie ist es die gegenseitige **Versiegelung** der Knospenschuppen durch Harze. Den gleichen Effekt haben dichte Haarsäume an den Schuppenrändern, wie sie Ihnen an den Mehl- oder Vogelbeeren begegnen. Fast immer sind die Knospenschuppen äußerst dicht gefugt, eindrucksvoll zu sehen beispielsweise bei Buche, Esche, Linde und Erle. Die Zweige des Schwarzen Holunders überraschen dagegen: Bei dieser Art kommen überhaupt keine Knospenschuppen vor. Die unentfalteten Blätter stehen also recht unbemantelt an der Luft.

Auf die **Größe** kommt es an

Achten Sie bei Ihrer nächsten Knospen-Expedition unbedingt auch auf die Größenunterschiede: Bei Flieder und Ahorn sind die **Endknospen** deutlich größer als die **Seitenknospen**, weil diese Arten nur an den Zweigspitzen Blütenstände entwickeln. Beim Gelben Hartriegel kann man leicht die rundlichen Blütenstände von den schlanken Blattknospen unterscheiden.

Wichtige Fachbegriffe

Achsel oberer Winkel zwischen dem Blattstiel und seinem Zweig, auch Winkel zwischen zwei größeren Blattnerven

Achselbüschel Haarbüschel im Winkel zwischen größeren Blattnerven

Apfelfrucht Scheinfrucht, bei der das Fruchtfleisch nicht aus dem Fruchtknoten, sondern aus einhüllendem Achsengewebe entsteht. Beispielsweise beim Holz-Apfel

Arillus fleischiger Samenmantel, beispielsweise bei Eibe oder Ginkgobaum

Ausgekehlt wechselständige, achselähnliche rinnenförmige Vertiefungen am Stamm unterhalb der Hauptäste, beispielsweise beim Urwelt-Mammutbaum

Bedecktsamer hochentwickelte Verwandtschaftsgruppen der Blütenpflanzen, bei denen die Samenanlagen in einem Fruchtknoten aus verwachsenen Fruchtblättern eingeschlossen sind

Blattbucht Vertiefung bzw. Einschnitt zwischen zwei Spreitenlappen

Blattöhrchen öhrchenförmige Anhänge oder Lappen am Blattgrund, z.B. bei der Stiel-Eiche

Blattspreite flächiger Anteil eines Laubblattes

Blattspur Narben bzw. Ansatzstellen abgeworfener Blätter am Zweig

Blattvene auch als Blattader oder Blattrippe bezeichnetes Leit- und Verstärkungsgewebe in der Blattspreite

Büschel Bündel von Nadelblättern oder anderen Organen am Zweig

Cupula rundliches Becherorgan, in dem sich die Bucheckern oder Eicheln entwickeln

Dolde Blütenstandsform mit Blüten, deren Stiele alle vom gleichen Achsenpunkt ausgehen

Doldenrispe flach ausgebreiteter, doldenartiger Blütenstand, bei dem sich die äußeren Blüten zuerst öffnen, häufig auch als Scheindolde bezeichnet

Dornspitz auslaufende Sprossachse

dreizählig gefiedert Blattspreite mit drei Fiedern

eiförmig ovaler Blattspreitenumriss mit dem breitesten Spreitenteil in der unteren Hälfte

einfach Blattspreite ist ungeteilt

eingeschlechtige Blüte Blüte, die nur Stauboder nur Fruchtblätter enthält

einhäusig rein männliche und weibliche Blüten(stände) kommen getrennt auf dem gleichen Individuum vor, wie beim Haselstrauch

Fieder Teil eines zusammengesetzten = gefiederten Blattes, oft auch Blattfieder oder Blättchen genannt

Flaum Behaarung aus kurzen, weichen, dichten Einzelhaaren

Flügelfrucht Frucht mit anhängendem Segelorgan, beispielsweise bei den Ahorn-Arten

gebuchtet Blattrand verläuft in größeren Bögen

gefiedert zusammengesetztes Blatt, dessen ursprünglich einheitliche Blattspreite sich in einzelne, regelmäßig angeordnete Portionen (= Blattfiedern oder Fiedern) aufgeteilt hat

gegenständig zwei Blätter stehen sich am gleichen Blattknoten direkt gegenüber

gekämmt regelmäßige Ausrichtung von Nadelblättern beidseits eines Triebs, oft auch als gescheitelt bezeichnet

gekerbt Blattrandgestaltung mit stumpfen, nur wenig vorspringenden Zähnen oder Spitzen

gesägt Blattrandgestaltung mit meist spitzen Zähnen

gestutzt Abruptes Vorderende einer Blattspreite, sieht aus wie abgeschnitten

glattrandig Blattrand ohne auffällige Gestaltung mit Kerben, Buchten oder Zähnen, gelegentlich auch als ganzrandig bezeichnet

Habitus Gesamterscheinungsbild eines Gehölzes

handförmig Blattgestalt, bei die Hauptnerven oder Blattspreitenlappen von einem Punkt nach allen Seiten abstrahlen wie die Finger einer Hand

herzförmig Form des Blattumrisses, meist mit weiter Stielbucht

Hochblatt umgestaltetes Blattorgan im Bereich der Blüten oder Blütenstände; bei manchen Arten wie sind sie wesentlich auffälliger als die eigentlichen Blütenblätter.

Hybride Kreuzungsprodukt bzw. Bastard zwischen Vertretern, die nicht der gleichen Art angehören, wird im wissenschaftlichen Namen durch ein Kreuzungszeichen angegeben

Infloreszenz Fachausdruck für Blütenstand

Karpell Fachausdruck für Fruchtblatt

Kätzchen dichter, meist langer und hängender Blütenstand mit schmucklosen männlichen oder weiblichen Blüten

kegelförmig Wuchsform vieler Baumarten, unten meist schmal und mit parallelen Flanken, nach oben zunehmend spitz

keilförmig besondere Form der unteren Blattspreite, verschmälert sich übergangslos in den Blattstiel

Kelch meist grünliche, becherförmige,

aus den Kelchblättern zusammengesetzte äußere Schutzhülle der Blüte

Kopfbaum spezielle Wuchsform von Linden, Weiden und Pappeln, die durch regelmäßige Entnahme des Astwerks bis auf den Stammansatz entsteht

Krone oberer Teil eines Strauches oder Baumes, umfasst das Ast- und Blattwerk; bei der Blüte bezeichnet die Krone die Gesamtheit aller Kronblätter

lanzettlich Spreitenform im Umriss einer Lanze, beispielsweise bei schmalblättrigen Weiden-Arten

Lappung Blattgestalt, breite, durch große Buchten gegliederte Blattspreite

Leittrieb Haupttrieb der Krone, die das Längenwachstum übernimmt, kann auch seitlich überhängen und damit ein wichtiges Erkennungsmerkmal bieten

Lentizellen korkige, warzige, meist auch farblich abgehobene Erhebungen am Zweig, sind porös und dienen der Luftversorgung der tieferen Rindengewebe

Mark weiches, meist unverholztes Gewebe im Inneren von Zweigen

Mittelrippe Hauptblattnerv, meist spreitenmittig

Nabel helle, meist rundliche Marke an einem Samen, kennzeichnet dessen Ansatzstelle an der Fruchtwand

Nacktsamer ursprüngliche Verwandtschaftsgruppe innerhalb der Blütenpflanzen, bei denen die Samenanlagen frei auf den unverwachsenen Fruchtblättern liegen

Rachis Mittelrippe eines Fiederblattes oder Hauptachse eines Blütenstands

Rispe Komplexer Blütenstand, bei dem die zahlreichen Einzelblüten auf verzweigten Seitenästen sitzen

Samenanlage fertiler Teil des Fruchtblattes bzw. Fruchtknotens, bildet nach der Befruchtung den Samen

säulenförmig Wuchsform mancher Bäume, beispielsweise der Pyramiden-Pappel, mit dichter, schlanker Krone aus nahezu senkrecht gestellten Hauptästen

Scheide meist bleiche, am Grunde angebrachte Umhüllung beispielsweise der Nadelbündel von Kiefern

schief Blattgestalt, bei der Blattgrund unsymmetrisch ausfällt, wie bei Linden und Ulmen

sitzend Blattspreite ohne deutlichen Stielansatz

Spreite größter, flächiger Teil eines Laubblattes, oft von einem Blattstiel getragen

Stachel Spitzer Auswuchs der Rinde (z. B. bei Rosen, Brombeeren)

Stängel unverholzte Sprossachse einer krautigen Pflanze

Steinfrucht Besondere Fruchtform, die innere Fruchtwandschicht entwickelt sich bei der Reife zu einer steinharten Hülle

Stiel achsenförmiges Tragorgan einer Blüte oder einer Frucht, im Unterschied zum Stängel = Sprossachse(nabschnitt)

Stielchen Befestigung eines Fiederblattes an der Hauptrippe

Stipeln Nebenblätter, meist an der Basis des Blattstiels

Stoma Spaltöffnung, nadelstichfeine und mikroskopisch kleine Öffnung meist auf der Blattunterseite, dient dem Gasaustausch der Blätter mit dem umgebenden Luftraum

Traube Blütenstand mit gestielten Einzelblüten auf unverzweigten Seitenästen

verkehrt eiförmig Blattgestalt mit dem breitesten Spreitenteil in der vorderen Hälfte

versenkte Blattadern bei Betrachtung von der Oberseite erscheinen die Blattadern in die Blattspreite abgesenkt, beispielsweise bei Hasel oder Hainbuche

wechselständig Blätter stehen entlang einer Zweigachse allein am Blattknoten bzw. bilden zusammen eine aufsteigende Spirale

Wimpern lange, weiche Behaarung am Blattrand

Wirtel an einem Blattknoten sitzen mehr als zwei Blattorgane, auch als Blattquirle bezeichnet

Wulst vorspringende, meist halbsäulenförmige Verstärkung eines Stammes, die sich in den Wurzelanlauf fortsetzt, beispielsweise bei der Rot-Buche

zusammengesetzt Blattform, die aus mehreren deutlich getrennten Blattfiedern besteht

zweifach gefiedert auch doppelt gefiedert genannt, abgeleitete Blattgestalt mit Blattfiedern, die ihrerseits gefiedert sind

zweihäusig ausschließlich männliche und weibliche Blüten erscheinen getrennt auf verschiedenen Individuen

zwittrig männliche und weibliche Organe sind in der gleichen Einzelblüte kombiniert

Bitte beachten

Neueste Verwandtschaftsuntersuchungen auf der Basis molekularer Daten haben für etliche Gattungen eine andere Familienzugehörigkeit ergeben. So gehören die Linden jetzt zu den Malvengewächsen, die Ahorne zu den Seifenbaumgewächsen und die Fingerhüte zu den Wegerichgewächsen. Dieses Buch berücksichtigt die neuen Erkenntnisse – auch wenn diese fallweise stark gewöhnungsbedürftig erscheinen mögen.

Blumen

Unsere Blumen im Überblick

Blütenfarbe Weiß

Blütenfarbe Weiß

Blütenfarbe Gelb

Blütenfarbe Rot

Blütenfarbe Blau und Violett

Blütenfarbe unscheinbar

Weiße Seerose

Nymphaea alba · Familie Seerosengewächse

Schwimmblattpflanze mit großen, rundlichen Blättern an bis zu 3 m langen, biegsamen Stielen. ✫ Jun–Aug

Ausdauernd; **Blatt**spreite am Stielansatz mit tiefer Kerbe, oberseits glänzend dunkelgrün, unterseits rötlich, kahl; **Blüten** 9–12 cm breit, 4 Kelch- und 15–25 weiße Kronblätter. **Vorkommen** Stehende und langsam fließende Gewässer, Altarme. Fast überall in EU; in D vom Tiefland bis ins Gebirge.

Kleine Seerose

Nymphaea candida · Fam. Seerosengewächse

Schwimmblattpflanze ähnlich der vorigen Art, in allen Teilen kleiner, Blätter bis zu 1,6 m lang gestielt. ✫ Jun–Aug

Ausdauernd; **Blätter** in den Basallappen mit gebogenen Hauptnerven; **Blüten** 6–8 cm breit, Kronblätter etwas kürzer als die Kelchblätter. **Vorkommen** Stehende Gewässer, meist in sauren, nährstoffarmen Moorseen. N- und O-EU, jedoch selten; in D sehr selten. §

Ähriges Christophskraut

Actaea spicata · Fam. Hahnenfußgewächse

Aufrecht, wenig verzweigt; riecht zerrieben nach Streichhölzern. ✫ Jul–Sep

Mehrjährig, bis 60 cm; **Blätter** lang gestielt, doppelt 3-zählig; **Blüten** 4-zählig, klein, weiß, in dichten Trauben; Staubblätter überragen Blütenhüllblätter weit, mehrsamige (Ausnahme in dieser Familie) schwarze Beeren, schwach giftig. **Vorkommen** Schattige Wälder. M.- und S-EU; in D im Mittelgebirge und den Alpen.

Busch-Windröschen

Anemone nemorosa · Fam. Hahnenfußgew.

Frühblüher mit typischen reinweißen oder hellrosa Einzelblüten. ✫ Feb–Apr

Mehrjährig, 5–20 cm hoch; **Blätter** gestielt, handförmig geteilt, Stängel mit einfacherem Hochblattquirl; **Blüten** 2–4 cm breit, mit 6 (–8) Kronblättern und zahlreichen Staubblättern. **Vorkommen** Laubwälder, Gebüsche, Auen, Bergwiesen. Häufig, in D teilweise massenhaft, in S-EU nur im Gebirge.

Wasser-Hahnenfuß

Ranunculus aquatilis · Fam. Hahnenfußgew.

Flutende Stängel, weiße Blüten oberhalb des Wasserspiegels. ✫ Mai–Aug

Mehrjährige, formenreiche Pflanze, Stängel bis 2 m lang; Schwimm**blätter** 3-teilig, Wasserblätter fein zerteilt; **Blüten** einzeln, bis zu 1,5 cm breit, lang gestielt, kronblattartige Nektarblätter weiß, mit gelbem Farbmal. **Vorkommen** Schwimmblattpflanzengürtel stehender oder träge fließender Gewässer. In ganz EU außer im N.

Flutender Hahnenfuß

Ranunculus fluitans · Fam. Hahnenfußgew.

Flutende Stängel und ausschließlich untergetauchte Blätter. ✫ Jun–Aug

Mehrjährig; Stängel reich verzweigt, bis 5 m lang; **Blätter** mehrfach geteilt, fadenartige Endabschnitte bis 10 cm lang; **Blüten** 2 cm breit, mit weißen, am Grund gelben Nektarblättern. **Vorkommen** Kühle, nicht allzu schnell fließende Bäche und Flüsse mit kiesigem Grund, in Schlammfluren. M.- und W-EU.

Weiße Seerose

Kleine Seerose

Ähriges Christophskraut

Busch-Windröschen

Wasser-Hahnenfuß

Flutender Hahnenfuß

Niederliegendes Mastkraut

Sagina procumbens · Fam. Nelkengewächse

Unscheinbar, Stängel nur 1–5 cm lang, liegend, Blüten winzig. ✩ Jan–Dez

Mehrjährig; **Blätter** gegenständig, bis 1,5 cm lang, um 1 mm breit, linealisch; **Blüten** meist 4- oder 5-zählig, um 2 mm breit, Kelchblätter größer als Kronblätter.

Vorkommen Nährstoffreiche Böden. In M.- und S-EU häufig.

Wissenswert! Bemerkenswert unempfindlich gegen Trittbelastung.

Quendelblättriges Sandkraut

Arenaria serpyllifolia · Fam. Nelkengewächse

Reich und locker verzweigt, graugrün, bis 20 cm hoch. ✩ Mai–Sep

Ein- bis zweijährig, formenreich; **Blätter** gegenständig, sitzend, eiförmig, spitz, höchstens 1 cm lang, am Rand drüsig bewimpert (Lupe!); **Blüten** 5-zählig, 6–8 mm breit, mit schmalen Kronblättern.

Vorkommen Auf sandigen, steinigen, zeitweilig trockenen Böden. In EU weit verbreitet.

Wissenswert! Kennart von Magerrasen.

Vogel-Sternmiere

Stellaria media · Familie Nelkengewächse

Meist liegend, 10–30 cm lang, Haarleiste zwischen Blattknoten. ✩ Jan–Dez

Einjährig, formenreich, unscheinbar; **Blätter** eiförmig, spitz; **Blüten** 4–7 mm breit, Kronblätter tief 2-spaltig, so lang wie Kelchblätter.

Vorkommen Nährstoffreiche Böden von Äckern, Gärten, Parkrasen, Rebfluren. Fast überall sehr häufig.

Wissenswert! Auch als Vogelmiere bekannt. Früher ein beliebtes Hühnerfutter.

Große Sternmiere

Stellaria holostea · Familie Nelkengewächse

Nur zur Blütezeit auffällig, 10–40 cm hoch, Stängel 4-kantig. ✩ Apr–Jun

Mehrjährig; **Blätter** gegenständig, steif, 3–7 cm lang, schmal lanzettlich; **Blüten** bis 2 cm breit, lang gestielt zu 6–15 in mehrfach gabelteiligem Blütenstand, Kronblätter 5, 2-spaltig.

Vorkommen Sandig-lehmige, mäßig saure Böden in Laub- und Mischwäldern. In EU sehr häufig.

Hain-Sternmiere

Stellaria nemorum · Familie Nelkengewächse

Etwa 20–50 cm hoch, aufrecht, ringsum behaart, mit Ausläufern. ✩ Mai–Sep

Mehrjährig; **Blätter** gegenständig, länglich herzförmig, am Rand bewimpert; **Blüten** 1–2 cm breit, zu wenigen an den Stängelenden, Kronblätter tief 2-spaltig, meist 3 Griffel.

Vorkommen Feuchte, schattige Auwälder. In EU weit verbreitet, aber weniger häufig als die Große Sternmiere.

Acker-Hornkraut

Cerastium arvense · Familie Nelkengewächse

Blütentriebe aufrecht, bis 30 cm, sterile Sprosse kürzer; behaart. ✩ Apr–Sep

Mehrjährig; wurzelt an den Knoten liegender Stängel; **Blätter** länglich, graugrün, in den Achseln häufig mit Blattbüscheln; **Blüten** bis 2 cm breit, zu 5–15 in gabeligem Blütenstand, Kronblätter bis auf 1/4 ihrer Länge eingekerbt.

Vorkommen An hellen, warmen Standorten. In EU fast überall häufig.

Niederliegendes Mastkraut

Quendelblättriges Sandkraut

Vogel-Sternmiere

Große Sternmiere

Hain-Sternmiere

Acker-Hornkraut

Weiße Lichtnelke

Silene latifolia · Familie Nelkengewächse

Reichblütige Staude mit aufrechtem, verzweigtem Stängel. ✫ Jun–Sep

Mehrjährig, bis 1 m hoch; **Blätter** breit lanzettlich; **Blüten** zweihäusig bzw. unvollständig zwittrig, bis 2 cm breit, auch hellrosa, öffnen abends, bestäubt durch Nachtfalter.
Vorkommen Äcker, Wegränder, Gebüsche, Säume, trockenere Böden. In EU weit verbreitet, häufig.

Gewöhnliche Lichtnelke

Silene vulgaris · Familie Nelkengewächse

Häufige Staude, mit festem, nicht klebrigem Stängel. ✫ Jun–Aug

Mehrjährig, bis zu 50 cm hoch; **Blätter** bläulich grün, kahl, länglich eiförmig bis lanzettlich; **Blüten** mit stark aufgeblasenem, netzadrigem, rötlichem Kelch (daher auch Taubenkropf- oder Aufgeblasenes Leimkraut genannt), Kronblätter tief 2-spaltig.
Vorkommen Trockenrasen, Gebüsche und Wegränder. Überall in EU.

Nickende Lichtnelke

Silene nutans · Familie Nelkengewächse

Pflanze mit unverzweigtem, meist klebrig behaartem Stängel. ✫ Jun–Aug

Mehrjährig, bis 50 cm hoch; Grund**blätter** spatelig, Stängelblätter lanzettlich; **Blüten** nickend, vor dem Aufblühen in einseitig überhängendem Blütenstand, öffnen und duften erst abends, Kronblätter weiß oder hellrosa, tief 2-spaltig.
Vorkommen Trockene Magerrasen, Felsfluren, lichte Eichenwälder, vor allem auf kalkhaltigen Böden. In EU weit verbreitet.
Wissenswert! Wegen des klebrigen Stängels auch Nickendes Leimkraut genannt.

Japan. Staudenknöterich

Fallopia japonica · Familie Knöterichgew.

Sehr schnell wachsende, kräftige Pflanze mit verzweigtem Stängel. ✫ Jul–Sep

Mehrjährig, bis 3 m hoch; Stängel hängt meist bogig über; **Blätter** gestielt, spitz, bis 20 cm lang, am Grund gestutzt; **Blüten** in Rispen.
Vorkommen Waldsäume, Gräben, Ufer, Brachen. Stammt aus O-Asien, um 1825 als Zier- und Bienenpflanze eingeführt, breitet sich seit 1950 stark aus.

Acker-Hederich

Raphanus raphanistrum · Fam. Kreuzblüteng.

Ackerwildpflanze mit aufrechtem, meist rau behaartem Stängel, Blüten weißlich oder gelb. ✫ Apr–Sep

Einjährig, bis 60 cm hoch; untere **Blätter** gefiedert, obere ungeteilt; **Blüten** bis zu 2 cm breit, Kronblätter weißlich oder schwefelgelb, dunkel geadert, Kelchblätter anliegend. Gliederschote mit 1-samigen Abschnitten.
Vorkommen Äcker, Gärten und Schuttstellen. Versauerungszeiger. In EU weit verbreitet. Wildpflanze von Rettich u. Radieschen. Kulturbegleiter seit der jüngeren Steinzeit.

Bitteres Schaumkraut

Cardamine amara · Fam. Kreuzblütengew.

Der Brunnenkresse recht ähnliche Pflanze an Feuchtbiotopen, mit aufrechtem, kantigem Stängel. ✫ Apr–Jun

Mehrjährig, bis 40 cm hoch; **Blätter** mit 3–5 Fiederpaaren, bitter; **Blüten** bis 1,2 cm breit, Staubbeutel rotviolett (vgl. Echte Brunnen-Kresse ⇨ S. 58).
Vorkommen Quellfluren, Gräben, Nasswiesen, Feuchtwälder; verträgt Schatten. Fast ganz EU, im S nur in Gebirgen, in M.-EU weit verbreitet.

Weiße Lichtnelke

Gewöhnliche Lichtnelke

Nickende Lichtnelke

Japanischer Staudenknöterich

Acker-Hederich
Kronblätter dunkel geadert

Bitteres Schaumkraut

Hirtentäschelkraut

Capsella bursa-pastoris · Fam. Kreuzblüteng.

20–40 cm hohe, formenreiche Pflanze mit aufrechtem, nur wenig verzweigtem, behaartem Stängel und gestielten, weißen Blüten. ✩ Feb–Nov

Ein- oder zweijährig, 20–40 cm hoch; **Blätter** der bodenanliegenden Rosette buchtig gelappt, Stängelblätter lanzettlich mit pfeilförmigem Grund; **Blüten** bis zu 5 mm breit, in lockerer, endständiger Traube, z. T. fast ganzjährig; **Schötchen** charakteristisch herzförmig, sitzen mit der Spitze dem Stiel an.

Vorkommen Lichtpflanze; Gärten, Äcker, Brachen, Schuttstellen, Wegränder. Überall in EU verbreitet, selbst in Großstädten.

Wissenswert! Alte Heilpflanze, bis heute in der Homöopathie verwendet. Auch als Zutat zu Wildsalaten geschätzt.

Acker-Hellerkraut

Thlaspi arvense · Fam. Kreuzblütengewächse

An den charakteristischen Früchten gut erkennbares Ackerwildkraut mit wenig verzweigtem, aufrechtem Stängel und zahlreichen, weißen Blüten. ✩ Mai–Sep

Einjährig, kahl, bis 40 cm hoch; Stängel glatt, kantig; Grund**blätter** gestielt, Stängelblätter sitzend mit pfeilförmiger Basis, Spreite verkehrt eiförmig, unregelmäßig grob gezähnt, beim Zerreiben charakteristisch lauchähnlicher Duft; **Blüten** bis 5 mm breit, in endständiger Traube; **Schötchen** breit geflügelt, etwa münzgroß.

Vorkommen Äcker, Gärten, Weinberge, Wegränder, Brachflächen, auf Kalkböden. In EU mit Ausnahme des SO überall verbreitet; in D häufig, fehlt nur in den höheren Mittelgebirgen.

Knoblauchrauke

Alliaria petiolaris · Fam. Kreuzblütengew.

Bis 100 cm hoch, beim Zerreiben charakteristisch nach Knoblauch duftend, Blüten klein, reinweiß. ✩ Apr–Jun

Einjährig oder einjährig überwinternd, mit aufrechtem, kantigem, unverzweigtem Stängel, dieser an der Basis abstehend behaart; **Blätter** wechselständig, lang gestielt, im Umriss breit dreieckig, hellgrün; **Blüten** in endständiger, oft lockerer Traube, Kronen bis zu 6 mm breit.

Vorkommen Waldränder, Waldlichtungen, Parkanlagen, Hecken. In EU mit Ausnahme der Mittelmeerländer weit verbreitet; in D auf nährstoffreichen Böden häufig.

Wissenswert! Das typische Aroma der auch als Lauchhederich bezeichneten Pflanze geht auf Senfölglykoside zurück. Man verwendet die K. als Wildgemüse oder -salat.

Echte Brunnen-Kresse

Nasturtium officinale · Fam. Kreuzblütengew.

Charakteristisch schmeckend, klein, an oder in stehenden Gewässern, Blüten reinweiß. ✩ Mai–Jul

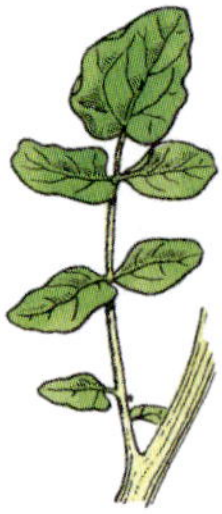

Mehrjährig; Stängel liegend oder untergetaucht, etwa 50–80 cm lang; **Blätter** etwas dicklich, mit 2–3 Paar rundlicher Fiedern und größerer Endfieder, ganzrandig oder leicht gekerbt, auch im Winter dunkelgrün; **Blüten** etwa 9 mm breit, mit gelben Staubbeuteln.

Vorkommen Kleinere Flüsse, Bäche, Quellfluren, Gräben, meist nicht in stehenden Gewässern; auch in Gartenkultur. In EU weit verbreitet, fehlt in D außerhalb der Kalkgebiete.

Wissenswert! Alte Heilpflanze mit verdauungsfördernder Wirkung; wird als pikant schmeckender, vitaminreicher Wildsalat verwendet.

Hirtentäschelkraut

Acker-Hellerkraut

Knoblauchrauke

Echte Brunnenkresse

Echtes Löffelkraut

Cochlearia officinalis · Fam. Kreuzblütengew.

Bis 50 cm hoch, mit kantigem Stängel, wechselständigen, dunkelgrünen Blättern und zahlreichen, weißen Blüten in kopfig gedrängter Traube. ✿ Mai–Jul

Einjährig; Stängel verzweigt, aufrecht; untere **Blätter** in Rosette, lang gestielt, obere sitzend, Spreite rundlich bis keilförmig; **Blüten** bis 9 mm breit; angenehm duftend.

Vorkommen Salzhaltige Böden im Außendeichbereich, aber auch im Binnenland. An allen Küsten in W-EU bis zur Ostsee.

Ähnlich **Dänisches Löffelkraut** *Cochlearia danica*, bis 25 cm hoch, auch Stängelblätter gestielt, Blüten bis 5 mm breit; in Salzwiesen, auch entlang von Straßen.

Gewöhnliche Pfeilkresse

Cardaria draba · Fam. Kreuzblütengewächse

Bis 50 cm hoch, mit aufrechtem, nach oben stärker verzweigtem Stängel und zahlreichen, weißen Blüten in doldig abgeflachten Trauben. ✿ Mai–Jul

Mehrjährig; **Blätter** länglich eiförmig, buchtig gezähnt, an der Basis herzförmig und stängelumfassend, meist kahl, hellgrün; **Blüten** bis zu 6 mm breit.

Vorkommen Stein- und Geröllfluren, Schotter, Wegränder, Dämme, Böschungen, Brachen, fast immer auf trockenen Böden; Rohbodensiedler. Stammt aus Vorderasien und SO-EU; in D vor allem in den Kalkgebieten weit verbreitet.

Wissenswert! Die Art ist in unserer heimischen Flora ein sogenannter Neophyt: Sie wanderte erst im 18. Jahrhundert nach M.-EU ein.

Meerkohl

Crambe maritima · Fam. Kreuzblütengew.

Bis 70 cm hoch, Stängel aufrecht, reich verzweigt, kräftig, alle Teile bläulich, Blüten reinweiß. ✿ Mai–Jul

Frucht

Mehrjährig; **Blätter** lang gestielt, Spreite 30–50 cm lang, lappig gebuchtet bis ungleichmäßig wellig gezähnt; **Blüten** bis zu 1,2 cm breit, Kronblätter an der Basis in einen grünlichen Abschnitt verschmälert, Kelchblätter hellhäutig umrandet; **Schote** abgeflacht, im unteren Teil stielartig, im oberen kugelig mit nur 1 Samen.

Vorkommen vorwiegend auf salz- und stickstoffhaltigen Böden; nur Küstengebiete von W- und NW-EU, an der Nordsee nahezu fehlend (neuerdings auf Helgoland), an der Ostsee selten. Geschützt.

Wissenswert! Die Blätter und Stängel wurden früher in den Küstengegenden als Wildgemüse verzehrt.

Wasserfeder

Hottonia palustris · Familie Primelgewächse

Sehr auffällige Wasserpflanze mit verzweigtem Stängel und weißlichen bis hellrosfarbenen, im Schlund gelben Blüten. ✿ Mai–Jul

Mehrjährig, bis 50 cm hoch; **Blätter** wechsel- bis quirlständig, meist untergetaucht, allenfalls knapp über der Wasserfläche, kammförmig bzw. federartig gefiedert mit 5 mm schmalen Zipfeln; In den Blattachseln entspringen bündelweise fadendünne Wurzeln. **Blüten** bis zu 2,5 cm breit, zahlreich in Trauben auf 20–30 cm langem Schaft über der Wasseroberfläche.

Vorkommen Kalkarme, nährstoffreiche, stehende oder langsam fließende Gewässer, Altarme, Gräben, Moorseen. Vor allem im nördl. M.-EU und in N-EU; in D meist nur im nördlichen Tiefland, selten. §

Wissenswert! Übersteht das Einfrieren.

Echtes Löffelkraut
reife Schötchen geöffnet löffelförmig

Gewöhnliche Pfeilkresse

Meerkohl

Wasserfeder

Siebenstern

Trientalis europaea · Familie Primelgewächse

Bis 20 cm hoch, mit auffällig dünnem, aufrechtem Stängel und meist mehr als sechs weißen Kronblättern in der sternförmigen Blüte. ✩ Mai–Jul

Mehrjährig; Stängel, unverzweigt, im unteren Drittel immer blattlos; **Blätter** lanzettlich, glattrandig, kurz gestielt bis sitzend, unterschiedlich groß, am oberen Stängelabschnitt quirlig; **Blüten** einzeln auf langen Stielen in den Blattachseln, Kronen bis zu 1,5 cm breit.

Vorkommen Moosige Fichten- und Kiefernwälder, Laubmischwälder, Birken- und Heidemoore. N-EU; in D meist nur im nördlichen Tiefland und in den angrenzenden Mittelgebirgen, gelegentlich mit Forstpflanzen aus Skandinavien verschleppt.

Rundblättriger Sonnentau

Drosera rotundifolia · Familie Sonnentaugew.

Kleine, wenig auffällige, tierfangende Pflanze mit wenigen weißen Blüten an einem ungewöhnlich langen Schaft. ✩ Jun–Aug

Mehrjährig; **Blätter** sämtlich in grundständiger, dem Boden anliegender Rosette, lang gestielt, mit kreisrunder, knapp fingernagelgroßer Spreite, grünlich rot bis hochrot, auf der Oberseite mit lang gestielten Drüsen, die einen glitzernden, klebrigen Schleim absondern; daran bleiben Kleintiere (Fliegen, Spinnen) kleben und werden anschließend verdaut; **Blüten** 3–7 mm breit, weiß, zu wenigen an einer bogig überhängenden Traube, nur jeweils eine einzige Blüte geöffnet.

Vorkommen Hoch- und Übergangsmoore, seltener Nieder- und Heidemoore. In diesen Gebieten in ganz EU verbreitet. §

Langblättriger Sonnentau

Drosera anglica · Fam. Sonnentaugewächse

Dem Rundblättrigen Sonnentau sehr ähnlich, jedoch mit länglich ovalen, lang gestielten Blättern. ✩ Jun–Aug

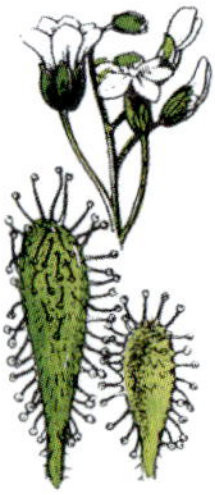

Blätter in grundständiger Rosette, meist aufgerichtet; **Blüten** an 10–30 cm hohem Schaft in der Rosettenmitte, Kronen weiß, 3–7 mm breit.

Vorkommen Nieder- und Hochmoore, auch zeitweise überschwemmte Böden. N- und M.-EU; in D fast überall selten. §

Wissenswert! An den glitzernden Klebtropfen von Sonnentau-Blättern bleiben meist bodenbewohnende Kerbtiere hängen. Zu deren Verdauung rollt sich das Blatt ein, und besondere Drüsen der Blattoberseite (nicht die Fangtentakel!) geben spezielle Enzyme ab, welche die Eiweißstoffe der Beute zerlegen.

Mittlerer Sonnentau

Drosera intermedia · Fam. Sonnentaugew.

Von ähnlichem Aussehen wie die schon vorgestellten Verwandten, aber mit breit ovalen Blättern. ✩ Jul–Aug

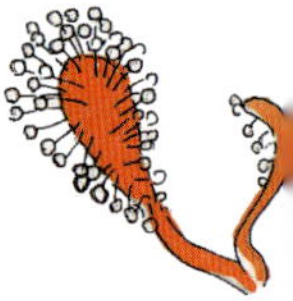

Blätter alle in Rosette, meist aufgerichtet, Fangtentakel meist nur am Rand ausgebreitet; **Blüten** an 4–10 cm hohem Schaft, der seitlich bogig von der Rosette aufsteigt, Kronen 3–7 mm breit, weiß.

Vorkommen Nasse, überflutete Stellen von Übergangs- und Hochmooren. In N- und M.-EU selten, im Alpenvorland zerstreut. §

Wissenswert! Die Tierfangtechnik funktioniert ebenso wie bei den anderen Sonnentau-Arten. Mit der Verdauung des tierischen Eiweißes erschließen sich die Pflanzen eine ergiebige Quelle für Stickstoffverbindungen.

Siebenstern

Rundblättriger Sonnentau

Langblättriger Sonnentau

Mittlerer Sonnentau

Sumpf-Herzblatt

Parnassia palustris · Fam. Herzblattgewächse

Bis zu 40 cm hoch, mit herzförmigen Blättern und großen, weißen Blüten. ✰ Jul–Sep

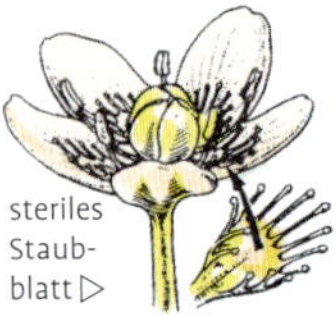

Mehrjährig; **Blätter** am Grund lang gestielt, fast ebenso lang wie breit; das einzige Stängelblatt im unteren Drittel des Stängels; **Blüten** einzeln endständig auf langem Stiel, bis zu 3 cm breit, weiße Kronblätter grünlich gestreift, 5 fruchtbare und 5 gelbe sterile Staubblätter.

Vorkommen Niedermoore, Sumpfwiesen, lichte Quellfluren, auch Kalkmagerrasen. In N- und M.-EU weit verbreitet; in D zerstreut, in den Alpen bis in 2500 m Höhe. §

Wissenswert! Die sterilen Staubblätter sehen wie reiche Pollen- und Nektarquellen aus; die meisten Blütenbesucher lassen sich davon täuschen.

Weiße Fetthenne

Sedum album · Familie Dickblattgewächse

5–20 cm hoch, in lockeren Rasen wachsend, Blätter kurz, dickfleischig, oft auffallend rot, Blüten reinweiß bis hellrosa. ✰ Jun–Sep

Mehrjährig; Stängel aufsteigend oder aufrecht; **Blätter** 6–12 mm lang, rundlich walzenförmig mit stumpfem Ende; **Blüten** bis zu 9 mm breit, zahlreich in rispigen, zu Scheindolden abgeflachten Blütenständen.

Vorkommen Sonnig trockene und offene Stellen, Mauern, Bahndämme, Felsbänder, Dächer, Halbtrockenrasen, Steinböden. In M.- und S-EU weit verbreitet, in D vor allem in den Weinbauregionen häufig und das Bild der Vegetation bestimmend.

Wissenswert! Diese Art ist die alleinige Futterpflanze für die Raupen des seltenen Apollofalters.

Knöllchen-Steinbrech

Saxifraga granulata · Familie Steinbrechgew.

20–50 mm hoch, Stängel aufrecht, schlank, kaum beblättert und behaart, Blüten strahlend weiß, in endständiger, lockerer Rispe. ✰ Apr–Mai

Mehrjährig, wintergrün; Grund**blätter** in Rosette, gestielt, rundlich nierenförmig, unregelmäßig gekerbt bis gezähnt, 1–3 cm breit und fast ebenso lang; **Blüten** bis zu 2,5 cm breit, Kelchblätter abstehend behaart.

Vorkommen Trockene, magere Wiesen, Säume, Gebüsche, Waldränder; meidet Kalkböden. In EU weit verbreitet; in D überwiegend in den Mittelgebirgen, fehlt im NW von D sowie in den Alpen. §

Wissenswert! Die Brutknöllchen am Stängelgrund in den Achseln abgestorbener Blätter dienen der vegetativen Vermehrung.

Dreifinger-Steinbrech

Saxifraga tridactylites · Fam. Steinbrechgew.

Nur 2–15 cm hoch, Stängel drüsig behaart, nur im Blütenstand verzweigt, Blüten weiß, zu wenigen in lockerer Rispe. ✰ Apr–Jun

Grundblätter

Einjährig; Stängel oft rötlich; **Blätter** überwiegend in grundständiger Rosette, an der Basis keilförmig verschmälert, vorn schmal 3-lappig (Name!), zur Blütezeit meist schon vertrocknet, Stängelblätter sitzend, einfach; **Blüten** 5–8 mm breit.

Vorkommen Mauerkronen, Felsfluren, Dünen, Bahnanlagen, Flachdächer mit Kiesschüttung. In EU weit verbreitet; in D meist zerstreut vorkommend und nur stellenweise häufig.

Wissenswert! Einzige einjährige Art der umfangreichen Gattung und eine der wenigen, die auch außerhalb der Alpen in Gesteinsfugen auftritt.

Sumpf-Herzblatt

Weiße Fetthenne

Knöllchen-Steinbrech

Dreifinger-Steinbrech

Echtes Mädesüß

Filipendula ulmaria · Familie Rosengewächse

Frisch und getrocknet stark duftend, mit vielen kleinen Blüten. ✩ Jun–Aug

Mehrjährig, 1–1,5 m hoch; Stängel aufrecht, verzweigt, kantig; **Blätter** abwechselnd groß und klein, (unterbrochen) gefiedert; **Blüten** 6–9 mm breit, Kronen gelblich weiß, in vielstrahligem scheindoldenartigem Blütenstand.
Vorkommen Nasswiesen, Gräben, Ufer. Fast überall in N- und M.-EU verbreitet; in D häufig.

Wald-Erdbeere

Fragaria vesca · Familie Rosengewächse

Bekannte Waldpflanze, allerdings mit Verwechslungsarten. ✩ Mai–Jun

Mehrjährig, 5–25 cm hoch; mit Ausläufern; **Blätter** lang gestielt, 3-zählig, gezähnt, unterseits behaart; **Blüten** bis zu 1,5 cm breit, Kronblätter berühren sich meist am Rand.
Vorkommen Wälder, Gebüsche, Säume. In EU weit verbreitet, in D fast überall häufig.

Erdbeer-Fingerkraut

Potentilla sterilis · Familie Rosengewächse

Sieht der Wald-Erdbeere ähnlich, hat aber trockene Früchte. ✩ Mär–Mai

Mehrjährig, wintergrün, 5–10 cm hoch; **Blätter** lang gestielt, 3-zählig, leicht bläulich, grob gezähnt; **Blüten** bis 1,5 cm breit, Kronblätter berühren sich nicht (vgl. Wald-Erdbeere).
Vorkommen Lichte Laubwälder, Säume, Gebüsche; meidet Kalkböden. In EU weit verbreitet, in D mit Ausnahme des NW häufig.

Weiß-Klee, Kriech-Klee

Trifolium repens · Fam. Schmetterlingsbl.gew

Formenreich, kriechend, an den Knoten wachsen Wurzeln. ✩ Mai–Sep

Mehrjährig, wintergrün, 5–15 cm hoch; **Blätter** gefiedert, breit oval, gezähnelt; **Blüten** 1 cm lang, duftend, später braun, herabhängend in 1–2 cm breiten Köpfen.
Vorkommen Fettweiden, Wiesen, Rasen Äcker. Überall in EU häufig. Bis zur Schneegrenze.

Berg-Klee

Trifolium montanum · F. Schmetterlingsbl.gew.

10–40 cm hoch, mit aufrechtem, seidig behaartem Stängel. ✩ Mai–Jul

Mehrjährig; **Blätter** 3-teilig, Teilblättchen (Fiedern) länglich-eiförmig; **Blüten** zu je 25–50 in 2 bis 3 kugelig-eiförmigen Köpfchen je Stängel, Kronen reinweiß bis gelblich-weiß, selten leicht rötlich.
Vorkommen Kalkhaltige, nährstoffarme Lehm- oder Tonböden, trockene Wiesen, lichte Wälder, Gebüschsäume. In EU weit verbreitet, fehlt im Tiefland.
Wissenswert! Die Pflanze wird von Bienen, Hummeln und Schmetterlingen bestäubt.

Hasen-Klee

Trifolium arvense · F. Schmetterlingsbl.gew.

10–30 cm hoch, Stängel aufrecht, verzweigt, Blüten weiß-rosa. ✩ Mai–Jul

Einjährig; **Blätter** 3-zählig, Fiedern linealisch, graugrün, bis 3 cm lang; **Blüten** etwa 3 mm lang, zahlreich in walzenförmig gestreckten, 1–2 cm langen Köpfen, Kelch weich und lang behaart.
Vorkommen Offene Sandfluren, Wegränder, Brachflächen. In EU häufig.

Echtes Mädesüß

Wald-Erdbeere
Kronblätter berühren sich

Erdbeer-Fingerkraut
Kronblätter berühren sich nicht

Weiß-Klee, Kriech-Klee

Berg-Klee

Hasen-Klee
Blütenstand fühlt sich samtig an

Weißer Steinklee

Melilotus alba · Fam. Schmetterlingsbl.gew.

Hohe Pflanze mit verzweigtem Stängel und Blüten in Trauben. ✩ Mai–Jul

Zweijährig, bis 1,2 m hoch; **Blätter** wechselständig, 3-zählig gefiedert, grob gezähnt, kahl; **Blüten** bis 7 mm lang, zahlreich in 5–8 cm langer Traube.
Vorkommen Auf steinigen und trockenen Brachen; Wegränder, Säume. In EU weit verbreitet.

Wald-Sauerklee

Oxalis acetosella · Fam. Sauerkleegewächse

Kleine hellgrüne Waldbodenpflanze mit kleeähnlichen Blättern. ✩ Apr–Mai

Mehrjährig, 5–15 cm hoch; **Blätter** lang gestielt, 3-zählig gefiedert, falten und senken sich bei Dunkelheit, saurer Geschmack durch Oxalsäure; **Blüten** lang gestielt, rosa geadert.
Vorkommen Frische bis feuchte Laub- und Mischwälder, Gebüsche; Schattenpflanze. In EU fast überall verbreitet.

Rundblättriges Wintergrün

Pyrola rotundifolia · Familie Heidekrautgew.

Dunkel- und immergrüne Schattenpflanze, eher unauffällig. ✩ Jun–Sep

Mehrjährig; meist unverzweigt; **Blätter** in einer Rosette; **Blüten** bis 1 cm breit, nickend, zu 10–20 in bis zu 20 cm hoher Traube, Krone glockig, vom Griffel weit überragt.
Vorkommen Wälder und Gebüsche der Mittelgebirge von M.- und N-EU. Fast überall selten, fehlt im Tiefland. §

Einblütiges Moosauge

Moneses uniflora · Fam. Heidekrautgew.

Dunkel- und immergrüne Pflanze, mit nur einer Blüte. ✩ Mai–Aug

Mehrjährig; **Blätter** in Rosette, lederig, gezähnt; **Blüten** bis 2,5 cm breit, am bis 20 cm hohen Stängel, weiß oder rötlich; Griffel hellgrün.
Vorkommen Moosige Nadelwälder, seltener bodensaure Eichenwälder. Höhere Mittelgebirge von M.- und N-EU sowie nördliche Kalkalpen. Relativ selten. §

Dolden-Winterlieb

Chimaphila umbellata · Fam. Heidekrautgew.

Immergrün, mit aufsteigendem oder aufrechtem Stängel. ✩ Jun–Aug

Mehrjährig, 10–20 cm hoch; **Blätter** oval, lederig, glänzend; **Blüten** bis 2 cm breit, in endständiger Dolde, hellrosa bis weiß.
Vorkommen Lichte Misch- und Nadelwälder. Selten in N- und M.-EU, fehlt im NW von D. §
Wissenswert! Die Samen (0,004 mg) gehören zu den leichtesten unserer Flora.

Fichtenspargel

Monotropa hypopitys · F. Heidekrautgew.

Bleiche Pflanze mit fleischigem, bis 30 cm hohem Stängel. ✩ Jun–Jul

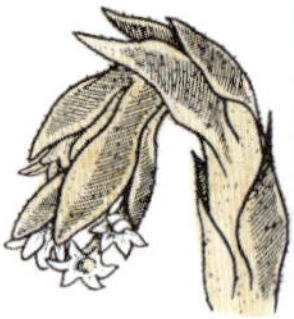

Mehrjährige Art, ohne Blattgrün. **Blätter** schuppenförmig; **Blüten** glockig, zu 8–15 in nickender Traube.
Vorkommen Misch- und Nadelwälder mit moderigem Rohhumus. In EU weit verbreitet, in D fast überall selten. §
Wissenswert! Keine Photosynthese, ernährt sich mit Hilfe von Bodenpilzen.

Weißer Steinklee

Wald-Sauerklee

Rundblättriges Wintergrün

Einblütiges Moosauge

Dolden-Winterlieb
Blüten oft auch reinweiß

Fichtenspargel

Wald-Sanikel

Sanicula europaea · Fam. Doldenblütengew.

Bis 50 cm hoch, Stängel aufrecht, wenig verzweigt, Blüten weiß oder rosa, zu mehreren in kopfigen Döldchen. ✩ Mai–Jul

Mehrjährig; Grund**blätter** lang gestielt, im Umriss rundlich, tief handförmig geteilt mit fein gezähnten Lappen, etwas lederig, immergrün; Stängelblätter sehr kurz gestielt, fehlen oft ganz; **Blüten** klein, in den Döldchen außen meist rein ♂, innen überwiegend zwittrig.

Vorkommen Krautreiche, humose Laub- und Mischwälder; kalkliebend. In EU weit verbreitet; in D zerstreut, bis in 1600 m Höhe, im Norddeutschen Tiefland selten.

Wissenswert! Früher war die Pflanze als Heilmittel sehr geschätzt, heute wird sie medizinisch nicht mehr verwendet.

Große Sterndolde

Astrantia major · Familie Doldenblütengew.

30–100 cm hoch, Stängel aufrecht, kahl, wenig verzweigt, Blüten zahlreich in sternförmiger Dolde. ✩ Jul–Aug

Blätter geteilt, Lappen grob gezähnt, die beiden seitlichen oft verwachsen; Grundblätter lang gestielt, 10–20 cm breit, Stängelblätter kleiner; **Blüten** sehr klein, weißlich, Hüllblätte lanzettlich bis oval.

Vorkommen Bergwiesen, Bergwälder Hochstaudenfluren; vorwiegend auf kalkhaltigem Lehmboden. Im südlichen M. sowie in S-EU, fehlt in D im N und NW, im Gebirge bis in 2000 m Höhe.

Wissenswert! Die sternförmig ausgebreiteten Hüllblätter lassen die Blütendolde wie eine besonders üppige Einzelblüte erscheinen.

Breitsame

Orlaya grandiflora · Fam. Doldenblütengew.

10–30 cm hoch, mit aufsteigendem oder aufrechtem Stängel und reinweißen Blüten. ✩ Jun–Aug

Einjährig; Stängel meist wenig verzweigt; **Blätter** einfach oder 2- bis 3-fach gefiedert mit schmalen, an der Spitze gelblichen Zipfeln; **Blüten** in zusammengesetzter Dolde; jedes Döldchen mit stark vergrößerten Randblüten (deren Kronen bis 1,5 cm lang).

Vorkommen Äcker, Brachen, Wegränder. Nur auf Kalk und Lehm- bzw. Tonböden. Vor allem in S-EU; im Mittelmeerraum häufig, in D nur in ausgesprochenen Wärmegebieten (v.a. Weinbergregionen).

Wissenswert! Durch die stark vergrößerten Randblüten erscheint die Dolde wie eine riesige Einzelblüte mit großer Lockwirkung auf die bestäubenden Insekten.

Hundspetersilie

Aethusa cynapium · Fam. Doldenblütengew.

20–100 cm hoch, Stängel aufrecht, bläulich bereift, oft rötlich überlaufen, Blüten weiß, in zusammengesetzter Dolde. ✩ Jun–Aug

Einjährig; **Blätter** 2- bis 3-fach gefiedert mit meist schmalen, zipfeligen Abschnitten, oberseits glänzend dunkelgrün (be der ähnlichen Garten-Petersilie matt!) **Blüten** zahlreich, die zusammengesetzt Dolde mit 10–20 Strahlen, ohne Hüllblätter, an der Außenseite der einzelnen Döldchen je 3 herabhängende Hüllchenblätter.

Vorkommen Brachen, Hackfruchtäcker Weinberge, Gärten, Schutt- und Abfallstellen; nährstoffreiche Lehmböden. In M.-EU weit verbreitet; in D stellenweise häufig.

Wissenswert! Sehr giftiger Vertreter ihre Familie. Verwechslung mit glattblättrige Garten-Petersilie kann zu tödlichen Vergiftungen führen. Die Symptome reichen vo Mundbrennen und Erbrechen über Schüttelkrämpfe bis zur Atemlähmung.

Wald-Sanikel

Große Sterndolde

Breitsame
lange Kronblätter am Doldenrand

Hundspetersilie

Hecken-Kälberkropf

Chaerophyllum temulum · F. Doldenbl.gew.

30–150 cm hoch, mit aufrechtem, rundem, steifhaarigem und vor allem im unteren Teil rot geflecktem Stängel und weißen Blüten. ✩ Mai–Jul

Zweijährig; Stängel unterhalb der Blattknoten deutlich verdickt; **Blätter** doppelt gefiedert, Fiedern am Rand gekerbt, durch kurze Behaarung graugrün; **Blüten** zahlreich in zusammengesetzten Dolden, die Dolden ohne Hüllblätter, die einzelnen Döldchen hingegen jeweils mit einem Hüllchen aus 4–8 schmalen, bewimperten Blättern.

Vorkommen Parkanlagen, Gärten, Waldränder, Schuttstellen; bevorzugt auf stickstoffreichen Böden (Zeigerpflanze!). In EU weit verbreitet; in D vor allem im Tiefland, im Bergland nur bis in 600 m Höhe.

Wissenswert! Die Pflanze ist in allen Teilen giftig, für den Menschen wie für Weidetiere. Beim Verzehr ruft sie Lähmungen hervor (daher auch „Taumel-Kälberkropf").

Behaarter Kälberkropf

Chaerophyllum hirsutum · F. Doldenbl.gew.

40–90 cm hoch, mit aufrechtem, drehrundem, gerilltem, fein behaartem ode kahlem Stängel und weißen, seltener rosa Blüten. ✩ Mai–Jul

Mehrjährig, formenreich; Stängel unte den Blattansatzstellen nicht auffällig ver dickt, erst im oberen Drittel verzweigt **Blätter** wechselständig, oberseits matt grün, unterseits glänzend, 3- bis 4-fach gefiedert, Fiedern ihrerseits fiederteilig sowie tief und unregelmäßig gezähnt; **Blüten** etwa 3 mm breit, 5-zählig, am Ranc bewimpert, zahlreich in zusammengesetzten Dolden ohne Hülle mit 10–20 Döld chen, diese mit 5–10 häutig umsäumter und bewimperten Hüllchenblättern.

Vorkommen Feuchtwiesen, Ufer, Graben ränder, Hochstaudenfluren, Auenwäl der; bevorzugt auf feuchtem, humosem Lehmboden. In EU weit verbreitet, fehlt ir D im Tiefland, meist in den Mittelgebirgen In den Alpen bis auf etwa 2000 m.

Gefleckter Schierling

Conium maculatum · Fam. Doldenblütengew.

1–2 m hoch, Stängel fein gerillt, bläulich bereift, unten auffällig rotbraun gefleckt, Blüten weiß. ✩ Jun–Aug

Blätter sehr groß, 2- bis 4-fach gefiedert, oberseits dunkelgrün, unterseits graugrün, duften beim Zerreiben unangenehm nach Mäusen; **Blüten** bis 2 mm breit, zu jeweils etwa 8–20 in kleinen Döldchen, diese in zusammengesetzten Dolden mit vielblättriger Hülle.

Vorkommen Brachen, Hecken, Gärten, Wegränder, Schuttstellen, Mauern, Hochstaudenfluren. In EU weit verbreitet, bis S-Skandinavien; in D stellenweise häufig.

Wissenswert! Alle Pflanzenteile sind durch das Alkaloid Coniin tödlich giftig, das das Atemzentrum lähmt. Im Altertum wurden damit Todesurteile vollstreckt (Sokrates).

Gift-Wasserschierling

Cicuta virosa · Fam. Doldenblütengewächse

Bis 120 cm hoch, mit aufrechtem, kahlem, graugrünem Stängel und reinweißen Blüten. ✩ Jun–Aug

Mehrjährig; **Blätter** groß, bis 3-fach gefiedert, Fiedern schmal lanzettlich, scharf gezähnt, bis zu 8 cm lang; **Blüten** zahlreich in zusammengesetzten Dolden mit wenigen Hüll- und vielen Hül chenblättern.

Vorkommen Gräben, Ufer, Röhrichte Sümpfe, Altarme von Flüssen; bevor zugt auf staunassen und zeitweise über schwemmten Böden. In M.- und N-EU wei verbreitet; in D meist nur zerstreut.

Wissenswert! Gehört mit dem Gefleckte Schierling zu den giftigsten heimische Pflanzenarten. Schon der Verzehr vo 2–3 g der Pflanze kann tödlich sein.

Hecken-Kälberkropf

Behaarter Kälberkropf

Gefleckter Schierling

Gift-Wasserschierling

Wiesen-Kerbel

Anthriscus sylvestris · Fam. Doldenbl.gew.

50–150 cm hoch, Stängel verzweigt, gerillt, Blüten zahlreich, weiß, in zusammengesetzten Dolden. ✲ Apr–Aug

Zwei- oder mehrjährig; Stängel nur an der Basis rau behaart, niemals rötlich gefleckt; **Blätter** groß, 2- bis 3-fach gefiedert, Fiedern lanzettlich, oberseits glänzend dunkelgrün, unterseits hellgrün, kahl; **Blüten** meist ohne Hülle, Döldchen mit 4–8 schmalen Hüllchenblättern.

Vorkommen Waldränder, Gebüsche, Säume, Böschungen, Brachen; auf nährstoffreichen Böden. In M.- und N-EU weit verbreitet, in S-EU selten; in D sehr häufig.

Wissenswert! Der Hautkontakt mit frisch geschnittenen Pflanzenteilen kann die sogenannte Wiesendermatitis mit Ausschlag auslösen.

Große Bibernelle

Pimpinella major · Fam. Doldenblütengew.

40–90 cm hoch, Stängel aufrecht, kantig gefurcht, bis oben beblättert, Blüten weiß bis rosa, in zusammengesetzter Dolde. ✲ Jun–Sep

Mehrjährig; **Blätter** unpaarig einfach gefiedert, Fiedern bis zu 4 cm lang, gezähnt, Endfieder schwach gelappt; **Blüten** zahlreich, Dolde 3–6 cm breit, mit 10–15 dünnen Strahlen, ohn Hüll- und Hüllchenblätter.

Vorkommen Hochstaudenfluren, Fett wiesen, Gebüsche, Waldsäume; meist au feuchten, nährstoffreichen Lehmböden. I EU weit verbreitet; fehlt in D im nordwestlichen Tiefland, sonst fast überall häufig.

Wissenswert! Enthält ätherisches Öl un scharf schmeckende Stoffe, die auch medizinisch genutzt werden. Die Blüten werden von Käfern und Fliegen bestäubt.

Wiesen-Bärenklau

Heracleum sphondylium · F. Doldenbl.gew.

80–160 cm hoch, Stängel aufrecht, borstig steif behaart, kantig gefurcht, Blüten weiß, in zusamengesetzten Dolden. ✲ Juni-Sep

Frucht

Mehrjährig; **Blätter** grob gefiedert oder stark gelappt, oberseits dicht steifhaarig, grob gezähnt, derb, mit gestreifter Blattscheide; **Blüten** zahlreich, Dolden 5–15 cm breit, mit fehlender oder höchstens 6-teiliger Hülle und zahlreichen Hüllchenblättern.

Vorkommen Fettwiesen, Wegränder, Gebüsche, Schuttstellen, Brachflächen. In EU weit verbreitet; in D meist sehr häufig.

Wissenswert! Die nach außen hin stark vergrößerten Randblüten lassen die Dolde als übergroße Blume erscheinen.

Riesen-Bärenklau

Heracleum mantegazzianum · Fam. D.bl.gew

1–4 m hoch, Stängel aufrecht, kantig gefurcht, Blüten weiß, in riesigen Dolden. ✲ Jun–Sep

Zwei-, seltener mehrjährig, kräftiger Stängel am Grund armdick, **Blätter** sehr groß Grundblätter mit Stiel bis über 2 m lang Stängelblätter mit auffällig vergrößerte Blattscheide, tief 3- bis 5-teilig mit fiederteiligen, spitzen Abschnitten, unterseit kurz behaart; **Blüten** in 10–50 cm breiten Dolden, diese mit jeweils 50–100 Strahlen ohne Hülle, aber mit zahlreichen Hüllchenblättern.

Vorkommen Weg- und Waldränder, Staudenfluren, Böschungen, Brachflächen Wurde als Bienenweide und Zierpflanz aus dem Kaukasus nach M.-EU eingeführt inzwischen vielerorts eingebürgert.

Wissenswert! Der Saft enthält Stoffe, di bei Hautkontakt und anschließender Sonnenbestrahlung schwere, schmerzhaft Entzündungen hervorrufen können.

Wiesen-Kerbel

Große Bibernelle
Blüten oft auch weiß

Wiesen-Bärenklau
Laubblätter sehr rauhaarig

Riesen-Bärenklau
Pflanze nicht berühren!

Wiesen-Kümmel

Carum carvi · Familie Doldenblütengewächse

Ästiger Stängel; alle Teile duften beim Zerreiben aromatisch. ✩ Apr–Jun

Zweijährig, 30–80 cm hoch; **Blätter** fein gefiedert, scheinbar quirlständig; **Blüten** in Dolden mit ungleich langen Strahlen, meist ohne Hülle und Hüllchen.

Vorkommen Fettwiesen, Fettweiden, Wegränder. In EU fast überall verbreitet; in D eher in kühlen Gebirgslagen, im Tiefland selten.

Wilde Möhre

Daucus carota · Fam. Doldenblütengewächse

Auf trockenen Standorten mit borstigem Stängel, feine Blätter. ✩ Mai–Sep

Zweijährig, bis 90 cm hoch; **Blätter** graugrün, mehrfach gefiedert, sehr schmale Endzipfel, riechen zerrieben nach Möhren; zentrale **Blüte** oft purpurn, übrige weiß, in Dolden, feine Hüll- und Hüllchenblätter.

Vorkommen Wiesen, Halbtrockenrasen, Raine. M.- und S-EU; in D häufig.

Schwalbenwurz

Vincetoxicum hirundinaria · F. Immergrüngew.

Auf Offenland, mit cremeweißen Blüten aus den Blattachseln. ✩ Mai–Aug

Mehrjährig, 40–70 cm hoch; **Blätter** gegenständig, länglich, am Grund herzförmig, leicht bläulich; **Blüten** in Trauben, 5–7 mm breit, halten mit Klemmfallen-Mechanismus Bestäuber (Fliegen) kurz fest.

Vorkommen Lichte Wälder, trockenes Offenland. In EU weit verbr.; in D zerstreut.

Giersch, Geißfuß

Aegopodium podagraria · Fam. Doldenbl.gew

Hellgrüne Wald- und Gebüschpflanze mit kantigem Stängel. ✩ Jun–Jul

Mehrjährig, bis 1 m hoch, duftet beim Zerreiben nach Mohrrübe; **Blätter** gefiedert, Fiedern oval, gezähnt, bis 4 cm breit, 10 cm lang; **Blüten** in Dolden ohne Hülle und Hüllchen.

Vorkommen Nährstoffreiche Waldränder Gebüsche, Gärten. Überall in EU; in D häufig.

Wald-Engelwurz

Angelica sylvestris · Fam. Doldenbl.gewächse

Große Wald- und Uferpflanze, Stängel rund, glatt, weißlich bereift. ✩ Jul–Sep

Zweijährig, 1–1,5 m hoch. **Blätter** bis 3-fach gefiedert, mit bauchiger Blattscheide, Fiedern oval; **Blüten** auch grünlich od. rötlich, in Dolden ohne Hülle, aber vielzähligem Hüllchen.

Vorkommen Laub- u. Mischwälder, Auen Nasswiesen, Ufer, Gräben. Fast überall in EU; in D weit verbreitet, bis 1700 m Höhe.

Fieberklee

Menyanthes trifoliata · Fam. Fieberkleegew.

Sumpf- und Moorpflanze mit kleeartig gefiederten Blättern. ✩ Mai–Jul

Mehrjährig, 15–30 cm hoch; **Blätter** lang gestielt, Fiedern bis 10 cm lang; **Blüten** 1–1,6 cm breit, in aufrechter Traube, Kronblätter anfangs rötlich, dann weiß, am Rand stark behaart. Schwach giftig.

Vorkommen Sümpfe, Moore. N- und M. EU; in D weit verbreitet, aber meist selten. §

Wiesen-Kümmel

Giersch, Geißfuß

Wilde Möhre

Wald-Engelwurz

Schwalbenwurz

Fieberklee

Gewöhnliche Zaunwinde

Calystegia sepium · Familie Windengewächse

Dekorative, 1–3 m lange Kletterpflanze mit windendem Stängel. ✿ Jun–Sep

Mehrjährig; **Blätter** herzförmig, bis zu 15 cm lang; **Blüten** trichterförmig, bis 5 cm lang und breit, schließen nachts und bei trübem Wetter, Kelchblätter klein, 2 grüne, herzförmige Vorblätter.
Vorkommen Hecken, Zäune, Gärten, Gebüsche. In EU verbreitet; in D häufig.

Europäische Seide

Cuscuta europaea · Familie Windengewächse

Bleiche Kletterpflanze mit feinen Stängeln, ohne Wurzeln. ✿ Jun–Sep

Einjähriger Vollparasit; Stängel verzweigt, bis zu 1 m lang; **Blätter** schuppenförmig, bleich; **Blüten** winzig, weißlich bis rötlich, zahlreich in rund 1 cm großen, kugeligen Köpfchen.
Vorkommen Auf Brennnesseln, Weiden oder Beifuß an Ufern und Hecken. In EU weit verbreitet; in D meist zerstreut.

Wiesen-Labkraut

Galium album · Familie Rötegewächse

Wiesenpflanze mit kantigem, kahlem, recht dünnem Stängel. ✿ Mai–Okt

Mehrjährig, 30–100 cm hoch; **Blätter** im mittleren Stängelbereich zu je 6–9 in Wirteln, linealisch; **Blüten** 2–4 mm breit, reinweiß, sehr zahlreich in lockeren, endständigen Rispen, Kronzipfel spitz, ausgebreitet.
Vorkommen Fettwiesen, Gebüsche, Wald- und Wegränder. Überall in EU häufig.

Kletten-Labkraut, Klebkraut

Galium aparine · Familie Rötegewächse

Kletterpflanze mit Widerhaken und wirteligen Blättern. ✿ Mai–Okt

Einjährig, 30–150 cm hoch; **Blätter** linealisch, randlich sehr rau, meist zu 6–8 in Wirteln; **Blüten** klein, grünlich weiß, zu 2–7 rispig in den oberen Blattachseln; Früchte kugelig, mit Hakenhaaren besetzt, dadurch „Kleb"-Effekt.
Vorkommen Äcker, Brachen, Gärten, Gebüsche, Wälder. In EU überall häufig.

Waldmeister

Galium odoratum · Familie Rötegewächse

Wohlriechende Waldbodenpflanze mit mit wirteligen Blättern. ✿ Apr–Mai

Mehrjährig, 10–30 cm hoch; **Blätter** bis 4 cm lang, gezähnelt, beim Welken intensiv duftend; **Blüten** zahlreich in Scheindolden, Krone bis 5 mm breit; Früchte mit steifen Hakenhaaren. Leicht giftig (Cumaringehalt)!
Vorkommen Laub- und Mischwälder, Gärten. In M.- und W-EU weit verbreitet. Für Wildblumengärten empfehlenswert.

Wald-Labkraut

Galium sylvaticum · Familie Rötegewächse

Dem Waldmeister ähnlich, aber größer und leicht bläulich bereift. ✿ Jun–Sep

Mehrjährig, 30–120 cm hoch; **Blätter** bis 1 cm breit und 4 cm lang, leicht bläulich bereift; **Blüten** cremeweiß, etwa 2 mm breit, zahlreich in lockeren, endständigen Rispen.
Vorkommen Laubwälder, Gebüsche, Kahlschläge. In M.-EU weit verbreitet, vor allem in den Mittelgebirgen; fehlt in der Norddeutschen Tiefebene weitgehend.

Gewöhnliche Zaunwinde

Europäische Seide

Wiesen-Labkraut

Kletten-Labkraut, Klebkraut

Waldmeister

Wald-Labkraut

Gewöhnlicher Feldsalat

Valerianella locusta · Fam. Geißblattgew.

5–20 cm hoch, mit bodenanliegender Blattrosette und aufrechtem Stängel, Blüten bläulich weiß, zahlreich in endständigen Scheindolden. ✩ Apr–Mai

Formenreich, einjährig; Stängel meist gabelig verzweigt; **Blätter** spatelförmig bis verkehrt eiförmig, hell- oder dunkelgrün, glattrandig oder unregelmäßig gekerbt, Stängelblätter gegenständig; **Blüten** ziemlich klein, Scheindolden mit kurzen Tragblättern.

Vorkommen Äcker, Wegränder, Weinberge, Hecken, Mauern, Gärten, Halbtrockenrasen. In EU weit verbreitet; in den meisten Gegenden von D häufig, oft aus Gartenkultur verwildert und an Schuttstellen dauerhaft oder vorübergehend eingebürgert.

Wissenswert! Der G. F. wird auch Rapunzel genannt.

Echter Baldrian, Arznei-B.

Valeriana officinalis · Fam. Geißblattgew.

Bis 1,5 m hoch, Stängel aufrecht, etwas gefurcht, erst oben verzweigt, Blüten zahlreich, weiß oder rosa. ✩ Jun–Aug

Mehrjährig; **Blätter** gegenständig, unpaarig gefiedert, Fiedern glattrandig oder gesägt; **Blüten** in dichten, halbkugeligen, rispigen Scheindolden am Stängelende oder in den oberen Blattachseln, Kronen 2–4 mm breit.

Vorkommen Wiesen, Waldränder, Gebüsche, Ufer, Gräben, auf feuchten Böden. In EU weit verbreitet, so auch in D.

Ähnlich **Kleiner Baldrian** *Valeriana dioica*, nur bis 30 cm hoch, Grundblätter ungeteilt, Stängelblätter unpaarig gefiedert; zweihäusig, ♂ Blüten rötlich, ♀ Blüten weiß, in dichten Rispen; Nasswiesen, Gräben, Ufer; in EU weit verbreitet.

Schwarzer Nachtschatten

Solanum nigrum · Fam. Nachtschattengew.

Bis 80 cm hohe Offenlandpflanze mit aufrechtem, verzweigtem Stängel und weißen Blüten. ✩ Jun–Okt

Einjährig; Stängel im Gegensatz zu dem des Bittersüßen Nachtschattens (S. *dulcamara*) auch an der Basis immer krautig; **Blätter** gestielt, mattgrün, wechselständig, breit lanzettlich, glattrandig oder buchtig gezähnt; **Blüten** zu 5–10 in doldigen Trauben in den oberen Blattachseln; Kronen um 1,5 cm breit, Staubblätter goldgelb, als zentraler Kegel; Beeren kugelig, etwa 1 cm dick, in der Reife glänzend schwarz.

Vorkommen Hackfruchtäcker, Brachflächen, Gärten, Schuttstellen. In EU fast überall verbreitet, stellenweise häufig.

Wissenswert! Die unreifen Früchte enthalten größere Mengen giftiger Alkaloide.

Stechapfel

Datura stramonium · Fam. Nachtschatteng.

30–120 cm hoch, mit aufrechtem, kahlem, einfachem oder ästigem Stängel und weißen Blüten. ✩ Jun–Sep

Einjährig; **Blätter** wechselständig, gestielt, meist ungleich groß, 4–15 cm lang und fast ebenso breit, oval bis rundlich, an der Basis unsymmetrisch keilförmig, grob buchtig gezähnt; **Blüten** gestielt, einzeln in den oberen Blattachseln, Krone trichterförmig, 6–10 cm lang, mit 5 lang auslaufenden Zipfeln; Kapsel**frucht** oval, derb bestachelt, 4–5 cm lang.

Vorkommen Brachflächen, Abfall- und Schuttstellen, Gärten, Wegränder, Siedlungen. In EU weit verbreitet; in D zerstreut und unbeständig.

Wissenswert! Stammt ursprünglich aus Mittelamerika (Mexiko) und ist heute auch im Mittelmeerraum ziemlich häufig. Die in allen Pflanzenteilen, besonders in den Samen angereicherten Giftstoffe wirken schon in kleinen Mengen tödlich.

Gewöhnlicher Feldsalat

Echter Baldrian, Arznei-Baldrian
Blüten oft auch reinweiß

Schwarzer Nachtschatten

Stechapfel

Acker-Stiefmütterchen

Viola arvensis · Familie Veilchengewächse

5–20 cm hohe, leicht erkennbare, aber nicht immer sicher bestimmbare Ackerpflanze, Stängel aufrecht, Blüten meist hellgelb. ✿ Mai–Okt

Ein-, seltener auch zweijährig, formenreich, Stängel verzweigt, kahl oder wenig behaart; **Blätter** gestielt, oval bis spatelig, Nebenblätter groß, mit schmaler Endfieder; **Blüten** höchstens 1–1,5 cm groß, mit dunkler gelbem Farbmal in der Kronenmitte (Lenkung der Blütenbesucher!), kann mit dem meist dunkler blühenden Wilden Stiefmütterchen bastardieren.

Vorkommen Hackfruchtäcker, Wegränder, Schuttplätze, verkrautete Gärten, Brachflächen; auf meist nährstoffreichem Boden. In ganz EU häufig, in D weit verbreitet. Gelegentlich als Heilpflanze verwendet.

Weiße Taubnessel

Lamium album · Familie Lippenblütengew.

Bis 50 cm hoch, Stängel aufrecht, kräftig, einfach, 4-kantig, Blüten cremeweiß bis reinweiß. ✿ Apr–Aug

Mehrjährig; **Blätter** gegenständig, gestielt, grob gezähnt wie bei der Brennnessel, kurz behaart, duften beim Abstreifen etwas unangenehm muffig; **Blüten** zu mehreren in Scheinquirlen in den oberen Blattachseln, Kronen 2–2,5 cm lang, Kronröhre aufgebogen, innen mit Haarring, Oberlippe stark gewölbt.

Vorkommen Gebüsche, Hecken, Wegränder, Wiesen, Staudenfluren, Gärten, Abfallstellen, Brachflächen; auf nährstoffreichen Lehmböden. In EU überall verbreitet.

Wissenswert! Um an den Nektar zu gelangen, beißen Hummeln mit zu kurzem Rüssel die Kronröhre von hinten an und umgehen so die normale Route.

Gewöhnlicher Augentrost

Euphrasia rostkoviana · Fam. Sommerwurzg.

5–25 cm hoch, Stängel aufrecht, verzweigt, Blüten weiß, mit dottergelbem Schlund. ✿ Apr–Sep

Meist einjährig; Stängel im oberen Teil drüsig behaart; **Blätter** gegenständig, Spreite etwa 1 cm lang, länglich oval, grob gezähnt; **Blüten** in beblätterten Trauben an den Zweigenden, Kronen bis 1,2 cm lang, vielzipfelig, Schlund mit violetten Streifen. Halbparasit.

Vorkommen Bergwiesen, Halbtrockenrasen, Wegränder. In EU weit verbreitet; fehlt in D im Tiefland, in südlichen Landesteilen z. T. häufig, in den Alpen bis 2500 m Höhe.

Wissenswert! Der gelbe Fleck und die Streifen auf den Kronzipfeln sind ein wichtiges Signal für die bestäubenden Insekten, die so rascher den Eingang zur Kronröhre finden. Alte Heilpflanze gegen Augenleiden.

Ufer-Wolfstrapp

Lycopus europaeus · Fam. Lippenblütengew.

30–10 cm hohe Sumpf- und Uferpflanze mit wenig verzweigtem Stängel und kleinen, weißen Blüten. ✿ Jul–Aug

Mehrjährig; Stängel aufrecht, kantig, wenig behaart; **Blätter** gegenständig, 6–10 cm lang, breit lanzettlich, grob gezähnt, an der Basis mitunter fiederspaltig, hellgrün, untergetauchte Blätter tief fiederspaltig; **Blüten** in dichten, halbkugeligen Scheinquirlen in den Achseln der oberen Stängelblätter, Kronen um 5 mm lang, undeutlich 2-lippig, angedeutet 4-zipfelig.

Vorkommen Sumpf- und Nasswiesen, Ufer langsam fließender oder stehender Gewässer, bevorzugt auf nassen, nährstoffreichen Schlamm- oder Torfböden, erträgt Überschwemmung. In EU weit verbreitet und regional häufig; in D nahezu überall.

Acker-Stiefmütterchen

Gewöhnlicher Augentrost

Weiße Taubnessel

Ufer-Wolfstrapp

Gänseblümchen

Bellis perennis · Familie Korbblütengewächse

Anspruchslose Pflanze mit typisch weiß-gelbem Blütenkörbchen. ✫ Mär–Sep

Mehrjährig, alle **Blätter** grundständig, länglich, 5–10 cm hoch; **Blüten**körbchen, außen weiße, an den Spitzen rötliche Zungenblüten, innen gelbe Röhrenblüten.
Vorkommen Fettwiesen, Weiden, Rasen, Säume, im Gebirge bis in über 2000 m Höhe. Überall in EU häufig.

Echte Kamille

Matricaria recutita · Familie Korbblütengew.

Verzweigtes Ackerwildkraut mit mehrfach gefiederten Blättern. ✫ Mai–Sep

Einjährig, 15–45 cm hoch; **Blätter** feingliedrig; **Blüten**körbchen mit weißen Zungen- und goldgelben Röhrenblüten, Körbchenboden kegelig, hohl.
Vorkommen Getreideäcker, Wegränder, Schuttstellen, bevorzugt auf kalkfreiem Lehmboden. Fast überall in EU häufig. Wichtige Heilpflanze.

Strandkamille

Tripleurospermum maritimum · Fam. K.bl.gew.

Großblumige, charakteristische Küstenpflanze, Stängel kräftig. ✫ Jun–Okt

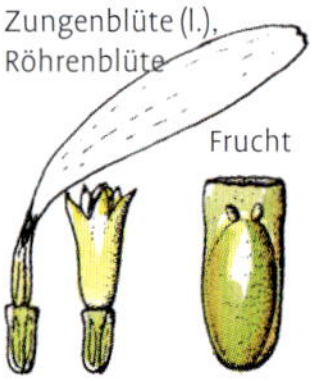

Ein- oder zweijährig, 10–40 cm hoch; **Blätter** fein gefiedert; **Blüten**körbchen 2–5 cm breit, außen weiß, innen goldgelb, zerrieben geruchlos.
Vorkommen Salzwiesen, Spülsäume, Dünen, Schutt, auf salzhaltigem Boden. W-EU, NW-EU, meist häufig.

Acker-Hundskamille

Anthemis arvensis · Fam. Korbblütengew.

Der Echten Kamille sehr ähnlich, aber Körbchen nicht kegelig. ✫ Jun–Sep

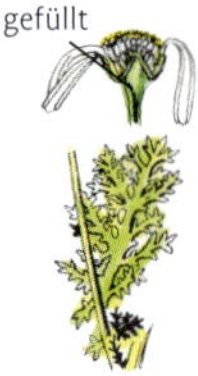

Einjährig, 10–50 cm hoch; **Blätter** wechselständig, beim Zerreiben ohne besonderen Duft; **Blüten**körbchen flach, nicht hohl, 2–3,5 cm breit, weiße Zungenblüten, gelbe Röhrenblüten.
Vorkommen Äcker, Brachflächen, Wegränder; besonders auf kalkfreien, sauren Böden. In D wie fast überall in EU häufig.

Wiesen-Wucherblume, Margerite *Leucanthemum vulgare*

Unverwechselbare Wiesenpflanze mit aufrechtem, meist unverzweigtem, leicht kantigem Stängel. ✫ Mai–Sep

Mehrjährig, 20–90 cm hoch; **Blätter** wechselständig, spatelförmig, zur Basis hin grob gezähnt; **Blüten**körbchen 4–6 cm breit, einzeln, flach, Zungenblüten weiß, Röhrenblüten goldgelb.
Vorkommen Wiesen, Halbtrockenrasen, Wegränder, Brachen, Gebüsche, Gärten. In EU weit verbreitet; in D überall häufig.

Kanadisches Berufskraut

Conyza canadense · Familie Korbblütengew.

Pflanze 1–100 cm hoch (!), unscheinbare Blüten in einer Rispe. ✫ Jun–Sep

Einjährig; alle **Blätter** wechselständig, schmal lanzettlich, um 1 cm breit; **Blüten**körbchen 2 mm breit, viele in einer Rispe, Zungenblüten weiß, Röhrenblüten gelb.
Vorkommen Brachflächen, Wegränder, Schuttstellen. Aus N-Amerika, im 17. Jh. eingeschleppt, heute fast überall in EU häufig.

Gänseblümchen

Echte Kamille

Strandkamille

Acker-Hundskamille

Wiesen-Wucherblume, Margerite

Kanadisches Berufskraut

Gewöhnliche Schafgarbe

Achillea millefolia · Familie Korbblütengew.

Reichblütige Wiesenpflanze mit kräftigem, zähem Stängel. ✩ Jun–Okt

Mehrjährig, 15–60 cm hoch; **Blätter** wechselständig, doppelt fiederteilig mit feinen, zipfeligen Abschnitten; **Blütenkörbchen** 6–8 mm breit, in Doldenrispen, Zungenblüten weiß oder rötlich, Röhrenblüten cremefarben.
Vorkommen Wiesen, Wegränder, Brachen, Steinfluren. In EU weit verbreitet; in D überall häufig.

Kleinblütiges Franzosenkraut

Galinsoga parviflora

Pflanze mit 3-zipfeligen Zungenblüten, nicht oder kaum behaart. ✩ Jun–Okt

Einjährig, 20–60 cm hoch; **Blätter** gegenständig, oval, vorn spitz, gezähnt; **Blütenkörbchen** nur 3–5 mm breit, in lockeren Trauben, je 5 3-zipfelige Zungenblüten, wenige, gelbe Röhrenblüten.
Vorkommen Äcker, Gärten, Brachen, Wegränder. Stammt aus M.- und S-Amerika; in EU überall eingebürgert und verbreitet.

Ästige Graslilie

Anthericum ramosum · Fam. Affodilgewächse

Dekorative Pflanze, Stängel im Blütenstand rispig verzweigt. ✩ Jun–Aug

Mehrjährig, 30–90 cm hoch; **Blätter** grasartig, 2–6 mm breit; **Blüten** 1,5–2,5 cm breit, die 3 inneren Blütenblätter breiter als die 3 äußeren.
Vorkommen Trockenrasen, lichte Wälder, vor allem auf kalkhaltigen Böden. M.- und S-EU; in D zerstreut.

Sumpf-Schafgarbe

Achillea ptarmica · Familie Korbblütengew.

Sumpf- und Uferpflanze mit kantigem, behaartem Stängel und großen Körbchen. ✩ Jul–Sep

Mehrjährig, 30–90 cm hoch; **Blätter** lanzettlich, sitzend; **Blütenkörbchen** flach, um 1,5 cm breit, in Doldenrispen, je 5–12 weiße Zungenblüten, Röhrenblüten weißlich.
Vorkommen Ufer, Gräben, Nasswiesen, Auen. Hauptsächlich in M.-EU; in D weit verbreitet bis zerstreut.

Behaartes Franzosenkraut

Galinsoga ciliata · Fam. Korbblütengewächse

Dem Kleinbl. F. sehr ähnlich, Stängel aber oben zottig behaart. ✩ Apr–Okt

Einjährig, 10–70 cm hoch; **Blätter** gegenständig, länglich oval, vorn spitz, gezähnt; **Blütenkörbchen** um 5 mm breit, mit gelben Röhrenblüten und 4–5 weißen, 3-zipfeligen Zungenblüten. Blüten(stands)stiele mit roten Drüsen.
Vorkommen Äcker, Gärten, Brachflächen, Plätze. Stammt aus M.- und S-Amerika; in D wie fast überall in EU eingebürgert.

Astlose Graslilie

Anthericum liliago · Familie Affodilgewächse

Der Ästigen Graslilie sehr ähnlich, Stängel aber immer blattlos und unverzweigt. ✩ Mai–Jul

Mehrjährig, 30–60 cm hoch; **Blätter** rosettig, grasartig, 2–5 mm breit, spitz; **Blüten** weiß, 2–4 cm breit, Blütenblätter gleich breit, in lockerer Traube.
Vorkommen Trockenrasen, lichte Wälder, Felsfluren; meidet kalkhaltige Böden. S- und M.-EU; in D selten.

Gewöhnliche Schafgarbe

Sumpf-Schafgarbe

Kleinblütiges Franzosenkraut

Behaartes Franzosenkraut

Ästige Graslilie

Astlose Graslilie

Bär-Lauch

Allium ursinum · Familie Narzissengewächse

Kennzeichnende frühblühende Auenwaldpflanze mit 2 grundständigen, hell- bis frischgrünen Blättern. ✿ Apr–Mai

Mehrjährige Zwiebelpflanze, 20–40 cm hoch; **Blätter** elliptisch lanzettlich, alle Teile duften nach Knoblauch; **Blüten** 1–2 cm breit, weiß, in endständiger Scheindolde.
Vorkommen Lichte Laubwälder, Gebüsche, Auen, Bachufer. In D wie fast überall in EU verbreitet.

Dolden-Milchstern

Ornithogalum umbellatum · F. Spargelgew.

Wiesenpflanze mit vielblütigem, traubigem Blütenstand. ✿ Mai–Jun

Mehrjährige, formenreiche Zwiebelpflanze, 10–30 cm hoch; **Blätter** schmal linealisch, nur 2–3 mm breit, mit hellem Mittelstreifen; **Blüten** 2–3,5 cm breit, weiß, außen grünlich, zu 3–12 in Doldentraube.
Vorkommen Wiesen, Weinberge, Gebüsche. S- und M.-EU; in D in den Mittelgebirgen und im NW.

Maiglöckchen

Convallaria majalis · Fam. Spargelgewächse

Attraktive Waldpflanze, kein Stängel, nur Blütenstandsschaft. ✿ Mai–Jun

Mehrjährig, 5–20 cm hoch, meist nur mit 2 **Blättern**, breit lanzettlich, glattrandig; **Blüten** glockig, um 5 mm breit, weiß, zu 3–9 in lockerer, einseitswendiger Traube, duften stark. Alle Pflanzenteile stark giftig (herzwirksame Glykoside)!
Vorkommen Laubwälder, Gebüsche. In EU verbreitet, auf alpinen Matten bis 1800 m.

Quirlblättrige Weißwurz

Polygonatum verticillatum · F. Spargelgew.

Kantiger Stängel, quirlblättrig, Blüten hängend in Blattachseln. ✿ Mai–Jun

Mehrjährig, 30–80 cm hoch; **Blüten** 1 cm lang, zu 2–6 an kurzen Stielen. Giftig.
Vorkommen Schattige Laub-, Misch- und Nadelwälder; auf kalkhaltigem Boden. In EU verbreitet; in D ab 500 m Höhe.

Ähnlich **Wohlriechende Weißwurz** *Polygonatum odoratum*, nur 30–40 cm hoch, Stängel kantig, jeweils 1–2 Blüten in den Blattachseln.

Wohlriechende Weißwurz

Polygonatum odoratum · Fam. Spargelgew.

Waldpflanze mit leicht gebogenem, kantigem Stängel. ✿ Mai–Jun

Mehrjährig, 20–50 cm hoch; Stängel oft leicht gebogen; **Blätter** ungestielt, unterseits leicht bläulich, aufgerichtet, breit oval; **Blüten** einzeln in den Blattachseln, Blütenhüllblätter glockig verwachsen, um 1,5 cm lang, mit grünen Zipfeln. Beerenfrucht kugelig, reif dunkelblau. Giftig.
Vorkommen Trockenwälder, Trockengebüsche oder Felsfluren, seltener in Trockenrasen. In EU weit verbreitet; fehlt in D im Tiefland, in den Alpen bis zur Waldgrenze.

Vielblütige Weißwurz

Polygonatum multiflorum · Fam. Spargelgew.

Der Wohlriechenden W. sehr ähnlich, jedoch mit rundem Stängel. ✿ Mai–Jun

Mehrjährig, 30–80 cm hoch; **Blätter** oval, spitz, 2-reihig; **Blüten** engglockig, bis 1,5 cm lang, weiß, zu 2–5 den Blattachseln entspringend. Wie auch die anderen Weißwurz-Arten in allen Teilen giftig, vor allem die Beeren enthalten starke Giftstoffe!
Vorkommen Laub- und Mischwälder, Gebüsche. In D wie im übrigen EU weit verbreitet.

Bär-Lauch

Dolden-Milchstern

Maiglöckchen

Quirlblättrige Weißwurz

Wohlriechende Weißwurz

Vielblütige Weißwurz

Schattenblume

Maianthemum bifolium · F. Spargelgewächse

5–20 cm hohe Waldpflanze mit geknickt aufrechtem, kahlem, unverzweigtem Stängel und weißen Blüten in lockerer Rispe. ✰ Apr–Mai

Blätter horizontal ausgebreitet, breit herzförmig, meist aber nur zur Blütezeit zu 2 am Stängel, dann wechselständig; vegetativ meist nur mit 1 Blatt – insofern ist der Artnamenszusatz *bifolium* = zweiblättrig eher irreführend; **Blüten** zahlreich, Blütenrispe aufrecht, walzlich. Typische Schattenpflanze. **Beere** rosa marmoriert.

Vorkommen Schattige Laub- und Mischwälder, im Küstengebiet auch in Dünen. In EU fast überall, im Gebirge bis in 1800 m.

Wissenswert! In allen Teilen, vor allem in den Beerenfrüchten giftig! Die Giftstoffe sind von völlig anderer chemischer Natur als beim nahe verwandten Maiglöckchen.

Weißes Waldvöglein

Cephalanthera damasonium · F. Knabenkr.g.

20–50 cm hoch, mit aufrechtem, leicht kantigem, oben etwas geschlängeltem Stängel und cremeweißen Blüten in lockerer Traube. ✰ Mai–Jun

Mehrjährig; **Blätter** länglich oval, spitz, glattrandig, bis 3,5 cm breit; **Blüten** mit Tragblättern, bis 3 cm breit, ohne Sporn, zu 3–8 in der Traube vereint.

Vorkommen Lichte Laubwälder, vor allem Buchenwälder, aber auch Gebüsche auf warmen Halbtrockenrasen; vorzugsweise auf Kalkböden. M.- un S-EU; in D im mittleren und südlichen Te zerstreut, sonst ziemlich selten. §

Wissenswert! Die Blüten bleiben in der Re gel geschlossen und sind somit auf Selbst bestäubung angewiesen. Mitunter finde sich nahezu blattgrünfreie Exemplare die ser Pflanzenart.

Zweiblättrige Waldhyazinthe

Platanthera bifolia · Fam. Knabenkrautgew.

20–60 cm hoch, Stängel aufrecht, leicht kantig, Blüten zahlreich, cremeweiß in verlängerter, lockerer Ähre. ✰ Mai–Jul

Mehrjährig, Stängel am Grund mit 2 breit ovalen, glänzenden **Blättern**, weiter oben nur sehr kleine, schmal lanzettliche Stängelblätter; **Blüten** 1,5–3 cm breit, duften angenehm, Sporn etwa doppelt so lang wie der gedrehte Fruchtknoten, Lippe ungeteilt, Staubblätter stehen parallel und eng nebeneinander.

Vorkommen Lichte Wälder, Magerrasen, Heiden. In EU weit verbreitet, in D größtenteils zerstreut. §

Ähnlich **Berg-Waldhyazinthe** *Platanthera chlorantha*, Blüten grünlich weiß, kaum duftend, Staubblätter spreizend, Sporn sackartig verdickt. §

Grünliche Waldhyazinthe

Platanthera chlorantha · F. Knabenkrautgew.

Der Zweiblättrigen Waldhyazinthe ähnlich, aber etwas kräftiger, mit unbeblättertem Stängel. ✰ Mai–Jul

Mehrjährig, 30–60 cm hoch; **Blätter** ur gestielt, gegenständig, zu 2 am Stänge grund, selten auch 3 oder 4, glänzen breit oval; **Blüten** bis 2,7 cm breit; äuße re Blütenhüllblätter und Basis der bis 2 cr langen Lippe strahlend weiß, Vorderte der Lippe grünlich, rückwärtiger Sporn bi zu 4 cm lang, am Ende sackartig verdick Antherenfächer nicht parallel, sondern nä hern sich nach oben dachförmig (Unte schied zur Zweiblättrigen Waldhyazinthe

Vorkommen Lichte Gebüsche und Walc säume, auch Kiefernforste; bevorzugt au Kalk. In EU weit verbreitet, in D selten. den Alpen bis etwa 1600 m Höhe.

Wissenswert! Der Eingang zum lange schlanken Sporn ist sehr eng, sodass se ne Nektarvorräte nur von langrüsselige Nachtfaltern zu erreichen sind.

Schattenblume

Weißes Waldvöglein

Zweiblättrige Waldhyazinthe

Grünliche Waldhyazinthe

Schneeglöckchen

Galanthus nivalis · Fam. Narzissengewächse

Kleiner, wohlbekannter Frühblüher mit bläulich bereiften Blättern. ✿ Mär–Apr

Pflanze 5–20 cm hoch; **Blätter** bis 10 cm lang; **Blüte** hängend, die 3 inneren Blütenbl. mit grünem Farbmal.
Vorkommen Laubmischwälder, Auen. M.- und S-EU; in D in Gärten häufig, selten natürlich vorkommend. §

Frühlings-Knotenblume

Leucojum vernum · Fam. Narzissengewächse

Waldbodenfrühblüher mit einzelnen, glockigen Blüten. ✿ Feb–Mär

Mehrjährig, 10–30 cm hoch; **Blätter** etwa 1 cm breit, unbereift; **Blüten** hängend auf blattlosem Stängel, 1–1,5 cm lang, mit gelbgrünem Farbmal, Giftig! Auch Märzenbecher genannt.
Vorkommen Laubmisch- und Auenwälder, Wiesen. Oft in Gartenkultur. M.-EU, in D zerstreut. §

Gewöhnlicher Froschlöffel

Alisma plantago-aquatica · F. Froschlöffelg.

Sumpf- und Uferpflanze mit im Blütenstand verzweigtem Stängel. ✿ Jun–Okt

Mehrjährig, 30–100 cm hoch; **Blätter** löffelförmig, lang gestielt, meist hoch über das Wasser ragend, Unterwasserblätter lang, schmal, flutend; **Blüten** 3-zählig, zahlreich in Rispe, 0,7–1,3 cm breit, mitunter rötlich, in der Mitte mit gelbem Fleck.
Vorkommen Nährstoffreiche Röhrichte, Gräben. In EU und D fast überall häufig.

Gewöhnliches Pfeilkraut

Sagittaria sagittifolia · Familie Froschlöffelg.

Sumpf- und Uferpflanze mit pfeilförmigen Blättern. ✿ Jun–Aug

Mehrjährig, 20–100 cm hoch; **Blätter** grundständig, unter Wasser bandförmig, über Wasser pfeilförmig, daneben auch Schwimmblätter; **Blüten** in der Mitte rötlich, einhäusig, selten zweihäusig, in lockerer Rispe, ♂ oben, ♀ unten, 1,5–2,5 cm breit.
Vorkommen Ufer stehender Gewässer, Teiche. Überall in EU verbreitet.

Krebsschere

Stratiotes aloides · Fam. Froschbissgewächse

Halb untergetauchte Wasserpflanze; bildet mitunter Rasen. ✿ Mai–Jul

Mehrjährig; **Blätter** in Rosette, schwertförmig, unten 3-kantig, oben flach, stachelig, 10–50 cm lang; **Blüten** zweihäusig, über Wasser, ♂ gestielt, ♀ sitzend, 2–4 cm breit. Sinkt im Herbst auf den Gewässergrund.
Vorkommen Stehende oder langsam fließende Gewässer. EU; in D vor allem im nördlichen Tiefland; auch in Gärten. §

Froschbiss

Hydrocharis morsus-ranae · F. Froschbissgew.

Wie eine kleine Seerose, mit Ausläufern in den Blattachseln. ✿ Mai–Aug

Mehrjährig, kleine Wurzeln; **Blätter** in Rosetten, gestielt, rundlich, am Grund herzförmig; **Blüten** zweihäusig verteilt, ♂ zu 1–5, ♀ einzeln, 2–4 cm breit, an der Basis mit gelbem Farbmal.
Vorkommen Auf stehenden und langsam fließenden Gewässern. M.-EU; in D vor allem im nördlichen Tiefland, sonst selten. §

Schneeglöckchen

Frühlings-Knotenblume

Gewöhnlicher Froschlöffel

Gewöhnliches Pfeilkraut

Krebsschere

Froschbiss

Gelbe Teichrose

Nuphar lutea · Familie Seerosengewächse

Stattliche Schwimmblattpflanze, Blattspreite bis zu 40 cm lang, an bis zu 2,5 m langen, biegsamen Stielen. ✩ Jun–Aug

grün

Ausdauernd; Blattstiel im oberen Teil 3-kantig, Blattnerven gabelig verzweigt, laufen strahlenförmig zum Blattrand, dort im Gegensatz zur Weißen Seerose unverbunden; **Blüten** 4–6 cm breit, erheben sich beim Aufblühen bis 20 cm über die Wasserfläche; 5 gelbe Blütenblätter, zahlreiche Nektarblätter, Narbenscheibe mit 15–20 Strahlen.

Vorkommen Stehende und langsam fließende, nährstoffreiche Gewässer. Überall in EU außer im SW und hohen N, z. T. häufig; in D von der Ebene bis ins Gebirge. §

Wissenswert! Schwebfliegen und Käfer bestäuben die duftenden Blüten. Die reifen Früchte sind schwimmfähig.

Zwerg-Teichrose

Nuphar pumila · Familie Seerosengewächse

Kleinere Schwimmblattpflanze, stets auch mit Unterwasserblättern, Blattspreite nur 5–12 cm lang. ✩ Jun–Sep

Ausdauernd; **Blätter** bis zu 1,5 m lang gestielt, Blattstiel im oberen Teil 2-kantig; **Blüten** nur 1–3 cm breit, leicht duftend, Narbenscheibe sternförmig, flach, mit 8–10 Strahlen.

Vorkommen Stehende, kalte, nährstoffarme Moor- und Gebirgsseen, vorzugsweise bei Wassertiefen zwischen 0,5 und 1,5 m in den Alpen bis in 1000 m Höhe. Vor allem nördliches EU; in D sehr selten und nur in den Gebirgen sowie im Alpenraum. §

Wissenswert! Die Z. ist eine nordisch-arktisch verbreitete Art und gilt an ihren wenigen Fundorten in M.-EU als Eiszeitrelikt. Bastardiert gelegentlich mit der Gelben T. wo sie mit ihr zusammen vorkommt.

Winterling

Eranthis hyemalis · Familie Hahnenfußgew.

5–15 cm hoher Frühblüher mit großen, sternförmigen, leuchtend gelben Blüten. ✩ Feb–Mär

Mehrjährig; **Blätter** alle grundständig, erscheinen meist erst nach der Blüte, geteilt, rundlich; die 3 handförmig geteilten Stängelblätter, die dicht unterhalb der Blüte einen Quirl bilden, übernehmen die Funktion der fehlenden Kelchblätter; **Blüten** meist scheibenförmig, 2–4 cm breit, mit gestielten, röhrigen, 2-lippig gestalteten Nektarblättern zwischen den kräftig gelben Blütenhüllblättern und den zahlreichen Staubblättern.

Vorkommen Gebüsche, Obstwiesen, Wälder. Stammt aus S-EU, insbesondere SO-EU; in D meist nur in Parks und Gärten, seltener auch verwildert anzutreffen.

Wissenswert! Die Blüten öffnen sich nur bei voller Besonnung, dafür aber bereits zwischen Schneeresten. Bestäuber sind Bienen oder Fliegen. Alle Teile sind giftig.

Frühlings-Adonisröschen

Adonis vernalis · Fam. Hahnenfußgewächse

Bis 40 cm hohe, zur Blütezeit sehr auffällige Pflanze mit goldgelben Blüten. ✩ Apr–Mai

Mehrjährig; Stängel an der Basis mit bräunlichen Schuppen; **Blätter** mehrfach gefiedert mit feinen, zipfeligen Endabschnitten; **Blüten** 4–7 cm breit, anders als die übrigen Arten dieser Familie mit Kelch und Krone aus 10–20 Kronblättern, diese spiralig angeordnet, seidig glänzend, ohne Nektarangebot, öffnen sich nur bei voller Besonnung.

Vorkommen Trocken-, Halbtrocken- und Steppenrasen, Kiefernwälder auf basischen, kalkhaltigen Böden. Südöstliches EU und W-Asien; in D sehr selten und an der NW-Grenze seiner Verbreitung, im O etwas häufiger; z. T. angepflanzt. §

Wissenswert! Alle Teile sind mäßig giftig. Die kleinen Nüsschenfrüchte werden von Ameisen verbreitet, welche die proteinreichen Anhängsel (Elaiosomen) verzehren.

Gelbe Teichrose
Blüten meist mehr als 4 cm breit

Zwerg-Teichrose
Blüten meist weniger als 3 cm breit

Winterling

Frühlings-Adonisröschen

Sumpf-Dotterblume

Caltha palustris · Fam. Hahnenfußgewächse

Leuchtend gelbe, große Blüten, an feuchten Stellen. ✩ Apr–Mai

Mehrjährig, bis zu 40 cm hoch, Stängel hohl, kahl, glatt; **Blätter** herz- bis nierenförmig, glänzend; **Blüten** 2–3 cm breit, mit 5 gelben Kronblättern.

Vorkommen Sumpfwiesen, Quellfluren, Bachauen, Auenwälder, im Gebirge bis in 2400 m Höhe. Außer dem S überall in EU.

Wissenswert! Die für uns einheitlich gelb erscheinende Blüte besitzt ein im UV-Bereich stark absorbierendes Zentrum, das Insekten als dunkel wahrnehmen.

Europäische Trollblume

Trollius europaeus · Fam. Hahnenfußgew.

Attraktive, hellgelbe Blüten erscheinen kugelig. ✩ Mai–Jun

Mehrjährig, bis zu 50 cm hoch; **Blätter** handförmig, mehrfach geteilt, die oberen am Stängel zunehmend einfacher; **Blüten** 3–5 cm breit, mit 5–15 Kronblättern, die sich meist kugelig zusammenneigen.

Vorkommen Nasswiesen, Niedermoore, Staudenfluren im Bergland, Quellbereiche. M.- und NO-EU; in D immer seltener. §

Wissenswert! Zwischen Kron- und Staubblättern befinden sich unauffällig schmale, linealische Nektarblätter.

Gelbe Wiesenraute

Thalictrum flavum · Fam. Hahnenfußgew.

Formenreiche Hochstaude mit etwas kantig gerilltem Stängel. ✩ Mai–Aug

Mehrjährig, bis 120 cm hoch; **Blätter** mehrfach gefiedert; **Blüten** klein, zahlreich in Rispen mit kopfigen Büscheln, Staubblätter hellgelb oder grünlich, nicht keulig verdickt, wohlriechend.

Vorkommen Moorwiesen, Gräben, Auengebüsche, auf Nassböden. In EU weit verbreitet.

Kleine Wiesenraute

Thalictrum minus · Fam. Hahnenfußgew.

Große, aber feingliedrige Staude, meist kantig gerillter Stängel. ✩ Mai–Jun

Mehrjährig, bis zu 130 cm hoch; **Blätter** 3- bis 5-fach gefiedert, bläulich grün bereift; **Blüten** hellgelb bis grünlich, in lockeren Rispen mit abstehenden Ästen, windbestäubt.

Vorkommen Sonnige Gebüsche, Säume, meist auf Kalk. Südliches M.-EU sowie S-EU; in D selten. §

Gelbes Windröschen

Anemone ranunculoides · Fam. Hahnenfußg.

Wie ein gelbes Busch-W. ✩ Mär–Mai

Mehrjährig, 10–20 cm hoch; **Blätter** grundständig, im Unterschied zum Busch-W. zur Blütezeit nur mit 3 quirlständigen Stängelblättern, diese tief 3-teilig, grob gezähnt; **Blüten** zu 1–2 oberhalb des Blattquirls, leuchtend gelb.

Vorkommen Auenwälder, feuchte Gebüsche und Laubwälder. In M.-EU verbreitet, im S nur im Gebirge; in D selten.

Scharbockskraut

Ranunculus ficaria · Fam. Hahnenfußgew.

Frühblüher mit herzförmigen, glänzenden Blättern. ✩ Mär–Mai

Mehrjährig, 5–15 cm hoch, Stängel liegend; **Blätter** dunkel; **Blüten** 3–5 cm breit, mit 3 Hüllblättern und 8–12 Nektarblättern; oft steril, Brutknospen in den Blattachseln.

Vorkommen Auenwälder, Feuchtwiesen, Ufer, Gräben, Obstgärten. Überall in EU häufig; in D bis 1400 m Höhe.

Sumpf-Dotterblume

Europäische Trollblume

Gelbe Wiesenraute

Kleine Wiesenraute

Gelbes Windröschen

Scharbockskraut

Scharfer Hahnenfuß

Ranunculus acris · Fam. Hahnenfußgew.

Auf nährstoffreichen Wiesen extrem häufig, Blüten glänzend. ✰ Mai–Jul

Mehrjährig, 30–120 cm hoch; **Blätter** in grundständiger Rosette lang gestielt, 3- bis 7-teilig gespalten, Stängelblätter sitzend, nach oben zunehmend einfacher; **Blüten** einzeln auf runden Stielen, fettglänzend. Ohne Ausläufer.
Vorkommen Nährstoffreiche Wiesen, Gebüsche und Wegränder. In EU weit verbreitet; in D fast überall sehr häufig.

Kriechender Hahnenfuß

Ranunculus repens · Fam. Hahnenfußgew.

Häufige Pflanze mit langen, gefurchte Ausläufern, raschwüchsig. ✰ Mai–Jul

Mehrjährig, 15–40 cm hoch; **Blätter** in Rosette 3-zählig mit lang gestieltem Endabschnitt, am Stängel zunehmend einfacher; **Blüten** goldgelb glänzend, einzeln auf langen, ge furchten Stielen, auch bei Regen offen.
Vorkommen Äcker, Brachen, Gartenlan Wegränder; Anzeiger für Lehmböden un Bodenverdichtung. In den gemäßigte Breiten heute weltweit verbreitet.

Brennender Hahnenfuß

Ranunculus flammula · Fam. Hahnenfußgew.

Liegender Hahnenfuß in Feuchtgebieten, Blätter ungeteilt. ✰ Mai–Sep

Mehrjährig, 20–30 cm hoch; Stängel rund, wurzelt an den Knoten; **Blätter** schmal, nur grundständige gestielt; **Blüten** bis 1,5 cm breit, einzeln oder in lockerer Rispe. Giftig.
Vorkommen Ufer, Niedermoore, Sumpfwiesen; auf nährstoffreichen, kalkarmen Böden. In D und EU weit verbreitet, nicht häufig.

Gold-Hahnenfuß

Ranunculus auricomus · F. Hahnenfußgew.

Formenreich, mit vielen Kleinarten un oft unvollständigen Blüten. ✰ Mär–M

Stängelblätter

Grundblatt

Mehrjährig, Stängel 30–50 cm hoch, meist kahl, **Blätter** der grundständigen Rosette lang gestielt, wenig geteilt, Stängelblätter schmal und einfach; **Blüten** zu wenigen in lockeren Rispen.
Vorkommen Auenwälder, lichte Laubwälder, Bergwiesen, Parks, Gä ten. In D wie EU weit verbreitet.

Knolliger Hahnenfuß

Ranunculus bulbosus · Fam. Hahnenfußgew.

Im Offenland mit knolligem und meist dicht behaartem Stängel. ✰ Mai–Jul

Mehrjährig, 10–45 cm; Grund**blätter** lang gestielt, Spreite bis zum Stielansatz handförmig 3-teilig, Abschnitte tief eingeschnitten bis gezähnt, Stängelblätter einfacher, sitzend; **Blüten** 2–3 cm breit, Kelchblätter grünlich gelb, außen behaart.
Vorkommen Magerrasen, Magerweiden, Böschungen, auf kalkhaltigen, mäßig trockenen Böden. Lehmzeiger. In EU weit verbreitet, in D mit Ausnahme des Tieflandes nicht selten. In den Alpen bis 2000 m.

Schöllkraut

Chelidonium majus · Familie Mohngewächs

Mittelgroße, hellgrüne Pflanze mit dunkelgelbem Milchsaft. ✰ Apr–Sep

Mehrjährig, 30–70 cm hoch, Stängel be haart, etwas brüchig; **Blätter** ungleich ge lappt bis gefiedert, unterseits bläulic **Blüten** zu 2–6 in lockeren Dolden, bis 2 c breit, 4-zählig, Kelch behaart, Narbe 2-lap pig; **Frucht** als bis 5 cm lange Kapsel, Same schwarz, mit weichem Anhängsel zur Ve breitung durch Ameisen; Milchsaft giftig
Vorkommen Nährstoffreiche Böden, Ge büsche, Hecken, Wegränder, Gärten, Mau ern. Überall in EU häufig.

Scharfer Hahnenfuß

Kriechender Hahnenfuß

Brennender Hahnenfuß

Gold-Hahnenfuß

Knolliger Hahnenfuß

Schöllkraut

Gelber Hornmohn

Glaucium flavum · Familie Mohngewächse

Meist kahle Pflanze mit gelbem Milchsaft und ästigem Stängel. ✫ Jun–Jul

Zweijährig, bis 80 cm hoch; **Blätter** dicklich, untere bis 30 cm lang, fiederteilig, am Stängel kleiner, bläulich; **Blüten** bis 6 cm breit; Kapsel bis 25 cm lang.

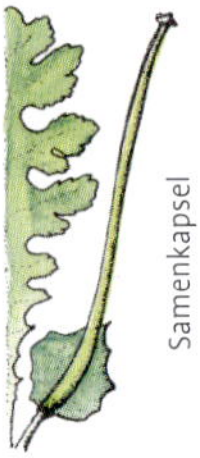

Vorkommen Dünen, Kiesstrände, obere Spülsäume, auch Schuttplätze und Wegränder der Küstengebiete in W- und S-EU, in D selten.

Gelber Lerchensporn

Pseudofumaria lutea · Fam. Mohngewächse

Zur Blütezeit auffällige Pflanze ohne unterirdische Knolle. ✫ Mai–Sep

Mehrjährig, frischgrün, 10–30 cm hoch; **Blätter** 2- bis 3-fach gefiedert, kahl; **Blüten** zu je 8–15 in dichten end- und seitenständigen Trauben, mit kurzem, dicklichem Sporn.

Vorkommen Kalkhaltige, sickerfrische Böden, Mauerspalten, Ruinen, Säume. Aus S-EU stammend, in Gärten als Zierpflanze; in D in milden Gebieten verwildert.

Gewöhnliche Osterluzei

Aristolochia clematitis · Fam. Osterluzeigew.

Tütenförmige, hellgelbe Blüten in den Blattachseln. ✫ Mai–Jun

Mehrjährig, 30–80 cm hoch; **Blätter** gestielt, herzförmig; **Blüten** 3–5 cm lang, an der Basis bauchig.

Vorkommen Auen, Gebüsche, Weinberge, Mauern. Stammt aus dem Mittelmeerraum; in D in Weinbauregionen verwildert.

Wissenswert! Die röhrige Blüte ist innen glatt und hat eine Art Reuse aus Haaren. Sie ist für Fliegen eine Kesselfalle. Nach der Bestäubung welkt die Blüte rasch, sodass die Tiere wieder freikommen.

Gelbe Resede, Gelber Wau

Reseda lutea · Familie Resedengewächse

Nur zur Blütezeit auffallende Pflanze, Stängel kaum verzweigt. ✫ Jun–Sep

Ein- bis mehrjährig, bis 50 cm hoch; Stängel glatt; **Blätter** mit schmal geflügelten Stielen, Spreiten tief fiederteilig, am Rand gewellt; **Blüten** klein, hell- oder blassgelb, zahlreich in Trauben.

Vorkommen Trockenrasen, Mauern, Wege, Brachen. Aus südöstlichem Mittelmeergebiet; heute überall in M.-EU.

Wissenswert! Früher Färbepflanze.

Acker-Senf

Sinapis arvensis · Fam. Kreuzblütengewächse

Weit verbreitet auf Acker- und Brachland, blüht schwefelgelb. ✫ Mai–Sep

Einjährig, 30–70 cm hoch; Stängel rau behaart; **Blätter** im Umriss oval, tief eingeschnitten oder gefiedert, grob gezähnte Endlappen; **Blüten** bis 1,5 cm breit, Kelchblätter gelbgrün stehen waagrecht ab. Samen kugelrund.

Vorkommen Äcker, Wegsäume, Schuttplätze. Lehmzeiger. Überall in EU verbreitet. Kosmopolit.

Weg-Rauke

Sisymbrium officinale · F. Kreuzblütengew.

Wegrandpflanze mit steifem, zähem Stängel und sehr kleinen, blassgelben Kreuzblüten. ✫ Mai–Okt

Einjährig, bis 60 cm hoch; **Blätter** tief fiederteilig; **Blüten** 2–4 mm breit, zahlreich in endständigen Trauben; **Schoten** liegen dem Stängel eng an.

Vorkommen Wegränder, Brachen, Schuttstellen; Stickstoff-Anzeiger. In EU weit verbreitet; in D fast überall häufig, fehlt im Bergland.

Gelber Hornmohn

Gelber Lerchensporn

Gewöhnliche Osterluzei

Gelbe Resede, Gelber Wau

Acker-Senf

Weg-Rauke

Färber-Waid

Isatis tinctoria · Fam. Kreuzblütengewächse

50–130 cm hoch, mit kräftigem, aufrechtem, nur an der Basis behaartem Stängel, Blüten chromgelb. ✩ Mai–Jun

Zweijährig; **Blätter** der Stängelbasis gestielt, oben sitzend; lanzettlich, auffallend bläulich grün; **Blüten** zahlreich in lockeren, breiten, endständigen Rispen, Kronblätter fast doppelt so lang wie die Kelchblätter; **Schötchen** 1-samig, reif schwarzbraun.

Vorkommen Mauern, Weg- und Straßenränder, Steinbrüche, Dämme, Weinberge, Magerrasen. Aus Kultur verwildert und in D vielerorts eingebürgert.

Wissenswert! Aus dem F. gewann man früher den Textilfarbstoff Indigo (Bluejeans!), bis dieser im späten 19. Jh. von synthetischen Farbstoffen abgelöst wurde.

Echtes Barbarakraut

Barbarea vulgaris · Fam. Kreuzblütengew.

Bis 90 cm hoch, mit aufrechtem Stängel und kräftig goldgelben Blüten in dichten Trauben. ✩ Apr–Jun

Zweijährig; untere **Blätter** gestielt, mit 5–9 Paar Fiedern, obere sitzend und tief eingeschnitten; **Blüten** bis zu 12 mm breit.

Vorkommen Hecken, Wegränder, Schuttplätze, Böschungen, kiesige Ufer, Sandbänke. In EU weit verbreitet; in D ziemlich häufig.

Wissenswert! Wurde früher als Wildgemüse verwendet.

Ähnlich **Wilde Sumpfkresse** *Rorippa sylvestris*, bis zu 50 cm hoch, Blätter schmal gefiedert, Blüten um 5 mm breit.

Wild-Kohl

Brassica oleracea · Famlie Kreuzblütengew.

Bis 2 m hoch, Stängel kräftig, aufrecht, im oberen Teil ästig, am Grund leicht verholzt; alle Teile bläulich, Blüten schwefelgelb. ✩ Mai–Sep

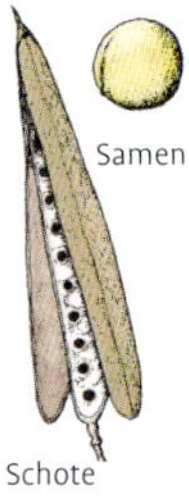

Zwei- oder mehrjährig; **Blätter** kahl, fleischig, blaugrün bis leicht rötlich, 20–40 cm lang, am Rand wellig und unregelmäßig gebuchtet, die unteren gestielt, die oberen sitzend; **Blüten** bis zu 2 cm breit, Kronblätter vorn verbreitert, an der Basis schmal, Kelchblätter aufrecht; **Schoten** reif hellbraun, bis zu 12 cm lang, mit glänzenden, schwarzen Samen.

Vorkommen Klippen, Spülsäume; westliches Mittelmeer, Atlantikküsten bis Frankreich und Großbritannien; in D nur auf Helgoland, fehlt an der Ostsee.

Wissenswert! Stammart aller kultivierten Kohlsorten.

Glattes Brillenschötchen

Biscutella laevigata · Fam. Kreuzblütengew.

Formenreiche Pflanze, Blätter überwiegend in grundständiger Rosette, Blüten hell- bis kräftig gelb, Schötchen brillenartig. ✩ Mai–Jul

Mehrjährig; **Blätter** lang gestielt, borstig behaart bis kahl, länglich keilförmig, die wenigen Stängelblätter schmal, kurz, sitzend; **Blüten** bis 1 cm breit, in lockerer Traube; **Schötchen** bis 7 mm breit, mit schmalem Hautsaum.

Vorkommen Steinige Böden, Felsfluren, lückige Matten; vorwiegend auf Kalk; im Alpenvorland und den Alpen zerstreut, in den Mittelgebirgen (Harz, Eifel, Hunsrück) selten und nur stellenweise, fehlt im Norddeutschen Tiefland.

Wissenswert! Bildet in seinem stark zerklüfteten Verbreitungsgebiet schwer unterscheidbare regionale Unterarten.

Färber-Waid

Echtes Barbarakraut

Wild-Kohl

Glattes Brillenschötchen

Gewöhnlicher Gilbweiderich

Lysimachia vulgaris · Familie Primelgewächse

Bis 1,3 m hoch, Stängel flaumig behaart, Blüten goldgelb, zahlreich in endständigen Rispen. ✿ Jun–Aug

Mehrjährig; **Blätter** gegenständig oder zu 3–4 in Wirteln, unterseits dicht behaart; **Blüten** bis zu 2,5 cm breit, zahlreich, Kronen kahl, Kelchzipfel rötlich umrandet.

Vorkommen Bruchwälder, Hochstaudenfluren an Gewässern, Lichtungen, Feuchtwiesen. Ganz EU; in D fast überall häufig.

Wissenswert! Wird auch als Gartenpflanze verwendet.

Ähnlich **Drüsiger Gilbweiderich** *Lysimachia punctata*, Stängel schmal geflügelt, Kronblattzipfel drüsig bewimpert, Kelchzipfel grün; SO-EU, bei uns verwildert.

Straußblütiger Gilbweiderich

Lysimachia thyrsiflora · Familie Primelgew.

40–70 cm hohe, charakteristische Moorpflanze, Stängel aufrecht, meist unverzweigt, mitunter rötlich überlaufen. ✿ Mai–Jul

Mehrjährig; **Blätter** gegenständig, sitzend, schmal lanzettlich, die oberen deutlich größer als die unteren; **Blüten** bis 9 mm breit, gelb, zahlreich in dichten, gestielten, walzenförmigen Trauben in der Achsel der mittleren Stängelblätter.

Vorkommen Großseggenrieder, Bruchwälder, Moore, Uferstauden nährstoffarmer stehender oder sehr langsam fließender Gewässer. Vor allem in M. und N-EU; in D im Alpenvorland sowie im nördlichen Tiefland, sonst selten. §

Wissenswert! Die goldgelben, schmal linealischen Kronblätter tragen an der Spitze dunkelrote Drüsenpunkte.

Hain-Gilbweiderich

Lysimachia nemorum · Fam. Primelgewächse

Hübsche Waldpflanze mit kriechendem oder schwach aufsteigendem Stängel und auffallenden, goldgelben Blüten. ✿ Mai–Jul

Mehrjährig; Stängel bis zu 25 cm lang, wurzelt an den Blattknoten; **Blätter** gegenständig, Spreite breit eiförmig, 2–3 cm lang, leicht zugespitzt, meist alle in eine Ebene gedreht, kahl; **Blüten** gestielt, einzeln den oberen Blattachseln entspringend, Kronen bis zu 1,5 cm breit.

Vorkommen Auenwälder, Berg- und Schluchtwälder; kalkarme Lehm- und Tonböden. In EU weit verbreitet; in D zerstreut, fehlt meist im Tiefland und in den trockeneren Gebieten der Mittelgebirge.

Wissenswert! Die dem menschlichen Auge nur leicht dunkler gelb erscheinende Blütenmitte sticht für Insektenaugen durch UV-Reflexion kontrastreich hervor.

Pfennigkraut

Lysimachia nummularia · Familie Primelgew.

Kleine, liegende Pflanze mit kriechendem Stängel, münzgroßen, rundlichen Blättern und goldgelben Blüten. ✿ Mai–Jul

Mehrjährig; Stängel 30–50 cm lang, wenig verzweigt; **Blätter** drüsig punktiert, 1,5–3 cm breit, am Grund leicht herzförmig, meist in einer Ebene, im Herbst kupferbraun; **Blüten** lang gestielt, einzeln oder zu wenigen in den vorderen Blattachseln der Triebe, bis zu 2,5 cm breit, Kronen innen durch dunkelrote Drüsen leicht punktiert.

Vorkommen Wiesen, Weiden, Gebüsche, Gärten, Auenwälder. In EU weit verbreitet (außer Mittelmeergebiet); in D häufig.

Wissenswert! Die Pflanze bildet nur selten Früchte aus; sie vermehrt sich hauptsächlich vegetativ durch bewurzelte Triebe.

Gewöhnlicher Gilbweiderich

Straußblütiger Gilbweiderich

Hain-Gilbweiderich

Pfennigkraut

Stängellose Schlüsselblume

Primula vulgaris · Familie Primelgewächse

Unverkennbarer Frühblüher im Kulturland und in Wäldern, mit Rosettenblättern und großen, hellgelben Blüten. ✩ Mär–Apr

Blütenschnitt

Mehrjährig; **Blätter** sämtlich in grundständiger Rosette, Spreite oberseits kahl, unterseits behaart, verkehrt eiförmig, zur Basis allmählich verschmälert, ohne deutlichen Blattstiel, sehen etwas geknittert aus; **Blüten** lang gestielt, bis zu 3,5 cm breit, Kronen flach ausgebreitet, zahlreich auf kurzem Schaft oder entspringen direkt der Blattrosette.

Vorkommen Lichte Wälder, Gebüsche, Obst- und Baumwiesen, Gärten. Vor allem in W- und SW-EU; selten in Schleswig-Holstein und Mecklenburg, in den S-Alpen stellenweise bis in 1400 m Höhe. §

Duftende Schlüsselblume

Primula veris · Familie Primelgewächse

Auch als Wiesen-Primel bekannte Art mit stark duftenden, dottergelben Blüten. ✩ Apr–Mai

Mehrjährig; **Blätter** alle in Grundrosette, 2–8 cm breit und 6–20 cm lang, plötzlich in den breit geflügelten Blattstiel verschmälert, oberseits dunkelgrün, runzlig, unterseits heller, nur auf den Blattnerven behaart; **Blüten** zahlreich in endständiger, leicht einseitswendiger Dolde auf 10–20 cm langem Schaft, Kronen um 1 cm breit, Schlundfleck orange, Kelch bauchig.

Vorkommen Kalkmagerrasen, magere Bergwiesen, Waldränder, Gebüsche. EU, im N bis Mittelschweden, im Mittelmeerraum weitgehend fehlend, in D nördlich der Mittelgebirge ziemlich selten.

Wissenswert! Die dunklen Schlundflecken sind Orientierung für Blütenbesucher.

Hohe Schlüsselblume

Primula elatior · Familie Primelgewächse

Mehrjährige Pflanze mit grundständiger Blattrosette und hellgelben Blüten in einseitswendiger Dolde. ✩ Mär–Mai

Blätter 2–8 cm breit und bis zu 20 cm lang, in den nur wenig geflügelten Blattstiel verschmälert, oberseits dunkelgrün, runzelig, unterseits auf den Blattnerven wenig behaart; **Blüten** bis 2 cm breit, zu 5–20 in der Dolde, diese auf 5–20 cm langem Schaft; Kronen ohne dunklere Schlundflecken.

Vorkommen Lichte, krautreiche Wälder, Wiesen mit lehmigem, nährstoffreichem (nicht gedüngtem!) Boden, Auengebüsche. In EU weit verbreitet; fehlt in D in den nordwestdeutschen Sandgebieten; in den Alpen bis in 2400 m Höhe.

Wissenswert! Die auch Wald-Primel genannte Art bastardiert mit der Duftenden Schlüsselblume.

Tüpfel-Johanniskraut

Hypericum perforatum · F. Hartheugewächse

30–80 cm hoch, mit aufrechtem, 2-kantigem Stängel und zahlreichen, goldgelben Blüten in lockerer, pyramidenförmiger Rispe. ✩ Jun–Aug

Mehrjährig; Stängel nicht geflügelt, fest; **Blätter** gegenständig, sitzend, breit oval bis linealisch, kahl, stumpf, durchscheinend weiß punktiert, am Rand mit schwärzlichen Drüsen; **Blüten** bis zu 2,5 cm breit, Kronblätter leicht unsymmetrisch, ungleich gezähnt, beim Zerreiben dunkelrot, Staubblätter in drei Büscheln.

Vorkommen Wegränder, Böschungen, Brachen, Magerrasen, Trockenhänge, Waldränder. EU; in D überall ziemlich häufig.

Wissenswert! Alte Heilpflanze, wird auch Tüpfel-Hartheu genannt. Die Gattung umfasst weitere, z. T. recht ähnliche Arten.

Stängellose Schlüsselblume
ohne ausgeprägten Stängel

Duftende Schlüsselblume

Hohe Schlüsselblume

Tüpfel-Johanniskraut
Kronblätter nach Zerreiben dunkelrot

Schönes Johanniskraut

Hypericum pulchrum · Familie Hartheugew.

Blätter gegenständig, Blüten goldgelb, Stängel rund und kahl. ✩ Jun–Sep

Mehrjährig, 20–60 cm hoch; **Blätter** durchscheinend punktiert, an der Basis herzförmig stängelumfassend, unterseits blaugrün; **Blüten** bis zu 2 cm breit. **Vorkommen** Laub- und Mischwälder, Lichtungen, Waldränder, Gebüsche; auf sauren Sand- und Lehmböden. M.- und W-EU, fehlt im SO und den Alpen; in D besonders in den Mittelgebirgen.

Sonnwend-Wolfsmilch

Euphorbia helioscopi · Fam. Wolfsmilchgew.

Typisches Wolfsmilchgewächs mit weißem Milchsaft. ✩ Apr–Okt

Einjährig, 10–40 cm hoch; **Blätter** nach oben größer, verkehrt eiförmig, im vorderen Drittel gesägt; **Blüten** in 5-strahliger, Scheindolde, Nektardrüsen des Hüllbechers rundlich oval. **Vorkommen** Äcker, Gärten, Brachen, Säume. In EU weit verbreitet; in D überall häufig.

Zypressen-Wolfsmilch

Euphorbia cyparissias · Familie Wolfsmilchg.

Kräftig gelb blühende, sonst graugrüne Pflanze, schmale Blätter. ✩ Apr–Jun

Blätter 1–3 mm breit

Mehrjährig, bis 40 cm hoch; **Blätter** linealisch, bis 3 cm lang; **Blüten** in vielstrahligen Scheindolden, Hüllblätter zunächst goldgelb, später rot, Nektardrüsen 2-hörnig.
Vorkommen Trockenrasen, Steinbrüche, Wegränder. M.- und S-EU häufig; fehlt in D im nordwestlichen Tiefland.

Garten-Wolfsmilch

Euphorbia peplus · Fam. Wolfsmilchgew.

Zarte, einjährige Pflanze, dünner Stängel und weißer Milchsaft. ✩ Jun–Okt

Etwa 5–30 cm hoch; **Blätter** wechselständig, verkehrt eiförmig, vorn stumpf und glattrandig; **Blüten** in 3-strahligen Scheindolden (Unterschied zur ähnlichen Sonnwend-Wolfsmilch), Nektardrüsen halbmondförmig, in 2 Hörner mit hellen Spitzen auslaufend.
Vorkommen Äcker, Brachen, Gärten, Weinberge. In EU fast überall häufig.

Esels-Wolfsmilch

Euphorbia esula · Fam. Wolfsmilchgewächse

Formenreiche Pflanze, Blätter vorne am breitesten, mit Milchsaft. ✩ Mai–Jul

Mehrjährig, 15–30 cm hoch; **Blätter** linealisch, 3–7 mm breit, 3–6 cm lang, in der vorderen Hälfte am breitesten; **Blüten** in mehrstrahligen, grünlichen Scheindolden, Nektardrüsen 2-hörnig.
Vorkommen Trockene Wiesen, Schuttplätze, Flussufer, Brachen, Böschungen. In EU weit verbreitet; in D bevorzugt in großen Stromtälern.

Gewöhnliche Nachtkerze

Oenothera biennis · Familie Nachtkerzengew.

Die großen Blüten öffnen sich gegen Abend, 50–150 cm hoch. ✩ Jun–Sep

Zweijährig, Grund**blätter** rosettig; **Blüten** 3–6 cm breit, achselständig.
Vorkommen Trockenes Offenland, Gärten. In EU verwildert, in D im Tiefland häufig.

Ähnlich **Kleinblütige Nachtkerze** *Oenothera parviflora*, Blüten bis 4 cm breit; Sandfluren, Dünen; in D vor allem im NW.

Schönes Johanniskraut

Sonnwend-Wolfsmilch

Zypressen-Wolfsmilch

Garten-Wolfsmilch

Esels-Wolfsmilch

Gewöhnliche Nachtkerze
Blüten öffnen sich abends knisternd

Scharfer Mauerpfeffer

Sedum acre · Familie Dickblattgewächse

5–15 cm hoch, mitunter dichte Teppiche bildend, Blätter dicklich, grün, Blüten goldgelb. ✩ Jun–Sep

Mehrjährig; Stängel kriechend oder aufsteigend; **Blätter** bis 4 mm lang, im Umriss dreieckig, schmecken pfefferig scharf; **Blüten** bis zu 1,5 cm breit, in dichten Scheindolden.
Vorkommen Mauern, Bahnschotter, Kiesdächer, lückige Rasen; gern auf Kalk. EU; bis in 2300 m Höhe.

Ähnlich **Felsen-Fetthenne** *Sedum rupestre*, formenreich, Blätter bis 2 cm lang, mit Stachelspitze, an der Basis gespornt; Blüten zitronengelb; Trockenrasen, Mauern, Felsen.

Wechselblättriges Milzkraut

Chrysosplenium alternifolium · F. Steinbr.gew.

5–10 cm hohe, mehrjährige Pflanze mit aufrechten, wenig verzweigten 3-kantigen Stängeln und gelblich grünen Blüten. ✩ Apr–Mai

Blätter nierenförmig, wenig gekerbt, borstig behaart, Grundblätter lang gestielt, Stängelblätter wechselständig; **Blüten** bis zu 4 mm breit, zu wenigen in kurzen Dolden, Kronblätter fehlen.
Vorkommen Bachufer, Sümpfe, Quellfluren, feuchte Staudenfluren, Schluchtwälder. In EU in den Kalkgebieten weit verbreitet; in D im N selten, sonst zerstreut.

Ähnlich **Gegenblättriges Milzkraut** *Chrysosplenium oppositifolium*, Stängel 4-kantig, Blätter gegenständig, unterseits kahl; an vergleichbaren Wuchsplätzen, aber bevorzugt auf Silikatböden.

Echte Nelkenwurz

Geum urbanum · Familie Rosengewächse

20–60 cm hoch, mit aufrechtem, verzweigtem, behaartem Stängel und kleinen, goldgelben Blüten. ✩ Mai–Jul

Mehrjährig; Grund**blätter** lang gestielt, unpaarig gefiedert, mit sehr großer, fiederteiliger Endfieder; Stängelblätter 3-zählig oder einfach, gezähnt, mit großen Nebenblättern; **Blüten** einzeln, lang gestielt in den oberen Blattachseln oder in lockerer Rispe, Kronen bis 2,5 cm breit.
Vorkommen Nährstoff- und stickstoffreiche, mäßig feuchte Böden; Gebüsche, Hecken, Säume, Waldränder, Mauern, Brachen, Böschungen. Fast überall in EU.
Wissenswert Die bleibenden borstig-steifen Griffel krümmen sich an den reifenden Früchten, sodass diese an Tieren hängen bleiben und so ausgebreitet werden.

Kleiner Odermennig

Agrimonia eupatoria · Fam. Rosengewächse

Mittelgroße Pflanze mit wenig verzweigtem Stängel und hellgelben Blüten in dichter, schlanker Traube. ✩ Jun–Sep

Mehrjährig, zur Blütezeit bis zu 60 cm, fruchtend bis zu 100 cm hoch; Stängel aufrecht, rauhaarig; **Blätter** abwechselnd mit großen und kleinen Fiedern, grob gezähnt, unterseits weißfilzig; **Blüten** bis zu 1 cm breit.
Vorkommen Trockengebüsche, Feldraine, Waldränder, Halbtrockenrasen, Magerwiesen; gern auf trockenen kalkhaltigen Böden. Fast überall in EU mit Ausnahme des tiefen S weit verbreitet und häufig, im Bergland bis in 1800 m Höhe.
Wissenswert! Bewährte Heilpflanze gegen Magen-, Darm- und Leberleiden. Der Kelch wird zur Reifezeit borstig und dient durch Kletthaftung der Fruchtausbreitung.

Scharfer Mauerpfeffer

Wechselblättriges Milzkraut

Echte Nelkenwurz

Kleiner Odermennig

Gewöhnlicher Frauenmantel

Alchemilla vulgaris · Familie Rosengewächse

Formenreich, mit handförmig gelappten Blättern. ✿ Mai–Sep

Mehrjährig, meist 15–50 cm hoch; **Blätter** rund, 7- bis 11-lappig, entlang der Hauptrippen gefaltet, gezähnt, weichhaarig, seltener auch kahl; **Blüten** grünlich gelb, höchstens 4 mm breit, ohne Kronblätter, nektarreich. **Vorkommen** Wiesen, Weiden, Waldränder, Gebüsche, überwiegend im Bergland. Fast überall in EU verbreitet.

Blutwurz, Tormentill

Potentilla erecta · Familie Rosengewächse

Mit liegendem oder aufsteigendem Stängel und 4-zähligen Blüten. ✿ Mai–Okt

Mehrjährig, 10–30 cm hoch, mit kriechendem Wurzelstock; Grund**blätter** gestielt, 3-zählig, grob gezähnt, Stängelblätter sitzend; **Blüten** bis 1 cm breit, lang gestielt in den Blattachseln. Heilpflanze. **Vorkommen** Mischwälder, Heiden, Magerwiesen, Niedermoore; mäßig versauerte, nährstoffarme Böden. EU-weit häufig.

Gänse-Fingerkraut

Potentilla anserina · Familie Rosengewächse

Vielpaarig gefiederte, gezähnte Blätter in einer Rosette, lange Ausläufer, große Blüten. ✿ Mai–Aug

Mehrjährig, Stängel kriechend, bis 50 cm lang; **Blätter** mit großen und kleinen Fiedern, unterseits seidig; **Blüten** lang gestielt, bis 2,5 cm breit. **Vorkommen** Brachen, Wegränder, Ufer, Graudünen. In EU außer im NW und SO verbreitet.

Kriechendes Fingerkraut

Potentilla reptans · Familie Rosengewächse

Kriechende, bis 1 m lange Stängel, Blätter gefingert. ✿ Mai–Aug

Mehrjährig; **Blätter** lang gestielt, 5- bis 7-zählig, Fiedern grob gezähnt; **Blüten** lang gestielt in den Blattachseln, Kronen flach ausgebreitet, bis zu 2,5 cm breit; **Früchte** werden von Ameisen ausgebreitet. **Vorkommen** Pionier in lückigen Rasen; Wegränder, Raine, Böschungen, Brachen, Schuttstellen. Überall in EU verbreitet.

Wiesen-Platterbse

Lathyrus pratensis · F. Schmetterlingsbl.gew.

Kantiger, behaarter, meist liegender bzw. kletternder Stängel. ✿ Jun–Jul

Mehrjährig, 20–90 cm lang; **Blätter** mit 1 Fiederpaar und 1 großen Endranke, Nebenblätter größer als Fiedern und pfeilförmig; **Blüten** 1–2 cm lang, zu 3–12 in lockeren Trauben. **Vorkommen** Fett- und Nasswiesen, Ufer, Gebüsche, Wälder, Waldlichtungen, Staudenfluren. In EU fast überall häufig, so auch in D, aber stellenweise selten oder fehlend.

Hufeisenklee

Hippocrepis comosa · F. Schmetterlingsbl.g.

Bläulich grün, Hülse mit hufeisenförmigen Abschnitten. ✿ Mai–Sep

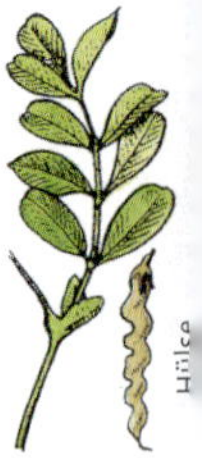

Mehrjährig, 10–30 cm hoch; **Blätter** lang gestielt, unpaarig gefiedert, mit 9–15 ovalen, etwa 1 cm langen Fiedern; **Blüten** zu 4–10 im Halbkreis; **Hülse** mit hufeisenförmigen Abschnitten. **Vorkommen** Trockenrasen, Steinbrüche, lichte Laubwälder; Kalkzeiger. W-, M.- und S-EU; in D selten.

Gewöhnlicher Frauenmantel

Blutwurz, Tormentill

Gänse-Fingerkraut

Kriechendes Fingerkraut

Wiesen-Platterbse

Hufeisenklee

Gewöhnlicher Wundklee

Anthyllis vulneraria · Fam. Schmetterlingsbl.

Formenreiche Pflanze mit gelben, orangen bis rötlichen Blüten. ✿ Mai–Sep

Mehrjährig, 15–50 cm hoch; **Blätter** mit 1–6 Paar elliptischer, nach vorn vergrößerter Seitenfiedern, Endfieder oft größer als das gesamte Blatt; **Blüten** 1–2 cm lang, in nahezu kugeligen Köpfen, Kelch dicht behaart, nach der Blüte bauchig.

Vorkommen Magerrasen, Böschungen, Steinbrüche, Trockenhänge, Gebüsche, Wegränder, vorzugsweise auf kalkhaltigem Boden. In EU weit verbreitet; in NW-D selten. Früher als Heilpflanze verwendet.

Zwerg-Klee, Faden-Klee

Trifolium dubium · Familie Schmetterlingsbl.

Liegende, dünne Stängel und Blüten in kugeligen Köpfchen. ✿ Mai–Okt

Einjährig, 10–20 cm hoch; **Blätter** 3-zählig, Fiedern bis 1 cm lang, vorn gezähnt, Endfieder länger gestielt als die seitlichen ; **Blüten** zu 5–10 in 5–8 mm langen Köpfen, Kronen später hellbraun, fallen nicht ab.

Vorkommen Parkrasen, Wiesen, Weiden und Wege. Lehmzeiger. Überall in EU ziemlich häufig.

Gold-Klee

Trifolium aureum · F. Schmetterlingsbl.gew.

Verzweigter Stängel und goldgelbe Blüten in Köpfchen. ✿ Jun–Aug

Einjährig, 10–40 cm hoch; **Blätter** 3-zählig, Fiedern schmal oval gestielt; **Blüten** um 6 mm lang, zu 20–40 in bis 2 cm langen Köpfen, Kronen bleiben welk hellbraun.

Vorkommen Heiden, Halbtrockenrasen, kalkarme Magerrasen, Weg- und Waldränder, Säume, Böschungen. Magerkeitszeiger. In EU fast überall häufig.

Hopfenklee, Gelbklee

Medicago lupulina · F. Schmetterlingsbl.g.

Viele Blüten in kleinen Köpfchen, Hülsen schneckenförmig. ✿ Mai–Sep

Ein- oder mehrjährig, bis 30 cm lang; **Blätter** 3-zählig gefiedert, Fiedern meist leicht ausgerandet, mit kurzem Spitzchen; **Blüten** bis 3 mm lang, in Köpfchen, fallen bald ab.

Vorkommen Wiesen, Wegränder, Trocken-rasen, Gebüsche, Äcker, im Bergland bis in 1500 m Höhe. In EU weit verbreitet, in ganz D häufig.

Acker-Klee, Feld-Klee

Trifolium campestre · F. Schmetterlingsbl.g.

Meist liegender, relativ langer Stängel, viele hellgelbe Blüten in Köpfchen. ✿ Jun–Sep

Einjährig, 5–30 cm; **Blätter** 3-zählig, Endfieder länger gestielt als die seitlichen; **Blüten** 5 mm lang, zu 20–30 in bis 1,2 cm langen Köpfchen, bleiben welk hellbraun.

Vorkommen Wiesen, Äcker, Brachen, Waldwege. Magerkeitszeiger. In EU weit verbrei-tet; in D vor allem in den tieferen Lagen.

Gewöhnlicher Hornklee

Lotus corniculatus · F. Schmetterlingsbl.gew.

Vielblütig, mit liegendem oder aufsteigendem Stängel. ✿ Mai–Aug

Mehrjährig, bis 30 cm hoch; **Blätter** 3-zählig, großes Nebenblattpaar, kahl; **Blüten** bis 1,3 cm lang, zu 3–8 in flachen Köpfchen, rötliche Schiffchenspitze zeigt rechtwinklig nach oben. Blattfiedern sen-ken sich nachts ab.

Vorkommen Trockenrasen, Fettwiesen, Waldränder, Gebüschsäume; Lehmzeiger.

Gewöhnlicher Wundklee

Hopfenklee, Gelbklee

Zwerg-Klee, Faden-Klee

Acker-Klee, Feld-Klee

Gold-Klee

Gewöhnlicher Hornklee

Echter Steinklee

Melilotus officinalis · F. Schmetterlingsbl.g.

Bis 1,2 m hoch, mit verzweigtem Stängel und kleinen, gelben Blüten in zahlreichen schlanken Trauben. ✰ Jun–Sep

Zweijährig; **Blätter** 3-zählig gefiedert, Fiedern gezähnt, Nebenblätter glattrandig; **Blüten** 5–7 mm lang, Trauben in den oberen Blattachseln; Fahne und Flügel länger als das Schiffchen, Fruchtknoten und Hülse kahl.

Vorkommen Brachen, Steinbrüche, Wegränder; an sonnigen Stellen. Überall in EU.

Ähnlich **Hoher Steinklee** *Melilotus altissimus*, Fahne, Flügel und Schiffchen gleich lang, Fruchtknoten und Hülse anliegend behaart; feuchte Standorte.

Bärenschote, Süß-Tragant

Astragalus glycyphyllos · F. Schmetterl.bl.g.

Stängel liegend, an den Enden aufsteigend, verzweigt, bis zu 1,5 m lang, Blüten gelblich grün, in gestielten Traube ✰ Mai–Jul

Blatt und Hülse

Mehrjährig; **Blätter** bis zu 20 cm lang, unpaarig gefiedert, die 9–15 Fiedern 2–4 cm lang, glattrandig; **Blüten** bis 1,5 cm lang, Trauben in den Blattachseln; **Hülse** mit längerem Schnabelfortsatz.

Vorkommen Waldränder, lichte Gebüsche, Kahlschläge; meist auf kalkhaltigen Lehmböden. Vor allem M.-EU, fehlt oft in S-EU; in D nur ze streut, im NW ganz fehlend.

Wissenswert! Enthält in Blättern und Wu zeln süß schmeckende Stoffe, die auch Be standteil von Lakritze sind. Früher auch a Heilpflanze verwendet.

Echtes Springkraut

Impatiens noli-tangere · F. Balsaminengew.

30–100 cm hoch, mit aufrechtem, glasig erscheinendem Stängel und hängenden, gelben, innen weinrot gepunkteten Blüten. ✰ Jun–Okt

Einjährig; **Blätter** bis zu 10 cm lang; **Blüten** lang gestielt, Kronen 2–3 cm lang, mit langem, gekrümmtem Sporn; reife Kapsel springt bei Berührung explosionsartig auf und schleudert die Samen fort.

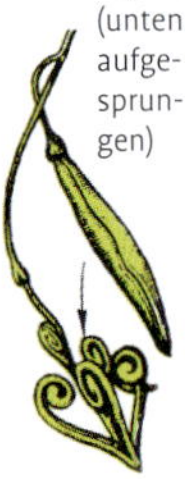

Kapsel, (unten: aufgesprungen)

Vorkommen Feuchte Wälder Gebüsche. In EU häufig.

Ähnlich **Kleinblütiges Springkraut** *Impatiens parviflora*, bis 60 cm hoch, Blüten etwa 1 cm lang, blassgelb, mit geradem Sporn; in Parks und Hecken.

Moschuskraut

Adoxa moschatellina · F. Moschuskrautgew.

5–15 cm hohe Waldbodenpflanze mit aufrechtem, rundem Stängel und grünlichen Blüten. ✰ Mär–Mai

Mehrjährig; grundständige **Blätter** lang gestielt, am Stängel in der Mitte nur 1 gegenständiges Blattpaar, Spreite 3-zählig, hellgrün, beim Zerreiben mit schwachem Moschusduft; **Blüte** zu 5 in einem würfelförmigen Köpfche Gipfelblüte mit 4-teiliger Krone und 2-tei gem Kelch, Kronen der Seitenblüten 5-te lig, über einem 3-teiligen Kelch, grünlich.

Vorkommen Humusreiche, lockergrü dige Laub- und Mischwälder, Auengeb sche; vorzugsweise auf nährstoffreiche lehmigen Böden. In EU weit verbreitet; in nur gebietsweise häufig.

Wissenswert! Die Moschuskrautgewäch umfassen weltweit nur 3 Arten.

Echter Steinklee

Bärenschote, Süß-Tragant

Echtes Springkraut

Moschuskraut

Bilsenkraut

Hyoscyamus niger · Fam. Nachtschattengew.

Im Offenland, Krone glockig, Stängel stumpfkantig. ✩ Juni-Sep

obere Blätter ungestielt

Einjährig, 30–80 cm hoch; **Blätter** oval, buchtig gezähnt bis fiederteilig; **Blüten** einzeln in den Blattachseln, Krone 1–3 cm lang und bis 2 cm breit, trübgelb, violett geadert, im Schlund dunkelviolett.
Vorkommen Brachflächen, Schuttstellen, Siedlungen, Mauern; auf nährstoffreichen Böden. S- und M.-EU, in D selten und nur unbeständig.

Pastinak

Pastinaca sativa · Fam. Doldenblütengew.

Gelber Doldenblütler, kantig gefurchter, behaarter Stängel. ✩ Jul–Aug

Zweijährig, 30–100 cm hoch; **Blätter** unpaarig gefiedert, Fiedern bis 2 cm breit und 5 cm lang, duften zerrieben; **Blüten** chromgelb, stark duftend, in Dolden ohne Hülle oder Hüllchen.
Vorkommen Wiesen, Wegränder, Brachflächen. In EU verbreitet; in D meist häufig. Alte Kulturpflanze.

Echtes Labkraut

Galium verum · Familie Rötegewächse

Auf Offenland, Blätter wirtelig, Stängel stumpfkantig. ✩ Jun–Sep

Mehrjährig, meist 15–50 cm hoch; **Blätter** linealisch, zu 8–12, bis 2,5 cm lang und 2 mm breit; **Blüten** zahlreich in endständigen Rispen, Kronen 3 mm breit, duften süßlich.
Vorkommen Trockenrasen, Gebüsche, Dünen. Fast überall in EU verbreitet; in D gebietsweise nur zerstreut, sonst häufig.

Aufrechter Sauerklee

Oxalis fontana · Fam. Sauerkleegewächse

Pflanze mit dünnem, ästigem Stängel, Blüten in lockerer Traube. ✩ Apr–Okt

Ein- bis mehrjährig, 15–40 cm hoch; **Blätter** 3-zählig gefiedert, auch rötlich überlaufen; **Blüten** bis 1,5 cm breit; Kapseln schleudern Samen explosiv aus.
Vorkommen Äcker, Gärten, Parks, Gehwegränder. Stammt aus N-Amerika; in D seit dem vorigen Jh. meist fest eingebürgert.

Seekanne

Nymphoides peltata · Fam. Fieberkleegew.

Schwimmblätter rundlich-herzförmig, kriechende Grundachse. ✩ Jul–Sep

Mehrjährig; Schwimm**blätter** lang gestielt, ähneln denen einer Seerose, sind aber nur 4–8 cm breit, unterseits drüsig punktiert; **Blüten** bis zu 3 cm breit, Kronen, gewimpert.
Vorkommen Nährstoffreiche, sommerwarme stehende oder sehr langsam fließende Gewässer, fast nur in den Stromtälern. N- und M.-EU; in D selten. §

Kreuzlabkraut

Cruciata laevipes · Familie Rötegewächse

Wiesenpflanze mit 4-kantigem, dicht behaartem Stängel. ✩ Apr–Jun

Mehrjährig, 20–50 cm hoch; **Blätter** elliptisch, je 4 im Wirtel, 3-nervig, 3–8 mm breit, 1–2 cm lang; **Blüten** in den Blattachseln, duftend.
Vorkommen Wälder, Auen, Gebüsche, Hecken, Ufer. In EU weit verbreitet; in D stellenweise häufig, im N von D nur in den großen Flusstälern.

Bilsenkraut

Aufrechter Sauerklee

Pastinak

Seekanne

Echtes Labkraut

Kreuzlabkraut

Großblütige Königskerze

Verbascum densiflorum · Fam. Braunwurzg.

Bis über 3 m hoch, Stängel kräftig, aufrecht, dicht wollig behaart, Blüten hellgelb, zahlreich in langer, ährenartiger Traube. ✩ Jul–Sep

Blätter gelblich grün

Zweijährig, Stängel nur im Blütenstand verzweigt; **Blätter** länglich oval, vorn spitz, gekerbt, am Stängel herablaufend, erscheint daher geflügelt; **Blüten** gestielt, 2–4 cm breit, duften etwas unangenehm. Kapsel**fucht** mit winzigen Samen.

Vorkommen Brachflächen, Schotterfluren, Steinbrüche, Waldlichtungen; trockene, aber nährstoffreiche Böden. M.-EU, auch S-EU; in D im südlichen Teil weit verbreitet, gegen N zu seltener; auch oft angepflanzt.

Wissenswert! Die Behaarung der Staubblattstielchen täuscht den bestäubenden Insekten ein enormes Pollenangebot vor.

Schwarze Königskerze

Verbascum nigrum · Familie Braunwurzgew.

50–120 cm hoch, mit aufrechtem, meist unverzweigtem Stängel und gelben Blüten in schlanker, ährenartiger Traube. ✩ Mai–Sep

Zweijährig; **Blätter** nicht am Stängel herablaufend, Spreite an der Basis herzförmig, gekerbt, unterseits filzig behaart; **Blüten** kurz gestielt, zahlreich, Kronen 1,5–2,5 cm breit, Staubbeu tel orange, Staubblattstielchen kontrast reich violett behaart.

Vorkommen Wegränder, Böschungen, Bra chen, Waldsäume, Trockenwiesen; locker Böden. In M.-EU weit verbreitet; in D fas überall, aber meist nur zerstreut; gelegent lich als Zierpflanze in Gärten verwendet.

Wissenswert! Die Haare an den Staubblät tern sind keine zusätzliche Insektennah rung, sondern wohl Pollenattrappen.

Großblütiger Fingerhut

Digitalis grandiflora · Familie Wegerichgew.

40–120 cm hoch, Stängel aufrecht, kräftig, meist unverzweigt, kahl; Blüten schwefelgelb, in einseitswendiger Traube. ✩ Jun–Sep

Zwei- bis mehrjährig; **Blätter** länglich elliptisch bis lanzettlich, glatt, oberseits glänzend, fein gesägt, am Rand und auf den Hauptnerven fein behaart; **Blüten** zahlreich, einseitswendige Traube schlank, lang; Kronen glockig, bis zu 4 cm lang, innen bräunlich gefleckt oder geadert.

Vorkommen Sonnige Waldsäume, Schläge, Lichtungen; kalkliebend. W- und M.-EU; in D zerstreut in der Mittelgebirgsregion bis in etwa 1500 m Höhe. §

Wissenswert! Enthält wie der Rote Fingerhut herzwirksame Giftstoffe (Glykoside), wird aber im Gegensatz zu seinen Verwandten nicht medizinisch genutzt.

Gelber Fingerhut

Digitalis lutea · Familie Wegerichgewächse

50–100 cm hohe Wald(saum)pflanze mit aufrechtem, meist unverzweigtem Stängel und hellgelben Blüten in endständigen Trauben. ✩ Jun–Aug

Mehrjährig; Stängel kahl; **Blätter** schmal, glänzend dunkelgrün, glatt; **Blüten** bis 2,5 cm lang, in schlanken Trauben; Kronen röhrig, innen ohne dunklere Zeichnung, Oberlippe spitz 2-zipfelig. Alle Teile der Pflanze sind stark giftig!

Vorkommen Lichte Laub- und Mischwälder, Kahlschläge, Gebüsche Wegränder; kalkliebend. Südliches M.-EL S-EU; in D vereinzelt, fehlt im Tiefland. §

Wissenswert! Wurde früher als Heilpflanz verwendet. Heute gewinnt man die wer vollen Arzneistoffe meist aus dem Woll gen Fingerhut *(Digitalis lanata)*, der im Ba kan beheimatet ist.

Großblütige Königskerze

Schwarze Königskerze

Großblütiger Fingerhut

Gelber Fingerhut

Gewöhnliches Leinkraut

Linaria vulgaris · Familie Wegerichgewächse

20–60 cm hoch, mit aufrechten, verzweigten, kahlen, festen Stängeln und zahlreichen hellgelben Blüten in dichter, endständiger Traube. ✮ Juni-Sep

Mehrjährig; **Blätter** dem Lein (⇨ S. 184) ähnlich, überwiegend wechselständig, linealisch, 2–8 cm lang und 1–5 mm breit, oberseits graugrün kurz behaart; **Blüten** gestielt, zahlreich; Kronen 2–3,5 cm lang, mit langem, geradem Sporn und orangegelbem Fleck.

Vorkommen Trockene, sonnige, sandige und steinige Böden, z. B. Bahndämme, Schotterfluren, Steinbrüche, Brachflächen. In EU weit verbreitet; in D häufig.

Wissenswert! Nur große Hautflügler wie Hummeln können die Blüte öffnen und zu den Nektarvorräten im rückwärtigen Sporn vordringen.

Zottiger Klappertopf

Rhinanthus alectorolophus · F. Sommerwrz.g

10–50 cm hohe Wiesenpflanze mit dicht zottig behaartem Stängel und hellgelben Blüten. ✮ Mai–Sep

Formenreich, einjährig, Stängel einfach oder verzweigt; **Blätter** gegenständig, länglich-lanzettlich, gekerbt; **Blüten** in den Achseln der oberen Stängel- und de bleichgrünen, zottig behaarten Tragblät ter; Kronen 1,8–2,5 cm lang, Oberlippe m blauviolettem Zahn, Kelch kraus behaart.

Vorkommen Trockene Wiesen, auf mage ren Kalkböden. M.-EU; in D im S häufiger.

Ähnlich **Kleiner Klappertopf** *Rhinanthus minor*, Blüten höchstens 1,6 cm lang, Oberlippenzahn weißlich blau; Wiesen, Niedermoore, meidet kalkhaltige Böden.

Gamander-Sommerwurz

Orobanche teucrii · Familie Sommerwurzgew.

Eigenartig bleiche Wiesenpflanze ohne Blattgrün, mit aufrechtem, unverzweigtem, ziemlich gedrungenem Stängel. ✮ Jun–Aug

Ein- bis mehrjährig, 10–30 cm hoch; **Blätter** schuppenförmig, bleich, drüsig behaart, etwa 0,5–1,5 cm lang; **Blüten** in nach oben dichter werdender Ähre, Kronen 2–3 cm lang, 2-lippig, weißlich, gelbbräunlich bis leicht rötlich, drüsig behaart, Oberlippe 2-spaltig mit abstehenden Zipfeln.

Vorkommen Lückige Trockenrasen, lichte Gebüsche; vorzugsweise auf kalkhaltigen Löss- und Lehmböden ohne Stickstoffanreicherung. Vor allem S-EU; in D vereinzelt im Oberrheingebiet und in der Pfalz.

Wissenswert! Wie alle *Orobanche*-Arten Vollschmarotzer, der ausschließlich auf Gamander-Arten (⇨ rechts u. S. 164) lebt.

Salbei-Gamander

Teucrium scorodonia · Fam. Lippenblütengew

30–70 cm hohe Wald(saum)pflanze mit 4-kantigem, aufrechtem, meist verzweigtem Stängel und blass grünlich gelben Blüten. ✮ Jul–Sep

Mehrjährig: Stängel am Grund mit Ausläufern; **Blätter** gegenständig, gestielt, herzförmig, 1–2 cm breit und 3–6 cm lang, leicht runzelig, weich behaart, am Rand gekerbt; **Blüte** zahlreich in schlanker, einseitswendige Scheinähre, Kronen um 1 cm lang, ohn deutliche Oberlippe, aber mit ausgepräg ter Unterlippe (Insektenlandeplatz!), Kelc helmförmig.

Vorkommen Eichenwälder, Heiden, Walc säume, Wege; gern auf sauren Böden. M und S-EU; in D vor allem im Mittelgebirge

Wissenswert! Benötigt eine relativ hoh Luftfeuchtigkeit, um optimal zu gedeihe

Gewöhnliches Leinkraut

Zottiger Klappertopf

Gamander-Sommerwurz

Salbei-Gamander

Goldnessel

Galeobdolon luteum · Fam. Lippenblütengew.

20–60 cm hohe Waldbodenpflanze mit spärlich behaartem Stängel und oberirdischen Ausläufern, Blüten goldgelb. ✩ Apr–Jun

Mehrjährig; **Blätter** gegenständig, breit eiförmig bis lanzettlich, grob gezähnt oder gekerbt, oberseits mitunter hell gefleckt; **Blüten** zu 6–10 als Scheinquirle in den oberen Blattachseln, Kronen 1,5–2,5 cm lang, Unterlippe 3-zipfelig, bräunlich gefleckt.

Vorkommen Laubwälder, Gebüsche, Säume, Staudenfluren; auf lockeren, humusreichen Böden. In EU weit verbreitet; in D nahezu überall häufig.

Wissenswert! Bildet eine Kleinartengruppe, die gegenseitige Abgrenzung und Benennung der verschiedenen Formen steht aber noch nicht eindeutig fest.

Bunter Hohlzahn

Galeopsis speciosa · Fam. Lippenblütengew.

Bis 1 m hohe Waldpflanze mit aufrechtem, nur an den Knoten abstehend behaartem Stängel und gelben Blüten. ✩ Jun–Okt

Einjährig; **Blätter** gegenständig, gestielt, länglich eiförmig, 3–12 cm lang, am Rand gesägt; **Blüten** quirlartig gehäuft in den Achseln der oberen Blätter; Kronen 2–3,5 cm lang, Mittellappen der 3-zipfeligen Unterlippe violett gezeichnet oder ganz violett.

Vorkommen Wälder, Lichtungen, Gebüsche, Hecken, Säume, Äcker, Brachen, Schuttstellen. EU; in D nur im NW selten, sonst eher zerstreut.

Wissenswert! Die Gattung Hohlzahn umfasst mehrere gelb oder rötlich blühende Arten. Alle haben 2 zahnartige Ausstülpungen der Unterlippe (namengebendes Merkmal).

Kanadische Goldrute

Solidago canadensis · Fam. Korbblütengew.

Bis 2,5 m hoch, Stängel aufrecht, kräftig, im oberen Teil dicht kurzhaarig, Korbblüten goldgelb. ✩ Jul–Okt

Mehrjährig; Stängel erst im Blütenstand verzweigt; **Blätter** wechselständig, lanzettlich, 7–15 cm lang, im vorderen Drittel gesägt; **Blüten**körbchen etwa 5 mm lang, zylindrisch, zahlreich in einseitswendigen Rispenästen; die unscheinbaren Zungenblüten ungefähr so lang wie die Röhrenblüten (bei ähnlicher Riesen-Goldrute (*S. gigantea*) sind die Zungenblüten länger.

Vorkommen Flussauen, Gebüsche, Brachen, Schuttstellen, Waldränder, Gartenland. Stammt aus N-Amerika, aus Gartenkultur verwildert; in den meisten Gebieten von EU eingebürgert, in D vom Tiefland bis ins Gebirge häufig.

Echte Goldrute

Solidago virgaurea · Familie Korbblütengew.

Bis 80 cm hoch, mit aufrechtem, wenig verzweigtem, meist kahlem Stängel und gelben Korbblüten. ✩ Jul–Okt

Mehrjährig; **Blätter** wechselständig, länglich elliptisch, zugespitzt, gekerbt, verschmälern sich an der Basis in den schwach geflügelten Blattstiel, die oberen Blätter sitzend und zunehmend glattrandig; **Blüten**körbchen 1–2 cm breit, zahlreich in schlanker endständiger, oft sehr reichblütiger Traube oder Rispe, meist mit 6–12 ausgebreiteten Zungenblüten. Traditionelle Heilpflanze.

Vorkommen Gebüsche, lichte Wälder, Böschungen, Weiden, Bergwiesen; bevorzugt auf trockenem Boden. In EU mit Ausnahme des Mittelmeerraums weit verbreitet, in D gebietsweise nur zerstreut, im Bergland bis in etwa 2500 m Höhe.

Goldnessel

Bunter Hohlzahn

Kanadische Goldrute

Echte Goldrute

Strahlenlose Kamille

Matricaria discoidea · Fam. Korbblütengew.

Unverwechselbare Pflanze; Stängel zäh, reich verzweigt. ✿ Jun–Aug

Einjährig, 5–30 cm hoch; **Blätter** mehrfach gefiedert, mit schmalen Zipfeln; **Blüten**körbchen oval, ohne Zungenblüten, nur mit grüngelben Röhrenblüten, duftet zerrieben aromatisch.
Vorkommen Äcker, Brachen, Wegränder, Schuttstellen, Trittrasen. Stammt aus O-Asien, heute überall in EU verbreitet und häufig.

Färber-Hundskamille

Anthemis tinctoria · Fam. Korbblütengew.

Feste, verzweigte Stängel mit einheitlich gelben Köpfen. ✿ Jun–Sep

Zwei- oder mehrjährig, 20–70 cm hoch; **Blätter** doppelt fiederspaltig; **Blüten**körbchen 2–4 cm breit, Zungen- und Röhrenblüten leuchtend gelb, daraus wurde früher ein Textilfarbstoff gewonnen.
Vorkommen Trockenrasen, Gebüsche, Felsfluren, Brachen. M.- und S-EU; in D in milden Lagen.

Saat-Wucherblume

Chrysanthemum segetum · F. Korbblütengew.

Ackerwildkraut mit im oberen Teil wenig verzweigtem Stängel. ✿ Jul–Sep

Einjährig, 20–60 cm hoch; **Blätter** kaum gestielt, grob gesägt bis fiederspaltig; **Blüten**körbchen auffällig, 2–5 cm breit, Zungen- und Röhrenblüten goldgelb.
Vorkommen Äcker, Schuttplätze, Wege; meidet Kalk. In M.- und S-EU verbreitet, in D durch Herbizideinsatz fast überall selten geworden.

Rainfarn

Tanacetum vulgare · Fam. Korbblütengew.

Unverkennbare Pflanze mit zahlreichen Blütenköpfchen. ✿ Jul–Sep

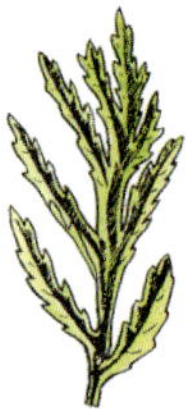

Mehrjährig, 60–120 cm hoch; **Blätter** fiederteilig; **Blüten**körbchen 0,5–1 cm breit, bilden eine Doldenrispe, Zungenblüten fehlen, Röhrenblüten gelb, beim Zerreiben mit kampferartigem Duft.
Vorkommen Brachen, Wegränder, Schuttflächen, Dämme, Ufer In ganz EU weit verbreitet und häufig.

Huflattich

Tussilago farfara · Fam. Korbblütengewächse

Ohne ausgeprägten Stängel; Blütezeit lange vor Blattaustrieb. ✿ Feb–Apr

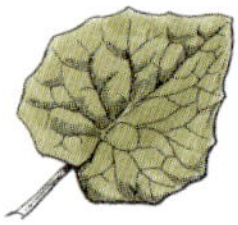

Mehrjährig; **Blätter** grundständig, lang gestielt, rundlich herzförmig, 10–30 cm lang, unterseits graufilzig behaart, erscheinen nach der Blüte; **Blüten**schaft 5–15 cm hoch, bleich, mit rötlichen Schuppenblättern, Körbchen 2–2,5 cm breit.
Vorkommen Brachen, Wegränder, Schuttstellen, lichte Wälder. In D wie fast überall in EU häufig.

Nickender Zweizahn

Bidens cernua · Familie Korbblütengewächse

Aufrechter, kahler, nur oben verzweigter Stängel. ✿ Jul–Sep

Einjährig, 15–80 cm hoch; **Blätter** gegenständig oder zu 3 in Wirteln, oval-lanzettlich, gezähnt; **Blüten**körbchen 2,5–4 cm breit, mit 6–9 Zungenblüten (können fehlen) und braungelben Röhrenblüten.
Vorkommen Ufer, Gräben, Feuchtwiesen. In EU mit Ausnahme des weit verbreitet; in D meist zerstreut.

Strahlenlose Kamille

Färber-Hundskamille

Saat-Wucherblume

Rainfarn

Huflattich
blüht vor dem Blattaustrieb

Nickender Zweizahn

Hain-Greiskraut

Senecio nemorensis · Fam. Korbblütengew.

Meist 5 Zungenblüten, Stängel kantig, meist braunrot. ✩ Jul–Sep

Mehrjährig, 50–150 cm hoch; **Blätter** 5–20 cm lang, unterseits meist behaart, gezähnt; **Blüten**körbchen 2,5–3 cm breit, in breiter Doldenrispe, meist 5 Zungenblüten.
Vorkommen Wälder, Gebüsche, Lichtungen. In M.- und S-EU; in D vor allem in den Mittelgebirgen häufig. Weitere ähnliche Arten im Gebiet.

Gewöhnliches Greiskraut

Senecio vulgaris · Fam. Korbblütengewächse

Ackerwildkraut, Stängel anfangs flockig behaart, später kahl. ✩ Mär–Okt

Einjährig, 10–40 cm hoch; **Blätter** wechselständig, buchtig gelappt bis fiederteilig, unterseits wie mit Spinnweben überzogen; **Blüten**körbchen um 5 mm breit, gelb, immer ohne Zungenblüten, häufig nickend, Außenhülle schwarzgrün. Giftig.
Vorkommen Äcker, Gärten, Schuttstellen, Wegränder. In D wie übera in EU sehr häufig.

Klebriges Greiskraut

Senecio viscosus · Fam. Korbblütengewächse

Dem Gewöhnlichen G. sehr ähnlich, aber drüsig-klebrig behaart. ✩ Jun–Okt

Einjährig, 15–60 cm hoch; Stängel hin- und hergebogen, klebrig; **Blätter** tief fiederteilig, anfangs wie mit Spinnweben überzogen; **Blüten**körbchen in einer unebenen Doldenrispe, mit 11–15 gelben Zungenblüten, Außenhülle locker.
Vorkommen Bahndämme, Felsschutt, Wegränder. In EU weit verbreitet; in D häufig.

Schmalblättriges Greiskrau

Senecio inaequidens · Familie Korbblütengev

Pflanze mit stark verzweigtem, etwas kantigem Stängel. ✩ Jun–Dez

Mehrjährig, 30–100 cm hoch; **Blätter** 2–6 cm lang, bis 1 cm breit, lanzettlich, ungleichmäßig gezähnt (lateinischer Name!); **Blüten**körbchen 1–1,5 cm breit, in Doldenrispen.
Vorkommen Bahngelände, Kiesgrube Wegränder. Aus S-Afrika in EU eingebü gert; fast überall häufig.

Jakobs-Greiskraut

Senecio jacobaea · Fam. Korbblütengewächse

Viele Blütenköpfe, charakteristische Blätter, kantiger, oft bräunlicher Stängel. ✩ Jun–Okt

Ein- bis mehrjährig, 30–120 cm hoch; **Blätter** tief fiederteilig mit zipfeligen Öhrchen; **Blüten**körbchen 1,7–2 cm breit, je 11–15, in flacher Doldenrispe, Außenhülle 1- bis 2-blättrig.
Vorkommen Trockenwiesen, Gebüsche, Wegränder. In D wie in ganz EU häufig.

Topinambur, Erdbirne

Helianthus tuberosus · Fam. Korbblütengew.

12–20 sterile Zungenblüten, Stängel kräftig und rau behaart. ✩ Aug–Nov

Mehrjährig, 1–3 m hoch, unterirdische Ausläufer; Wurzelknollen gekocht essbar; **Blätter** gegenständig oder zu 3, länglich oval, gezähnt, rau; **Blüten**körbchen 5–8 cm.
Vorkommen Ufer, Brachen, Waldrände Gärten. Aus N-Amerika, regional verwi dert, in D v. a. in großen Flusstälern.

Hain-Greiskraut

Gewöhnliches Greiskraut

Klebriges Greiskraut

Schmalblättriges Greiskraut
kann an der Basis leicht verholzen

Jakobs-Greiskraut

Topinambur, Erdbirne

Kohl-Gänsedistel

Sonchus oleraceus · Fam. Korbblütengew.

Bläulich grünes Wildkraut mit reichlich weißem Milchsaft. ✿ Jun–Okt

Ein- oder zweijährig, bis zu 1 m hoch, Stängel verzweigt; **Blätter** weich, grob gesägt, stachelig gezähnt, bläulich grün, an der Basis geöhrt; **Blüten**körbchen 2–2,5 cm breit, hellgelb.
Vorkommen Äcker, Gärten, Brachflächen, Wegränder. Fast überall in EU und auch in D ziemlich häufig; früher als Gemüse genutzt.

Dornige Gänsedistel

Sonchus asper · Familie Korbblütengewächse

Ähnlich Kohl-G., aber Blätter derb, dunkel, glänzend, stachelig. ✿ Jul–Okt

Einjährig, 30–120 cm hoch; Stängel kräftig, rötlich; **Blätter** meist ungeteilt bzw. wenig fiederspaltig, mit rundlichen Öhrchen; **Blüten**körbchen bis 2,5 cm breit, nur mit Zungenblüten.
Vorkommen Äcker, Gärten, Brachflächen, Wege. In EU sehr weit verbreitet, in D häufig.

Acker-Gänsedistel

Sonchus arvensis · Fam. Korbblütengewächse

Großblumige Pflanze mit im oberen Teil drüsigem Stängel. ✿ Jul–Okt

Mehrjährig, 50–120 cm hoch; **Blätter** wechselständig, tief buchtig, stachelig gezähnt; **Blüten**körbchen nur mit Zungenblüten, gelb, 3–4,5 cm breit, in lockerer Doldenrispe, nur bei sonnigem Wetter geöffnet.
Vorkommen Äcker, Gärten, Wegränder, Schuttplätze und Dünen. In EU fast überall verbreitet.

Golddistel

Carlina vulgaris · Fam. Korbblütengewächse

Distel trockener Standorte; Stängel starr, stachelig. ✿ Jul–Sep

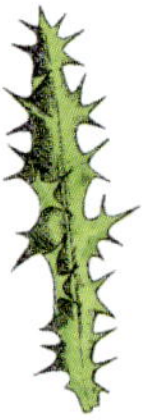

Meist zweijährig, 20–70 cm hoch; **Blätter** wechselständig, ungeteilt oder schwach gelappt, stachelig; **Blüten**körbchen etwa 2,5–4 cm breit, mit braungelben Röhrenblüten, äußere Hüllblätter strohgelb.
Vorkommen Trockenrasen, lichte Wälder; meist auf Kalk. In EU weit verbreitet; in D nur zerstreut.

Löwenzahn, Kuhblume

Taraxacum officinale · Fam. Korbblütengew.

Formenreiche Pflanze ohne Stängel und mit weißem Milchsaft. ✿ Apr–Jun

Mehrjährig; **Blätter** alle in grundständiger Rosette, gelappt, grob gesägt, fiederspaltig oder gezähnt, kahl; **Blüten**körbchen 3–6 cm breit, auf 10–50 cm hohem, rötlichem, hohlem Schaft, gelb.
Vorkommen Fettwiesen, Weiden, Wegränder, Äcker, lichte Wälder, alpine Matten. Überall sehr häufig.

Rauer Löwenzahn

Leontodon hispidus · Fam. Korbblütengew.

Stängel unverzweigt und schwach behaart, blattlos. ✿ Jul–Sep

Mehrjährig, 10–50 cm hoch; **Blätter** in grundständiger Rosette, buchtig bis fiederteilig, kahl oder wenig behaart; **Blüten**körbchen einzeln endständig, gelb, 2,5–3,5 cm breit, vor dem Aufblühen nickend.
Vorkommen Nährstoffreiche Böden von Wiesen, Weiden, Parkrasen. In EU weit verbreitet.

Kohl-Gänsedistel

Dornige Gänsedistel

Acker-Gänsedistel

Golddistel

Löwenzahn, Kuhblume

Rauer Löwenzahn

Kohl-Kratzdistel

Cirsium oleraceum · Fam. Korbblütengew.

Üppige Feuchtgebietspflanze, Stängel kräftig und verzweigt. ✩ Jun–Sep

Mehrjährig, 30–150 cm hoch; **Blätter** weich, untere fiederspaltig, obere einfach, stachelig; **Blüten**körbchen mit bleichen Hochblättern, 3–4 cm breit, nur Röhrenblüten.
Vorkommen Nasswiesen, Bachufer, Auen, Gräben. Vor allem in M.-EU verbreitet.

Kleinköpfiger Pippau

Crepis capilaris · Fam. Korbblütengewächse

Mitunter aufsteigender, ab der Mitte verzweigter Stängel. ✩ Jun–Aug (Okt)

Einjährig, 10–90 cm; im Blütenstand wenig und kurz weiß behaart, dazwischen einzelne gelbe Haare; **Blätter** schmal oval bis lanzettlich, tief buchtig gezähnt, die untersten verschmälern sich in einen schmalen Blattstielflügel; **Blüten**köpfchen 1,5–2,5 cm breit; alle Blüten zungenförmig, zwittrig, außen leicht rötlich überlaufen.
Vorkommen Wiesen, Rasen, Brachen, Wegränder. In EU weit verbreitet, in D vor allem in wintermilden Lagen.

Wiesen-Pippau

Crepis biennis · Familie Korbblütengewächse

Große, auffällige Wiesenpflanze mit kantigem, verzweigtem Stängel, mit Milchsaft. ✩ Mai–Sep

Zweijährig, 30–120 cm hoch; **Blätter** buchtig gezähnt bis fiederteilig, am Grund schmäler; **Blüten**körbchen 2–3,5 cm breit, nur Zungenblüten, in Rispen, Hülle behaart.
Vorkommen Fettwiesen, Weiden, Wegränder, Äcker. Überall in D wie in ganz EU verbreitet.

Wiesen-Bocksbart

Tragopogon pratensis · Fam. Korbblütengew.

Formenreiche, besonders großblumige Wiesenpflanze. ✩ Mai–Aug

Ein- bis mehrjährig, 30–70 cm hoch; **Blätter** bläulich grün, glattrandig, schmal lanzettlich, kahl; **Blüten**körbchen 3,5–5 cm breit, flach, nur mit gelben Zungenblüten, die nur vormittags aufblühen.
Vorkommen Fettwiesen, Brachen. In EU weit verbreitet; in manchen Gegenden von D nur zerstreut.

Rainkohl

Lapsana communis · Fam. Korbblütengew.

Kleiner bis mittelgroßer Kulturbegleiter mit reichlich Milchsaft. ✩ Mai–Sep

Einjährig, 30–120 cm hoch; **Blätter** gestielt, buchtig bis fiederteilig, großer Endlappen; **Blüten**körbchen 1,5–2 cm breit, wenige Zungenblüten, in lockeren Rispen; nur vormittags geöffnet.
Vorkommen Äcker, Brachflächen, Gärten, Gebüsche, Säume. In D wie fast in ganz EU häufig.

Mauerlattich

Mycelis muralis · Fam. Korbblütengewächse

Pflanze schattiger Standorte; Stängel aufrecht, rundlich, im oberen Teil verzweigt. ✩ Jul–Sep

Mehrjährig, 25–150 cm hoch, alle Teile mit Milchsaft; **Blätter** buchtig fiederteilig mit eckigen End- und Seitenlappen; **Blüten**körbchen um 1,5 cm breit, nur mit 5 (7) blassgelben Zungenblüten.
Vorkommen Feuchte Mischwälder, Gebüsche, Mauern. Überall häufig.

Kohl-Kratzdistel

Kleinköpfiger Pippau

Wiesen-Pippau

Wiesen-Bocksbart

Rainkohl

Mauerlattich

Wald-Habichtskraut

Hieracium sylvaticum · Fam. Korbblütengew.

Waldpflanze; Stängel aufrecht, ganz ohne oder höchstens unten mit 1–2 kleinen Blättern. ✩ Mai–Sep

Mehrjährig, 20–50 cm hoch; Grund**blätter** in Rosette, länglich oval; **Blüten**körbchen 2,5–3 cm breit, nur mit Zungenblüten, zu mehreren in Doldenrispe.
Vorkommen Laub- und Mischwälder, Gebüsche, schattige Mauern. In EU fast überall häufig; im Gebiet weitere ähnliche Arten.

Wiesen-Gelbstern

Gagea pratensis · Familie Liliengewächse

Frühblüher ohne Stängel; meist nur 1 grundständiges, gekieltes und bewimpertes Blatt. ✩ Mär–Apr

Mehrjährig, 5–20 cm hoch; **Blatt** 4 mm breit, an der Basis oft rötlich; **Blüten** lang gestielt, 2–3 cm breit, mit 6 außen grünlichen Blütenblättern.
Vorkommen Äcker, Wiesen, Gebüsche; meist auf lockerem Lehm- und Lössboden. In M.-EU zerstreut; in D relativ selten.

Beinbrech, Moorlilie

Narthecium ossifragum · Fam. Beinbrechgew.

Eher unauffällige Moorpflanze mit kriechendem Wurzelstock. ✩ Jul–Aug

Mehrjährig, 10–30 cm hoch; **Blätter** überwiegend grundständig, grasartig, etwas gebogen; **Blüten** bis 1,5 cm breit, in lockerer Traube, außen grünlich, Staubblätter wollig behaart.
Vorkommen Nasswiesen, Feuchtheiden, Moore. W- und NW-EU; atlantische Art, in D nur bis in nördliche Mittelgebirge. §

Kleines Habichtskraut

Hieracium pilosella · Fam. Korbblütengew.

Leicht erkennbare Offenlandpflanze mit langen Ausläufern, Blätter allesamt in grundständiger Rosette. ✩ Mai–Okt

Mehrjährig, 5–20 cm hoch; **Blätter** oberseits langhaarig, unterseits graufilzig behaart, mit Milchsaft; **Blüten**körbchen 2–3 cm breit, Zungenblüten außen oft rot gestreift.
Vorkommen Trockenrasen, Mauern, Felsfluren, Wegränder. In D wie in ganz EU überall häufig.

Wilde Tulpe

Tulipa sylvestris · Familie Liliengewächse

Mehrjährige, sehr attraktive Zwiebelpflanze auf Weinbergen. ✩ Apr–Mai

Pflanze 30–60 cm hoch; **Blätter** schmal lanzettlich, graugrün, flach, 1–2 cm breit und bis 30 cm lang; **Blüten** einzeln endständig, groß, bis 5 cm lang, Blütenblätter spitz, die inneren an der Basis behaart.
Vorkommen Gebüsche, Hecken, (aufgelassene) Weinberge; auf lockeren, warmen, mäßig nährstoffreichen Böden; früher auch häufiger Zierpflanze, daher als Relikt in Gärten. M.- und S-EU; in D selten, durch Herbizideinsätze stark gefährdet. §

Gelbe Narzisse

Narcissus pseudonarcissus · F Narzissengew.

Wiesen- oder Waldsaumpflanze, Blätter grundständig, blaugrün. ✩ Mär–Apr

Mehrjährig, 15–40 cm hoch, **Blätter** 1–2 cm breit, rinnig; **Blüten** einzeln, 5–7 cm breit, Blütenblätter röhrig verwachsen, Nebenkrone kraus.
Vorkommen Feuchtwiesen, Waldränder, Auen. W.-EU; in D nur in den nordwestlichen Mittelgebirgen (Eifel, Hunsrück); im S bis in 2000 m Höhe. §

Wald-Habichtskraut

Kleines Habichtskraut

Wiesen-Gelbstern

Wilde Tulpe

Beinbrech, Moorlilie

Gelbe Narzisse

Sumpf-Schwertlilie, Gelbe Schwertlilie

Iris pseudacorus · Familie Schwertliliengewächse

50–150 cm hohe Sumpf- oder Uferpflanze mit aufrechtem Stängel und großen, leuchtend gelben Blüten. ✩ Mai–Jul

Mehrjährige Rhizompflanze; **Blätter** zweizeilig gestellt, bis zu 90 cm lang, 1–3 cm breit, grün, mit deutlicher Mittelrippe (Name: Schwertllie!) und beidseits scharf 2-schneidig; **Blüten** bis zu 10 cm breit und hoch, nicht bärtig, die äußeren Blütenblätter dunkler geädert und deutlich größer als die inneren. Aus dem unterständigen Fruchtknoten bildet sich eine 3-fächerige Kapsel (kleines Foto), in der die abgeflachten, bräunlichen Samen geldrollenartig gestapelt sind. Die Samen sind schwimmfähig und werden auch durch Wasservögel ausgebreitet. Alle Teile enthalten scharf schmeckende Giftstoffe, die auch für Weidetiere gefährlich sind.

Vorkommen Gräben, Sümpfe, Ufer, Röhrichte an stehenden und langsamen fließenden Gewässern. In EU außer in den Hochgebirgen weit verbreitet; in D stellenweise häufig. §

Wissenswert! Die ausgesprochen auffällige Blüte ist so konstruiert, dass sie wie 3 getrennte Einzelblüten wirkt und auch so von den sie besuchenden Insekten bestäubt wird. Die Blütenhülle besteht aus 3 inneren schmalen und 3 äußeren breiten, herabgebogenen Perigonblättern mit bräunlichen Strichmalen. In der Blütenmitte finden sich 3 stark vergrößerte, kronblattartig aussehende Griffeläste mit einer lippenartigen Schuppe, auf der der Pollen bei der Bestäubung abgelegt werden muss. Da die Perigonblätter an der Basis verwachsen sind, bilden sie eine enge Röhre, in der der Nektar angeboten wird. Er ist nur langrüsseligen Insekten zugänglich.

Frauenschuh

Cypripedium calceolus · Familie Knabenkrautgewächse

20–70 cm hoch; bekannteste und attraktivste der heimischen Orchideen; Stängel aufrecht, rund, wenig beblättert und behaart. ✩ Mai–Jun

Mehrjährig; **Blätter** wechselständig, breit oval, glattrandig, kahl, spitz; **Blüten** zu 1–4, der zentrale Teil als gelbe, aufgeblähte, bis zu 4 cm breite Lippe mit schwachen Längsstreifen ausgebildet, die äußeren Blütenblätter braunviolett bis rotbraun, schmal, meist etwas verdreht; Gesamtdurchmesser der Blüte bis zu 8 cm und damit eine der größten Blüten heimischer Wildpflanzen. Die **Frucht** ist eine 1-fächerige Trockenkapsel. Die Samen sind nur staubkorngroß und erreichen Flugweiten von über 10 km.

Vorkommen Lichte Laubwälder, Gebüsche; bevorzugt auf kalkreichem Lockerboden. Vor allem in M.-EU, fehlt im Mittelmeerraum weitgehend; in D von der Mittelgebirgsregion südwärts nur zerstreut. §

Wissenswert! Der große, schuhförmige Lippenteil ist von der Anlage her das obere innere Blütenhüllblatt. Während der Blütenöffnung dreht sich der Blütenstiel um 180° und rückt die Lippe in die passende Position. Dieser Blütenteil wirkt als Insektenkesselfalle: Die Blütenbesucher, vor allem Bienen, dringen durch die Schuhöffnung auf der Oberseite ein oder stürzen ab. Ein Entkommen ist wegen der glatten Innenwände des Lippenteils nicht möglich. Die vorübergehend Inhaftierten können nur an den Narben und verwachsenen Staubgefäßen vorbei zu einer durchsichtigen, fensterartigen Stelle an der Rückseite, die eine Öffnung vortäuscht. Zuerst berühren die hereingelegten Bestäuber die Narbe und deponieren dort den mitgebrachten Pollen, ehe sie sich dann eine der beiden klebrigen Pollenmassen erneut aufladen.

Sumpf-Schwertlilie, Gelbe Schwertlilie

Frauenschuh

Sommer-Adonisröschen

Adonis aestivalis · Familie Hahnenfußgew.

25–50 cm hoch, mit kahlem, wenig verzweigtem Stängel. ✫ Mai–Jun

Einjährig; **Blätter** mehrfach gefiedert mit schmalen Endzipfeln; **Blüten** 1–3 cm breit, 5–8 scharlachrote (selten blassgelbe) Kronblätter, im Zentrum dunkel.

Vorkommen Getreidefelder und Hackfruchtäcker in den Kalkgebieten. Südöstliches EU; in D an der NW-Grenze der Verbreitung, fehlt im nördl. Tiefland. §

Wissenswert! Giftig! Das dunkle Farbmal leitet Insekten nach dem Zielscheiben-Prinzip zum reichlich vorhandenen Pollen.

Akeleiblättrige Wiesenraute

Thalictrum aquilegifolium · Fam. Hahnenf.g.

Bis 120 cm hoch, mit mehrfach gefiederten Blättern. ✫ Mai–Jul

Mehrjährig; **Blätter** gestielt, stark zerteilt; **Blüten** in endständigen Rispen, Kelch und Krone fallen früh ab, Staubblätter hellviolett und keulig verdickt.

Vorkommen Auenwälder, Hochstaudenfluren, Gebüsche, überwiegend auf Kalk. Südliches und östliches M.-EU.

Klatsch-Mohn

Papaver rhoeas · Familie Mohngewächse

Borstig und abstehend behaarter Stängel und feuerrote Blüten. ✫ Mai–Jul

Kapsel

Einjährig, 30–80 cm hoch; **Blätter** wechselständig, fiederteilig bis gefiedert; **Blüten** endständig, bis zu 8 cm breit, am Grund oft mit dunklen Flecken, Kelchblätter fallen frühzeitig ab; **Frucht** eine breit eiförmige Kapsel (Zeichnung).

Vorkommen Wegränder, Gärten, Ackerland, Schuttstellen; vorzugsweise auf nährstoffreichen Böden. S- und M.-EU; in D überall ziemlich häufig.

Sand-Mohn

Papaver argemone · Familie Mohngewächse

10–40 cm hoch, dunkelrot, Samenkapsel viel länger als breit. ✫ Mai–Jul

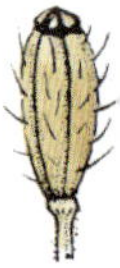

Kapsel

Einjährig, Stängel borstig behaart; **Blätter** mehrfach gefiedert; **Blüten** lang gestielt, bis 5 cm breit, Kronblätter berühren sich meist nicht, Pollensäcke nach oben keulig verdickt, Samenkapsel borstig behaart, deutlich gerippt.

Standort Wegränder, Äcker, Brachland.

Verbreitung Ursprünglich im Mittelmeergebiet; in D regional verbreitet bis selten.

Bastard-Mohn

Papaver hybridum · Familie Mohngewächse

20–60 cm hoch, dem Klatsch-M. ähnlich, Stängel steif behaart. ✫ Mai–Jul

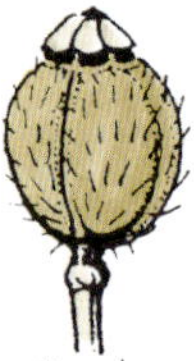

Kapsel

Einjährig; **Blätter** mehrfach gefiedert; **Blüten** 2,5–4,5 cm breit, ziegel- bis weinrot, mittig oft mit schwarzem Fleck, Pollensäcke oben nicht verdickt; Kapsel eiförmig, mit gelblichen Borsten.

Vorkommen Sandige Getreideäcker, Brachen, Schuttstellen. M.- und S-EU; in D wegen Herbizideinsatz selten.

Schlaf-Mohn

Papaver somniferum · Fam. Mohngewächse

Kräftig, 40–120 cm hoch, recht große, blaugrün bereifte Blätter. ✫ Jun–Aug

Kapsel

Einjährig, meist kahl; **Blätter** bis 12 cm lang, tief eingeschnitten; **Blüten** bis 10 cm breit, violett, rosa oder weiß; Kapsel bis 5 cm lang. Alle Teile giftig.

Vorkommen Wegränder, Brachland, oft aus Anbau (Ölpflanze) verwildert. Stammt vermutlich aus dem Mittelmeerraum; gelegentlich in Gärten.

Sommer-Adonisröschen

Akeleiblättrige Wiesenraute

Klatsch-Mohn

Sand-Mohn

Bastard-Mohn

Schlaf-Mohn

Hohler Lerchensporn

Corydalis cava · Familie Mohngewächse

Frühblüher, Blätter doppelt 3-zählig, Blüten weiß oder purpurn. ✿ Mär–Mai

Mehrjährig, bis 20 cm hoch; **Blätter** bläulich grün; **Blüten** zu 10–20 in Traube, selten gelblich, mit Sporn, Hochblätter bei den Blüten ungeteilt.

Vorkommen Humusreiche Laub- und Auenwälder. In M.- und S-EU weit verbreitet, im nordwestlichen D selten, nach S zu häufiger.

Gefingerter Lerchensporn

Corydalis solida · Familie Mohngewächse

Dem Hohlen L. ähnlich, Hochblätter je-doch fingerförmig geteilt. ✿ Mär–Mai

Mehrjährig, 15–30 cm hoch; **Blätter** ähnlich wie beim Hohlen L.; **Blüten** in Traube, kräftig purpurn, selten hellrot oder weiß, mit Sporn. Insgesamt zierlicher als der Hohle L.

Vorkommen Gebüsche, Hecken, Auenwä-der. In M.-EU weit verbreitet, in N-EU mei nur eingebürgert.

Gewöhnlicher Erdrauch

Fumaria officinalis · Familie Erdrauchgew.

10–30 cm hoch, zartere, bläulich grüne Pflanze, Stängel ästig. ✿ Apr–Okt

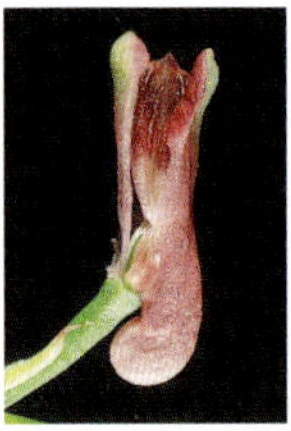

Einjährig; **Blätter** doppelt gefiedert; **Blüten** zu 20–40 in Trauben, Kronen dunkelrot mit grünem Kiel, gespornt, 6–8 mm lang. Schwach giftig.

Vorkommen Lehmige Hackfruchtäcker, Wegsäume, Schuttstellen. In EU außer im hohen N weit verbreitet; in D überall häufig.

Haselwurz

Asarum europaeum · Fam. Osterluzeigew.

5–10 cm hoch, Stängel dick und behaart, Blätter wintergrün. ✿ Mär–Apr

Mehrjährig; **Blätter** nierenförmig, glänzend; **Blüten** urnenförmig, außen bräunlich, innen purpurn, Kelch 3-zipfelig. Schwach giftig, früher Heilpflanze.

Vorkommen Laub- und Mischwälde Auen, vorzugsweise auf Kalkböden. In M und O-EU weit verbreitet; fehlt in D wes lich des Rheins.

Aufrechtes Glaskraut

Parietaria officinalis · Fam. Brennnesselgew.

Bis 90 cm hoch, ohne Brennhaare, Blüten unscheinbar. ✿ Jun–Okt

Mehrjährig, Stängel brüchig; **Blätter** gestielt, eiförmig, 3–12 cm lang; **Blüten** eingeschlechtig ♀ oder zwittrig, büschelig.

Vorkommen Sonnige Mauern, Auenwälder. S- und SW-EU, in D in den Wärmegebieten eingebürgert. Mit Ausnahme der Flusstäler selten.

Gewöhnliches Seifenkraut

Saponaria officinalis · Fam. Nelkengewächs

Stängel liegend bis aufrecht, große, rosafarbene Blüten. ✿ Jul–Sep

Mehrjährige, kräftige Pflanze, bis 60 cm hoch; **Blätter** gegenständig, lanzettlich bis breit elliptisch, 5–10 cm lang; **Blüten** zahlreich in endständigen Büscheln, bis 3 cm breit, Kronblätter weißlich oder leicht rosa.

Vorkommen Brachland, Wegränder, Flussauen, Ufer, Kiesbänke. M und S-EU.

Hohler Lerchensporn

Gefingerter Lerchensporn

Gewöhnlicher Erdrauch

Haselwurz

Aufrechtes Glaskraut

Gewöhnliches Seifenkraut

Kartäuser-Nelke

Dianthus carthusianorum · Fam. Nelkengew.

Staude trockener Standorte, Stängel fest, Krone gezähnt. ✩ Jun–Sep

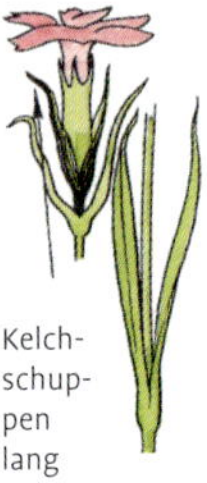

Mehrjährig, bis 50 cm hoch, Stängel, erst im Blütenstand kurzästig; **Blätter** an der Basis verwachsen; **Blüten** bis 2,5 cm breit und 2–3 cm lang, zu 5–10 in Büscheln, mit schuppigen Hochblättern, Kronblätter gezähnt.
Vorkommen Trockengebüsche, Halbtrockenrasen, Böschungen. M.-EU.

Heide-Nelke

Dianthus deltoides · Fam. Nelkengewächse

Der Kartäuser-Nelke ähnlich, mit kurz behaartem Stängel und weiß gefleckten Blüten. ✩ Jun–Sep

Mehrjährig; Stängel bis zu 40 cm hoch; **Blätter** am Rand rau; **Blüten** lang gestielt, bis zu 1,8 cm breit, Außenkelch aus 2 bräunlichen Schuppen, Kronblätter gezähnt, mit weißen Flecken.
Vorkommen Trockenwiesen, Magerrasen, Heiden, Sandböden. In D zerstreut bis selten.

Raue Nelke, Büschel-Nelke

Dianthus armeria · Fam. Nelkengewächse

Kleinblütige Nelke mit verzweigtem, rau behaartem Stängel. ✩ Jun–Jul

Zweijährig; bis 60 cm hoch; **Blätter** schmal lanzettlich, rau behaart; **Blüten** bis 1 cm breit, zu 2–10 kurz gestielt in Büscheln, purpurn, dunkler gepunktet, in der Mitte heller.
Vorkommen Waldsäume, Trockengebüsche, Magerrasen; meidet Kalkböden. In M.- und S-EU; fehlt im NW von D.

Pracht-Nelke

Dianthus superbus · Fam. Nelkengewächse

Recht auffällige Nelke mit großen, zerschlitzten Blüten. ✩ Jun–Sep

Mehrjährig, bis 60 cm hoch; **Blätter** linealisch-lanzettlich, frischgrün; **Blüten** bis zu 6 cm breit, rosa bis hellviolett, bis über die Mitte in schmale, unregelmäßige Zipfel zerschlitzt.
Vorkommen Heiden, Moorwiesen, lichte Wälder, im Gebirge bis in 2400 m Höhe. In M.-EU zerstreut; fehlt in D nördlich der Mainlinie.

Pfingst-Nelke

Dianthus gratianopolitanus · F. Nelkengew.

Auffällig blaugrüne Nelke mit großen, einzeln stehenden Blüten. ✩ Jun–Jul

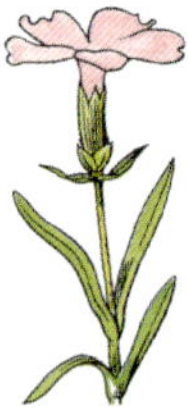

Mehrjährig, in dichten Rasen; bis zu 25 cm hoch; **Blätter** spitz; **Blüten** lang gestielt, bis 2,5 cm breit, Kronblätter hellpurpurn bis rosa, unregelmäßig gezähnt.
Vorkommen Felsgebüsche, Trockenhänge, lichte Kiefernwälder, auf Kalk- und Silikatfels, wärmeliebend. M.-EU, jedoch selten; im NW bis zum Ahrtal. §

Kuckucks-Lichtnelke

Lychnis flos-cuculi · Fam. Nelkengewächse

Auffällige, meist sehr reichblütige Staude, Blüte feinzipfelig. ✩ Apr–Jun

Mehrjährig, etwa 30–80 cm hoch; grundständige **Blätter** spatelförmig, Stängelblätter linealisch; **Blüten** bis zu 4 cm breit, Kelch rötlich, Kronblätter fleischfarben, tief 4-spaltig.
Vorkommen Wiesen, Waldränder, Gräben, fehlt zumeist in Kalkgebieten. EU mit Ausnahme des S.

Kartäuser-Nelke

Heide-Nelke

Raue Nelke, Büschel-Nelke

Pracht-Nelke

Pfingst-Nelke

Kuckucks-Lichtnelke

Rote Lichtnelke

Silene dioica · Familie Nelkengewächse

Bis 1 m hoch, zahlreiche Blüten mit weißen Nebenkronen. ✩ Apr–Sep

Mehrjährig; **Blätter** gegenständig, eiförmig, behaart; **Blüten** zweihäusig, bis 2,5 cm breit. Blüht anders als die weißen Lichtnelken am Tag, wird von Hautflüglern, nicht von Nachtfaltern bestäubt.
Vorkommen Gebüsche, Waldränder, Wiesen und Ufer. In EU fast überall häufig, fehlt im SO.

Kornrade

Agrostemma githago · Fam. Nelkengewächse

Bis 1 m hoch, Wildkraut mit großen, purpurroten Blüten. ✩ Jun–Sep

Einjährig, Stängel locker verzweigt; **Blätter** gegenständig, linealisch-lanzettlich, grau behaart; **Blüten** attraktiv, lang gestielt, bis 4 cm breit, Kronblätter von den Zipfeln der schmalen Kelchblätter überragt.
Vorkommen Getreideäcker, Brachland, Wegränder, Säume. Selten.

Vogel-Knöterich

Polygonum aviculare · Fam. Knöterichgew.

Liegender oder wenig aufgerichteter, dunkel gestreifter Stängel. ✩ Jun–Okt

Einjährig, 10–50 cm lang, fest; **Blätter** sitzend, elliptisch, 1–3 cm lang, bis 7 mm breit; **Blüten** einzeln oder zu wenigen in den Blattachseln, rötlich-weißlich.
Vorkommen Äcker, Gärten, Wege, Schuttstellen, Pflasterfugen, Schulhöfe, Sportplätze; typisch für sogenannte Trittvegetation. In ganz EU häufig.

Wiesen-Knöterich

Polygonum bistorta · Fam. Knöterichgew.

Auffällige und attraktive Pflanze in Feuchtwiesen und an Gräben, mit rosa roten Blütenständen. ✩ Mai–Jul

Mehrjährig, 50–120 cm hoch; Grund**blätter** gestielt, länglich, Stängelblätter sitzend; **Blüten** zahlreich in dichter, walzenförmiger, bis zu 5 cm langer Scheinähre.
Vorkommen Bach- und Grabenränder, Feucht- und Nasswiesen. M.-EU, jedoch fast nur im Bergland.

Wasser-Knöterich

Polygonum amphibium · Fam. Knöterichgew.

Wasserpflanze mit schlanken Scheinähren über Wasser. ✩ Jun–Sep

Mehrjährig, bis 70 cm hoch, im Wasser mit flutenden, an Land mit aufrechten Stängeln; Wasser**blätter** bis zu 15 cm lang, schmal oval, kahl, Landblätter bis 10 cm, lanzettlich und behaart; Scheinähren dicht.
Vorkommen Stehende Gewässer, Röhrichte. Fast überall in EU verbreitet.

Floh-Knöterich

Polygonum persicaria · Fam. Knöterichgew.

Laubblätter mittig auf der Oberseite oft dunkel purpurn gefleckt. ✩ Jul–Ok

Einjährig, bis zu 75 cm hoch; Stängel verzweigt, liegend oder aufsteigend; **Blätter** mit borstig bewimperter Scheide, lanzettlich; **Blüten** in gestielter Scheinähre, rosa.
Vorkommen Äcker, Gärten, Wegränder, Gräben, Brachland; Stickstoffzeiger. Fast überall in EU häufig.

Rote Lichtnelke

Kornrade

Vogel-Knöterich

Wiesen-Knöterich

Wasser-Knöterich

Floh-Knöterich

Strand-Grasnelke

Armeria maritima · Fam. Grasnelkengew.

Formenreich, grasartig, Blütenstände kopfig, bis 3 cm breit. ✩ Mai–Sep

Mehrjährig, in horstartigen Polstern; **Blätter** linealisch, lederig dicklich, in dichter Rosette; **Blüten**stand kopfig, auf blattlosem Schaft, bis 30 cm lang, Kronen trichterförmig.
Vorkommen Graudünen, Strandrasen und Salzwiesen, Klippen an der Küste. In EU weit verbreitet und häufig.

Meersenf

Cakile maritima · Fam. Kreuzblütengewächse

Typisch an Meeresküsten, stark verzweigt, reichblütig. ✩ Jul–Sep

Einjährig; aufrecht oder ausgebreitet, 10–40 cm hoch; **Blätter** 3–6 cm lang, dickfleischig (Salzsukkulent), die unteren doppelt fiederspaltig, die oberen ungeteilt, hellgrün; **Blüten** bis 1 cm breit, Kronen auch lila, selten weiß, in kopfiger Traube, duftend; Schote 1–2,5 cm lang, 2-teilig, gelblich, mit einzelnem Samen im oberen Teil.
Vorkommen Dünenvorland, Spülsäume, Weißdünen, Ruderalflächen. Europäische Küsten, häufig.

Wiesen-Schaumkraut

Cardamine pratensis · Fam. Kreuzblütengew.

Typische Wiesenpflanze, Stängel aufrecht, rund, unverzweigt. ✩ Apr–Mai

Mehrjährig, 20–40 cm hoch; Stängel an der Basis oft mit schaumigen Hüllen von Zikadenlarven (Name); Grund**blätter** rosettig, Stängelblätter wechselständig, schmal gefiedert; **Blüten** bis zu 2 cm breit, Kronblätter rosa oder hellviolett, selten weiß.
Vorkommen Wiesen, Weiden, Brachen, Böschungen. Überall in EU.

Strandflieder

Limonium vulgare · Fam. Grasnelkengew.

Aspektbildende Pflanze in Salzwiesen, mit violetten Blüten. ✩ Jul–Sep

Mehrjährig, bis etwa 50 cm hoch; **Blätter** alle in grundständiger Rosette, immergrün, lederig, oval, spatelig, 2–4 cm breit und 5–20 cm lang; **Blüten** in einseitswendiger Rispe, Kronen 3–8 mm lang.
Vorkommen Salz- und Wattwiesen. An der Nordsee zerstreut, an de Ostsee sehr selten. §

Zwiebel-Zahnwurz

Dentaria bulbifera · Fam. Kreuzblütengew.

40–70 cm hoch, mit Brutknospen in den Blattachseln. ✩ Apr–Mai

Mehrjährig; Stängel unverzweigt, aufrecht; **Blätter** unpaarig gefiedert, Fiedern gesägt, Blattachsel-Brutknospen dunkel (kleines Foto); **Blüten** bis 2,5 cm breit, Krone rosa bis violett.
Vorkommen Lichte, humusreiche Buche wälder in Kalkgebieten. In M.-EU zerstreu im N bis S-Skandinavien.

Mehl-Primel

Primula farinosa · Familie Primelgewächse

Zierliche, mehrjährige Pflanze, deren sämtliche Laubblätter in einer grundständigen Rosette stehen. ✩ Mai–Jul

Blätter 0,5–2 cm breit und 2–8 cm lang, Blattstiel leicht geflügelt, oberseits dunkelgrün, unterseits mehlig (Name); **Blüten** bis zu 1,5 cm breit, Kronen tief purpurrosa, selten weißlich, im Schlund gelb.
Vorkommen Feuchtwiesen, Niedermoor Quellfluren. Skandinavien, Pyrenäen, A pen, fehlt in D nördlich des Mains. §

Strand-Grasnelke

Strandflieder

Meersenf

Zwiebel-Zahnwurz

Wiesen-Schaumkraut

Mehl-Primel

Strand-Milchkraut

Glaux maritima · Familie Primelgewächse

5-25 cm hohe Salzpflanze mit meist ausgebreiteten, nur an den Enden aufsteigenden Stängeln und rötlichen Blüten. ✩ Mai–Aug

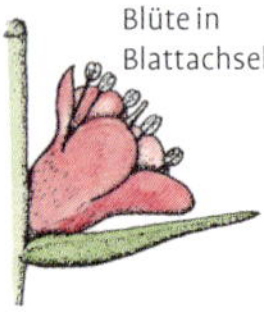

Mehrjährig; Stängel wurzeln mehrfach an den Blattknoten; **Blätter** gegenständig, sehr dicht stehend, glattrandig, elliptisch bis verkehrt eiförmig, um 1 cm lang, dicklich, dunkel graugrün, kahl; **Blüten** kurz gestielt, bis 6 mm breit, einzeln in den Blattachseln, Kronblätter fehlen, Kelch kronblattartig und weinrot, kräftig rosa oder weißlich, am Grund glockig verwachsen mit 5 freien Zipfeln.

Vorkommen Außendeichbereiche, Salz- und Wattwiesen. Küsten in NW- und N-EU von der Biskaya bis zur mittleren Ostsee, selten auch an Salzstellen im Binnenland; fehlt am Mittelmeer weitgehend.

Roter Gauchheil

Anagallis arvensis · Familie Primelgewächse

Kleine Wildkrautpflanze mit liegenden, nur an den Enden aufsteigenden Stängeln und ziegelroten, selten bläulichen Blüten. ✩ Jun–Okt

Einjährig; Stängel bis 30 cm lang, verzweigt; **Blätter** eiförmig, sitzend, 1,5–2 cm lang; **Blüten** lang gestielt, einzeln in den oberen Blattachseln.

Vorkommen Äcker, Brachen, Gärten, Wegränder, im Bergland bi in 1600 m Höhe. In EU fast überall verbrei tet; in D im NW zerstreut, sonst häufig.

Ähnlich **Blauer Gauchheil** *Anagallis coerulea*, Blüten dunkelblau bis blauviolett mit rötlichem Schlundring; fehlt im Tiefland.

Weg-Malve, Käsepappel

Malva neglecta · Familie Malvengewächse

10–50 cm hoch, mit liegendem bis aufsteigendem Stängel und großen, hellrosa bis fast weißen Blüten. ✩ Jun–Sep

Ein- bis mehrjährig; **Blätter** lang gestielt, im Umriss rundlich, undeutlich handförmig mit 3–5 (–7) ungleich großen Lappen, leicht runzelig; **Blüten** gestielt, einzeln in den Blattachseln, Kronen auffällig, bis zu 2,5 cm breit, Kelchblätter nur halb so lang wie die Kronblätter; Stielchen der zahlreichen Staubblätter zur Röhre verwachsen.

Vorkommen Wegränder, Schuttstellen, Bahnanlagen, Mauern, Böschungen, Gärten; stickstoffhaltige, nährstoffreiche Böden (Zeigerpflanze). Fast überall in EU, in D stellenweise zerstreut, sonst häufig.

Wissenswert! Kommt auch mitten in Städten vor, hier sogar in Gehwegfugen.

Wilde Malve, Rosspappel

Malva sylvestris · Familie Malvengewächse

40–120 cm hoch, Stängel aufsteigend bis aufrecht, Blüten groß und rosa mit dunkleren Streifen. ✩ Jun–Sep

Ein- bis mehrjährig; Stängel verzweigt; **Blätter** gestielt, handförmig in 5–7 ungleich große Lappen geteilt, die oberen tief bis zur Basis eingeschnitten; **Blüten** gestielt, zu mehreren in den oberen Blattachseln; Kronen bis zu 4 cm breit; Kelchblätter nur etwa 1/4 so lang wie die Kronblätter, bis zur Mitte verwachsen.

Vorkommen Schuttstellen, Brachen, Wegränder, Böschungen, Mauern, Gärten; nährstoffreiche, trockene Böden. Fast überall in M.- und S-EU; in D im nordwestlichen Tiefland selten.

Wissenswert! Zusätzlich zum normalen Kelch haben Malvenblüten noch einen 3-gliedrigen, hellgrünen Außenkelch.

Strand-Milchkraut

Roter Gauchheil

Weg-Malve, Käsepappel

Wilde Malve, Rosspappel

Bach-Nelkenwurz

Geum rivale · Familie Rosengewächse

20–60 cm hoch, mit kaum verzweigtem Stängel und wenigen rötlichen Blüten in endständiger Traube. ✩ Apr–Jul

Mehrjährig; Stängel im oberen Teil drüsig behaart; Grund**blätter** abwechselnd mit großen und kleinen Fiedern sowie 3-teiliger Endfieder, grob gezähnt, Stängelblätter gelappt oder einfach; **Blüten** einzeln oder zu wenigen in der langstieligen Traube, glockig, bis zu 1,5 cm lang; Kronblätter innen blassgelb, außen dunkelrot geadert; Kelchblätter und Stiele bräunlich.

Vorkommen Feuchtwiesen, Niedermoore, Staudenfluren an Bächen, Feuchtwälder. N- und M.-EU; in D meist im Bergland.

Wissenswert! Hummeln beißen die Blütenglocken oft von hinten an, um Nektar zu klauen.

Großer Wiesenknopf

Sanguisorba officinalis · Familie Rosengew.

50–90 cm hohe Wiesenpflanze mit verzweigtem Stängel und dunkelroten, kopfigen Blütenständen. ✩ Jun–Sep

Mehrjährig; **Blätter** unpaarig gefiedert, Fiedern gezähnt, unterseits bläulich grün; **Blüten** zahlreich in 1–3 cm langen, eiförmigen Köpfchen; Kronblätter fehlen; windblütig.

Vorkommen Feucht- und Nasswiesen, Gräben, Ufer, Niedermoore, Bergwiesen bis i 1200 m Höhe. In M.-EU weit verbreitet.

Ähnlich **Kleiner Wiesenknopf** *Sanguisorba minor*, 20–70 cm hoch, Blattfiedern eher rundlich; Blüten unscheinbar grünlich rot.

Große Fetthenne

Sedum telephium · Fam. Dickblattgewächse

Bis 50 cm hohe, formenreiche, mehrjährige Pflanze mit aufrechten Stängeln und rötlichen Blüten. ✩ Jun–Sep

Blätter 2–7 cm lang, dickfleischig, länglich oval, sitzend, wenig gezähnt oder glattrandig, grasgrün bis bläulich, stumpf oder leicht glänzend; **Blüten** 5–8 mm breit, blassgelb bis purpurrot, zahlreich in flachen bis halbkugeligen, dicht gedrängten Scheindolden.

Vorkommen Hecken, Gebüsche, lichte Wälder, Magerrasen, Mauern; sandige Böden; bis in 900 m Höhe. EU; in D zerstreut, im nordwestlichen Tiefland selten.

Wissenswert! Wird nach ihrer Blütenfarbe oft auch Purpur-Fetthenne genannt. Stellt in der Natur eine wertvolle Trachtpflanze für Hautflügler und Falter dar.

Saat-Luzerne

Medicago sativa · F. Schmetterlingsbl.gew.

30–90 cm hohe Wiesenpflanze mit verzweigtem, aufrechtem Stängel und de Blüten in kopfigen Trauben. ✩ Jun–Sep

Mehrjährig; **Blätter** 3-zählig gefiedert, Fiedern fein gezähnt, vorn mit Stachelspitze, Endfieder gestielt, die beiden übrigen ungestielt; **Blüten** bis zu 1,2 cm lang zahlreich in gestielten Trauben in de Blattachseln, Kronen lila, violett oder violett-purpurn; **Hülse** schraubig gewunden.

Vorkommen Äcker, sonnige Wiesen, lichte Gebüsche, Böschungen, Wegränder, bi in mittlere Gebirgslagen. Stammt aus Vorderasien, in EU seit der Antike als Futterpflanze angebaut, vielfach verwildert.

Wissenswert! Bildet mit der rein gelb blühenden, sonst aber sehr ähnlichen **Sichel Luzerne** *Medicago falcata* fruchtbare Bastarde, deren Blüten eigenartig mischfarbi violettgrün sind. Man findet diese häufi in Halbtrockenrasen, an sonnigen Wegrändern oder Säumen.

Bach-Nelkenwurz

Großer Wiesenknopf

Große Fetthenne

Saat-Luzerne

Wiesen-Klee, Rot-Klee

Trifolium pratense · Fam. Schmetterlingsbl.g.

Formenreich, mit aufsteigenden Stängeln und kräftigem Rhizom. ✲ Jun–Sep

Mehrjährig, seltener ein- oder zweijährig; **Blätter** lang gestielt, 3-zählig gefiedert, Fiedern oval, gefleckt; Endfieder kurz gestielt; **Blüten** rötlich, in 2–3 cm breiten Köpfchen, Kelch 10-nervig, behaart.
Vorkommen Weiden, Fettwiesen, Wegsäume. In EU weit verbreitet und häufig; als Futterpflanze angebaut.

Schweden-Klee

Trifolium hybridum · F. Schmetterlingsbl.g.

Formenreich, mit weißen, später rosa Blüten. ✲ Mai–Aug

Mehrjährig, 20–40 cm hoch; **Blätter** 3-zählig gefiedert, Fiedern breit oval; **Blüten** um 1 cm lang, in bis zu 2,5 cm langen Köpfen, Kelch 5-nervig. Ist kein Bastard zwischen Rot- und Weiß-Klee!
Vorkommen Fett- und Nasswiesen, Wegränder, Böschungen; auf nährstoffreichen Böden. In EU weit verbreitet; häufig mit anderen Klee-Arten angebaut.

Bunte Kronwicke

Securigera varia · Fam. Schmetterl.bl.gew.

Rankende Pflanze mit liegenden, bis über 1 m langen Stängeln. ✲ Mai–Sep

Mehrjährig; 11–25 Fieder**blättchen** bis 2 cm lang, nachts nach oben geklappt; **Blüten** 1,2 cm lang, zu 12–30 in Köpfen, Fahne rosa, Schiffchen und Flügel weißlich, Schiffchen mit violetter Spitze. Giftig!
Vorkommen Trockenrasen, Gebüsche, Säume, Böschungen; gerne auf Kalk. Vor allem in M.-EU.

Futter-Esparsette

Onobrychis viciifolia · Fam. Schmetterl.bl.g.

Attraktive Pflanze mit hellroten Blüten in langen Trauben. ✲ Mai–Jul

Mehrjährig, 30–70 cm hoch; Stängel verzweigt; **Blätter** unpaarig gefiedert, die 13–27 schmalen Fiedern mit kurzer Spitze; **Blüten** bis 1,5 cm lang, Kronen hellrot, dunkler geadert.
Vorkommen Trockenwiesen; auf Kalkböden. Stammt aus SO-EU, aus Futteranbau verwildert; in D zerstreut in den Wärmegebieten.

Diptam

Dictamnus albus · Fam. Rautengewächse

Meist sehr stattliche giftige Pflanze, Stängel drüsig behaart. ✲ Mai–Jun

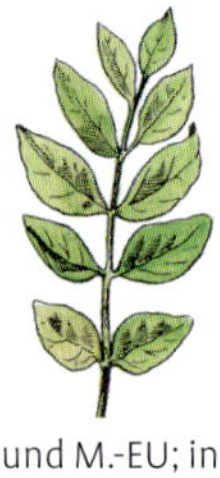

Mehrjährig, bis über 1 m hoch; **Blätter** wechselständig, unpaarig gefiedert, duften aromatisch nach Zitrone; **Blüten** 2–3 cm breit, weißlich, purpurn bis violett geadert,
Vorkommen Lichte Trockenwälder, Felsfluren, Halbtrockenrasen; meist auf Kalk. S- und M.-EU; in D bis zum Mittelrhein. §

Blut-Weiderich

Lythrum salicaria · Fam. Weiderichgewächse

50–150 cm hoch, 4-kantiger, im oberen Teil behaarter Stängel. ✲ Jun–Sep

Mehrjährig, meist unverzweigt; **Blätter** gegenständig, seltener zu 3 in Wirteln, bis zu 10 cm lang, lanzettlich; **Blüten** attraktiv, um 2 cm breit, in dichter, endständiger Ähre, Krone weinrot bis purpurviolett.
Vorkommen Gräben, Ufer, Nasswiesen, Röhrichte, Bruchwälder. EU mit Ausnahme des hohen N.

Wiesen-Klee, Rot-Klee

Schweden-Klee

Bunte Kronwicke

Futter-Esparsette

Diptam

Blut-Weiderich

Drüsiges Springkraut

Impatiens glandulifera · F. Balsaminengew.

Bis 2,5 m hoch, Stängel kräftig, aufrecht, fleischig (kleines Bild), mit hängenden, rötlichen Blüten. ✰ Jun–Okt

Mehrjährig; **Blätter** 10–25 cm lang, gegenständig oder zu 3 wirtelig; eiförmig lanzettlich, scharf gezähnt, an den Zähnen und am Blattstiel mit zahlreichen, rötlichen Drüsen; **Blüten** 2,5–4 cm lang, hängen an langen Stielen in lockeren Trauben; Kronen mit kurzem Sporn. Reife Kapsel**früchte** rötlich grün, bis 3 cm lang, öffnen sich bei Berührung explosionsartig.

Vorkommen Bachbegleitende Gebüsche, Auenwälder, Brachen, Waldwege, Lichtungen; meist auf nährstoffreichen, feuchten Böden. In M.-EU weit verbreitet.

Wissenswert! Die Art stammt aus SW-Asien, ist aus Gartenkultur verwildert und hat sich vielerorts eingebürgert.

Schmalblättriges Weidenröschen

Epilobium angustifolium

50–150 cm hoch, mit aufrechtem, unverzweigtem Stängel und langem Blütenstand mit purpurroten Blüten. ✰ Jun–Aug

Mehrjährig; **Blätter** wechselständig, im oberen Stängelteil oft angenähert gegenständig; kurz gestielt, Spreite schmal lanzettlich, 9–12 cm lang, spitz, oberseits dunkel-, unterseits bläulich grün, am Rand umgebogen; **Blüten** 2–3 cm breit, zahlreich in endständigen, lockeren Trauben, Kronen 4-zählig; **Kapseln** schlank.

Vorkommen Waldränder, Gebüsche, Böschungen, Brachflächen, Bahnschotter, Felsschutt. EU, meist sehr häufig.

Wissenswert! Wie auch bei den übrigen Weidenröschen enthalten die dünnen Samenkapseln eine enorme Zahl winziger Samen mit Flughaaren.

Kleinblütiges Weidenröschen

Epilobium parviflorum · F. Nachtkerzengew.

20–80 cm hoch, Stängel aufrecht, kurz behaart, im oberen Teil wenig ästig, Blüten tiefrosa bis violett. ✰ Jun–Sep

Mehrjährig; **Blätter** im unteren Stängelteil gegenständig, oben wechselständig, sehr kurz gestielt oder sitzend, lanzettlich, 1–2,5 cm breit und 4–7 cm lang, nicht mit der Basis den Stängel umfassend oder an ihm herablaufend, am Rand mit wenigen Drüsen; **Blüten** lang gestielt in den Achseln der oberen Blätter, 1–1,8 cm breit, Kronen zur Mitte hin dunkler, vorn herzförmig ausgerandet, etwas trichterförmig; Kapsel**früchte** schlank, lang, mit winzigen Flugsamen an weißen Haaren.

Vorkommen Gräben, Ufer, Bachauen, vernässte Waldwege, meist auf feuchten Lehm- oder Tonböden. In EU weit verbreitet und fast überall häufig, so auch in D.

Zottiges Weidenröschen

Epilobium hirsutum · Fam. Nachtkerzengew.

50–150 cm hoch, mit reich verzweigtem, aufrechtem, kräftigem, dicht behaartem Stängel und großen, roten Blüten. ✰ Jul–Aug

Mehrjährig; **Blätter** wechselständig bis angenähert gegenständig, sitzend, halb den Stängel umfassend oder mit der Basis leicht daran herablaufend, lanzettlich, 1–2 cm breit und 6–12 cm lang, scharf gesägt; **Blüten** 2–4 cm breit, lang gestielt in den Achseln der oberen Blätter, Kronen 4-zählig, Narben hellrosa, mit 4 weit ausgebreiteten Ästen.

Vorkommen Hochstaudenfluren an Gewässern; Nasswiesen, Auenwälder, Gräben, Ufer. In EU mit Ausnahme des N weit verbreitet; in D im nördlichen Tiefland zerstreut, in den Alpen bis in 1250 m Höhe.

Drüsiges Springkraut

Schmalblättriges Weidenröschen

Kleinblütiges Weidenröschen

Zottiges Weidenröschen

Stinkender Storchschnabel

Geranium robertianum · Fam. Storchschn.g.

Auch Ruprechtskraut genannt, Stängel meist karminrot, behaart. ✿ Mai–Okt

Einjährig, 10–50 cm hoch; **Blätter** 3- bis 5-zählig gefiedert, riechen zerrieben aromatisch bis unangenehm, richten sich zum Licht aus; **Blüten** 1–2 cm breit, 5-zählig, gestreift. **Vorkommen** Gebüsche, Zäune, Mauern, Wälder, auf nährstoffreichen Böden. In EU fast überall häufig.

Wald-Storchschnabel

Geranium sylvaticum · Fam. Storchschn.g.

30–60 cm hoch, mit behaartem Stängel und rötlich blauen Blüten. ✿ Jun–Jul

Mehrjährig; **Blätter** handförmig geteilt; **Blüten** bis 3,5 cm breit, Blütenstiele nach dem Abblühen aufrecht (Unterschied zum Wiesen-St.). **Vorkommen** Wald- und Gebüschsäume, Bergwiesen, Staudenfluren, Mischwälder. In EU weit verbreitet; in D vor allem im Bergland, sonst nur zerstreut.

Schlitzblättriger Storchschnabel *Geranium dissectum*

Bis 50 cm hoch, Stängel ästig, behaart Blüten kräftig rötlich. ✿ Mai–Okt

Einjährig; **Blatt**spreiten tief bis zur Basis geteilt, mit linealischen Abschnitten; **Blüten** meist zu 2 in den oberen Blattachseln, gestielt, etwa 1 cm breit. **Vorkommen** Wegränder, Äcker, Schuttstellen. Stammt aus dem Mittelmeergebiet; in EU weithin eingebürgert, in D nach S zu häufiger.

Weicher Storchschnabel

Geranium molle · Familie Storchschnabelgew.

Bis 30 cm hoch, reich verzweigt, weich und zottig behaart. ✿ Mai–Sep

Ein- bis zweijährig; **Blätter** im Umriss rundlich, bis zur Mitte tief 5- bis 9-teilig; **Blüten** gestielt, zu jeweils 2 in den oberen Blattachseln, bis 1,5 cm breit, Kronblätter tief ausgerandet. **Vorkommen** Wegränder, besonnte Mauern, Halbtrockenrasen, Schuttstellen. Fast überall in EU häufig.

Gewöhnlicher Reiherschnabel

Erodium cicutarium · Fam. Storchschnabelg.

Formenreiche Pflanze, meist liegende, rot überlaufene Stängel. ✿ Apr–Okt

Einjährig, 15–30 cm hoch; **Blätter** unpaarig gefiedert, Fiedern oval, tief fiederspaltig; **Blüten** zu 3–8 in offener Dolde, Kronen bis 2 cm breit, rotviolett oder rosa. **Vorkommen** Äcker, Wegränder, Brachflächen, Dünen, Trockenwiesen, Parkrasen. In EU weit verbreitet; in D eher zerstreut.

Feld-Enzian

Gentianella campestris · Fam. Enziangew.

Formenreiche Offenlandpflanze mit reichem Blütenstand. ✿ Mai–Okt

Zweijährig, bis 35 cm hoch; **Blätter** spatelförmig bis oval, 1–3 cm lang; **Blüten** bis 3 cm lang, Krone 4-zipfelig, im Schlund bärtig gefranst, selten auch weiß, Kelchzipfel sehr ungleich groß. **Vorkommen** Magerrasen, Trockenwiesen, Heiden, Gebüschsäume; oft auch auf Silikatböden. Fast überall in EU; in D von den Mittelgebirgen bis in die Alpen. §

Stinkender Storchschnabel

Wald-Storchschnabel

Schlitzblättriger Storchschnabel

Weicher Storchschnabel

Gewöhnlicher Reiherschnabel

Feld-Enzian

Echtes Tausendgüldenkraut

Centaurium erythraea · Familie Enziangew.

Kleine, meist wenig verzweigte Pflanze mit rosaroten Blüten. ✩ Jul–Sep

Zweijährig, 10–40 cm hoch; Rosetten**blätter** elliptisch eiförmig, Stängelblätter lanzettlich, gegenständig, 5-nervig; **Blüten** in lockerer Scheindolde, selten auch weiß.
Vorkommen Halbtrockenrasen, Waldränder, Gebüsche, vorzugsweise auf Kalk. Fast überall in EU verbreitet, in D jedoch meist nur zerstreut. §

Rote Spornblume

Centranthus ruber · Fam. Geißblattgew.

30–70 cm hoch, rosarote, selten weiße Blüten in Rispen. ✩ Mai–Jul

Mehrjährig; **Blätter** gegenständig, am Grund gestielt, am Stängel sitzend, bläulich grün; **Blüten** in dichten Rispen, Kronröhre eng, mit Sporn.
Vorkommen Felsspalten, Mauern, Steinschutt, Gärten. Stamm aus S- und W-EU; in D meist aus Gärte verwildert und teils eingebürgert.

Strand-Zaunwinde

Calystegia soldanella · Familie Windengew.

Großblumige, liegende Pflanze, Kronen rosa mit weißen Streifen. ✩ Jul–Aug

Mehrjährig, 10–50 cm lang; **Blätter**, rundlich nierenförmig, etwas fleischig; **Blüten** gestielt in den Blattachseln, Kronen bis 5 cm lang und breit.
Vorkommen Offene Weißdünen und Strandwälle. Mittelmeer- und Atlantikküste, an der Nordsee sehr selten. Fehlt im Bereich der Ostsee. §

Schöne Zaunwinde

Calystegia pulchra · Familie Windengewächs

Linkswindende Pflanze mit besonders großen Trichterblüten. ✩ Jun–Sep

Mehrjährig, 1–4 m; **Blätter**, gestielt, Blatt stiele anfangs behaart, Spreite länglic herzförmig; **Blüten** gestielt, Krone bis 7 cm lang und 5,5 cm breit, rosa mit weiße Längsstreifen; Kelch mit 2 großen, blasi aufgetriebenen Vorblättern.
Vorkommen Gräben, Röhrichte, Auen; frische, nährstoffreiche Böden. Stammt vermutlich aus O-Asien, als Zierpfanze in EU stellenweise eingebürgert, in D vor allen im Küstenbereich. Auch in N-Amerika.

Acker-Winde

Convolvulus arvensis · Fam. Windengewächse

Großblumig, meist kriechend oder windend, blüht 1 Tag lang. ✩ Jun–Sep

Mehrjährig, 20–100 cm lang; **Blätter** pfeil- bis spießförmig; **Blüten** gestielt in den Blattachseln, Kronen 2,5–4 cm breit, mit weißen Streifen, Vorblätter unter dem Kelch klein.
Vorkommen Nährstoffreiche Äcker, Gärten, Weinberge, Brachen. Lehm- und Wärmezeiger. Lichtpflanze. Fast überall in EU; in D außerhalb der Gebirge häufig.

Wilde Karde

Dipsacus fullonum · Familie Geißblattgew.

Kräftig bestachelte Pflanze, Blüten ringweise aufblühend. ✩ Jul–Aug

Zweijährig, 80–180 cm hoch; Grund**blätter** rosettig, dunkelgrün, Stängelblätter gegenständig, an der Basis verwachsen, bilden eine kleine Zisterne; **Blüten** zahlreich in einer eiförmigen, dichten Ähre.
Vorkommen Brachen, Wegränder, Böschungen. M.- und S-EU, in ziemlich zerstreut.

Echtes Tausendgüldenkraut

Rote Spornblume

Strand-Zaunwinde

Schöne Zaunwinde

Acker-Winde

Wilde Karde

Gewöhnlicher Beinwell

Symphytum officinale · Fam. Raublattgew.

Borstig rau behaart, Blüten in nickenden Scheindolden. ✰ Mai–Sep

Mehrjährig, 40–100 cm hoch; **Blätter** lanzettlich, die unteren bis zu 25 cm lang, die oberen kleiner und am Stängel herablaufend; **Blüten** cremeweiß, rötlich oder bläulich bis tiefviolett.
Vorkommen Wiesen, Ufer, Wegränder. Fast überall in EU verbreitet. Früher u. a. bei Knochenbrüchen und Wunden eingesetzt.

Tollkirsche

Atropa belladonna · Fam. Nachtschattengew.

60–180 cm hoch, strauchartig, Stängel stumpfkantig. ✰ Juni-Aug

Mehrjährig; **Blätter** breit lanzettlich, scheinbar gegenständig; **Blüten** in den oberen Blattachseln, glockig, 5-zipfelig, außen braunviolett, innen grünlich gelb; **Beere** kugelig, reif glänzend tiefschwarz. Giftig!
Vorkommen Waldränder, Lichtungen; nur auf nährstoffreichen Lehmböden. S- und M.-EU; fehlt in D im Tiefland.

Knotige Braunwurz

Scrophularia nodosa · Fam. Braunwurzgew.

Bis 120 cm hoch, unauffällige Blüten und kantiger Stängel. ✰ Mai–Aug

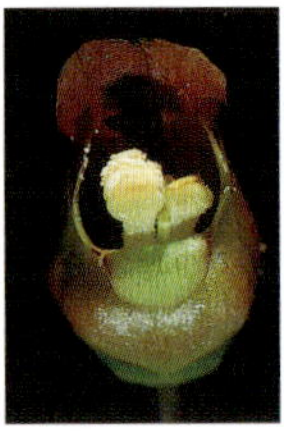

Mehrjährig; **Blätter** gegenständig, gestielt, oval, spitz, an der Basis herzförmig, grob gezähnt, kahl; **Blüten** in lockerer Rispe, Kronen 1 cm lang, an der Basis grünlich, vorn braunrot.
Vorkommen Krautreiche Wälder, Gebüsche, Staudenfluren. In EU weit verbreitet, in D fast überall häufig.

Echte Hundszunge

Cynoglossum officinale · Fam. Raublattgew.

Offenlandpflanze mit verzweigtem Stängel; alle Teile dicht dünn graufilzig behaart. ✰ Mai–Sep

Zweijährig, 30–80 cm hoch; **Blätter** wechselständig, bis zu 15 cm lang; **Blüten** in den oberen Blattachseln, Kronen 1–1,5 cm lang, bräunlich rot, später braunviolett.
Vorkommen Wegränder, Brachen, Böschungen; auf kalkarmen Lehm- bzw. Sandböden. In M.-EU weit verbreitet.

Purpur-Königskerze

Verbascum phoeniceum · Fam. Braunwurzg.

30–90 cm hoch, im unteren Teil dicht wollig, oben drüsig behaart. ✰ Mai–Jul

Zweijährig; Grund**blätter** gestielt, 4–16 cm lang, eiförmig, weitbuchtig gezähnt, oberseits kahl, Stängelblätter sitzend, nicht am Stängel herablaufend; **Blüten** dunkelpurpurn.
Vorkommen Trockenrasen, Gebüsche, Säume; sonnige Lehmböden. S- und SO-EU; in D zerstreut in den östlichen Bundesländern; häufig als Zierpflanze.

Roter Fingerhut

Digitalis purpurea · Fam. Wegerichgewächse

Stattliche Pflanze mit graufilzig behaartem Stängel. ✰ Jun–Aug

Zweijährig, bis 1,5 m hoch; Grund**blätter** gestielt, Stängelblätter sitzend; **Blüten** in einseitswendiger Traube, Kronen bis zu 5 cm lang, purpurrot, seltener rosa oder weiß. Giftig!
Vorkommen Kahlschläge, Waldränder, Lichtungen, Gebüsche; meidet Kalkböden. W- und S-EU; fehlt in den Alpen.

Gewöhnlicher Beinwell

Echte Hundszunge

Tollkirsche

Purpur-Königskerze

Knotige Braunwurz

Roter Fingerhut

Roter Zahntrost

Odontites rubra · Fam. Sommerwurzgew.

Bis 40 cm hohe, formenreiche Offenlandpflanze mit aufrechten, verzweigten Stängeln und trübroten Blüten. ✩ Jul–Sep

Einjährig; **Blätter** gegenständig, um 1 cm breit und 2–4 cm lang, schmal oval, grob gezähnt; **Blüten** in einseitswendigen, beblätterten Trauben, etwa 1 cm lang, Kronen 2-lippig, filzig behaart, Oberlippe helmförmig, Unterlippe gerade.

Vorkommen Lichtungen, Gebüsche, Weiden, Wege, Sandtrockenrasen, Äcker, Salzwiesen; vorzugsweise auf Tonböden. In M.-EU weit verbreitet; in D eher zerstreut.

Wissenswert! Gehört wie der Augentrost zu den Halbschmarotzern; mit den Wurzeln zapft er das Wurzelwerk seiner Wirtspflanze an, ernährt sich aber sonst mit seinen grünen Blättern völlig selbstständig. Da er der Wirtspflanze nur Wasser und die darin gelösten mineralischen Stoffe entnimmt, hält sich deren Schädigung in Grenzen.

Schuppenwurz

Lathraea squamaria · Fam. Sommerwurzgew.

10–25 cm hoch, eigenartig bleich, ohne Blattgrün, Stängel liegend, an den Enden aufsteigend, Blüten hellrosa bis weißlich violett. ✩ Mär–Mai

Mehrjährig; **Blätter** wechselständig, schuppenförmig, klein; **Blüten** in dichter, einseitswendiger, aufrechter Ähre, Krone röhrig, rund 1 cm lang, Unterlippe stets etwas heller.

Vorkommen Auenwälder, Ufergebüsche. In EU weit verbreitet; in D zerstreut.

Wissenswert! Die Schuppenwurz gehört zu den Vollparasiten und schmarotzt auf den Wurzeln von Haselsträuchern, Pappeln und Erlen. Als Vollparasit entnimmt sie mit besonderen Saugwurzeln ihrer jeweiligen Wirtspflanze sämtliche mineralischen und organischen Nährstoffe, die sie zum Wachstum benötigt.

Acker-Wachtelweizen

Melampyrum arvense · Fam. Sommerwurzg.

Bis 30 cm hohe Offenlandpflanze mit aufrechtem, wenig verzweigtem Stängel und dichtblütiger Ähre. ✩ Mai–Aug

Einjährig; **Blätter** gegenständig, schmal lanzettlich, die unteren glattrandig, zum Blütenstand hin mit Zähnen, die obersten purpurn überlaufen; **Blüten** zu mehreren in zylindrischer Ähre, Kronen etwa 2 cm lang, im Lippenbereich und an der Basis der Kronröhre purpurrot, sonst weißlich oder gelb, Oberlippe helmförmig gewölbt.

Vorkommen Äcker, Wegränder, Brachflächen, Halbtrockenrasen, Offenland; gern auf basen- und kalkreichem Boden. In E[U] weit verbreitet, in D fast nur in der Mittelgebirgsregion.

Wissenswert! Halbschmarotzer. Durc[h] Veränderung der Anbaumethoden un[d] Herbizideinsatz stark zurückgegangen.

Sumpf-Läusekraut

Pedicularis palustris · Fam. Sommerwurzgew.

30–50 cm hoch, Stängel aufrecht, kahl, Blüten hell- bis tiefprupurn, zu mehreren in kopfig gedrängten Ähren. ✩ Mai–Jun

Formenreich, zweijährig; **Blätter** wechselständig, sitzend, bis zur Mittelrippe tief fiederteilig, 2–4 cm lang, unbehaart; **Blütenkronen** bis zu 2,2 cm lang, Oberlipp[e] charakteristisch sichelförmig gebogen, a[n] der Spitze mit 2 stumpfen, abgewinkelte[n] Zähnen, Kelch tief 2-teilig.

Vorkommen Nasswiesen, Feuchtheide[n], Nieder- und Zwischenmoore. Vor allem [in] M.- und dem südlichen N-EU; in D nur [in] den Moorgebieten verbreitet, zumeist jedoch sehr selten. §

Wissenswert! Die Art ist ein Halbschmarotzer auf Riedgrasgewächsen.

Roter Zahntrost

Acker-Wachtelweizen

Schuppenwurz

Sumpf-Läusekraut

Echter Gamander, Edel-G.

Teucrium chamaedrys · Fam. Lippenblüteng.

15–30 cm hoch, mit unterirdischen Ausläufern und liegenden oder aufsteigenden Stängeln und rosa bis purpurnen Blüten. ✫ Jul–Sep

Mehrjährig, Stängel zottig behaart und an der Basis leicht verholzend; **Blätter** gegenständig, gestielt, Spreite 1–2,5 cm lang, breit oval, an der Basis keilförmig, am Rand grob gekerbt, auf der Unterseite mit stark hervortretenden Nerven, etwas lederig; **Blüten** zu jeweils 1–6 in den oberen Blattachseln, meist einseitswendig, Kronen bis zu 1,5 cm lang, ohne deutliche Oberlippe, Kelch abstehend behaart.

Vorkommen Trockenrasen, Felsgebüsche, lichte Wälder; bevorzugt auf Kalkböden. S- und M.-EU; in D fast überall ziemlich selten; auch als Gartenpflanze kultiviert.

Gefleckte Taubnessel

Lamium maculatum · Fam. Lippenblütengew

Stängel kräftig, aufrecht, 4-kantig, Blüten tiefrosa bis purpurn, mit auffälligem Fleckenmuster. ✫ Apr–Sep

Blattspreite lang zugespitzt

Mehrjährige Pflanze, Stängel unverzweigt; **Blätter** gegenständig, lang gestielt, breit oval, zugespitzt, grob rundlich gezähnt, meist mattgrün; **Blüten** zu 2–8 in Scheinquirlen i den oberen Blattachseln, bilden hier durc Laubblätter getrennte Etagen; Kronröhr aufgebogen, Oberlippe helmförmig, Unterlippe 3-zipfelig.

Vorkommen Wälder, Gebüsche, Hecke Zäune, Gärten, Böschungen, Ufer; au stickstoffreichen, nährstoffhaltigen, meis frischen Böden. Fast überall in EU häufig im Bergland bis in 2000 m Höhe.

Wissenswert! Die Samen (Klausen) werde gewöhnlich von Ameisen verschleppt.

Rote Taubnessel

Lamium purpureum · Fam. Lippenblütengew.

15–30 cm hoch, Stängel 4-kantig, aufsteigend oder aufrecht, meist dunkelrot, Blüten tiefrosa bis purpur. ✫ Mär–Okt (Dez)

Einjährig; **Blätter** gegenständig, meist im oberen Stängeldrittel gehäuft, 1–1,5 cm breit und fast ebenso lang, runzelig, weichhaarig; **Blüten** in Scheinquirlen, Kronen 1–1,5 cm lang, Unterlippe dunkler gefärbt.

Vorkommen Äcker, Gärten, Weinberge, Brachen. In D wie fast überall in EU häufig.

Ähnlich Stängelumfassende Taubnessel *Lamium amplexicaule*, Stängelblätter rundlich, sitzend, Kronen schlank; in D selten.

Wald-Ziest

Stachys sylvatica · Fam. Lippenblütengew.

30–100 cm hohe Waldpflanze mit behaartem, aufrechtem, verzweigtem, hohlem Stängel und dunkel- bis weinroten Blüten. ✫ Jun–Jul

Mehrjährig; **Blätter** gegenständig, gestielt, die oberen sitzend, 4–9 cm lang, breit oval, grob gezähnt, mattgrün, kurz behaart, ähneln denen einer Brennnessel, dufte beim Abstreifen unangenehm muffig; **Blüten** meist zu 6 in den Achseln der oberste Blätter, bilden zusammen mit diesen eir verlängerte Scheinähre, Kronen 1–1,3 c lang, Oberlippe nur wenig gewölbt, Unte lippe 3-zipfelig mit helleren Flecken.

Vorkommen Waldwege, Lichtungen, Ufe Säume, Gebüsche, Staudenfluren; mei auf feuchten, basenreichen, tiefgründige Böden. In EU weit verbreitet; in D in d Mittelgebirgsregion häufig.

Echter Gamander, Edel-Gamander

Gefleckte Taubnessel

Rote Taubnessel

Wald-Ziest

Echter Ziest, Heil-Ziest

Stachys officinalis · Fam. Lippenblütengew.

20–70 cm hoch, mit aufrechtem, 4-kantigem, leicht borstig bis anliegend behaartem Stängel und tiefrosa bis hellpurpurnen Blüten. ✩ Jun–Aug

Mehrjährig; Stängel etwas rillig; Grund**blätter** in einer Rosette, Stängelblätter kreuzgegenständig, gestielt, nur unmittelbar unter dem Blütenstand fast sitzend, schmal oval, stumpf gekerbt; **Blüte** bis 1,5 cm lang; Oberlippe der Krone flach und leicht aufwärts gebogen, Unterlippe 3-lappig mit kleinen Seitenlappen; Kelch in 5 begrannte Zähne geteilt.

Vorkommen Bergwiesen, Heiden, Niedermoore, lichte Wälder, bevorzugt wechselfeuchte, nicht allzu nährstoffreiche und leicht saure Böden. In EU weit verbreitet, in D nur gebietsweise selten.

Wissenswert! Die früher sehr geschätzte Heilpflanze wird heute nur noch in der Homöopathie verwendet, gegen Erkältung, Asthma und Schwächezustände.

Acker-Minze

Mentha arvensis · Fam. Lippenblütengew.

10–40 cm hoch, Stängel aufrecht oder aufsteigend, Blüten rötlich. ✩ Jul–Sep

Mehrjährig; **Blätter** elliptisch bis oval, wenig gekerbt, beim Zerreiben angenehm aromatisch; **Blüten** in dichten, etagenartig angeordneten Scheinquirlen im oberen mit einem Blattschopf endenden Stängelbereich, Kronen etwa 5 mm lang.

Vorkommen Gräben, nasses Brachland, Äckerränder, Wegsäume, Waldlichtungen. M.-EU; in D fast überall häufig.

Ähnlich **Wasser-Minze** *Mentha aquatica*, Blüten in Etagen mit endständigem Schopf, stark duftend.

Ross-Minze *Mentha longifolia* (Bild), Stängel zottig behaart, Blätter länglich, Blüten in langen, zylindrischen Blütenständen.

Echter Dost

Origanum vulgare · Fam. Lippenblütengew.

40–70 cm hoch, mit festem, aufrechtem Stängel und zahlreichen blassrosa Blüten in endständigen Doldenrispen. ✩ Jul–Sep

Mehrjährig, Stängel oft verzweigt; **Blätter** gegenständig, kurz gestielt, oval, behaart, glattrandig oder schwach gezähnt, Tragblätter im Bereich des Blütenstands meist rötlich überlaufen, duftet beim Abstreifen charakteristisch würzig nach Pizza; **Blüten**kronen um 6 mm lang, Oberlippe aufrecht, Unterlippe 3-zipfelig, Kelch purpurn.

Vorkommen Halbtrockenrasen, Wegränder, Dämme, Böschungen, Mauern. EU; in D in den Wärmeregionen häufig.

Wissenswert! Die auch als Wilder Majoran bezeichnete Art wird oft als Würzpflanze in Gärten kultiviert.

Wasserdost, Wasserhanf

Eupatorium cannabinum · Fam. Korbblüteng

70–150 cm hoch, mit rundlichem, dicht behaartem, rötlichem Stängel und hell rosa Korbblüten. ✩ Jul–Sep

Mehrjährig, Stängel aufrecht, unverzweigt; **Blätter** fast gegenständig, kurz gestielt, handförmig 3- bis 5-teilig, die mittlere Fieder jeweils am größten, schmal lanzettlich, unregelmäßig grob gezähnt; **Blüten**körbchen recht klein, nur mit 4–6 Röhrenblüten, Zungenblüten fehlen, Kronen an der Basis weißlich, nach oben hin hellrosa.

Vorkommen Feuchte Wälder, Ufer, Auengebüsche, Hochstaudenfluren, Gräben. In EU weit verbreitet; in D häufig, meist in großen Beständen auftretend.

Wissenswert! Der Name Wasserhanf bezieht sich auf die Laubblätter, die denen des Hanfs ähneln.

Echter Ziest, Heil-Ziest

Acker-Minze

Echter Dost

Wasserdost, Wasserhanf

Rote Pestwurz

Petasites hybridus · Familie Korbblütengewächse

Stängellos, mit auffallend großen, sehr lang gestielten Blättern und pupurnen bis blassrosa Röhrenblüten. ✩ Feb–Apr

Mehrjährig: alle **Blätter** grundständig, erscheinen erst nach der Blütezeit, herz-nierenförmig, seicht gebuchtet, grob gezähnt, anfangs filzig behaart, später oberseits graugrün und nur noch unterseits auf den Hauptnerven weißfilzig, Spreiten bis zu 60 cm breit und 100 cm lang; **Blüten**körbchen 0,5–1 cm breit, zahlreich in dichter Traube auf dickem, bleichem Schaft mit rötlichen Schuppenblättern.

Vorkommen Gräben, Bachufer, Feuchtwälder, feuchtnasse Böden. M.- und S-EU; in D fast überall. Im Gebirge bis 1000 m.

Wissenswert! Die Blüten sind im Prinzip zwittrig, jedoc werden nur die Staubblätter oder nur di Fruchtknoten reif; die Röhrenblüten sin demnach funktionell zweihäusig. Weibl che Blütenstände meist klein, männlich mit bis zu 100 Einzelblüten.

Sumpf-Kratzdistel

Cirsium palustre · Fam. Korbblütengewächse

30–80 cm hoch, in Feuchtgebieten; Stängel stachelig geflügelt. ✩ Jul–Sep

Ein- oder zweijährig; **Blätter** fiederlappig, wie mit Spinnweben überzogen; **Blüten**körbchen endständig zu 2–8, 1,5 cm lang, purpurn.

Vorkommen Nasswiesen, Niedermoore, Gräben. In D wie in ganz EU weit verbreitet.

Ähnlich **Acker-K.** (*C. arvense*) fülligere Blätter, Blüten blasslila.

Gewöhnliche Kratzdistel

Cirsium vulgare · Fam. Korbblütengewächse

Im trockeneren Offenland, Stängel nur oben locker verzweigt. ✩ Jul–Sep

Zweijährig, kräftig, 60–120 cm hoch; Stängel durch herablaufende Blattränder stachelig kraus geflügelt; **Blätter** unterseits graufilzig, grob buchtig; **Blüten**körbchen kopfig, bis 4 cm breit und 8 cm lang, purpurn bis violettrot.

Vorkommen Brachen, Wegränder, Böschungen. Überall in EU verbreitet.

Krause Distel

Carduus crispus · Fam. Korbblütengewächse

50–120 cm hoch, im Offenland; Stängel kraus, stachelig geflügelt. ✩ Jun–Sep

Zweijährig; **Blätter** fiederspaltig, stachelig, unterseits filzig behaart; **Blüten**körbchen um 1,5 cm breit, zu 3–5 in kopfigen Rispen, hellrosa bis purpurn.

Vorkommen Auenwälder, Ufer, Gräben, Gebüsche, Wege. In M.-EU verbreitet; im N von D nur zerstreut, nach S hin häufiger.

Große Klette

Arctium lappa · Fam. Korbblütengewächse

50–150 cm hoch; Stängel von Grund a verzweigt, oft rötlich. ✩ Jul–Sep

bis zu 50 cm lang

Zweijährig; **Blätter** gestielt, herzförmig, unterseits filzig; **Blüten**körbchen 3–4 cm breit, rötlich.

Vorkommen Wegränder, Brachen, Schuttstellen. Fast überall in EU verbreitet.

Wissenswert! Kletten-Früchte werde durch Tiere verbreitet, an deren Fell od Federn sie durch Widerhaken festhaften.

Rote Pestwurz

Sumpf-Kratzdistel

Gewöhnliche Kratzdistel

Krause Distel

Große Klette

Herbst-Zeitlose

Colchicum autumnale · Fam. Herbstzeitl.gew.

Krokusartig, glänzend grüne Blätter erscheinen im Frühsommer. ✩ Aug–Okt

Mehrjährig; **Blätter** breit lanzettlich, etwas fleischig; **Blüten** 3–5 cm lang mit bis zu 25 cm langer Röhre, lange vor dem Blattaustrieb; Kapsel**früchte** im Hochsommer. Stark giftig!
Vorkommen Feuchtwiesen, Hänge. M.-EU; in D stellenweise selten (geworden).

Schachblume

Fritillaria meleagris · Familie Liliengewächs

Tulpenähnlicher Frühblüher mit bläulich graugrünem Stängel. ✩ Apr–Mai

Mehrjährige Zwiebelpflanze, 20–30 cm hoch; **Blätter** schmal lanzettlich, graugrün; **Blüten** einzeln endständig, 3–4 cm lang, nickend, die 6 Blütenblätter schachbrettartig gescheckt, mitunter heller oder ganz weiß.
Vorkommen In Feuchtwiesen; Niedermoore, Gräben. In M.- und SO- sehr zerstreut. §

Gekielter Lauch

Allium carinatum · Familie Amaryllisgew.

30–60 cm hoch, schlanke Stängel, Blüten mit Brutzwiebeln. ✩ Jun–Jul

Mehrjährig; **Blätter** linealisch, 2–4 mm breit, flach, rinnig, gerippt, unterseits gekielt; **Blüten**stiele 4- bis 6-mal so lang wie diese, Staubblätter ragen aus der Blüte, Blüten zahlreich in Scheindolden, diese fast immer mit Brutzwiebeln.
Vorkommen Halbtrockenrasen, Moorwiesen. S- und M.-EU; in D nur zerstreut.

Türkenbund-Lilie

Lilium martagon · Familie Liliengewächse

Prächtige Wald(saum)pflanze mit dunkel gepunkteten Blüten. ✩ Jun–Aug

Mehrjährig, 30–100 cm hoch, Stäng meist rotfleckig; **Blätter** bis zu 15 cm lan in der Stängelmitte zu 5–9 quirlständi sonst wechselständig, schmal oval, ka **Blüten** 3–6 cm breit, trübrosa, Blütenblä ter zurückgekrümmt.
Vorkommen Tiefgründige, humose B den in Laubwäldern; nur im Bergland a Wiesen. Auch in Gartenkultur. M.- und S EU; in D zerstreut, fehlt im Norddeutsche Tiefland völlig. §

Sumpf-Siegwurz

Gladiolus palustris · Fam. Schwertliliengew.

Auffällige Sumpf- und Moorpflanze, Stängel mit 2–3 Blättern. ✩ Mai–Jul

Mehrjährig, 30–70 cm hoch; Grund**blätter** schmal, 4–9 mm breit; **Blüten** 3 cm lang, hellpurpurn, mit hellen und dunklen Längsstreifen auf den unteren Blütenblättern, zu 2–6 in einseitswendiger Ähre.
Vorkommen Nass- und Moorwiesen, Niedermoore; auf kalkhaltigem Boden. M.- und SO-EU; in D selten. §

Schwanenblume

Butomus umbellatus · Fam. Schwanenbl.ge

Große Sumpf- und Uferpflanze, Stäng unverzweigt, blattlos. ✩ Jun–Aug

Mehrjährig, 50–180 cm hoch; **Blätter** grundständig, grasartig, bis zu 1 m lang, rinnig, 3-kantig; **Blüten** in Dolden, Blütenblätter 6, rosa, dunkler geadert, die 3 äußeren oft grünlich.
Vorkommen Röhrichte stehender oder langsam fließender Gewässer. In ganz M.-EU zerstreut bis selten.

Herbst-Zeitlose

Schachblume

Gekielter Lauch

Türkenbund-Lilie

Sumpf-Siegwurz

Schwanenblume

Geflecktes Knabenkraut

Dactylorhiza maculata · Fam. Knabenkrautg.

20–60 cm hoch, formenreich, Stängel oben manchmal rötlich. ✩ Jun–Aug

Mehrjährig; **Blätter** lanzettlich, bis 1,5 cm breit, meist dunkel gefleckt, am Stängelansatz scheidig; **Blüten** in anfangs pyramidaler, später walzenförmiger Ähre, 1–2 cm breit, Lippe dunkel gezeichnet, schwach 3-lappig. **Vorkommen** Nass- und Bergwiesen, Gebüsche. In EU verbreitet; in D stellenweise häufig. §

Breitblättriges Knabenkrau

Dactylorhiza majalis · Familie Knabenkrautg

Wiesenpflanze mit kräftigem, bis oben beblättertem Stängel. ✩ Mai–Jun

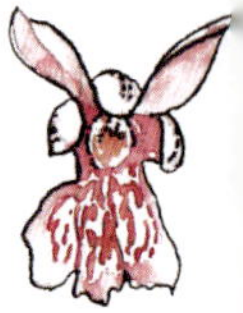

Mehrjährig, 20–60 cm hoch; **Blätter** breit lanzettlich, bis 18 cm lang, meist gefleckt, an Stängelmitte größer; **Blüten** zu 10–40 in einer Ähre, 1,2–2 cm breit, Lippe breit 3-lappig, Seitenlappen gezähnt, nac unten weisend, dunkler gezeichnet. **Vorkommen** Nasswiesen, Gräben, Auen bereiche. In EU und D verbreitet. §

Fleischfarbenes Knabenkraut

Dactylorhiza incarnata · F. Knabenkrautgew.

20–60 cm hoch, Blätter reichen bis zur vielblütigen Ähre. ✩ Jun–Jul

Mehrjährig; **Blätter** fast immer ungefleckt, gefaltet, stehen am Stängel aufrecht, Blattspitze kapuzenartig; **Blüten** in einer dichten Ähre, 1,2–1,7 cm breit, fleischrot, selten auch gelblich, Lippe schwach 3-lappig, mit dunkleren Schleifenmustern. **Vorkommen** Nasswiesen, Niedermoore. M.- und N-EU; in D zerstreut. §

Helm-Knabenkraut

Orchis militaris · Fam. Knabenkrautgewächs

Schlanke Wiesen- und Gebüschpflanze Stängel schwach kantig. ✩ Mai–Jun

Mehrjährig, 30–50 cm hoch; **Blätter** in Rosette, aufgerichtet, bis zu 15 cm lang, länglich oval, glänzend; **Blüten** in dichter Ähre, außer der 3-lappigen, gepunkteten Lippe alle Blütenblätter zu einem Helm aufgebogen. **Vorkommen** Trockenwiesen, Gebüsch Wälder. M.- und S-EU; in D zerstreut. §

Purpur-Knabenkraut

Orchis purpurea · Familie Knabenkrautgew.

30–80 cm hoch, Stängel unbeblättert, meist einheitlich grün. ✩ Mai–Juni

Mehrjährig; **Blätter** länglich oval, glänzend, alle in Rosette; **Blüten** in dichter Ähre, 2–3 cm breit, die 5 obersten Blütenblätter neigen sich zu einem Helm zusammen, Mittellappen 2-teilig und 3-eckig. **Vorkommen** Wälder und Gebüsche auf Kalkboden. S- und M.-EU; in D zerstreut. §

Stattliches Knabenkraut

Orchis mascula · Familie Knabenkrautgew.

20–50 cm hoch, Stängel blattlos, oben rötlich überlaufen. ✩ Mai–Jul

Mehrjährig; **Blätter** breit linealisch, mit feinen Punkten und Strichen oder gefleckt; **Blüten** in lockerer, bis 16 cm langer Ähre, um 2 cm breit, 2 Blütenblätter helmförmig, 3 abstehend, Lippe dunkel gepunktet. **Vorkommen** Bergwiesen, lichte Wälder. und M.-EU; im südlichen D zerstreut. §

Geflecktes Knabenkraut

Breitblättriges Knabenkraut

Fleischfarbenes Knabenkraut

Helm-Knabenkraut

Purpur-Knabenkraut

Stattliches Knabenkraut

Breitblättrige Stendelwurz

Epipactis helleborine · Familie Knabenkrautg.

30–90 cm hoch, mit kräftigem, rundem, beblättertem Stängel und grünlichen bis leicht rötlich überlaufenen Blüten. ✩ Jun–Sep

Formenreich, mehrjährig; **Blätter** wechselständig, sitzend, breit oval, nach oben eher lanzettlich, zugespitzt, dunkelgrün, glattrandig, kahl; **Blüten** zu 20–70 in lockerer, verlängerter, bis zu 30 cm langer Ähre, 2–2,5 cm breit, ohne Sporn, Blütenblätter abstehend, eher unauffällig grünlich, meist jedoch leicht rötlich überlaufen, Lippe spitz herzförmig, rötlich oder leicht hellviolett.

Vorkommen Laubwälder, Gebüsche, Parkanlagen, Friedhöfe; verträgt Schatten. In EU weit verbreitet, in D die häufigste unter den heimischen Orchideen, gebietsweise jedoch fehlend. §

Braunrote Stendelwurz

Epipactis atrorubens · Familie Knabenkrautg

20–70 cm hoch, mit behaartem, nur unten beblättertem Stängel und purpurroten bis braunvioletten Blüten in lockerer Ähre. ✩ Jun–Aug

Mehrjährig, Stängel mitunter rot überlaufen; **Blätter** grün, breit lanzettlich, zugespitzt, steif nach oben gefaltet und etwas abstehend; **Blüten** zu 3–20 in der bis 20 cm langen Ähre, etwa 1,5 cm breit, Lippe 2-gliedrig, herzförmig.

Vorkommen Lichte Wälder, Waldränder, Dünen im Küstenbereich; kalkhaltige Sand- und Lehmböden. M.- und S-EU, meist nur sehr zerstreut. §

Wissenswert! Nach ihrem (früheren) Vo kommen in Graudünen und dem charakte ristischen Blütenduft nennt man diese A auch Strandvanille.

Fliegen-Ragwurz

Ophrys insectifera · Fam. Knabenkrautgew.

20–40 cm hoch, Stängel aufrecht, unverzweigt, oben unbeblättert, Blüten rotbraun in lockerer Ähre. ✩ Mai–Jun

Mehrjährig, Stängel dünn; **Blätter** lanzettlich, leicht bläulich grün, nach oben hin kürzer und schmaler; **Blüten** zu 3–10 in der gestreckten Ähre, 5–8 mm breit, 1,2–1,8 cm lang, samtig, Unterlippe mit graublauem Fleck, äußere Blütenblätter grün.

Vorkommen Trockenrasen, Trockengebüsche; auf kalkhaltigem, lockerem Boden. M.-EU; in D selten. §

Wissenswert! Die Blüte gleicht einem Insekt und funktioniert als Weibchenattrappe: Die Lippe stellt den Insektenkörper dar, 2 der inneren Blütenblätter die Fühler. Zusätzlich gibt die Blüte Sexuallockstoff ab. Adressaten sind aber keine Fliegen, sondern männliche Hautflügler (kleines Bild).

Bienen-Ragwurz

Ophrys apifera · Fam. Knabenkrautgewächs

20–50 cm hoch, Stängel schmal, unver zweigt, wenig beblättert, Blüten rosa i einseitswendiger Ähre. ✩ Mai–Jul

Mehrjährig; **Blätter** lanzettlich, lang zu gespitzt, die oberen umfassen den Stän gel scheidig; **Blüten** fast so lang wie brei äußere Hüllblätter oval, Lippe mit 2 ge wölbten, außen behaarten Höckern un gelblicher Zeichnung, am Ende mit umg bogenen, gelbgrünen Anhängseln.

Vorkommen Trockenrasen und Gebüsch lockere, sonnige Kalkböden. Vor alle S-EU; in D nur sehr zerstreut. §

Ähnlich **Hummel-Ragwurz** *Ophrys holosericea*, Lippe mit dreiteiligem, nach oben gerichtetem, gelblichem Anhängsel. §

Breitblättrige Stendelwurz

Braunrote Stendelwurz

Fliegen-Ragwurz

Bienen-Ragwurz

Gewöhnliche Akelei

Aquilegia vulgaris · Fam. Hahnenfußgew.

Große, hängende Blüten aus funktionell 5 einzelnen Glocken. ✩ Mai–Jul

Mehrjährig; Blütenstand verzweigt, bis 80 cm hoch; **Blätter** doppelt 3-teilig; **Blüten** blauviolett, hängend, bis 5 cm lang, 5 Blütenblätter zu Spornen verlängert.

Vorkommen Bergwiesen, Gebüsche, lichte Wälder, trockene Hänge; Gärten. In M.-EU weit verbreitet, sonst verwildert und eingebürgert. §

Feld-Rittersporn

Consolida regalis · Fam. Hahnenfußgew.

Mittelgroßes, in der Blüte sehr attraktives Ackerwildkraut. ✩ Mai–Jul

Einjährig, 20–50 cm hoch; **Blätter** mehrfach geteilt, schmale Zipfel; Tragblätte der Blüten kürzer als die Blütenstiele; **Blüten** dunkelblau mit hellerer Mitte, einfacher, 2 cm langer Sporn.

Vorkommen Nährstoffreiche Getreideäcker, Wegsäume, Trockenplätze, vor allem in Kalkgebieten. In M.-EU weit verbreitet; früher häufiges Ackerwildkraut, durch Herbizide meist nur noch in Gebieten mit Ackerrandstreifen-Schutzprogramm. §

Leberblümchen

Hepatica nobilis · Fam. Hahnenfußgewächse

Frühblüher mit sternförmigen Blüten auf dünnen Stielen. ✩ Mär–Apr

Mehrjährig, 10–15 cm hoch; **Blätter** grundständig, 3-lappig, leberförmig (Name!), meist erst nach den Blüten, mitunter wintergrün; **Blüten** 3 kelchartige Hochblätter, 6–10 blaue, selten rosa oder weiße Kronblätter mit dunkleren Streifen.

Vorkommen Gebüsche, Laubwälder, auf Kalk. M.-EU; fehlt in D westlich des Rheins.

Gewöhnliche Küchenschelle

Pulsatilla vulgaris · Familie Hahnenfußgew.

Große, glockenförmige, tief blauviolette Blüten. ✩ Mär–Apr

Mehrjährig, 5–40 cm hoch; **Blätter** erst nach der Blüte, mehrfach gefiedert, anfangs seidig behaart, später kahl; **Blüten** 4–6 cm lang gestielt, Blütenblätter meist mehr als 5, länger als die Staubblätter; Nuss**früchte** mit langem Federschweif; Ausbreitung durch Wind oder Tiere.

Vorkommen Magerrasen, Trockenwiesen, Gebüsche, Kiefernwälder, meist auf Kalk. In M.-EU verbreitet. Selten, durch Rückgang offener Schafweiden gefährdet. §

Vielblättrige Lupine

Lupinus polyphyllus · F. Schmetterlingsbl.g.

Meist stattliche, vielblütige Pflanze mit handförmigen Blättern. ✩ Jun–Sep

Mehrjährig, bis zu 1,2 m hoch; **Blätter** lang gestielt, Spreite handförmig 9- bis 17-teilig, Fiedern bis 15 cm lang; **Blüten** bis 1,5 cm lang, zahlreich in dichter Traube, Krone selten weißlich.

Vorkommen Böschungen, Waldlichtungen, Säume. Stammt aus dem westlichen N-Amerika, als Rohbodenpionier angesät und eingebürgert.

Zaun-Wicke

Vicia sepium · F. Schmetterlingsblütengew.

Liegende, aufsteigende oder kletternde, bis 1 m lange Stängel. ✩ Mai–Jul

Mehrjährig; **Blätter** gestielt, mit 4–7 länglich ovalen, behaarten Fiederpaaren, Endfiedern zu verzweigten Ranken umgebildet; **Blüten** ca. 1–1,5 cm lang, zu 2–6 in kurzen Trauben, Kronen bläulich violett.

Vorkommen Gebüsche, Wegränder, Gärten, Zäune, Waldsäume. In EU vom Tiefland bis ins Gebirge häufig.

Gewöhnliche Akelei

Feld-Rittersporn

Leberblümchen

Gewöhnliche Küchenschelle

Vielblättrige Lupine

Zaun-Wicke

Vogel-Wicke

Vicia cracca · Fam. Schmetterlingsblütengew.

Formenreiche Pflanze mit bis über 1 m langen, kantigen Stängeln und Blüten in langen Trauben. ✰ Jun–Aug

Mehrjährig; **Blätter** kahl oder anliegend behaart, 6–10 Paar Fiedern je 2–4 mm breit und bis 3 cm lang, **Blüten** 1 cm lang, Kronen einheitlich blauviolett.

Vorkommen Wälder, Wegränder, Getreideäcker, Gebüsche, Zäune; auf tiefgründigen, nährstoffreichen Lehmböden. In EU weit verbreitet.

Wald-Wicke

Vicia sylvatica · F. Schmetterlingsblütengew.

Kantiger, aufsteigender oder kletternder Stängel, Blüten blass. ✰ Jun–Jul

Mehrjährig, 50–150 cm hoch; **Blätter** mit 6–8 Fiederpaaren, meist mit Ranke; **Blüten** 1,5 cm lang, in einseitswendigen Trauben, blass, blauviolett geadert, Schiffchenspitze violett.

Vorkommen Wälder, Gebüsche, Wegrän der, Säume. M.- und SO-EU, fehlt westlic des Rheins. Im Gebirge bis 1950 m.

Saat-Wicke

Vicia sativa · Fam. Schmetterlingsblütengew.

Einzelne satt rötliche Blüten in den oberen Blattachseln. ✰ Mai–Jul

Einjährig, 30–70 cm hoch; **Blätter** mit meist 5 Fiederpaaren; **Blüten** bis 2,5 cm lang, Fahne rotviolett, Flügel purpurn oder wie die Fahne; Nebenblätter mit dunklen Nektardrüsen wie bei der Zaun-Wicke.

Vorkommen Gärten, Äcker, Brachen, Wegränder. Früher als Futterpflanze verwendet. In EU weit verbreitet.

Berg-Platterbse

Lathyrus linifolius · F. Schmetterlingsbl.gew.

Nicht rankende Pflanze mit schmal geflügeltem Stängel. ✰ Apr–Jun

Mehrjährig, 15–30 cm hoch, liegend oder aufsteigend; **Blätter** mit 2–3 Fiederpaaren, unterseits bläulich; **Blüten** rötlich, zu 4–6 in lang gestielten, lockeren Trauben, Kronen anfangs hellpurpurn, dann zunehmend trübblau, zuletzt hellbraun gefärbt.

Vorkommen Lichte Laubwälder, Heiden Magerrasen. In ganz M.-EU weit verbreitet

Frühlings-Platterbse

Lathyrus vernus · F. Schmetterlingsbl.gew.

Nicht rankende Pflanze mit Rhizom und rötlich-blauen Blüten. ✰ Apr–Jun

Mehrjährig, 30–80 cm hoch; Fieder**blätter** breit oval, spitz, statt der Endfieder häufig eine schlanke Spitze; **Blüten** bis 2 cm lang, in Traube, rot, dann violett, zuletzt weißlich bis grünlich blau.

Vorkommen Lichte Laub- und Mischwälder, meist auf Kalk, im Bergland bis in 1900 m. Fast überall in EU verbreitet, fehlt im N und NW von D.

Wald-Platterbse

Lathyrus sylvestris · F. Schmetterlingsbl.gew.

Geflügelte Blattstiele, breiter geflügelte Stängel. ✰ Jul–Sep

Mehrjährig, bis zu 2 m lang; **Blätter** mit 1 Paar lanzettlicher, bis zu 12 cm langer Fiedern und 1 (verzweigten) Ranke; **Blüten** bis 2 cm lang, in lockeren Trauben, Fahnen hellpurpurn, Flügel dunkler, Schiffchen cremeweiß.

Vorkommen Laub- und Mischwälde Hecken. In EU weit verbreitet.

Vogel-Wicke

Wald-Wicke

Saat-Wicke

Berg-Platterbse

Frühlings-Platterbse

Wald-Platterbse

Hunds-Veilchen

Viola canina · Familie Veilchengewächse

Kleine, unauffällige Pflanze mit blauvioletten, gestielten Blüten. ✿ Apr–Jun

Mehrjährig, 5–15 cm hoch; Stängel aufsteigend, wenig behaart; **Blätter** lang gestielt, mit herzförmiger Spreite; **Blüten** blauviolett mit hellgelbem Sporn und dunkleren Strichen zur Blütenmitte.

Vorkommen Magerrasen und lichte Wälder; meidet kalkhaltige Böden. Fast überall in EU und mit Ausnahme des SO weit verbreitet, stellenweise aber sehr zerstreut.

März-Veilchen

Viola odorata · Familie Veilchengewächse

Rosettig, lange, wurzelnde Ausläufer und duftende Blüten. ✿ Mär–Apr

Mehrjährig, bis 10 cm hoch; **Blätter** rundlich nierenförmig, gestielt, in grundständiger Rosette; **Blüten** dunkelviolett mit dunklem Sporn, selten rosa oder weiß.

Vorkommen Gebüsche, Hecken, Waldränder, aufgelassenes Gartenland. Ursprünglich nur in S-EU, durch Verwilderung aus Gartenkultur heute auch in M.-EU fast überall verbreitet.

Sumpf-Veilchen

Viola palustris · Familie Veilchengewächse

Untypisch rötliche bis blassviolette, lang gestielte Blüten. ✿ Jun–Aug

Mehrjährig, bis zu 15 cm hoch, mit unterirdischen Ausläufern; **Blätter** rosettig, rundlich bis breit herzförmig; **Blüten** blass, selten ganz weiß.

Vorkommen Nasswiesen, Niedermoore, Sümpfe, feuchte Gräben, Bruchwälder, Ufer. Fast überall in EU verbreitet; in D nicht sehr häufig, durch Biotopzerstörung gefährdet und unbedingt schützenswert.

Wald-Veilchen

Viola reichenbachiana · Fam. Veilchengew.

Waldbodenpflanze mit gattungstypisch violetten Blüten. ✿ Apr–Mai

Mehrjährig, bis 20 cm hoch; Stängel aufrecht oder aufsteigend, beblättert; **Blätter** länglich herzförmig, die grundständigen rosettig; **Blüten** violettblau, mit dunkelviolettem, schlankem Sporn (beim ähnlichen **Hain-Veilchen** *V. riviniana* dick, hell).

Vorkommen Laub- und Mischwälder; auf lockerem, kalkhaltigem Boden. M.- und S-EU; in D relativ häufig.

Raues Veilchen

Viola hirta · Familie Veilchengewächse

Ohne oberirdischen Stängel, mit hellvioletten Blüten. ✿ Mär–Mai

Mehrjährig, 5–25 cm; Blattstiele der Frühjahrs**blätter** 1–8 cm lang, der im Sommer angelegten bis 20 cm, Spreiten der Frühjahrsblätter 1,5–4 cm lang, bei Sommerblättern bis 10 cm, breit oval-herzförmig, gekerbt, kurzhaarig; **Blüten** bis 2 cm breit, Sporn bis 5 mm lang, an der Spitze aufwärtsgebogen, kräftig violett.

Vorkommen Lichte Wälder, Trockengebüsche, vor allem in den Kalkgebieten. In EU weit verbreitet, in D zerstreut.

Wildes Stiefmütterchen

Viola tricolor · Familie Veilchengewächse

Formenreiche, meist dreifarbige, gestielte, große Blüten. ✿ Mai–Okt

Ein- oder mehrjährig, 10–30 cm hoch; **Blätter** länglich herzförmig, Nebenblätter gefiedert; **Blüten** bis zu 2,5 cm breit, mitunter auch in einfarbigem Weiß, Gelb oder Violett.

Vorkommen Äcker, Wiesen, Brachen, Wegränder und Graudünen. Fast überall in EU verbreitet; fehlt in D stellenweise.

Hunds-Veilchen

März-Veilchen

Sumpf-Veilchen

Wald-Veilchen

Raues Veilchen

Wildes Stiefmütterchen

Rundblättrige Glockenblume

Campanula rotundifolia · F. Glockenblumeng.

Aufrechter oder aufsteigender Stängel mit blauvioletten Blüten. ✩ Jun–Sep

Meist mehrjährig, 10–30 cm hoch, grundständige **Blätter** rundlich, zur Blütezeit meist nicht mehr vorhanden, Stängelblätter, linealisch; **Blüten** 1,5–2 cm lang, zu 2–8 in Rispen. Kapsel**frucht** mit winzigen Samen.
Vorkommen Magerrasen, Felsfluren, Dämme, Mauern, lichte Wälder, Dünen. In EU fast überall häufig.

Wiesen-Glockenblume

Campanula patula · F. Glockenblumengew.

Meist reichblütig, Stängel verzweigt, kaum beblättert. ✩ Mai–Aug

Formenreich, zweijährig, 20–60 cm hoch; Stängel aufrecht; grundständige **Blätter** schmal oval, Stängelblätter, lanzettlich, sitzend; **Blüten** zu 3–10 in lockerer Rispe, Kronen 1,5–2,5 cm lang, helllila bis blauviolett.
Vorkommen Wiesen, Wegränder. In EU verbreitet; in D nur im nördlichen Tiefland selten.

Pfirsichblättrige Glockenblume *Campanula persicifolia*

Großblumig, Stängel meist unverzweigt, viele Blüten. ✩ Juni–Aug

Mehrjährige Pflanze, 50–80 cm hoch; Grund**blätter** länglich oval, Stängelblätter wechselständig, lanzettlich; **Blüten** zu 3–8 in lockerer Traube, Kronen 2,5–4 cm lang, blau bis blauviolett, selten reinweiß.
Vorkommen Lichte Wälder, Gebüschsäume. In EU weit verbreitet, ebenso in D; oft auch in Gartenkultur.

Nesselblättrige Glockenblume *Campanula trachelium*

Pflanze mit kantigem, borstig behaartem Stängel und traubigem Blütenstand. ✩ Jul–Sep

Mehrjährig, 30–90 cm hoch; **Blätter** wechselständig, grob und unregelmäßig gezähnt, die unteren gestielt, die oberen sitzend; **Blüten**kronen 3–4 cm lang, blauviolett bis blaulila.
Vorkommen Lichte Wälder, Säume, Gebüsche; vorzugsweise auf kalkhaltigem Boden. Fast überall in EU.

Ährige Teufelskralle

Phyteuma spicatum · F. Glockenblumengew.

Nur in der Blüte auffallend, mit etwas kantigem Stängel. ✩ Mai–Jul

Mehrjährig, bis zu 60 cm hoch; Grund**blätter** lang gestielt, herzförmig, gesägt, Stängelblätter wesentlich schmaler, die oberen sitzend; **Blüten** in walzenförmiger Ähre, Kronen cremeweiß oder hell bläulich, krallenförmig.
Vorkommen Wälder, Gebüsche, auch auf Bergwiesen. Vor allem in M.-EU; in D westlich des Rheins nur zerstreut, sonst häufig.

Schwarze Teufelskralle

Phyteuma nigrum · Fam. Glockenblumengew.

Nur in der Blüte auffälligere kleine bis mittelgroße Pflanze mit aufrechtem, unverzweigtem Stängel. ✩ Mai–Jul

Mehrjährig, 20–80 cm hoch; **Blätter** länglich herzförmig, grob gezähnt; **Blüten** zahlreich in einer dichten Ähre, vor dem Aufblühen stark gekrümmt, Kronen dunkelviolett.
Vorkommen Wälder, Bergwiesen bis in 1200 m Höhe. Nur M.-EU nördlich der Alpen; in D vor allem in den Mittelgebirgen, im Tiefland seltener.

Rundblättrige Glockenblume

Wiesen-Glockenblume

Pfirsichblättrige Glockenblume

Nesselblättrige Glockenblume

Ährige Teufelskralle

Schwarze Teufelskralle

Gefranster Enzian

Gentianella ciliata · Familie Enziangewächse

80–20 cm hohe, dekorative Pflanze mit kantigem, oft unverzweigtem, aufsteigendem Stängel und dunkelblauen Blüten. ✫ Jul–Sep

Zwei- bis mehrjährig; **Blätter** überwiegend wechselständig, schmal lanzettlich, 1-nervig; **Blüten** meist einzeln, 2–4,5 cm lang, Krone einheitlich dunkelblau, Kronzipfel eingeschnitten und randlich lang gefranst.

Vorkommen Trockenrasen, Gebüsche, lichte Wälder; meist auf Kalkböden, im Gebirge bis in über 2200 m Höhe. M.- und S-EU; in D selten, fehlt hier nördlich der Mittelgebirge. §

Wissenswert! Die Blüte verströmt tagsüber einen intensiven Veilchenduft und lockt damit ihre Bestäuber (Hummeln und Tagfalter) an. Die Kronblätter reflektieren sehr stark den UV-Anteil des Sonnenlichts und erscheinen Insekten sehr grell.

Lungen-Enzian

Gentiana pneumonanthe · Fam. Enziangew.

10–40 cm hohe Pflanze mit stumpfkantigem, aufrechtem, an der Basis mitunter etwas verholztem Stängel und tiefblauen Blüten. ✫ Jul–Okt

Mehrjährig; **Blätter** gegenständig, die unteren relativ klein, die mittleren länger und schmal lanzettlich, die oberen linealisch, meist nur 1-nervig und am Rande leicht umgeschlagen; **Blüten** kurz gestielt oder sitzend in den oberen Blattachseln bzw. am Stängelende, Kronen innen mit 5 Streifen grüner, hell umrandeter Punkte, 3,5–5 cm lang, bis zur Hälfte in 5 schmale Zipfel geteilt, diese breit 3-eckig und am Rand kleinzähnig; die 5 Staubbeutel sind zu einer Röhre verklebt, der grünliche Kelch ist etwa so lang wie die Kronröhre.

Vorkommen Flachmoore, Feuchtheiden, Magerrasen, Moorwiesen, an der Küste auch Braundünen; humose, torfige, kalkfreie, wechselfeuchte Böden. N-EU, in D nur sehr punktuell anzutreffen. §

Ausdauernder Lein

Linum perenne · Familie Leingewächse

30–70 cm hohe, formenreiche Pflanze trockener Standorte mit aufrechtem, wenig verzweigtem Stängel und himmelblauen Blüten. ✫ Jun–Aug

Mehrjährig, Stängel schlank, fest; **Blätter** wechselständig, lanzettlich, graugrün, mit 1–3 Hauptnerven, etwa 2–4 mm breit und um 2 cm lang, am Rand leicht rau; **Blüten** bis 3 cm breit, zahlreich in lockeren Trauben, kurzlebig; Kronblätter decken sich randlich, Kelchblätter stumpf, die inneren breiter und länger als die äußeren.

Vorkommen Lichte Kiefernwälder, Trockenrasen, Steinfluren. Hauptsächlich in SO- und M.-EU; in D nur sehr zerstreut. §

Wissenswert! Die Blüten des A. L. zeigen Heterostylie – sie haben entweder lange Staubblätter und kurze Griffel oder umgekehrt. Anders als der einjährige **Saat-Lein** oder **Flachs** *Linum usitatissimum*, der als Kulturpflanze angebaut wird, findet sich die Art auch in Gartenkultur.

Gewöhnliches Kreuzblümchen

Polygala vulgaris · Fam. Kreuzblumengew.

10–20 cm hoch, mit aufrechtem oder aufsteigendem, ästigem Stängel; Blüten dunkelblau bis violett. ✫ Mai–Aug

Formenreich, mehrjährig, Stängel dünn; **Blätter** wechselständig, kurz gestielt, schmal elliptisch bis linealisch, etwas lederig; **Blüten** um 8 mm lang, zu mehreren in endständiger Traube, kronblattartige Kelchblätter sowie Kronen dunkelblau bis violett, selten auch weiß oder rötlich.

Vorkommen Hecken, Böschungen, Sandfluren, Halbtrockenrasen, Wiesen, Heiden. EU, in D meist zerstreut.

Ähnlich **Bitteres Kreuzblümchen** *Polygala amara*, untere Blätter rosettenartig, schmecken beim Zerkauen stark bitter; Steinfluren. Weitere ähnliche Arten im Gebiet.

Gefranster Enzian

Lungen-Enzian

Ausdauernder Lein

Gewöhnliches Kreuzblümchen

Wiesen-Storchschnabel

Geranium pratense · Fam. Storchschnabelg.

Große Wiesenpflanze mit behaartem Stängel, Blüten tiefblau. ✰ Jun–Aug

Mehrjährig, bis 60 cm hoch; **Blätter** lang gestielt, handförmig 5- bis 7-teilig, gezähnt, kurzborstig behaart; **Blüten** 2–4 cm breit, flach ausgebreitet, zahlreich in Rispen, Kronen blauviolett, dunkler geädert, abgeblühte Stiele senken sich.
Vorkommen Nährstoffreiche, feuchte Wiesen, Gebüsche; vorwiegend auf Kalkböden. M.- und O-EU; in D nur im N selten.

Himmelsleiter

Polemonium coeruleum · F. Himmelsleiterg.

Wiesenpflanze mit kantig gefurchtem Stängel, Blüten hellblau. ✰ Jun–Sep

Mehrjährig, 30–80 cm hoch, **Blätter** unpaarig gefiedert, Fiedern lanzettlich; **Blüten** bis 3 cm breit, hellblau, selten weiß, Staubblätter weit vorragend.
Vorkommen Feuchtwiesen, Niedermoore, Schuttfluren, Gärten. N- und M.-EU; in D ausschließlich im Bergland, westwärts nu bis zum Rhein.

Phacelie

Phacelia tanacetifolia · Fam. Raublattgew.

Sehr auffällige Pflanze mit zahlreichen hellblauen Blüten. ✰ Jun–Okt

Auch als Büschelschön oder Bienenfreund bekannt, einjährig, 50–70 cm hoch; **Blätter** behaart, gestielt, fiederschnittig; **Blüten** in Wickeln, 5-zipfelig, Staubblätter rötlich blau, pinselartig weit vorragend.
Vorkommen Äcker, Gärten, Schuttstellen. Stammt aus NW-Amerika, bei uns als Bienenfutter und Gründünger stellenweise unbeständig verwildert.

Acker-Witwenblume

Knautia arvensis · Fam. Geißblattgew.

Dekorative Wiesenpflanze, Stängel we- nig verzweigt, behaart. ✰ Mai–Sep

Mehrjährig, etwa 30–100 cm hoch; **Blätter** fiederteilig, graugrün; **Blüten** in lang gestielten, halbkugeligen, bis zu 4 cm breiten, flachen Köpfen, Kronen hell- bis blauviolett, Randblüten mit 4 vergrößerten Zipfeln.
Vorkommen Wiesen, Trockenrasen, Raine. In EU fast überall, in D gebietsweise häufig.

Teufelsabbiss

Succisa pratensis · Familie Geißblattgew.

Attraktive Wiesenpflanze, Stängel aufrecht oder aufsteigend. ✰ Jul–Sep

Mehrjährig bis 1 m hoch; **Blätter** gegenständig, oval-elliptisch bis lanzettlich; **Blüten** in kugeligen, bis zu 2 cm breiten Köpfchen, Kronen blauviolett, gelegentlich rosa oder weiß.
Vorkommen Nasse Wiesen, Niedermoore, Heiden, bis in 1400 m Höhe. In EU weit verbreitet, in D allerdings stellenweise selten.

Tauben-Skabiose

Scabiosa columbaria · Fam. Geißblattgew.

Formenreich, Stängel wenig behaart, Blütenköpfchen lila. ✰ Jun–Sep

Mehrjährig, 20–60 cm hoch; Grund**blätter** gekerbt, Stängelblätter gegenständig, schmal fiederteilig; **Blüten** in 2–3,5 cm breiten Köpfchen, 5-zipfelig, bei randlichen Blüten ve größert, Kelchborsten schwarz.
Vorkommen Trockenrasen, Wiesen, Ki fernwälder, Gebüsche, Dämme. M.- ur S-EU; in D vor allem im südlicheren Teil, i N von D selten.

Wiesen-Storchschnabel

Himmelsleiter

Phacelie

Acker-Witwenblume

Teufelsabbiss

Tauben-Skabiose

Gamander-Ehrenpreis

Veronica chamaedrys · Fam. Wegerichgew.

Kleinere Wiesenpflanze, Stängel auf den Achsen 2-zeilig behaart. ✩ Apr–Jun

Mehrjährig, 15–30 cm hoch; **Blätter** gegenständig, kurz gestielt bis sitzend, gekerbt; **Blüten** in Trauben in den oberen Blattachseln, Kronen 4-zählig, unteres Kronblatt schmaler, bis 1,2 cm breit, geadert.
Vorkommen Gebüsche, lichte Wälder, Wiesen; meist auf lockerem, nährstoffreichem Lehmboden. Fast überall in EU häufig.

Faden-Ehrenpreis

Veronica filiformis · Fam. Wegerichgewächse

Fadendünne, liegende, an den Knoten wurzelnde Stängel. ✩ Apr–Mai

Mehrjährig, 5–30 cm lang; **Blätter** gestielt, rundlich, gekerbt; **Blüten** in den Blattachseln, um 1 cm breit, unteres Kronblatt sehr schmal, blass blaulila, dunkler geadert.
Vorkommen Nährstoffreiche Wiesen, Garten-, Parkrasen. Aus Vorderasien; in D und im übrigen M.-EU an vielen Stellen eingebürgert, zurzeit wieder im Rückgang.

Wald-Ehrenpreis

Veronica officinalis · Fam. Wegerichgewächse

Helle Waldbodenpflanze, Stängel liegend, Blütenstand aufrecht. ✩ Mai–Jul

Mehrjährig, 15–20 cm hoch; **Blätter** gegenständig, behaart, verkehrt eiförmig, gekerbt, bis 2,5 cm breit, 4 cm lang; **Blüten** in dichten Trauben in den Blattachseln, Kronen hellviolett, bis 8 mm breit.
Vorkommen Trockene Wälder, Gebüsche, Säume. Meidet nährstoffreiche Böden. In EU weit verbreitet. Früher Heilpflanze.

Persischer Ehrenpreis

Veronica persica · Fam. Wegerichgewächse

Offenlandpflanze mit rundum behaartem Stängel. ✩ Mär–Dez

Einjährig, 10–40 cm hoch; **Blätter** gestielt, bis 2,5 cm lang, eiförmig, gekerbt; **Blüten** in den oberen Blattachseln, Kronen 1 cm breit, himmel- bis azurblau, dunkler geadert. Optische Bestäuberlenkung zur Kronenmitte
Vorkommen Äcker, Brachen, Gärten, Weinberge. Stammt aus Vorderasien; heute fast überall in EU eingebürgert und häufig.

Efeublättriger Ehrenpreis

Veronica hederifolia · Fam. Wegerichgew.

Sehr kleines und häufiges Wildkraut, liegend oder aufsteigend. ✩ Mär–Mai

Einjährig, 5–20 cm hoch; Stängel vorwiegend im oberen Teil behaart, verzweigt; **Blätter** sitzend, breit oval, gekerbt; **Blüten** lang gestielt, in den oberen Blattachseln, um 3–7 mm breit, Kronen hell lilablau, 4-zählig.
Vorkommen Hackfruchtäcker, Brachen, Gärten. In ganz M.- und S-EU recht häufig.

Bachbungen-Ehrenpreis

Veronica beccabunga · Fam. Wegerichgew.

Kräftig, aufrecht oder aufsteigend, an den Knoten wurzelnd. ✩ Mai–Sep

Mehrjährig, 10–50 cm hoch; **Blätter** fleischig, bis 5 cm lang, gekerbt; **Blüten** in Trauben in den Blattachseln, 5–7 mm breit, blass- oder dunkelblau, geadert, nur bei Sonne ausgebreitet.
Vorkommen Gräben, Bachufer, Quellsümpfe; oft an Gartenteichen gepflanzt. Fast überall in EU verbreitet.

Gamander-Ehrenpreis

Faden-Ehrenpreis

Wald-Ehrenpreis

Persischer Ehrenpreis

Efeublättriger Ehrenpreis

Bachbungen-Ehrenpreis

Kriechender Günsel

Ajuga reptans · Fam. Lippenblütengewächse

15–30 cm hoch, mit aufrechtem Stängel, langen, oberirdischen Ausläufern und meist blauen Blüten. ✫ Mai–Jul

Mehrjährig; grundständige **Blätter** in flacher Rosette, spatelig, mit geflügeltem Blattstiel, dunkelgrün, Stängelblätter gegenständig, länglich oval, fast glattrandig; **Blüten** etagenartig in den oberen Blattachseln in dichten Scheinähren, Kronen bisweilen auch rosa oder weiß, Oberlippe fehlt, Unterlippe lang, 3-zipfelig.

Vorkommen Feuchte Wiesen, Gebüsche, lichte Wälder, Säume, Wegränder, Gärten; auf Lehmböden. Im südlichen N- sowie in M.-EU fast überall verbreitet; in D häufig.

Wissenswert! Die Tragblätter der Blüten sind an der Basis meist kräftig blauviolett verfärbt und verstärken so die optische Wirkung des Blütenstandes.

Gewöhnliche Braunelle

Prunella vulgaris · Familie Lippenblütengew.

10–25 cm hoch, mit verzweigtem, kantigem, aufrechtem Stängel und oberirdischen Ausläufern, Blüten kräftig blauviolett. ✫ Mai–Okt

Mehrjährig; **Blätter** gegenständig, gestielt, länglich oval, überwiegend glattrandig; **Blüten** in einer kopfigen Scheinähre unmittelbar oberhalb des obersten Blattpaares, Kronen mit gewölbter Ober- und flacher Unterlippe, Kelch tief 2-lippig, Tragblätter der Blütenquirle lang bewimpert und auffallend bräunlich violett.

Vorkommen Wiesen, Rasen, Wegränder, lichte Wälder, Weiden; bevorzugt auf nährstoffreichen und frischen Lehmböden. Überall in EU ziemlich häufig.

Wissenswert! Das Kraut wurde früher arzneilich verwendet, die jungen Blätter schmecken in Kräutersuppen gut.

Wiesen-Salbei

Salvia pratensis · Fam. Lippenblütengew.

30–80 cm hohe Wiesenpflanze mit aufrechtem, hohlem, ästig verzweigtem Stängel und blauvioletten Blüten. ✫ Mai–Aug

Mehrjährig; **Blätter** gegenständig, gestielt, Spreite bis 12 cm lang, breit oval, an der Basis herzförmig, grob und unregelmäßig gezähnt bis wenig gelappt, runzelig; **Blüten** zahlreich in endständiger, lockerer Ähre, Kronen selten auch hellblau oder rosa.

Vorkommen Halbtrockenrasen, Dämme, Böschungen, meist auf kalkhaltigem Boden. M.-EU, bis N-D und England.

Wissenswert! Wenn Bienen oder Hummeln mit ihrem Rüssel in die Kronröhre vordringen, stoßen sie an die gelenkig aufgehängten Staubblätter, die daraufhin herunterklappen und den Pollen auf den pelzigen Insektenrücken abladen.

Schwarznessel

Ballota nigra · Fam. Lippenblütengewächse

50–120 cm hohes Wildkraut mit aufrechtem, 4-kantigem Stängel und trübroten Blüten. ✫ Apr–Jun

Mehrjährig; Stängel meist dicht behaart und rötlich überlaufen, manchmal stark verzweigt; **Blätter** gegenständig, meist kurz gestielt, breit lanzettlich bis oval, vorn zugespitzt, runzelig; **Blüten** zu wenigen in den Achseln der oberen Blätter, Kronen 1–1,5 cm lang, Oberlippe nicht besonders groß, nur flach gewölbt, auf der Außenseite dicht behaart, Unterlippe heller geädert, mit eingekerbtem Mittellappen.

Vorkommen Siedlungsnahes Brachland, Wegränder, Ruderal- und Abfallstellen, Gebüsche, Zäune; gern auf nährstoff- und stickstoffreichen Böden (Nährstoffzeiger). M.- und S-EU; in D von W nach O zunehmend häufig, vielerorts nur zerstreut.

Kriechender Günsel

Gewöhnliche Braunelle

Wiesen-Salbei

Schwarznessel

Gundermann, Gundelrebe

Glechoma hederacea · F. Lippenblütengew.

Leicht zu erkennendes Wildkraut mit kriechenden, an den Knoten wurzelnden Stängeln und blauen bis blauvioletten Blüten. ✩ Apr–Jun

Mehrjährig, 30–80 cm lang; Stängel richten sich nur in der Blütenregion bis zu 20 cm hoch auf; **Blätter** gegenständig, gestielt, im Umriss rundlich, 1–2 cm breit und ebenso lang, am Rand gekerbt, unterseits mit vortretenden Blattnerven, glänzend dunkelgrün, mitunter rötlich überlaufen, duften beim Abstreifen unangenehm; **Blüten** zu 1–3 einseitswendig in den Achseln der oberen Blätter, Kronen 1–2 cm lang, Oberlippe kurz, Unterlippe breit, 3-zipfelig mit großem, geflecktem Mittelteil.

Vorkommen Wiesen, Auenwälder, Gärten, Mauern, auf stickstoffreichen Böden. In EU überall ziemlich häufig.

Kornblume

Centaurea cyanus · Fam. Korbblütengew.

50–80 cm hohe Ackerpflanze mit kantigem, weich behaartem Stängel und tiefblauen Korbblüten. ✩ Jun–Sep

Einjährig, 50–80 cm hoch; **Blätter** wechselständig, lanzettlich, die untersten an der Basis fiederspaltig, graugrün; **Blüten**körbchen 2–3,5 cm breit, flach, mit am Rand vergrößerten Röhrenblüten.

Vorkommen Getreideäcker, Brachen, Wegränder, Gärten; vorwiegend auf nährstoffreichen Böden In EU fast überall verbreitet, jedoch sei Jahren stark zurückgehend.

Wissenswert! Seit der Jungsteinzeit ist di K. ein Kulturbegleiter. Zusammen mit den Klatsch-Mohn prägte sie das Bild sommerlicher Getreideäcker. Durch Herbizideinsatz wurde die Art weitgehend zurückgedrängt und überlebt heute fast nur noc durch besondere Schutzmaßnahmen.

Blauer Lattich

Lactuca perennis · Fam. Korbblütengewächse

40–70 cm hoch, mit verzweigtem, kahlem Stängel und meist hellblauen Korbblüten. ✩ Mai–Jul

Mehrjährig; **Blätter** wechselständig, tief fiederteilig, bläulich grün, mit reichlich Milchsaft, die oberen sitzend und stängelumfassend; **Blüten**körbchen 2,5–4 cm breit, flach, in endständigen Rispen, nur mit 12–20 hellblauen, seltener blaulila Zungenblüten.

Vorkommen Trockenrasen, Mauern, sonnige Felsfluren, Böschungen, Weinberge; vorzugsweise auf kalkhaltigen Böden. Südliches M.- und S-EU; in D fast nur in den Wärmegebieten, im Bergland bis in etwa 1700 m Höhe.

Wissenswert! Der B. L. gehört zur selben Gattung, der auch die Kulturpflanzen Kopfsalat, Eissalat und Römischer Salat entstammen.

Wegwarte

Cichorium intybus · Fam. Korbblütengew.

30–150 cm hoch, mit aufrechtem, sparrig verzweigtem und leicht rauhaarigem Stängel sowie meist hellblauen Korbblüten. ✩ Jul–Sep

Mehrjährig; Grund**blätter** rosettig, Stängelblätter wechselständig, grob gesägt bis fiederteilig, die oberen zunehmend schmaler und nur noch wenig geteilt; **Blüten**körbchen 3–4 cm breit, nur mit Zungenblüten, diese selten auch rosa oder weißlich.

Vorkommen Wegränder, Brachen, Wiesen Schuttstellen; auf trockenem Boden. In E weit verbreitet; im N von D nur zerstreu fehlt in den Alpen.

Wissenswert! Die Blütenköpfe öffnen sic nur bei sonnigem Wetter und sind 1-tägig Bereits am frühen Nachmittag des Aufblühtages verwelken sie. Stammpflanz von (Kaffee-)Zichorie und Chicorée.

Gundermann, Gundelrebe

Kornblume

Blauer Lattich

Wegwarte

Gewöhnliche Flockenblume

Centaurea jacea · Fam. Korbblütengewächse

30–70 cm hohe Wiesenpflanze mit aufrechtem, verzweigtem Stängel und violetten Korbblüten. ✿ Jun–Okt

Mehrjährig; **Blätter** wechselständig, lanzettlich, glattrandig; **Blüten**körbchen 2–4 cm breit, Röhrenblüten, am Rand größer. **Vorkommen** Trockenwiesen, Magerrasen. Häufig.

Ähnlich **Schwarze Flockenblume** *C. nigra*, ohne vergrößerte Randblüten.

Skabiosen-Flockenblume

Centaurea scabiosa · Fam. Korbblütengew.

Formenreich, Stängel kantig, nur im oberen Teil verzweigt. ✿ Jun–Okt

Mehrjährig, 30–120 cm; Stängel, kur behaart; **Blätter** meist fiederteilig m schmalen, wenig gezähnten Abschnitter lederig; **Blüten**köpfchen 3–5 cm breit, Blü ten röhrenförmig, die äußeren vergrößer ausgebreitet und 5-zipfelig, steril, die üb rigen purpurn bis bläulich-rot. Häufig vo Gallwespen befallen (knotige Stängel!). **Vorkommen** Magerwiesen, Halbtrocker rasen, Säume. In EU weit verbreitet, in nur im Tiefland selten.

Salz-Aster

Aster tripolium · Fam. Korbblütengewächse

15–70 cm hoch, unverwechselbar, gerillter, rötlicher Stängel. ✿ Jun–Sep

Zweijährig; **Blätter** lanzettlich, fleischig; **Blüten**körbchen 2–3 cm breit, in Doldenrispen, Zungenblüten ♀, Röhrenblüten zwittrig, gelb. Randblüten mitunter fehlend.

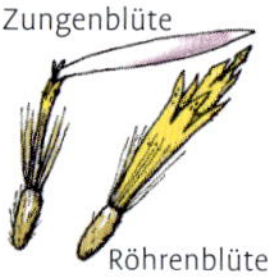

Vorkommen Strand- und Salzwiesen, Prielränder, Gräben. Fast alle Küstengebiete von EU, selten an Salzstellen des Binnenlands.

Zweiblättriger Blaustern

Scilla bifolia · Familie Spargelgewächse

Frühblüher am Waldboden, mit nur 2 grundständigen Blättern. ✿ Mär–Apr

Formenreiche, mehrjährige Zwiebelpflanze, 10–20 cm hoch; **Blätter** schmal lanzettlich, umfassen den Blütenstandsschaft; **Blüten** um 1,5 cm breit, blau, seltener rosa oder weiß.

Vorkommen Lichte Laubwälder, Auen, Ge büsche. An einigen Stellen auch in Mas senvorkommen. M.- und S-EU; in D ze streut im SW. §

Schopfige Traubenhyazinthe

Muscari comosum · Familie Spargelgewächse

Kleine Zwiebelpflanze mit einfachem, aufrechtem Stängel. ✿ Mai–Jun

Mehrjährig, 30–70 cm; nur 2–4 **Blätter**, glatt, unbehaart, 1–2,5 cm breit; **Blüten** zahlreich in einer verlängerten Traube, diese oben mit einem Schopf glockiger, tiefblauer, steriler Blüten, untere Blüten bräunlich, abstehend.

Vorkommen Weinberge, Magerrasen, Steppen. S-EU; in D selten. §

Sibirische Schwertlilie

Iris sibirica · Familie Schwertliliengewächse

Sehr auffällig, mit schlankem Stängel und großen, blauen Blüten. ✿ Mai–Jun

Mehrjährig, 40–80 cm hoch; Stängel rund; grundständige **Blätter** bis zu 60 cm lang, 2–6 mm breit, bläulich grün; **Blüten** lang gestielt, zu 1–4 (meist 2) endständig, blauviolett, an der Basis weißlich und dunk geadert.

Vorkommen Sumpfwiesen, Ufer, Röhrich te. Südliches M.- und S-EU; in D nur ze streut bis selten. §

Gewöhnliche Flockenblume

Skabiosen-Flockenblume

Salz-Aster

Zweiblättriger Blaustern

Schopfige Traubenhyazinthe

Sibirische Schwertlilie

Stinkende Nieswurz

Helleborus foetidus · Familie Hahnenfußgew.

Wintergrüne Art mit großem, bleichgrünem Blütenstand. ✩ Feb–Mai

Mehrjährig, kräftig, aufrecht, 20–80 cm hoch; **Blätter** lederig, gestielt, handförmig geteilt mit 7–11 gezähnten Abschnitten; **Blüten** 1–2 cm lang, vorn rot umrandet, glockig, nickend, zu mehreren in lockerer, einseitswendiger Rispe.

Vorkommen Trockene, steinige Hänge, Gebüsche, lichte Wälder. Halbschattenpflanze. W- und SW-EU, in D an der O-Grenze der Verbreitung, nach N zunehmend seltener; gelegentlich als Zierpflanze.

Grüne Nieswurz

Helleborus viridis · Fam. Hahnenfußgewächs

Sommergrüne Blätter handförmig, Blüten flach ausgebreitet. ✩ Mär–Apr

Mehrjährig, bis 60 cm hoch, bis zum Blütenstand unbeblättert; **Blätter** mit gesägten Abschnitten; **Blüten** ohne rötliche Umrandung, ohne unangenehmen Geruch.

Vorkommen Tiefgründige, humusreiche kalkhaltige Böden in Wäldern und Gebüschen. Südliches (M.-)EU; in D vom Tiefland bis ins Gebirge, Alpen bis 1000 m Höhe. §

Wissenswert! Früher als Heilpflanze kultiviert, aus dieser Zeit stellenweise verwildert.

Rotbeerige Zaunrübe

Bryonia dioica · Familie Kürbisgewächse

Kletterpflanze mit schraubigen Ranken an der Unterlage. ✩ Jun–Sep

Mehrjährig; Stängel bis zu 3 m lang; **Blätter** gestielt, handförmig 5-lappig, glattrandig; **Blüten** zweihäusig, grünlich weiß, einzeln oder zu wenigen in den Blattachseln; **Beeren** reif scharlachrot. Stark giftig!

Vorkommen Hecken, Gebüsche und Waldränder, auf nährstoffreichen Böden. In S- und M.-EU weit verbreitet.

Wald-Bingelkraut

Mercurialis perennis · Fam. Wolfsmilchgew.

Auffallend dunkelgrüne Waldpflanze ohne Milchsaft. ✩ Apr–Jun

Mehrjährig, 15–35 cm hoch; **Blätter** gegenständig, im oberen Stängelbereich gedrängt, lanzettlich, dunkelgrün, duften beim Zerreiben etwas unangenehm; **Blüten** zweihäusig, unscheinbar grünlich, windbestäubt.

Blattlänge b 10 cm

Vorkommen Humusreiche, tiefgründige Laub- und Mischwälder. Fas überall in EU verbreitet.

Einjähriges Bingelkraut

Mercurialis annua · Familie Wolfsmilchgew.

Dem Wald-Bingelkraut ähnlich, aber auf Äckern oder in Gärten. ✩ Jun–Okt

Einjährig, oft wintergün, 20–40 cm hoch; Stängel ästig, 4-kantig, ohne Milchsaft, auf ganzer Länge beblättert; **Blätter** hellgrün, lanzettlich; **Blüten** zwei- oder einhäusig, grünlich.

Vorkommen Gärten, Hackfruchtäcker, Brachen, Wegränder. S-EU; in gemäßigten Breiten weltweit; in D v. a. in der Weinbauregion.

Tellerkraut

Claytonia perfoliata · Fam. Quellkrautgew.

Hochblätter paarweise kreisförmig-tellerähnlich verwachsen. ✩ Mai–Jun

Einjährig, bis 20 cm hoch; Grund**blätter** lang gestielt, rosettig, länglich eiförmig; **Blüten** grünlich weiß, bis 8 mm breit, in Rispen.

Hochblatt mit Früchter

Vorkommen Gärten, Baumscheiben, Friedhöfe, Parkanlagen, Mauern. Stammt au dem pazifischen N-Amerika, wurde in M EU zeitweilig als Salatpflanze kultivier („Kubaspinat“) und verwildert.

Stinkende Nieswurz

Grüne Nieswurz

Rotbeerige Zaunrübe

Wald-Bingelkraut

Einjähriges Bingelkraut

Tellerkraut

Gewöhnlicher Hopfen

Humulus lupulus · Familie Hanfgewächse

Rechtswindende (Ausnahme!) Kletterpflanze mit rauem Stängel und 3- bis 5-teilig gelappten, rauen Blättern.
✰ Jul–Aug

Mehrjährig, Stängel dünn, bis zu 6 m hoch; **Blüten** zweihäusig, ♂ unscheinbar, in 5–10 cm langen Rispen in den Blattachseln, ♀ Blüten in lang gestielten, hellgrünen, 2–3 cm langen, zapfenähnlichen Scheinähren („Hopfendolden").
Vorkommen Gern nährstoffreiche, sickerfeuchte, lockere Böden in Auwäldern und Ufergebüschen. EU; in D meist in den großen Flusstälern; regional auch in Stangenkulturen angebaut (nur ♀ Pflanzen).
Wissenswert! Harzdrüsen auf der Innenseite der Tragblätter von ♀ Blütenständen bilden die Hopfenbitterstoffe. Die Extrakte der Fruchtstände dienen seit dem Mittelalter zur Abrundung des Biergeschmacks.

Hanf

Cannabis sativa · Familie Hanfgewächse

50–220 cm hoch, Stängel aufrecht, kurzhaarig, Blätter fingerförmig geteilt mit lanzettlichen, gesägten Abschnitten. ✰ Jul–Aug

Einjährig, Stängel bräunlich, meist unverzweigt; **Blätter** gegenständig, die unteren lang gestielt, die oberen sitzend; **Blüten** zweihäusig, unscheinbar, ♂ in endständi gen Rispen, ♀ in dichten Scheinähren.
Vorkommen Äcker, Schuttstellen, Brach land. Stammt aus Asien, in D in vielen Re gionen wieder zunehmend als Kulturpflan ze angebaut; unbeständig verwildert.
Wissenswert! Hanf ist eine vielseitig ver wendbare Pflanze, die wegen Missbrauch als Rauschdroge zu Unrecht in Verruf ge raten ist. Zum Anbau zugelassen sind in [nur nahezu rauschgiftfreie Sorten, die zu Öl- oder Fasergewinnung genutzt werden

Große Brennnessel

Urtica dioica · Familie Brennnesselgewächse

30–200 cm hohe Hochstaude mit aufrechtem, unverzweigtem, 4-kantigem Stängel und unscheinbaren Blüten.
✰ Jun–Okt

Mehrjährig, Stängel faserig, oft rötlich; **Blätter** graugrün, gegenständig, länglich oval, grob gesägt, wie der Stängel mit langen Brennhaaren besetzt; Pflanze zweihäusig; **Blüten** grünlich grau, zahlreich in hellgrünen, schlanken, aus den Blattachseln herabhängenden Rispen; die Pollen werden aus explodierenden Staubbeuteln in kleinen Wolken freigesetzt.
Vorkommen Wegränder, Brachland, Hecken, Schuttstellen, Wälder. Stickstoff-Zeigerpflanze. Überall in EU häufig, in gemäßigten Breiten heute weltweit. Wildgemüse-, Heil- und Nutzpflanze (Nesseltuch).
Wissenswert! Wird als Wildgemüse-, Heil- und Nutzpflanze (Nesseltuch) verwendet.

Kleine Brennnessel

Urtica urens · Familie Brennnesselgewächse

10–50 cm hohes Ackerwildkraut mit meist unverzweigtem, 4-kantigem Stängel und unscheinbaren Blüten.
✰ Jun–Okt

Einjährig; **Blätter** kreuzgegenständig, ge stielt, eiförmig, 1–5 cm lang und 1–4 cr breit, tief und scharf gesägt, an der Basi breit keilförmig oder nahezu rechtwinkli gestutzt, niemals herzförmig wie bei de verwandten Großen Brennnessel; **Blüte** graugrün, einhäusig, zahlreich in kurzer waagrecht abstehenden oder wenig hän genden Rispen. Alle Teile mit Brennhaarer diese brennen wesentlich stärker als be der großwüchsigen Verwandten.
Vorkommen Hackfruchtäcker, Gemüse gärten, Ruderalstellen, Dungplätze, Abfal gruben; erträgt extrem hohe Anreicherun von Stickstoffverbindungen im Boden. I EU weit verbreitet, in D überall häufig bi zerstreut.

Gewöhnlicher Hopfen

Hanf

Große Brennnessel

Kleine Brennnessel

Buchweizen

Fagopyrum esculentum · Fam. Knöterichgew.

Nur zur Blütezeit auffällige Pflanze mit zumeist rötlichem Stängel. ✩ Jul–Okt

Einjährig, bis 60 cm hoch; **Blätter** pfeilförmig mit herzförmiger Basis, Nebenblätter tütenförmig verwachsen; **Blüten** in Schirmtrauben, nektarreich.
Vorkommen Äcker, Schuttstellen, Wegränder. In M.- und S-EU verbreitet.
Wissenswert! Die stärkereichen, kantigen Nussfrüchte dieser alten Kulturpflanze sind ein wichtiges Nahrungsmittel.

Knäuel-Ampfer

Rumex conglomeratus · Fam. Knöterichgew.

Bis 80 cm hoch, mit unscheinbaren, kleinen Blüten. ✩ Jul–Sep

Mehrjährig, Stängel kräftig; **Blätter** länglich oval, Grundblätter gestielt, bis zu 25 cm lang, obere Stängelblätter sitzend; **Blüten** in quirlständigen, dichten Knäueln mit jeweils eigenem Tragblatt.
Vorkommen Waldlichtungen, Wegrände Gräben, auf stickstoffreichen, frischen Bö den (Zeigerpflanze). In EU weit verbreitet fehlt im Bergland.

Stumpfblättriger Ampfer

Rumex obtusifolius · Familie Knöterichgew.

Bis 120 cm hoch, mit großen, dunkelgrünen Blättern. ✩ Jun–Aug

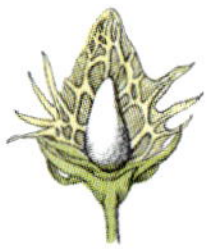

Mehrjährig; **Blätter** an der Basis herzförmig, vorne stumpf, bis 40 cm lang; Blütenstand ohne Blätter, **Blüten**hüllblätter gezähnt (Zeichnung), Blüten windbestäubt.
Vorkommen Brachland, Schuttplätze, Wegränder, vorzugsweise auf stickstoffreichen und gestörten Böden (Zeigerpflanze). In EU weit verbreitet und beinahe überall ziemlich häufig.

Krauser Ampfer

Rumex crispus · Familie Knöterichgewächse

Formenreiche, meist recht kräftige Pflanze, Blätter lederig. ✩ Jun–Aug

Mehrjährig, 50–120 cm hoch; **Blätter** gestielt, 6–8 cm breit, bis zu 30 cm lang, wellig kraus; **Blüten** in dichten Knäueln; Blütenhüllblätter ohne Fransen.
Vorkommen Gärten, Äcker, Wegrände feuchte, nährstoffreiche Lehm- und Ton böden; Rohbodenpionier. In EU weit ver breitet, in D fast überall häufig, stellenwei se lästiges Wildkraut.

Wiesen-Sauerampfer

Rumex acetosa · Familie Knöterichgewächse

Typische Wiesenpflanze mit nur wenig beblättertem Stängel. ✩ Mai–Jul

Mehrjährig, bis zu 120 cm hoch; Stängel nur im Blütenstand ästig; Grund**blätter** gestielt, Stängelblätter sitzend, mit abwärtsgerichteten Spießecken, Wildgemüse, durch Oxalsäure säuerlich; **Blüten** zweihäusig in Rispen.
Vorkommen Wiesen, Weiden, Brachen, Wegränder, vorzugsweise auf lockeren Lehmböden. Überall in EU häufig.

Kleiner Sauerampfer

Rumex acetosella · Fam. Knöterichgewächse

Dem Wiesen-Sauerampfer sehr ähnlich aber deutlich kleiner. ✩ Mai–Jul

Mehrjährig, bis 30 cm hoch; **Blätter** schmal lanzettlich mit meist aufwärtsgebogenen, verlängerten Spießecken; **Blüten** zweihäusig, in Rispen.
Vorkommen Trockene Sandfluren, Dünen Trockenwiesen, Wegränder; meidet Kalk böden. Magerkeitszeiger. In EU weit ver breitet; in D überall ziemlich häufig.

Buchweizen

Knäuel-Ampfer

Stumpfblättriger Ampfer

Krauser Ampfer

Wiesen-Sauerampfer

Kleiner Sauerampfer

Schild-Sauerampfer

Rumex scutatus · Familie Knöterichgewächse

20–40 cm, bläulich grüne, ziemlich breite Blätter. ✰ Mai–Aug

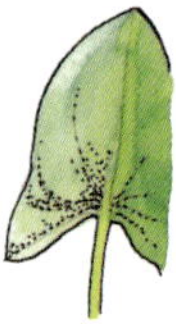

Mehrjährig; **Blätter** rundlich, 2–6 cm lang bzw. breit, an der Basis mit 2 breiten Spießecken; **Blüten** zweihäusig, gestielt, ohne Tragblätter, zu wenigen in lockerer Rispe.
Vorkommen Offene, besonnte Steinschutt- und Geröllböden, Mauern. In EU weit verbreitet, aber zerstreut, im südlichen Bergland bis in über 2000 m Höhe.

Weißer Gänsefuß

Chenopodium album · Fam. Amarantgew.

Formenreich, aufrecht oder aufsteigend, mehlig überlaufen. ✰ Jul–Sep

Einjährig; Stängel bis 2 m hoch, ästig verzweigt; **Blätter** rautenförmig bis lanzettlich, oft buchtig gelappt, bläulich grün; **Blüten** unscheinbar weißlich grün, sehr zahlreich in dichten Rispen, windbestäubt.
Vorkommen Äcker, Gärten, Wegrände Bahndämme, Brachen, Schuttsteller Stickstoffzeiger. In EU nahezu überall häufig. Früher als Wildgemüse.

Strand-Salzmelde

Atriplex portulacoides · Fam. Amarantgew.

Bis 50 cm hoch, strauchartig, mit am Grund verholzten Stängeln. ✰ Jul–Okt

Mehrjährig; **Blätter** graugrün, dicklich, unten gegen-, weiter oben wechselständig, eiförmig, bis 5 cm lang; **Blüten** eingeschlechtig, aber einhäusig, in knäueligen Trauben.
Vorkommen Salzige Böden, Salzwiesen, Prielränder. NW-Europa; in D nur an der Nordsee. Ist das NW-europäische Pendant zur tropischen Mangrove.

Strand-Melde

Atriplex littoralis · Fam. Amarantgewächse

Bis 70 cm hoch, stark verzweigt, liegend oder aufsteigend. ✰ Jul–Sep

Einjährig; **Blätter** kurz gestielt, anfangs grauschuppig, später kahl, linealisch-lanzettlich, fleischig, fast glattrandig; **Blüten** eingeschlechtig, in dichten Knäueln; **Früchte** nur bis 1 mm groß, einsamig.
Vorkommen Spülsäume, salzige Schlickböden. W-EU, auch an der Nord- und Ostseeküste.

Spieß-Melde

Atriplex prostrata · Fam. Amarantgewächse

30–90 cm hoch, ästig, mit liegendem oder aufrechtem Stängel. ✰ Jun–Sep

Einjährig, kräftig; **Blätter** wechselständig, dreieckig spießförmig, glattrandig oder gezähnt; **Blüten** eingeschlechtig, zahlreich in einer knäueligen Ährenrispe.
Vorkommen Brachland, Schuttstellen, Müllplätze, Gräben, Spülsäume der Küste; Stickstoffzeiger. Fast überall in EU häufig.

Queller

Salicornia europaea · Fam. Amarantgew.

Blätter dickfleischig, Stängel aufrecht oder liegend, verzweigt. ✰ Aug–Sep

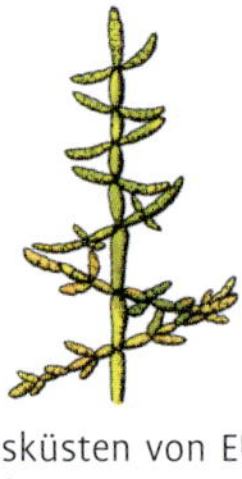

Vielgestaltig, einjährig, Stängel dicht von schuppigen Blättern umhüllt, ab Spätsommer blut- bis karminrot gefärbt; **Blüten** winzig, in kleinen Vertiefungen am Spross.
Vorkommen Salzhaltige Schlickböden. Meeresküsten von EU Salzquellen im Binnenland.

Schild-Sauerampfer

Weißer Gänsefuß

Strand-Salzmelde

Strand-Melde

Spieß-Melde

Queller

Strand-Sode

Suaeda maritima · Fam. Amarantgewächse

Blätter dick, Stängel oft rötlich, aufrecht oder aufsteigend. ✩ Jul–Sep

Einjährig, 10–30 cm hoch; **Blätter** sitzend, meist wechselständig, dickfleischig, erst blaugrün, im Spätsommer blutrot, 1–4 cm lang, Oberseite abgeflacht, unten gewölbt; **Blüten** winzig, zu wenigen in den Blattachseln.
Vorkommen Salzhaltige Schlickböden. An europäischen Meeresküsten, Nord- und Ostseeküste.

Wassernuss

Trapa natans · Fam. Blutweiderichgewächse

Schwimmpflanze, Blätter rautenförmig, vorn grob gezähnt. ✩ Jun–Aug

Einjährig; Blattstiele als Schwimmbojen blasig, oft rötlich überlaufen, Unterwasserblätter zipfelig; **Blüten** einzeln in Blattachseln, 4 Kronblätter, Kelch mit 4 hornförmigen Fortsätzen.
Vorkommen Sommerwarme, stehend Gewässer, Altarme; gelegentlich in Garten teichen. Weltweit; in D sehr vereinzelt un gefährdet. §

Ähriges Tausendblatt

Myriophyllum spicatum · F. Tausendblattgew.

Bis 120 cm lang, untergetaucht oder flutend, Blätter in Quirlen. ✩ Jun–Aug

Mehrjährig; **Blattspreiten** 2–5 cm lang, gefiedert, Seitenfiedern zahlreich, borstenartig; **Blüten** winzig, in einer Ähre über Wasser.
Vorkommen Stehende oder langsam fließende Gewässer. In M.- und S-EU; in D relativ verbreitet. Wichtige Laichpflanze. Auch im subtropischen Afrika.

Feld-Beifuß

Artemisia campestris · Fam. Korbblütengew.

Stängel aufsteigend oder aufrecht, ästig, braunrot, kantig. ✩ Jul–Okt

Mehrjährig, 20–60 cm hoch; untere **Blät ter** gestielt, die oberen eher sitzend, un tere 2- bis 3-fach fiederteilig, obere meis nur einfach, wenig behaart bis kahl; **Blü ten**köpfchen 3 mm breit, zahlreich in gro ßen Rispen, alle Blüten röhrenförmig grünlich-rot.
Vorkommen Trockenrasen, Felsfluren, Dü nen, bevorzugt kalkhaltige, sandig-stei nige Böden. In EU weit verbreitet, in D im Tiefland und in den Mittelgebirgen.

Gewöhnlicher Beifuß

Artemisia vulgaris · Familie Korbblütengew.

Bis 1,5 m hoch, Stängel fest, kantig und braunrot. ✩ Jul–Okt

Mehrjährig; **Blätter** grob gezähnt bis fiederteilig; **Blüten**körbchen 2–3 mm breit, nur mit Röhrenblüten, äußere ♀, innere zwittrig, zahlreich in Rispen. Wichtige Würz- und Heilpflanze.
Vorkommen Brachen, Wegränder, Böschungen; Lehm- und Nährstoffzeiger. Fast überall in EU verbreitet, häufig.

Tannenwedel

Hippuris vulgaris · Fam. Wegerichgewächse

Kräftige, bogig aus dem Wasser aufsteigende Pflanze. ✩ Jun–Aug

Mehrjährig, 20–50 cm lang; **Blätter** zu 4–20 quirlständig, steif abstehend, linealisch, bis 3 mm breit und bis 2 cm lang, kräftig grün; **Blüten** sehr unscheinbar.
Vorkommen Röhrichte nährstoffreiche stehender oder langsam fließender Gewässer. In EU verbreitet; in D meist ze streut, in Parks angepflanzt.

Strand-Sode

Wassernuss

Ähriges Tausendblatt

Feld-Beifuß

Gewöhnlicher Beifuß

Tannenwedel

Großer Wegerich, Breit-W.

Plantago major · Familie Wegerichgewächse

10–40 cm hoch, an Wegen, Blätter in bodenanliegender Rosette. ✫ Jun–Okt

Mehrjährig; **Blätter** kahl, Spreite im Umriss breit oval, 10–15 cm lang, mit 3–9 deutlichen parallelen Nerven, plötzlich in den kräftigen Stiel verschmälert; **Blüten** zahlreich in einer schlanken, bis 15 cm langen Ähre.
Vorkommen Wege, Plätze, Abfallstellen. In EU häufig. Kennart der Trittvegetation, erträgt mechanische Belastung.

Mittlerer Wegerich

Plantago media · Familie Wegerichgewächse

Blätter kurz gestielt, locker behaart, in bodenanliegender Rosette. ✫ Mai–Sep

Mehrjährig, 15–40 cm hoch; **Blatt**spreiten länglich oval; **Blüten** weißlich mit hellpurpurnen Staubblättern, zahlreich in einer 2–6 cm langen, walzenförmigen Ähre. Tierbestäubt.
Vorkommen Magerwiesen, Halbtrockenrasen, Wegränder. In EU weit verbreitet; in D stellenweise aber durchaus selten.

Spitz-Wegerich

Plantago lanceolata · Fam. Wegerichgew.

Alle Blätter in einer Rosette, jedoch meist aufrecht und nicht bodenanliegend. ✫ Apr–Okt

Mehrjährig, 10–50 cm hoch; **Blätter** schmal lanzettlich (wissenschaftlicher Name!), 2–4 cm breit und 10–30 cm lang; **Blüten** bräunlich, mit langen Staubfäden, in zylindrischer ovaler Ähre auf 5-kantigem Schaft.
Vorkommen Wiesen, Weiden, Wegränder, Säume, Schuttplätze. In EU überall häufig.

Strand-Wegerich

Plantago maritima · Fam. Wegerichgewächse

Blätter grundständig, fleischig, schmeckt salzig. ✫ Jul–Sep

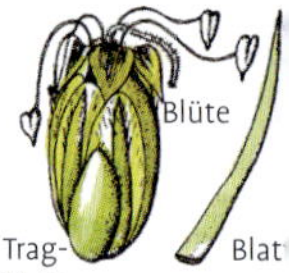

Mehrjährig, 15–30 cm hoch; **Blätter** nur 2–6 mm breit, 5–15 cm lang, oberseits mit Rinne, fein gezähnt; **Blüten** bräunlich, mit hellgelben Staubblättern, in zylindrischer Ähre. Windbestäubt.
Vorkommen Salzwiesen, Deichvorland, Felsspalten in der Spritzwasserzone. Sämtliche Küstengebiete in EU.

Krähenfuß-Wegerich

Plantago coronopus · Fam. Wegerichgew.

4–25 cm hoch, bodenanliegende, leicht verdickte Blätter. ✫ Jun–Sep

Ein- bis mehrjährig; **Blätter** 4–8 cm lang, tief fiederspaltig, Zipfel linealischen, behaart; **Blüten** in schlanker, 3–8 cm langer Ähre, Tragblatt mit langer Spitze. Windbestäubt.
Vorkommen Salzwiesen, Deichgrünland, meeresnahe Ruderalstellen. Klippen oberhalb der Spritzwasserzone. Sämtliche Küstengebiete in EU.

Sand-Wegerich

Plantago indica · Familie Wegerichgewächse

Einziger Wegerich mit (meist) verzweigtem Stängel. ✫ Jun–Sep

Einjährig, 20–40 cm hoch; **Blätter** gegenständig, schmal linealisch, kaum gezähnt, wenig behaart; **Blüten** in gestielten, kugeligen Ähren in den oberen Blattachseln. Windbestäubt.
Vorkommen Dünen, Sandwege, Ruderalflächen, Bahnschotter. In EU zerstreut; in D vor allem östlich der Elbe sowie am Rhein.

Großer Wegerich, Breit-Wegerich

Mittlerer Wegerich

Spitz-Wegerich

Strand-Wegerich

Krähenfuß-Wegerich

Sand-Wegerich

Zurückgekrümmter Fuchsschwanz *Amaranthus retroflexus*

Bis 150 cm hoch, Stängel aufrecht, flaumig behaart, mit zahlreichen kleinen, grünlichen Blüten. ✫ Jul–Sep

Einjährig; Stängel kräftig, aufrecht, flaumig behaart; **Blätter** wechselständig, gestielt, Spreite rhombisch, unterseits nur auf den Blattnerven stärker behaart; **Blüten** rundlich, in dichten, endständigen Ähren.

Vorkommen Wegränder, Brachen, Schuttstellen, Bahngelände. Stammt aus Nordamerika; in den Wärmegebieten des südlichen M.-EU als Neophyt weit verbreitet, oft nur unbeständig.

Wissenswert! Neben dieser auch als Amarant bekannten Art kommen in M.-EU weitere Fuchsschwanz-Arten vor, die erst im 19. Jh. aus N-Amerika oder dem Mittelmeerraum eingeschleppt wurden.

Wasserfalle

Aldrovanda vesiculosa · Fam. Sonnentaugew.

Schwimmt mit Blättern und Stängeln frei und ohne Wurzeln dicht unter der Wasseroberfläche. ✫ Jul–Aug

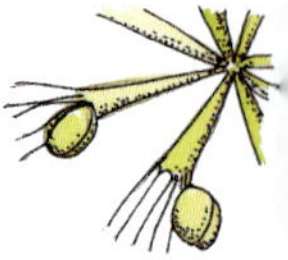

Mehrjährig, 10–20 cm lang; Stängel nicht oder wenig verzweigt; **Blätter** quirlständig, im unteren, stängelartigen Teil etwa 2 mm breit, im oberen Teil rundlich und 0,5–1 cm breit, in der Mitte längs gefaltet, am Rand mit langen Fühlborsten; **Blüten** unscheinbar, grünlich, 5–8 mm breit, auf langen Stielen.

Vorkommen Nährstoffreiche, stehende, sommerwarme Gewässer. Von W-EU bis O-Asien; in M.-EU selten, in D überaus selten (Mecklenburg, Bodenseegebiet) und vom Aussterben bedroht. §

Wissenswert! Nach Berührung durch kleine Wassertiere klappen die beiden Blatthälften schlagartig zusammen. Verdauungsenzyme zerlegen dann die Beute.

Feld-Mannstreu

Eryngium campestre · F. Doldenblütengew.

Distelartig aussehende, graugrüne Pflanze mit ästigen, starren Stängeln und zahlreichen weißen bis grünlichen Blüten. ✫ Jul–Aug

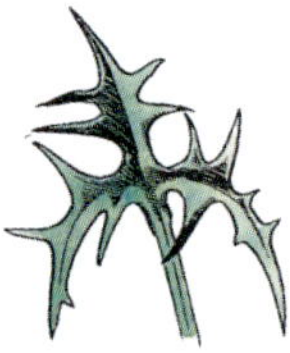

Mehrjährig, 15–70 cm hoch, Stängel aufrecht oder ausgebreitet; **Blätter** ungeteilt oder handförmig fiederteilig, steif, am Rand mit dornigen Spitzen, die unteren gestielt, die oberen sitzend, lederig derb, weißlich grün; **Blüten** in bis zu 1,5 cm breiten, kugeligen, dichtblütigen Köpfchen mit lanzettlichen, starren, dornigen Hüllblättern.

Vorkommen Trockenrasen, Felsfluren, Wegränder, sonnige Gebüsche, Kiesgruben; liebt kalkhaltige Lehm- oder Lössböden. M.- und S-EU; in D nur zerstreut.

Wissenswert! Ihre auffällige Disteltracht ist in der Familie eher ungewöhnlich.

Stranddistel

Eryngium maritimum · F. Doldenblütengew.

Sehr auffällige und attraktive, graugrüne oder bläuliche Pflanze mit aufrechten, sparrig verzweigten Stängeln. ✫ Jun–Okt

Zwei- bis mehrjährig, distelartig, bis zu 60 cm hoch, oft auch als halbkugeliger Busch; Grund**blätter** lang gestielt, Stängelblätter sitzend, Spreite derb, starr, im Umriss rundlich nierenförmig bis lappig gebuchtet, am Rand mit langen, dornigen Spitzen, grauweiß, meist graublau überlaufen; **Blüten** sehr klein, zahlreich in dichten, von bläulichen Hochblättern umgebenen Köpfchen, diese zu mehreren in lockeren, wenigstrahligen Scheindolden.

Vorkommen Weiß- und Graudünen an der Küste. Vom Mittelmeer bis zur Ostsee stellenweise selten; fehlt im Binnenland. §

Zurückgekrümmter Fuchsschwanz

Wasserfalle

Feld-Mannstreu

Stranddistel

Einbeere

Paris quadrifolia · Fam. Einbeerengewächse

10–30 cm hohe Rhizompflanze mit aufrechtem, unverzweigtem, glattem Stängel und unscheinbaren Blüten. ✩ Apr–Mai

Mehrjährig; **Blätter** meist zu 4 quirlständig, netznervig; **Blüten** 4-zählig, lang gestielt, endständig, 2–3 cm breit, die 4 äußeren Blütenblätter hellgrün, die 4 inneren kürzer und gelblich, Fruchtknoten schwarz glänzend. Alle Teile der Pflanze, besonders aber die stahlblaue Beere (kl. Bild) giftig!
Vorkommen Lichte Wälder; gern auf nährstoffreichem, humosem, lockerem Boden. Fast ganz EU, vor allem aber in M.-EU.
Wissenswert! Unterscheidet sich von den meisten übrigen Einkeimblättrigen durch die ausgeprägte Netznervatur der Laubblätter und die Vierzähligkeit der Blüten. Bildet mit Wurzelpilzen eine Mykorrhiza.

Nestwurz

Neottia nidus-avis · Fam. Knabenkrautgew.

Eigenartig bleiche bis bräunliche Waldpflanze ohne Blattgrün, mit aufrechtem, unverzweigtem, rundem Stängel ohne Blätter. ✩ Mai–Jun

Mehrjährig, 20–40 cm hoch; sämtliche Laub**blätter** zu bleichen Schuppen zurückgebildet; **Blüten** zahlreich in einer dichten, allseitswendigen Ähre, bis zu 1,5 cm groß, bräunlich, seltener strohgelb, ohne Sporn.
Vorkommen Hauptsächlich in Buchenwäl dern. In M.-EU weit verbreitet; in ganz [zerstreut vorkommend. §
Wissenswert! Die auf den ersten Blick ei ner Sommerwurz-Art (⇨ z. B. S. 122) äh nelnde Pflanze ernährt sich ausschließlic mithilfe eines großen Wurzelgeflechts das Kontakt zu den Wurzelpilzen (Mykor rhiza) von Rotbuchen unterhält. Über de Umweg der Mykorrhiza bezieht die N. ihr Nährstoffe aus den Baumwurzeln.

Großes Zweiblatt

Neottia ovata · Fam. Knabenkrautgewächse

20–60 cm hoch, mit aufrechtem, unverzweigtem, drehrundem Stängel und grünlichen Blüten. ✩ Mai–Jun

Mehrjährig; meist nur 2 gegenständige **Blätter**, breit oval, bis zu 14 cm lang, derb, sitzen am Stängel kurz über dem Boden, unterhalb ist der Stängel kahl, darüber drüsig behaart; **Blüten** bis 2 cm lang, Lippe grünlich gelb, um 11 mm lang, bis zur Hälfte gespalten und mit eingetiefter Nektarrinne, ohne Sporn; Blütenstand bis 25 cm lang.
Vorkommen Laub- und Auenwälder, Feuchtwiesen, Gebüsche; gern auf nährstoffreichem und kalkhaltigem Lehmboden. Fast überall in EU; in D vom Tiefland bis ins Gebirge, in den Alpen bis 1600 m.
Wissenswert! Die Blüten werden vor allem von Fliegen bestäubt.

Bocks-Riemenzunge

Himanthoglossum hircinum · F. Knabenkr.g.

30–90 cm hoch, mit aufrechtem, unver zweigtem Stängel und zahlreichen blassgrünlichen Blüten. ✩ Mai–Jul

Mehrjährig; **Blätter** breit lanzettlich, bis zu 15 cm lang, glattrandig, bläulich grün, beginnen bereits zur Blütezeit zu welken; **Blüten** zu 20–60 in einer langen Ähre, Einzelblüten 5–7 cm lang, mitunter rötlich überlaufen, duften wenig angenehm nach Ziegenbock (Name!), mit kurzem, sackartigem Sporn, Lippe tie 3-teilig, Seitenlappen kraus, Mittellappe sehr lang und mehrfach gedreht. Blüh nicht jährlich.
Vorkommen Trockenrasen, lichte Gebü sche; meist lockere, kalkhaltige Lössbo den. Vor allem in S.-EU; in D sehr vereinzel erreicht hier ihre Nordgrenze. §

Einbeere

Nestwurz

Großes Zweiblatt

Bocks-Riemenzunge

Schwimmendes Laichkraut

Potamogeton natans · Fam. Laichkrautgew.

50–200 cm lang, Schwimmblattpflanze, Stängel lang, flutend. ✩ Mai–Aug

Mehrjährig, Schwimm**blätter** lang gestielt, oval, zugespitzt, 2–7 cm breit, 4–12 cm lang, Basis leicht herzförmig; untergetauchte Blätter linealisch, zur Blütezeit verfault; **Blüten** ohne Blütenhülle, in dichter Ähre.

Vorkommen Stehende, nährstoffreiche Gewässer. In EU weit verbreitet; in D recht häufig.

Kalmus

Acorus calamus · Familie Kalmusgewächse

50–150 cm hoch, schwertlilienähnliche Sumpf- und Uferpflanze. ✩ Jun–Jul

Mehrjährig; **Blätter** schwertförmig; der vom Tragblatt überragte, kolbenförmige **Blüten**stand scheinbar seitenständig, weil das Tragblatt wie ein fortgesetzter Stängel erscheint, Einzelblüten klein. Samenansatz nur in den Tropen.

Vorkommen Röhricht; früher als Aromapflanze in Gärten. Stammt aus SW-Asien, wurde durch Alexander d. Gr. nach Kleinasien gebracht und gelangte von dort nach M.-EU; vielerorts eingebürgert.

Zwergwasserlinse

Wolffia arrhiza · Familie Aronstabgewächse

Winzige, linsenförmige Schwimmpflanze ohne Wurzel. (✩ Jun–Aug)

Mehrjährig, 1 mm breit und lang, unterseits leicht gewölbt und weißlich; gilt als kleinste Blütenpflanze der Welt, blüht in EU nicht, Vermehrung vegetativ; Ausbreitung durch Wasservögel.

Vorkommen Stehende, sommerwarme, mäßig nährstoffreiche Gewässer weltweit. In M.-EU selten und unbeständig im Tiefland.

Kleine Wasserlinse

Lemna minor · Fam. Aronstabgewächse

Linsenförmig, schwimmend, mit 2–3 mm breiten, blattähnlichen, Gliedern, je eine Wurzel. ✩ Mai–Aug

Mehrjährig; meist zu 2–5 zusammenhängend; **Blüten** oft fehlend; Vermehrung vor allem durch Abgliederung von Sprossteilen, Verbreitung durch Wasservögel.

Vorkommen Bildet Schwimmdecken auf nährstoffreichen Stillgewässern. Fast überall häufig.

Aronstab

Arum maculatum · Familie Aronstabgewächse

Auffallende Waldpflanze; alle Blätter grundständig, lang gestielt; Blütenstand mit großem, bleichem Hochblatt. ✩ Apr–Mai

Mehrjährig, 15–50 cm hoch; Spreite pfeilförmig, netznervig, glänzend dunkelgrün, meist mit schwarzroten Flecken; **Blüten**stand kolbenförmig, ♂ Blüten an dessen Basis über den ♀; **Früchte** rot. Alle Teile giftig!

Vorkommen Laubwälder, Gebüsche, Auen. M.- und S-EU; in D vor allem im Mittelgebirge.

Wissenswert! Der purpurbraune Teil lockt mit unangenehmem Geruch Schmetterlingsfliegen an. Diese stürzen in die bleichgrüne Kesselfalle, deren Ausgang mit Reusenborsten versperrt ist. Erst nach erfolgter Bestäubung und Welken der Reuse wird der Weg nach draußen wieder frei.

Schwimmendes Laichkraut

Kalmus

Zwergwasserlinse

Kleine Wasserlinse

Aronstab

Bäume und Sträucher

Bäume und Sträucher im Überblick

Wuchstypen

Echter Thymian S. 318
bis 40 cm, **Halbstrauch**

Kraut-Weide S. 350
2–5 cm,
Zwergstrauch, teppichbildendes Spaliergehölz

Gewöhnliche Waldrebe S. 500
über 10 m, **Kletterstrauch, Liane**

Glocken-Heide S. 302
20–60 cm, **Zwergstrauch**

Besenginster S. 520
1–2 m, weitgehend ohne Laubblätter,
Rutenstrauch

Mistel S. 296
30–100 cm, **Halbparasit**

Lorbeerbaum S. 356, 1–8 m,
immergrüner Strauch/Kleinbaum

Efeu S. 498
bis 20 m, **mit Wurzeln kletternder Strauch**

Gewöhnlicher Wacholder S. 278
1–5 m, **Säulenform**

Weißdorn S. 452, 3–10 m,
Laub abwerfender Baum

Gewöhnliche Fichte S. 238

Wald-Kiefer S. 252

Riesenmammutbaum S. 266

Sal-Weide S. 408

Stiel-Eiche S. 478

Feld-Ulme S. 430

Apfelbaum S. 362

Sommer-Linde S. 464

Gewöhnliche Esche S. 544

Baumblätter

-Buche
54
Mispel
S. 360
Kultur-Birne
S. 364
Sal-Weide
S. 408
Vogel-Kirsche
S. 440
Trauben-
kirsche
S. 442
wöhnliche
hlbeere
48
Stiel-Eiche
S. 478
Rot-Eiche
S. 484
warz-
S. 422
Tulpenbaum
S. 486
Trauben-
Eiche
S. 480
Schwedische
Mehlbeere S. 496
Ross-
kastanie
S. 542
Gewöhnliche
Platane S. 488
g-Ahorn
28
Robinie S. 510
Gewöhnliche
Esche S. 544
Gewöhnlicher Walnussbaum S. 504

Strauchblätter

Glattrandige

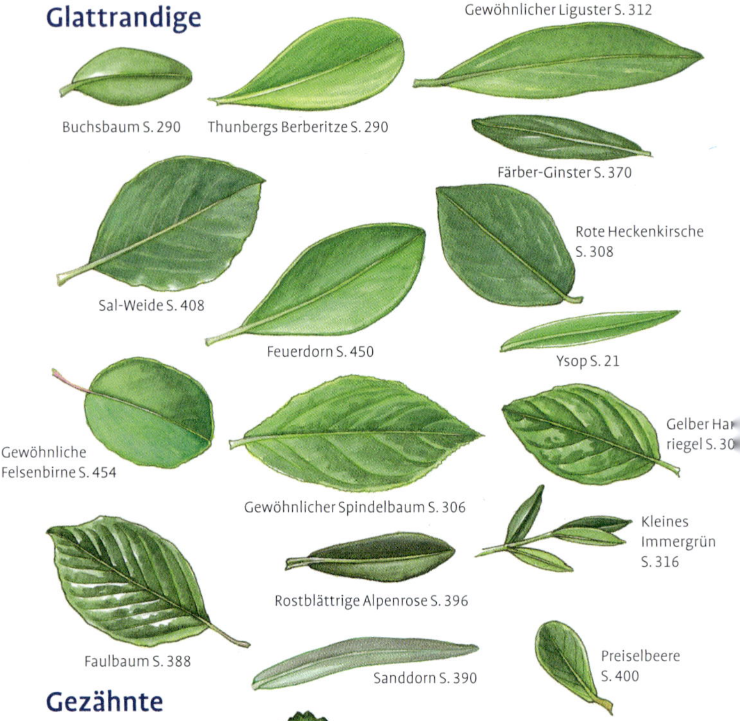

Gezähnte

Gebuchtete/Gelappte

Zusammengesetzte

Blüten und Kätzchen

Gelbliche Blüten

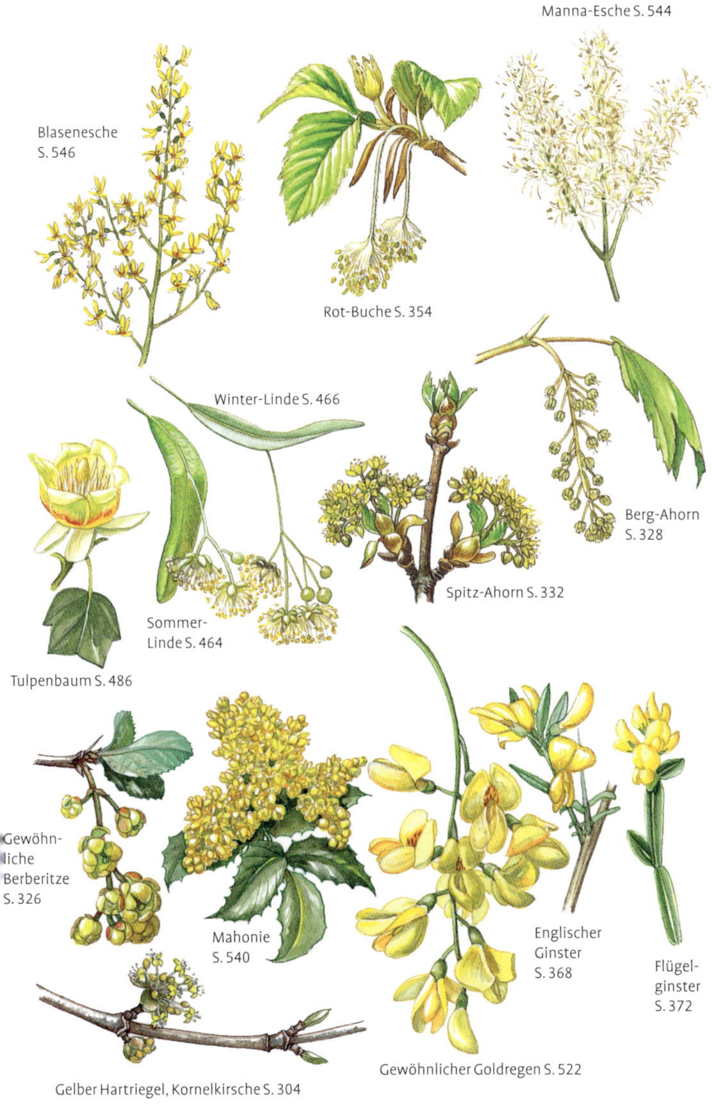

Weiße Blüten

Rote Blüten

Zwerg-Mandel S. 444
Judasbaum S. 374
Scheinquitte S. 366
Feld-Ulme S. 430
Blauglockenbaum S. 292
Kultur-Mandel S. 446
Rote Rosskastanie S. 442
Gewöhnlicher Seidelbast S. 378
Wild-Apfel S. 362
Rostblättrige Alpenrose S. 396
Hecht-Rose S. 530
Blut-Johannisbeere S. 462
Acker-Rose S. 530
Runzel-Rose S. 528

Baumfrüchte

Berg-Ahorn S. 328
Spitz-Ahorn S. 332
Hainbuche S. 420
Feld-Ahorn S. 330
Baum-Hasel S. 412
Götterbaum S. 546
Ess-Kastanie S. 428
Gleditschie S. 512
Walnuss S. 504
Rosskastanie S. 542
Robinie S. 510
Schwarze Maulbeere S. 470
Elsbeere S. 496
Gewöhnliche Mehlbeere S. 448
Traubenkirsche S. 442
Speierling S. 526
Ölbaum S. 382

Essbare Strauchfrüchte

Ungenießbare und giftige Strauchfrüchte

Nadeln und Zapfen

Zwerg-
Wacholder
S. 280
Eibe S. 284
umpfzypresse S. 268
Kanadische
Hemlock S. 244
Mittelmeer-
Zypresse S. 272
Pinie S. 262
Wald-Kiefer
S. 252
Küsten-
Douglasie
S. 244
Chinesischer
Wacholder S. 280
Tränen-Kiefer S. 258
Berg-Kiefer S. 248
vsons Scheinzypresse S. 270

Weiß-Tanne

Abies alba · Familie Kieferngewächse

Die aufrecht stehenden Zapfen, die abgeflachten, stumpfen Nadeln und der schmal kegelförmige Wuchs sind typisch für diesen immergrünen Nadelbaum. ✿ Mai–Jun

Gerader, kräftiger Stamm, bis zu 50 m hoch; Krone in der Jugend kegelförmig, im Alter eher abgeflacht, bei frei stehenden Exemplaren bis zum Grund beastet; Äste fast waagrecht oder leicht hängend, nur in der Wipfelregion steil aufrecht. **Nadeln** bis zu 3 cm lang, abgeflacht, biegsam, stumpf, oberseits dunkelgrün, unterseits mit 2 hellen Streifen (Spaltöffnungsreihen), meist 2-zeilig gescheitelt, sitzen den Zweigen mit einem rundlichen Fuß an und haben eine Lebensdauer von ungefähr 8–10 Jahren. **Blüten** einhäusig verteilt; nur im obersten Kronenteil an 2-jährigen Zweigen; Knospen rötlich braun gefärbt, nicht harzend. **Zapfen** aufrecht, bis zu 10 cm lang, anfangs grünlich, zur Reifezeit blassbraun; Schuppen lösen sich einzeln von der Spindel ab, sodass niemals vollständige Zapfen zu finden sind; Zapfenreife Sep/Okt.

Vorkommen Wichtiger Waldbaum, in Höhen zwischen 400–1000 m zusammen mit Buche, Berg-Ahorn, Wald-Kiefer und Fichte, oft bestandsbildend im Tannen-Buchen-Mischwald bzw. im Tannen-Fichtenwald des Berglands, jedoch nur selten in Reinbeständen. Von den Pyrenäen über das französische Zentralmassiv, die Vogesen, den Schwarzwald und die Alpen (mit Ausnahme der Zentralalpen) bis zu den Karpaten und auf die Balkan-Halbinsel in großen, inselartigen Vorkommen, außerdem in einem kleinen Gebiet auf Korsika und im nördlichen Apennin; oft auch außerhalb des natürlichen Verbreitungsgebiets forstlich kultiviert, erwies sich dort jedoch als wenig widerstandsfähig gegen Luftschadstoffe, Schädlinge und Klimastress.

Wissenswert! Tannenholz harzt nicht, ist sehr hell und schwindet beim Trocknen nur wenig. Deshalb stellt es ein ideales Konstruktionsholz dar und wird auch für den Bau von Musikinstrumenten verwendet, z. B. für Orgelpfeifen oder Saiteninstrumente. An den Beständen der W., vor a lem denen des Schwarzwalds, wurde ma in den 1970er-Jahren erstmals auf (neuar tige) Waldschäden und das Phänomen de Baumsterbens aufmerksam, da diese Ar gegen Rauchgase und andere Schadstof fe aus der Luft außerordentlich empfind lich ist. W. werden am natürlichen Standor bis zu 600 Jahre alt und gehören mit knap 70 m Höhen zu den imposantesten heim schen Baumarten. W. pflanzt man nur sel ten als Ziergehölze in Gärten oder Parkan lagen.

Die Umgangssprache trennt meist nich streng zwischen Tanne und Fichte trotz er heblicher botanischer Unterschiede. Meis gilt Tanne als Typbegriff für Tannen- un Fichtenarten. So genannter Tannenhoni geht auf die zuckerreichen Ausscheidun gen von Blattläusen zurück, die an diese Bäume saugen.

Die aufrecht am Zweig stehenden Zapfen verlieren ihre Schuppen noch am Baum, nur die Spindel bleibt übrig.

Weiß-Tanne
oben rechts: reife Zapfen, Mitte rechts: Zapfen-Spindeln

Nordmann-Tanne

Abies nordmanniana · Familie Kieferngewächse

Anhand der glänzend dunkelgrünen Nadeln, der dicht benadelten Zweige und der gleichmäßig kegelförmigen Krone ist diese Nadelbaumart gut kenntlich. ✿ Mai

Immergrün, bis zu 60 m hoch; anfangs schmale, kegelförmige, später zunehmend säulige Krone, aber fast immer spitzer Wipfel; obere Äste weniger steil als bei Weiß-Tanne; Stamm bis über 1 m dick mit dunkler Plattenborke. **Nadeln** 2–3 cm lang, vorn gerundet oder leicht ausgerandet, oberseits gefurcht und glänzend dunkelgrün, unterseits mit 2 weißen Bändern; mit rundlichen Haftscheiben an den Zweigen stehend, schraubig oder undeutlich 2-zeilig angeordnet; beim Zerreiben ange nehm duftend. **Blüten**knospen nicht ha zend. **Zapfen** zylindrisch, bis zu 5 cm bre und 20 cm lang, harzig, lange Zeit grünlic reif mittelbraun; dünne Deckschuppe zwischen dickeren Samenschuppen vorra gend; Zapfenreife Sep–Okt.

Aufrechter Zapfen am Zweig

Vorkommen In Bergwäldern zwische 900–2000 m Höhe auf feuchten, aber nic staunassen Böden in Reinbeständen od zusammen mit anderen Nadel- sow Laubbaumarten. Wichtiger Waldbaum der NO-Türkei und im W-Kaukasus; in M EU zunehmend in Forstkulturen oder a dekorativer Parkbaum angepflanzt.

Wissenswert! Die auch als Kaukasus-Tann bezeichnete Art wurde um 1840 von de finnischen Botaniker A. Nordmann en deckt und zunächst in England kultivie Die stattlichen Bäume sind als Weihnacht bäume sehr beliebt, da sie das Trockenk ma warmer Wohnstuben gut vertragen.

Riesen-Tanne

Abies grandis · Familie Kieferngewächse

An seinen streng gescheitelten, recht weichen Nadeln, die beim Zerreiben angenehm nach Mandarinen duften, ist diese größte Tannenart gut kenntlich. ✿ Apr–Mai

Immergrün, bis zu 50 m hoch, mit schlanker, kegelförmiger Krone und spitzem Wipfel; Äste quirlartig am Stamm angeordnet, waagrecht abstehend, im Alter leicht hängend. **Nadeln** mittel- bis dunkelgrün, 2–6 cm lang, flach, schraubig gestellt, regelmäßig 2-zeilig gescheitelt, zweigoberseits kürzer als auf der Unterseite. **Blüten**knospen schwach harzend. **Zapfen** bis zu 4 cm breit und 10 cm lang, Deckschuppen von außen nicht erkennbar; Zapfenreife Sep.

Vorkommen In Reinbeständen oder zusammen mit anderen Nadelbaumarten von der Küstenregion bis Höhenlagen um 1500 m. Die Heimat d R. sind die Nadelwälder des westlichen Amerikas, vor allem auf Vancouver-Islar und im Küstengebirge von British Colun bia bis NW-Kalifornien. 1830 kam sie ers mals nach EU, wo sie seither forstlich od als Parkgehölz verwendet wird.

Wissenswert! Die R. trägt ihren Name zu Recht, denn sie ist die größte Art ihr Gattung. In ihrer Heimat erreicht sie s gar knapp 100 m Höhe. Solche Exempla sind heute jedoch sehr selten und fast n noch in Nationalparkgebieten anzutreffe Die in M.-EU kultivierten Exemplare weis (bisher) höchstens etwa die Hälfte dies Wuchshöhe auf. Bemerkenswert ist die c cke, dunkel braungraue, bei alten Bäum tief gefurchte und in kleine Schuppen au gelöste Borke. Angesichts der imposant Größe des Baums bleiben die Zapfen relat klein. Auch diese Tannenart ist einhäusig.

Nordmann-Tanne
oben rechts: schraubig angeordnete Nadeln

Riesen-Tanne

Edel-Tanne

Abies procera · Familie Kieferngewächse

Dieser Baum fällt auch ohne seine großen Zapfen, deren Schuppen in einer Spitze auslaufen, durch die fast silbrigen Nadeln auf. ✩ Mai–Jun

Immergrün, bis zu 60 m, mit kegel- bis säulenförmiger Krone; Rinde anfangs glatt silbrig grau, später rissig und graubraun. **Nadeln** 2–3,5 cm lang, stumpf, dicht spiralig, aufwärts gekrümmt und gescheitelt; grüngrau bis dunkelgrün, beidseits mit helleren Spaltöffnungsbändern.

♂ **Blüten** anfangs karminrot gefärbt, später zunehmend gelb. **Zapfen** groß, senkrecht auf stärkeren Ästen im Innern der Krone; reif hellbraun, mit helleren, weit herausragenden, zurückgebogenen Deckschuppen; Zapfenreife Sep.

Zapfen bis zu 25 cm lang und 9 cm breit

Vorkommen Feuchte Bergwälder in Höhen lagen zwischen 900 und 1800 m, meist i Mischbeständen mit Douglasien, Wey mouth-Kiefer oder weiteren Tannenarten Küstengebirge des westlichen N-Amerika von Washington bis N-Kalifornien.

Wissenswert! In M.-EU wird diese Art meis als dekoratives Parkgehölz verwendet. Be sonders verbreitet ist die mit kräftig blau grünen Nadeln ausgestattete ‘Glauca’ Form. Die E. entwickelt die größten Zapfe aller Tannen, die zudem durch die weit zwi schen den massiven Samenschuppen her ausragenden Deckschuppen auffallen. I ihrer Heimat wird diese Art über 600 Jahr alt. Entdeckt hat sie im Jahre 1825 der For schungsreisende David Douglas, nach den später eine nahe verwandte Gattung al Douglasie benannt wurde. Die „Edeltanne“ die man auf den Weihnachtsbaummärkte findet, meint nur selten diese Art, sonder verschiedene Fichtenarten.

Spanische Tanne

Abies pinsapo · Familie Kieferngewächse

Abstehende, steife Nadeln wie Bürsten, die rings um den Zweig stehen, und das kleine Verbreitungsgebiet in Spanien kennzeichnen diesen Baum. ✩ Apr–Mai

Immergrün, bis zu 30 m hoch, im Umriss breit pyramidenförmig, mit abstehenden, unten hängenden Ästen. **Nadeln** 1–2 cm lang; schraubig um Zweige angeordnet; steif, nicht spitz; im Querschnitt 4-kantig, an der Basis verbreitert; beidseits mit hellen Bändern. **Zapfen** bis zu 5 cm breit und 12 cm lang, unreif purpurn, später braun; Deckschuppen nicht sichtbar; Zapfenreife Okt.

Vorkommen Kalkböden im Gebirge oberhalb 1000 m, meist in Reinbeständen oder bei immergrünen Eichen. Nur in einem kleinen Gebiet in SO-Spanien in den Kalkgebirgsketten

um die Stadt Ronda. Dort wichtiger Holz lieferant.

Wissenswert! Die nach ihrer Heimat auc Andalusische Tanne genannte Art ist in ih rem Ursprungsgebiet durch langfristig Übernutzung relativ selten geworden. De größte geschützte Bestand befindet sic in einem Nationalpark in der Sierra de la Nieves.

Ähnlich **Griechische Tanne** *Abies cephalonica*, bis zu 30 m hoch, mit breiter, rundlicher Krone; Nadeln 2–3 cm lang, an den Zweigen dicht und schraubig angeordnet, steif und stechend spitz, oberseits glänzend dunkelgrün; beheimatet in Kalkgebirgen von SO-EU; selten als Ziergehölz verwendet.

Edel-Tanne
Form 'Glauca'

Spanische Tanne

Gewöhnliche Fichte

Picea abies · Familie Kieferngewächse

Typisch für diesen Nadelbaum sind die stechend spitzen Nadeln, die herabhängenden Zapfen und der gerade, säulenförmige Stamm. ✲ Mai–Jun

Blütenstands-Knospen ♀

Immergrün, meist 30–50, ausnahmsweise bis zu 70 m hoch, mit regelmäßiger Krone und meist hängenden Ästen; Rinde kupferfarben bräunlich, fein geschuppt, löst sich nur wenig vom Stamm ab. **Nadeln** 1–2,5 cm lang, starr, spitz, dunkelgrün, schraubig gestellt und meist wenig gescheitelt, im Querschnitt 4-kantig, allseits mit einem feinen, hellen Spaltöffnungsband. ♂ **Blüten** über die ganze Krone verteilt, erst rot, später gelb; ♀ Blütenstände nur im oberen Kronenbereich, rötlich, stehend. **Zapfen** hellbraun, herabhängend, bis zu 15 cm lang; Zapfenreife Sep–Okt.

Vorkommen An Stellen mit lockerem, humosem, winterkaltem Boden in feuchtem Klima, oft in Reinbeständen oder in gemischten Gesellschaften; Flachwurzler; wichtiger Rohhumusbildner. In mehreren Formen von M.-EU bis O-Asien; europäische Rasse im Alpen- und Voralpenraum, Schwarzwald, Harz, Thüringer Wald, Schweizer Jura und Bayerischen Wald sowie in den Karpaten, in Skandinavien und N-Russland beheimatet. Durch forstlichen Anbau ist diese Art weit außerhalb ihres natürlichen Areals verbreitet.

Wissenswert! Die wegen ihrer kupferbraunen Rinde auch Rot-Fichte oder „Rottanne" genannte Art ist heute in M.-EU der am weitesten verbreitete und mit Abstand häufigste Baum sowie einer der wichtigsten Nutzholzlieferanten. Als relativ anspruchslose Art gedeiht er auch auf verarmten Böden. Seine weite Verbreitung verdankt er den umfangreichen Aufforstungen, die man im frühen 18. Jh. auch in den nördlichen Mittelgebirgen unternahm, um die durch Übernutzung ruinierten Wälder durch neue Bestände zu ersetzen. Das helle Fichtenholz verwendet man häufig im Haus- und Möbelbau, die Abfälle für Spanplatten sowie zur Zellstoff gewinnung für die Papierindustrie.

Die G. F. wird meist um 200, in den Alper auch bis zu 400 Jahre alt. Mit teilweise übe 50 m Wuchshöhe gehört sie zu den höchs ten heimischen Baumarten. Im O ihres na türlichen Verbreitungsgebiets wird sie vor der sehr ähnlichen Orient- oder **Kaukasus Fichte**, *Picea orientalis*, abgelöst.

Nach dem Abnadeln bleiben bei den Fich ten im Unterschied zu den Tannen imme winzige, vorragende Schuppen stehen, so dass sich die kahlen Zweige rau wie ein Feile anfühlen.

Der Fichtenzapfen ist ein weiblicher Blü tenstand. Jede Einzelblüte besteht aus ei nem flachen Fruchtblatt, das später zu kompakten Samenschuppe verholzt, sowi aus ihrem häutig bleibenden Tragblatt, de Deckschuppe. Bei Fichten und Tannen sin die beiden auch im Reifezustand gut vonei nander zu unterscheiden, während sie z. B bei Kiefern zu einer einheitlichen Zapfen schuppe verwachsen. Die fettreichen Sa men, die mit dem Wind weit verfrachte werden, sind eine wichtige Nahrung fü Waldtiere.

Gewöhnliche Fichte

Serbische Fichte

Picea omorika · Familie Kieferngewächse

Die sehr schmale, kegel- oder säulenförmige Krone, die bogenförmig abstehenden Äste und die harzigen Zapfen sind typisch. ✿ Mai

Immergrün, gewöhnlich bis etwa 30 m hoch, mit auffallend schlanker, spitzer Krone; Äste kurz, dicht, waagrecht abgespreizt oder leicht hängend; Rinde braunorange gefärbt, in feine Schuppen gefeldert. **Nadeln** flach, 1–2 cm lang, biegsam, an noch jungen Bäumen spitz, schraubig um die Triebachse gestellt, auf der Unterseite leicht gescheitelt, oberseits dunkelgrün, unterseits mit 2 helleren Spaltöffnungsbändern, drehen an manchen Zweigen ihre Unterseite nach oben. ♂ **Blüten** nur gut 1 cm groß, vor dem Stäuben karminrot, ♀ Blütenstände kaum größer, zunächst hellrot. **Zapfen** nur 4–6 cm lang, harzig; im unreifen Zustand blauviolett, in der Reife braun gefärbt; Schuppen breit gerundet, zumeist dicht anliegend; Zapfenreife noch im 1. Jahr, Sep–Okt.

Vorkommen Sommerkühle Gebirgswälder vor allem auf Kalkböden in Höhen von 700–1400 m, oft in Mischbeständen mit Gewöhnlicher Fichte, Weiß-Tanne, verschiedenen Kiefern, Rot-Buche, Berg-Ahorn und andere Waldbäumen. Heimisch nur in einem klei nen Gebiet zwischen Bosnien und Serbie (Tara-Gebirge) sowie in einer weiteren Ver breitungsinsel in Montenegro. Als belieb tes Gartengehölz überall angepflanzt un häufig.

Wissenswert! Die erst 1875 entdeckte Art is heute in den Vor- und Hausgärten in M.-E wesentlich häufiger als in ihrem Ursprungs gebiet. Sie erwies sich als bemerkenswer unempfindlich gegen Rauchgase, die ande re Bäume stark schädigen, und eignet sic daher auch hervorragend für Bepflanzur gen in Industrieregionen und Stadtzentrer In ihrem heutigen natürlichen Areal gilt si als tertiärzeitliches Relikt, hat sie hier doc die Kaltzeiten überdauert, konnte jedoc anschließend ihr ursprüngliches Areal nich mehr zurückgewinnen. Vor den Eiszeite war die Art, wie Fossilfunde belegen, auc nördlich der Alpen weit verbreitet.

Ähnlich **Engelmann-Fichte** *Picea engelmannii,* bis zu 30 m, mit auffallend schlanker Krone aus kurzen, abstehenden Ästen; Nadeln bis zu 2,5 cm lang, 4-kantig, schraubig gestellt, zum Triebende gerichtet, sehr spitz; Zapfen bis zu 6 cm lang, Zapfenschuppen anders als bei der Serbischen Fichte nach vorn hin verschmälert und unregelmäßig gezähnt. In den Gebirgen des westlichen N-Amerikas weit verbreitete Art, in EU nur in größeren Sammlungen angepflanzt, oft auch in einer blaugrün benadelten 'Glauca'-Form zu sehen.

Serbische Fichte
unten links: unreife Zapfen, unten rechts: reife Zapfen

Sitka-Fichte

Picea sitchensis · Familie Kieferngewächse

Kennzeichnend sind die auffällig hellbraune Farbe der Zapfen, die breit kegelförmige Krone und die aufstrebenden Äste. ✿ Mai

Immergrün, bis zu 60 m hoch, mit kegelförmiger, im Alter zunehmend breiter Krone und kräftigem Stamm; Äste beinahe waagrecht in Scheinquirlen; Zweige leicht hängend und glänzend gelb. **Nadeln** bis zu 2,5 cm lang, schlank, starr, stechend spitz, im Querschnitt 4-kantig und unterseits gekielt, auf allen Seiten mit hellen Bändern; Ansatzstelle der Nadeln (Nadelkissen) sehr rau. **Blüten** rötlich (♂) oder grünlich (♀). **Zapfen** 3 cm breit und bis zu 8 cm lang, mit gewellten, am Rand gezähnten, papierartig dünnen, unregelmäßigen Schuppen, in der Reife weiß lich hellgelb; Zapfenreife Aug–Sep.

Vorkommen Küstennahe Wälder auf nas sen, nährstoffarmen Böden in regen- ode nebelfeuchtem Klima, im Gebirge bis 1000 m Höhe aufsteigend; häufig in Rein beständen. Ursprünglich nur im pazif schen Küstengebirge von SW-Alaska b NW-Kalifornien; als Forstbaum heute vo allem in Großbritannien, Dänemark un N-D weit verbreitet und häufig; auch a Ziergehölz in Parks und Gärten.

Wissenswert! Benannt wurde die äußers anspruchslose und selbst auf nährstoff armen Sandböden sehr raschwüchsige nach der Stadt Sitka auf der gleichnamige Insel in SW-Alaska. Im Handel heißt sie o fälschlich „Blautanne“. In ihrer Heimat bi det sie imposante Baumgestalten, die b zu 800 Jahre alt werden. Wegen ihrer gerin gen Bodenansprüche und Windfestigke ist sie ein wichtiges Forstgehölz.

Stech-Fichte

Picea pungens · Familie Kieferngewächse

Anhand der sichelförmig gebogenen Nadeln und den starren, in dichten Quirlen angeordneten Ästen ist dieser immergrüne Nadelbaum gut kenntlich. ✿ Mai

Bis zu 30 m hoch, mit breit pyramidaler, sehr dichter Krone; Stämme junger Bäume unten immer schräg oder wechselnd gebogen. **Nadeln** etwa 1 cm lang, schraubig gestellt, 4-kantig, starr, stechend spitz, bei der Wildform mattgrün, bei Gartenformen meist bläulich weiß. ♂ **Blüten** gelb; ♀ in aufrechten rötlichen Zäpfchen, nur im Wipfelbereich. **Zapfen** 7–11 cm lang, hängend, harzend; Zapfenreife Sep–Okt.

Vorkommen Gebirge, vor allem an Fließgewässern. Ursprünglich im südwestlichen N-Amerika, heute ein sehr beliebtes Ziergehölz in zahlreiche Gartenformen.

Wissenswert! Die helle Färbung der Ga tenform, die oft als „Blaufichte“ bezeich net wird, beruht auf einer dicken Wachs auflage der Nadeln.

Ähnlich Von der **Schimmel-Fichte** *Picea glauca*, die in N-Amerika bis zur polaren Baumgrenze vordringt, sieht man in EU fast nur die „Zuckerhutfichte“ (Foto unten), eine dicht benadelte Zwergform. Die Nadeln der Wildform duften beim Zerrei ben nach Schwarzer Johannisbeere.

Sitka-Fichte

Stech-Fichte
links: junge Zapfen, rechts: reife Zapfen

Kanadische Hemlock

Tsuga canadensis · Familie Kieferngewächse

Auffällig sind die kleinen, hängenden Zapfen und die flachen, ungleich großen Nadeln, die in 2–3 Reihen an den Zweigseiten stehen. ✿ Mai

Immergrün, mitunter mehrstämmig, bis zu 30 m, mit unregelmäßiger, breiter Krone; Zweige und Gipfeltrieb leicht überhängend. **Nadeln** flach, zur Spitze hin allmählich verschmälert, 1–2 cm lang, matt dunkelgrün, unterseits mit 2 hellen Bändern; an jeder Zweigseite in 2–3 Reihen, von denen die mittlere häufig mit der Unterseite nach oben weist. **Blüten** einhäusig verteilt, ♂ nur 3 mm groß, grünlich gelb; ♀ etwas größer, grünlich. **Zapfen** eiförmig, etwa 1 cm breit, bis zu 2,5 cm lang, in der Reife braun; mit wenigen, breiten Samenschuppen, Deckschuppen nicht sichtbar; reifen schon im 1. Jahr, fallen aber erst im 2. Jahr ab; Zap fenreife Sep–Okt.

Vorkommen Auf feuchten, nährstoffrei chen Lockerböden bis in etwa 1600 m Höhe Ursprünglich im nordöstlichen N-Amerik von Kanada bis zum nördlichen Georgia; i EU nur selten forstlich verwendet, aber of als Parkgehölz angepflanzt.

Wissenswert! Die dekorative und schatten verträgliche Art wird bis zu 1000 Jahre alt.

Ähnlich **Westliche Hemlock** *Tsuga heterophylla*, Nadeln linealisch, werden auf der Zweigunterseite bis zu 2 cm lang, auf der Oberseite nur 1 cm; Zapfen bis zu 2,5 cm lang; wächst in Parks und Gärten.

Küsten-Douglasie

Pseudotsuga menziesii · Familie Kieferngewächse

Zapfen mit kurzen, runden und langen, 3-zipfeligen Schuppen besitzt nur dieser Baum, dessen Nadeln beim Zerreiben nach Orange oder Zitrone duften. ✿ Mai–Apr

Bis zu 50 m hoch, immergrün, mit kegelförmiger, regelmäßiger Krone; Äste in gleichmäßigen, etagenartigen Scheinquirlen waagrecht abstehend; Rinde zunächst glatt, dunkel- bis grüngrau, mit waagrechten Harzblasen; später zunehmend rissig, zuletzt schwarzbraun. **Nadeln** 2–4 cm lang, flach, weich, aber zäh, schlank, kaum zugespitzt, oberseits dunkelgrün, unterseits mit 2 silbrigen Streifen. **Blüten** einhäusig verteilt; ♂ Blüten gelblich, zu mehreren an den Zweigenden; ♀ Blüten pinselartig an den Zweigspitzen. **Zapfen** hängend, 3 cm breit, bis zu 8 cm lang, reif hellbraun; Deckschuppen ra gen weit heraus; Zapfenreife Aug–Okt.

Vorkommen Auf nährstoffreichen, feuch ten, tiefgründigen Böden; oft in Reinbe ständen. Küstennahe Gebirge des pazifi schen N-Amerikas von British Columbi bis S-Kalifornien; in EU als Forstbaum un Ziergehölze.

Wissenswert! Die höchste bisher vermesse ne (und leider auch gefällte) Douglasie ma 133 m. Meist jedoch bleiben auch sehr alt Exemplare, mit Stammdurchmessern vo 3–4 m, mit höchstens 60–70 m deutlich un ter dieser Höhe. Die gärtnerisch häufig ver wendete Varietät ‘Glauca’ zeichnet sic durch silbergraue Nadeln aus. Das Holz wir unter der Bezeichnung „Oregon Pine“ ge handelt und ist in den äußeren Stammberei chen sehr hell, im Kern rötlich. Es schwinde beim Trocknen nur wenig und eignet sic deshalb besonders als Konstruktionshol für den Haus- und Schiffsbau.

Kanadische Hemlock
unten rechts: reife Zapfen

Küsten-Douglasie

Europäische Lärche

Larix decidua · Familie Kieferngewächse

Die Lärche ist der einzige heimische Nadelbaum, dessen Nadeln sich im Herbst leuchtend goldgelb färben und dann abfallen. ✿ Mär–Mai

Bis zu 40 m hoch, sommergrün, mit schlanker, anfangs kegelförmiger, später säulenförmiger Krone und dichtem, regelmäßigem Geäst; Rinde zunächst glatt graubraun, im Alter tief rissig geschuppt; strohgelbe Triebe. **Nadeln** weich, schlank, unterseits mit vortretender Mittelrippe, 2–3 cm lang; zu 20–40 in Kurztrieben oder einzeln und dicht an den Langtrieben stehend; im Austrieb hellgrün, später dunkler grasgrün; nicht stechend, auf der Unterseite mit 2 helleren Bändern. **Blüten** einhäusig verteilt; ♂ Blüten meist an den 2-jährigen Kurztrieben; ♀ Blütenstände aufrecht, kräftig karminrot, erscheinen vor den Nadeln an mindestens 3-jährigen Kurztrieben. **Zapfen** bis zu 2,5 cm breit und 5 cm lang, unreif purpurn-grün, Deckschuppen nicht sichtbar, Rand der Samenschuppen wenig oder gar nicht umgebogen; fallen nach mehreren Jahren erst mit den Zweigen ab; Zapfenreife Sep–Nov.

Vorkommen Auf kalkhaltigen oder mäßig sauren Böden im winterkalten Klima nahe der Waldgrenze im Hochgebirge. Bestandsbildend oder in Mischbeständen in den Zentralalpen, den Sudeten und der Tatra, in O-Polen auch im Tiefland. Durch Forstkultur weit über das natürliche Areal hinaus überall in EU verbreitet.

Wissenswert! Die Lärche wirft seine kräftig goldgelben Nadelblätter einzeln ab. Außer in Forstkulturen sieht man Lärchen auch als Parkgehölze. Sie vertragen jedoch das von Abgasen belastete Klima der Städte und Industrieregionen nicht.

Japanische Lärche

Larix kaempferi · Familie Kieferngewächse

Von der Europäischen Lärche unterscheidet sich dieser Baum durch die bläulich grünen Nadeln und die bräunlichen Zweige und Triebe. ✿ Apr–Mai

Sommergrün, bis zu 40 m hoch, mit geradem Stamm und meist hängenden Ästen; Rinde schuppig, rötlich braun; dunkelbraune bis bräunlich purpurne, grau bereifte Triebe. **Nadeln** weich, 2–3 cm lang, zu 30–60 in flachen, weit ausgebreiteten Kurztriebbüscheln, oberseits blaugrün, unterseits mit 2 hellgrauen Bändern; im Herbst goldgelb. **Blüten** einhäusig verteilt; ♀ Blütenstände zahlreich an älteren Kurztrieben. **Zapfen** unreif gelblich braun, reif dunkelbraun, Samenschuppen sind deutlich nach außen umgebogen.

Vorkommen In Gebirgswäldern auf nährstoffreichen, tiefgründigen Böden. Ursprünglich nur in Japan, heute in großem Umfang forstlich angebaut, häufig auch als Park- und Gartengehölz.

Wissenswert! Die Art ist gegen städtische bzw. industrielle Rauchgase etwas widerstandsfähiger als ihre europäische Verwandte. Deshalb wird sie gern bei der Aufforstung von Deponiegelände, älteren Halden oder anderen Rekultivierungsmaßnahmen in Industrieregionen verwendet. Das äußere Splintholz ist anfangs sehr hell, dunkelt aber rasch nach. Wegen seiner Beständigkeit eignet es sich vor allem als Konstruktionsholz im Hausbau, wird aber auch als Furnier oder Massivholz in der Möbeltischlerei verwendet.

Seit dem frühen 19. Jh. ist aus EU die **Hybrid-Lärche**, ein spontaner Kreuzungsbastard aus J. L. und Europäischer Lärche, bekannt. Sie ähnelt beiden Elternarten.

Europäische Lärche

Japanische Lärche
oben rechts: unreife Zapfen, unten rechts: reife Zapfen

Berg-Kiefer

Pinus mugo · Familie Kieferngewächse

Durch den formenreichen, oft auch strauchartigen Wuchs mit niederliegenden oder aufstrebenden Stämmen und die bleibenden Nadelscheiden gut kenntlich. ✿ Jun–Jul

Immergrün, je nach Wuchsform ein- oder mehrstämmig, aufrecht oder liegend; als Baum bis zu 25 m hoch mit breiter, kegelförmiger Krone auf dickem Stamm; Äste bei den Baumformen regelmäßig in Scheinquirlen, bei den Sträuchern eher unregelmäßig angeordnet; Rinde im Alter dickborkig, längsrissig grauschwarz. **Nadeln** 2–8 cm lang, steif, dunkelgrün, zu je 2 in einer langen, aschgrauen Nadelscheide. **Blüten** einhäusig verteilt; ♂ Blüten hellgelb, als Manschette an der Basis der Triebe sitzend; ♀ Blütenstände karminrot, zu 1–4 unterhalb der Langtriebenden. **Zapfen** geöffnet etwa 6 cm breit und fast ebenso lang; Zapfenreife im 2. Jahr, Okt–Nov.

Vorkommen Auf flach- oder tiefgründigen, basischen oder mäßig sauren, nährstoffarmen Böden der oberen Gebirgsstufe, meist in Reinbeständen. Gebirge in S- und M.-EU; inselartig zergliedertes Areal von Pyrenäen über Zentralmassiv, Schwarzwald, Fichtelgebirge, Bayerischen Wald und Karpaten bis zum Balkan, stellenweise auch in den Abruzzen.

Wissenswert! Innerhalb dieser vielgestaltigen Art lassen sich drei Unterarten unterscheiden. Die als **Latsche, Leg-Föhre, Knieholz** oder **Krummholz** bezeichnete Form (ssp. *mugo*) wächst als liegender Großstrauch mit überaus elastischem Astwerk. Sie steigt in den Alpen bis in fast 2500 m Höhe, wo sie den Krummholz- oder Latschengürtel an der Gehölzgrenze bildet.

Die mitunter auch als selbstständige Art aufgefasste **Haken-Kiefer** (ssp. *uncinata*, Foto rechts) ist ein bis zu 25 m hoher Baum. Man findet sie im westlichen Teil des Verbreitungsgebiets (Schweizer Zentralalpen). Namengebend sind die mit einem kurzen Haken versehenen, sehr dicken Schuppenschilde der Samenschuppen.

Die **Spirke** (ssp. *rotundata*, Foto unten) tritt hauptsächlich im östlichen Teil des Verbreitungsgebiets (Schwarzwald, Bayerischer Wald, Erzgebirge) auf sauren Moorböden auf. Als Baum wird sie 8–10 m hoch und ist oft mehrstämmig, als Großstrauch entwickelt sie liegende, an den Enden aufsteigende Äste wie die Latsche.

Berg-Kiefer

Berg-Kiefer, Latschen-Kiefer

Pinus mugo ssp. *mugo* · Familie Kieferngewächse

Formenreicher, immergrüner Nadelstrauch, ein- oder (weitaus häufiger) mehrstämmig; Äste typischerweise liegend oder aufsteigend, ungeordnet und ungleich lang. ✿ Apr–Mai

Wuchshöhe 1–5 m hoch, als Baum bis zu 25 m; Rinde rötlich grau bis grauschwarz mit kleinen Schuppen. **Nadeln** steif und gerade oder leicht sichelförmig, nicht oder kaum gedreht, 2–8 cm lang und 2–3 mm breit, beiderseits leicht glänzend dunkelgrün, am Rand rau, zu je 2 in einer 1 cm langen, aschgrauen Nadelscheide; etwa 8–10 Jahre lang an den Zweigen. **Blüten** einhäusig, ♂ Blüten hellgelb als dichte, gedrängte Manschette an der Basis der neuen Jahrestriebe, mit zahlreichen, spiraligen Staubblättern; ♀ Blütenstände karminrot, um 1 cm lang, fleischig, zu 1–4 unmittelbar unterhalb der Langtriebspitzen. **Zapfen** geschlossen bis zu 3 cm, geöffnet etwa 6 cm breit und fast ebenso lang; reifen erst im 2. Jahr.

Vorkommen Auf basischen oder mäßig sauren, nährstoffarmen und meist etwas feuchten Böden der oberen Gebirgsstufe; gewöhnlich in Reinbeständen. Gebirge von M.- und S-EU (Abruzzen, Balkan), im N bis zum Fichtel-, Erz- und Riesengebirge, im bayerischen Alpenvorland stellenweise auch unter 500 m Höhe; steigt in den Nordalpen bis auf 2200 m und im schweizerischen Graubünden bis 2450 m hoch, bildet in der alpinen Region oberhalb des Waldgürtels die so genannte Krummholzregion. Durch häufige gärtnerische Verwendung auch außerhalb des natürlichen Areals weit verbreitet.

Wissenswert! Die Berg-Kiefer ist eine außerordentlich vielgestaltige Art, zu der auch in Baumgestalt wachsende Formen wie die Haken-Kiefer gehören. Auch innerhalb der als Leg-Föhre, Latsche, Knieholz oder Krummholz (regional und lokal sind weitere Namen üblich) bezeichneten Strauchformen werden mehrere geografische Sippen unterschieden, von denen sich wiederum zahlreiche Gartenformen mit unklarer Merkmalsabgrenzung ableiten. Außerhalb des Hochgebirges angepflanzt, verlieren die Latschen-Kiefern ihre charakteristische Gestalt mit liegenden Ästen und entwickeln stattdessen Gestalten mit nahezu senkrechten Stämmen. Die Wildformen sind mit ihren elastischen Ästen gegen Schneebedeckung bestens gewappnet, tragen auf Steilhängen wirksam zur Bodenbefestigung bei und schützen zudem vor Steinschlag und Lawinenabgängen. Man pflanzt sie daher als Erosionsschutz auch gern in tiefer gelegenen Bereichen an. An ihren alpinen Standorten ist sie eine Kalk liebende Art, die besonders reichlich auf den harten Wetterstein- und Dachsteinkalken sowie auf Dolomit vorkommt. Andererseits ist sie jedoch nicht an die basische Reaktion gebunden. Immerhin wurde sie auf den sauren, mageren Heideböden in N-D und in den Dünengebieten Jütlands zur Aufforstung verwendet. Einige ihrer Formen besiedeln auch die sauren Moorböden des Alpenraums. Aus den aromatisch duftenden Nadeln gewinnt man das Latschenkiefernöl für verschiedene kosmetisch-medizinische Produkte.

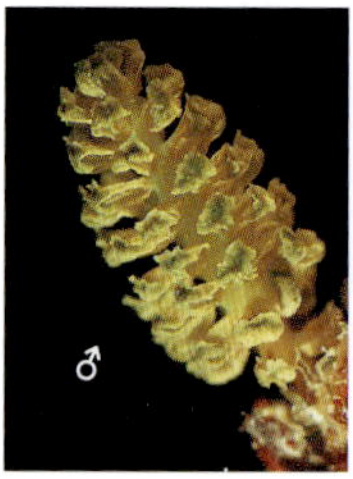

♂

♀

Berg-Kiefer, Latschen-Kiefer
unten rechts: reifer Zapfen

Wald-Kiefer, Föhre

Pinus sylvestris · Familie Kieferngewächse

Typisch: Die blaugrünen, bis zu 7 cm langen Nadeln sind oft um die eigene Achse gedreht und stehen stets zu zweit in Bündeln. ✿ Mai–Jun

Immergrün, bis zu 30 m, selten bis zu 40 m hoch; Krone anfangs kegelförmig, später unregelmäßig abgeflacht und schirmartig ausgebreitet; Stamm unten gerade, oben oft gekrümmt; Rinde rot- bis orangebraun, unten in größere, dunkel braungraue Platten mit tiefen, schwärzlichen Rissen. **Nadeln** 3–8 cm lang, blau- oder graugrün, kurz zugespitzt, nicht besonders steif, am Rande fein gezähnt; bleiben meist 2–3 Jahre am Zweig. **Blüten** einhäusig verteilt; ♂ Blüten hellgelb, zahlreich in Büscheln; ♀ Blütenstände hellrot bis purpurrot, meist zu 2 an Langtrieben. **Zapfen** bis zu 5 cm breit und 8 cm lang, unreif grünlich, in der Reife dann dunkelbraun; geöffnet mit zurückgebogenen, weit klaffenden Schuppen; Zapfenreife erst im 2. Jahr, Sep–Okt.

Junger Zapfen

Vorkommen Vorzugsweise auf mäßig trockenen Lockerböden, auf Lehm-, Sand- und Kalkböden oft bestandsbildend; in den Nordalpen bis in 1600 m, in den Zentralalpen bis in 2200 m Höhe. Europ. Hoch- und Mittelgebirge, schottisches Hochland, Skandinavien, N-Türkei, Zentral- und O-Asien; in D v. a. im NO, im Münsterland und Oberrheingebiet; durch forstlichen Anbau weit verbreitet.

Wissenswert! Die auch Gewöhnliche Kiefer oder Wald-Föhre genannte Art zeigt das größte geschlossene Verbreitungsgebiet ihrer Gattung.

Zirbel-Kiefer, Arve

Pinus cembra · Familie Kieferngewächse

Die Krone dieses frostresistenten Nadelbaums, der bis an die Baumgrenze vorkommt, wird im Alter unregelmäßig breit gerundet. ✿ Mai–Jul

Immergrün, bis zu 25, selten auch 35 m hoch, mit breiter, säulenförmiger Krone; Äste kurz und gedrungen, Zweige an den Enden steil aufsteigend; Triebe dicht filzig behaart; Rinde anfänglich glatt grüngrau, später bräunlich. **Nadeln** 5–8 cm lang, spitz, nur etwa 1 mm dick; außen dunkelgrün, auf der Innenseite graugrün, zu jeweils 5 an Kurztrieben. **Blüten** einhäusig verteilt; ♂ Blüten beim Stäuben gelb, ♀ Blütenstände rötlich. **Zapfen** bis zu 7 cm breit und 12 cm hoch, unreif blaugrün, reif rötlich braun; aufrecht; Zapfenreife im 3. Jahr, Okt.

Vorkommen Auf sauer-humosen Steinböden in kalt-kontinentalem Klima, kaum unter 1700 m Höhe. Braucht zum Gedeihen viel Licht. In EU nur in den Alpen und Karpaten, eine Unterart vom Ural bis Sibirien; forstlich unbedeutend, in Parks und Gärten nur selten angepflanzt.

Wissenswert! Die kantigen, ungeflügelten, etwa 1 cm langen Samen (Zirbelnüsse) sind essbar. Sie enthalten etwa 40 % fettes Öl. Durch mäßiges Erhitzen im Backofen öffnen sich die Zapfen. Das technisch wertvolle, anfangs helle, später stark nachdunkelnde Arvenholz wurde im Alpenraum häufig zum Hausbau verwendet, eignet sich aber auch als Schnitz- und Drechslerholz. Durch Übernutzung wurden die Bestände dieser Art örtlich stark dezimiert. Die Z. ist die einzige mitteleuropäische 5-nadelige Kiefer. Sie wird rund 1000 Jahre alt. In den Alpen bildet sie bei etwa 3000 m die Baumgrenze.

Wald-Kiefer, Föhre

Zirbel-Kiefer, Arve
unten rechts: Zirbelnüsse

Schwarz-Kiefer

Pinus nigra · Familie Kieferngewächse

Die rußig dunkel gefärbte Rinde an Stamm, Ästen und Zweigen gab diesem stattlichen Nadelbaum seinen Namen.
✩ Mai–Jun

Bis zu 40 m hoch, immergrün, mit regelmäßiger, später zunehmend abgeflachter, offener und weit ausladender Krone; Rinde bei alten Bäumen tief rissig und grob gefeldert, braungrau bis schwarzbraun. **Nadeln** (Foto unten) 10–15 cm lang, kräftig, starr, dunkel- bis schwarzgrün, manchmal leicht gedreht, zu jeweils 2 (selten 3) an einem Kurztrieb. **Blüten** einhäusig verteilt; ♂ Blüten hellgelb, ♀ Blütenstände zu 1–4 aufrecht an den Triebspitzen. **Zapfen** mit sehr kurzem Stiel, bis zu 6 cm breit und 9 cm lang, hellbraun; Zapfenreife im 2. Jahr, Sep–Nov.

Vorkommen Wichtiger Waldbaum auf flachgründigen Böden in trockenen Lagen der Kalkgebirge in S-EU. Mehrere Rassen mit inselartig zergliedertem Verbreitungsgebiet von N-Afrika, S-Spanien, Korsika, S-Frankreich, O-Österreich und dem Balkan bis zum Schwarzmeergebiet; durch forstlichen Anbau weit verbreitet, als Park- oder Gartenbaum sehr beliebt.

Wissenswert! Die genaue Abgrenzung der einzelnen geografischen Rassen ist schwierig. In D ist die **Österreichische S.**, *P. nigra* ssp. *austriaca*, als Ziergehölz am weitesten verbreitet. Sie entspricht in ihrem Erscheinungsbild den oben beschriebenen Merkmalen und kann in ihrem südeuropäischen Ursprungsgebiet etwa 500 Jahre alt werden. Das reichlich vorhandene Harz in Rinde und Holz wurde früher durch Anschneiden gewonnen und durch Destillation in flüchtiges Terpentinöl und festes Kolophonium (Destillationsrückstand) getrennt. Wegen seines Harzreichtums wird das gelbliche Holz nur selten in der Schreinerei verwendet. Holzabfälle nutzt man zur Zellstoffgewinnung.

Ähnlich **Korsische** oder **Kalabrische Schwarz-Kiefer** *Pinus nigra* ssp. *laricio*, graugrüne, leicht gedrehte Nadeln, 8–16 cm lang, etwas stechend, bis zu 6 cm lange Zapfen, sehr lockere, breite Krone. S-Italien, Sizilien, Korsika. In teilweise zwergwüchsigen Gartenformen verbreitet.

Spanische oder **Pyrenäen-Schwarz-Kiefer** *Pinus nigra* ssp. *salzmannii*, sehr dünne, biegsame Nadeln, 9–14 cm lang, nicht stechend, Zapfen bis zu 8 cm lang, schmale, kegelförmige Krone. S-Frankreich, S- und O-Spanien.

Dalmatinische Schwarz-Kiefer *Pinus nigra* ssp. *dalmatica*, nur 4–7 cm lange Nadeln, sehr starr, etwas gedreht, Zapfen bis zu 4,5 cm lang, breit kegelförmige Krone. Küste und Inseln von Slowenien bis NW-Dalmatien. Mehrere Gartenformen für Parks.

Schwarz-Kiefer
Blütenstände

Weymouth-Kiefer, Strobe

Pinus strobus · Familie Kieferngewächse

Die bananenartig gekrümmten, hängenden Zapfen mit den biegsamen, harzigen Schuppen, die bei Reife weit aufklaffen, sind bei diesem Nadelbaum kennzeichnend. ✿ Mai–Jun

Immergrün, überaus stattlich, bis zu 50 m hoch, mit zunächst schmal kegelförmiger, später zunehmend unregelmäßiger und offener Krone; Äste häufig gebogen; Rinde zimtfarben oder graubraun, mit tiefen, dunkelgrauen Rissen grob gefeldert. **Nadeln** 5–15 cm lang, dünn und biegsam, bläulich grün, fein gezähnt, zu je 5 büschelig auf Kurztrieben. **Blüten** einhäusig verteilt; ♂ Blüten gelblich, in Büscheln; ♀ Blüten rötlich grün. **Zapfen** 20 cm lang, geöffnet bis zu 5 cm breit; Zapfenreife erst im 2. Jahr, Aug–Sep.

Vorkommen Humusarme, tiefgründige, feuchte Böden in niederschlagsreichem Berglandklima, bis in 1200 m Höhe oft in Reinbeständen. Ursprünglich in den Bergwäldern der Appalachen im nordöstlichen N-Amerika von Quebec bis South Carolina; in EU vielfach forstlich kultiviert sowie als dekoratives Parkgehölz gepflanzt. Es gibt von der Art eine ganze Reihe gärtnerischer Zuchtformen, darunter auch eine nur 1,5 m hohe Zwergform.

Wissenswert! In ihrer Heimat wird die White Pine genannte Art bis zu 80 m hoch und 500 Jahre alt. Sie ist die größte Vertreterin ihrer Gattung im atlantischen N-Amerika. Die weißen Siedler haben die ehemals großen Bestände arg dezimiert, weil sich das feste Holz hervorragend zum Haus- und Möbelbau verwenden lässt. Benannt ist sie nach dem britischen Lord Weymouth, auf dessen Ländereien die schon im 16. Jh. nach EU eingeführte Art großflächig angepflanzt und auch erstmals genauer untersucht wurde.

Ähnlich **Gelb-Kiefer** *Pinus ponderosa*, bis zu 25 cm lange Nadeln in langer, graubrauner Scheide, meist zu 3 an einem Kurztrieb; Zapfen bis zu 8 cm breit und 15 cm lang, mit kräftigem, aufgebogenem Dorn auf den Schuppenschilden. Wichtigste Kiefer im pazifischen N-Amerika von Kanada bis Zentralmexiko, von der Ebene bis ins Hochgebirge (2700 m); in EU vor allem in Parks gepflanzt. Holz sehr fest und dicht.

Jeffreys Kiefer *Pinus jeffreyi*, mit schmaler, lockerer Krone und bis zu 25 cm langen, starren und spitzen Nadeln, graugrün, am Rand fein gezähnt, zu je 3 büschelig am Kurztrieb; Zapfen bis zu 10 cm breit und bis zu 20 cm lang, auf den Schuppenschilden mit aufwärts gebogenem Dorn. Wichtige, bestandsbildende Art im Bergland (1500–2800 m) des pazifischen N-Amerika; in EU winterhart und daher für den Forstanbau geeignet, aber meist nur als Parkbaum angepflanzt.

Dreh-Kiefer *Pinus contorta*, vielgestaltiger Baum, meist bis zu 30 m hoch mit breiter, rundlicher Krone und geradem Stamm; Nadeln nur 4–7 cm lang, zu je 2 am Kurztrieb, steif, charakteristisch gedreht (namengebendes Merkmal), gelb- bis dunkelgrün; Zapfen 2 cm breit und 5 cm lang, leicht schief, mit langem, aufwärts gebogenem Dorn auf den Zapfenschilden; beheimatet im westlichen N-Amerika, von der Ebene bis ins Gebirge; in EU zunehmend forstlich oder als Parkbaum verwendet.

Weymouth-Kiefer, Strobe
unten: junge Triebe

Tränen-Kiefer

Pinus wallichiana · Familie Kieferngewächse

Dieser Nadelbaum fällt durch die schlaff an den Zweigen hängenden Nadeln auf. ✫ Mai–Jun

Immergrün, bis zu 50 m hoch, mit breiter, offener Krone. **Nadeln** bis zu 20 cm lang, weich, hängend, graugrün, zu jeweils 5 auf Kurztrieben. **Zapfen** 25 cm lang, geöffnet bis zu 8 cm breit, hängend, hellbraun, harzig; leere Zapfen oft mehrere Jahre am Baum verbleibend; Zapfenreife Aug–Okt.

Vorkommen Tiefgründige, mäßig saure bis basische Böden im Bergland. Ursprünglich nur im Himalaja, in EU vielfach als Park- und Gartengehölz angepflanzt.

Wissenswert! Namengebend sind die zahlreichen glänzenden Harztropfen auf den noch unreifen, blaugrünen Zapfen.

Mädchen-Kiefer

Pinus parviflora · Familie Kieferngewächse

Die Benadelung mit den deutlich gedrehten, krummen Nadeln sieht wie Flaschenbürsten aus. ✫ Mai–Jun

Bis zu 30 m hoch, immergrün, mit offener Krone und schwarzgrauer Rinde. **Nadeln** 3–6 cm lang, kantig, deutlich gedreht, bläulich grün bis tiefgrün, zu je 5 büschelig auf Kurztrieben stehend. **Zapfen** 3 cm breit und bis zu 7 cm lang, harzig, mit wenigen, ledrigen, stark klaffenden Schuppen.

Vorkommen Auf Feuchtböden im Gebirge. Ursprünglich in Japan; in EU nur in mehreren, meist blaunadeligen Gartenformen kultiviert; wird auch als Bonsai gezogen.

Wissenswert! Wie bei der Tränen-Kiefer bleiben auch bei dieser Art die leeren Zapfen meist mehrere Jahre lang am Geäst.

Schlangenhaut-Kiefer

Pinus leucodermis · Familie Kieferngewächse

Dieser Nadelbaum fällt durch die schlangenhautartig gefelderte Rinde an Stamm und Ästen auf. ✫ Apr–Mai

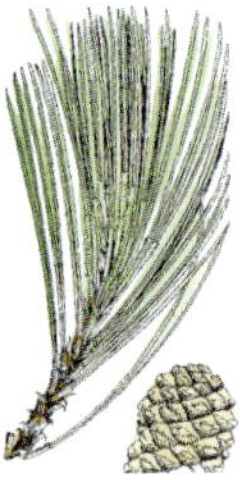

Bis zu 20 m hoch, immergrün, mit grauer, schuppiger Rinde. **Nadeln** 7–10 cm lang, dunkelgrün, dicht, zu je 2 an Kurztrieben; diese an den Zweigenden gehäuft. **Zapfen** 5–8 cm lang, zunächst blaupurpurn, in der Reife purpurbraun, Schuppen mit dornartigem Fortsatz.

Vorkommen Meist auf Kalkverwitterungsböden im Bergland von 800–1800 m Höhe; Lichtholz. Balkan (Montenegro, Albanien und N-Griechenland) sowie S-Italien.

Wissenswert! Die der Schwarz-Kiefer ähnliche Art wächst in M.-EU sehr langsam und ist eine beliebtes Ziergehölz.

Mazedonische Kiefer, Rumelische Strobe

Pinus peuce · Familie Kieferngewächse

An den ledrigen, meist mit Harzflecken versehenen Zapfen erkennt man diesen Nadelbaum. ✫ Jun

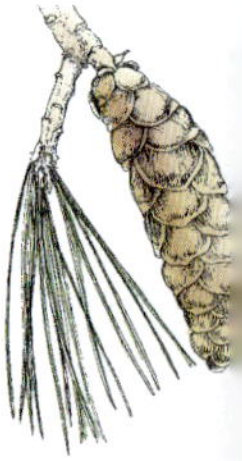

Immergrün, bis zu 20 m hoch, mit schmaler Krone; Rinde kleinschuppig und schwarzbraun; Äste aufsteigend. **Nadeln** 7–10 cm lang, biegsam, dunkelgrün, zu je 5 büschelig am Kurztrieb stehend. **Zapfen** kurz gestielt, bis zu 12 cm lang und 5 cm breit, Schuppen ohne Dornen, öffnen sich noch am Baum.

Vorkommen Mäßig nährstoffreiche Verwitterungsböden im Bergland bis in 2000 m Höhe. W-Balkan bis N-Griechenland.

Wissenswert! Die Mazedonische Kiefer gilt wie die Serbische Fichte als Relikt aus der Tertiärzeit.

Tränen-Kiefer

Mädchen-Kiefer

Schlangenhaut-Kiefer

Mazedonische Kiefer, Rumelische Strobe

Strand-Kiefer

Pinus pinaster · Familie Kieferngewächse

Kennzeichnend für diesen stattlichen Nadelbaum sind die in rotbraune, annähernd rechteckige Platten zergliederte Rinde sowie die am Grund schiefen, sehr großen Zapfen. ✩ Mai

Immergrün, bis zu 35 m hoch, mit anfangs pyramidenförmiger, später breiter und offener Krone sowie meist gekrümmtem Stamm; Rinde bei jungen Bäumen noch hellgrau, später schwärzlich rotbraun. **Nadeln** bis zu 25 cm lang und 2,5 mm dick, steif, spitz, grüngrau, zu je 2 auf Kurztrieben büschelig beieinander stehend; Kurztriebe bei jungen Exemplaren zuweilen auch 3-nadelig. ♂ **Blüten** goldgelb, über die jüngeren Triebe verteilt; ♀ Blütenstände grünlich. **Zapfen** geschlossen bis zu 8 cm breit und 20 cm lang, unreif grün, reif glänzend mittelbraun, sehr kräftig und schwer, mit kurzem, grauem Fortsatz auf den Schuppenschilden; Zapfenreife im 2. Jahr, fallen erst nach mehreren Jahren als Ganzes ab; Nov–Dez.

Vorkommen Nährstoffarme, mäßig saure Sandböden in Küstennähe (Braundünen), auf Korsika und in N-Sardinien auch auf flachgründigem Silikatgestein, von der Ebene bis in etwa 1000 m Höhe, häufig bestandsbildend. Westliches Mittelmeergebiet, portugiesische und französische Atlantikküste, stellenweise in N-Afrika (Marokko); häufiger Forstbaum in S-Afrika und Großbritannien, Versuchsanbau in den Niederlanden; in M.-EU sonst nur selten in Parks zu sehen (wenig winterfest).

Wissenswert! Die auch oft als Meerstranc K. bezeichnete Art bestimmt entlang d Meeresküste in vielen Gebieten das Bi der Landschaft. Sie eignet sich hervorra gend zur Dünenbefestigung. Wegen de beträchtlichen Harzgehalts wird ihr gelbl ches Holz in der Tischlerei nur wenig ve wendet, häufiger dagegen als außero dentlich beständiges Konstruktionshol z. B. für Sportboote. Eine große Bedeutun hat die Harzgewinnung durch Anschneide oder Abheben der Rinde. Aus dem ausfli ßenden Material gewann man nach Dest lation zum einen Terpentinöl, zum and ren festes Kolophonium (Geigenharz), m dem sich die Streichbögen von Saitenin trumenten glätten lassen. Die Zapfen, d denen der Pinie (⇨ S. 262) sehr ähnlich s hen, sind als Dekorationsmaterial für Krä ze und Gestecke beliebt.

Ähnlich **Aleppo-Kiefer** *Pinus halepensis*, ein immergrüner, meist nur bis zu 15 m hoher Nadelbaum mit gekrümmtem Stamm und offener, breiter, von wenigen kräftigen Ästen getragener Krone; in dichten Beständen oft auch nur strauchförmiger Wuchs; Rinde anfangs silbergrau, später rötlich braun und rissig gefeldert. **Nadeln** 5–9 cm lang, gerade, weich, gedreht, frisch grün, zu je 2 an einem Kurztrieb sitzend, meist nur im vorderen Bereich der Zweige. **Zapfen** einzeln oder zu 2–3 an kurzen Stielen, 4 cm breit und bis zu 12 cm lang bleiben mehrere Jahre an den Zweiger Im gesamten Mittelmeergebiet verbrei tet, ausgenommen auf Sardinien, Kreta, Zypern und an der nördlichen Adria. In Griechenland wird das Harz dieser Kiefer bei der Weinbereitung (Retsina) verwendet.

Strand-Kiefer
unten links: blühend, unten rechts: reife Zapfen

Pinie

Pinus pinea · Familie Kieferngewächse

Auffällig ist die schirmförmige, flach gewölbte Krone, anhand derer ältere, stattliche Bäume schon von Weitem zu erkennen sind. ✲ Apr–Mai

Immergrün, bis zu 30 m hoch, mit breiter, schirmförmiger Krone auf langem, meist geradem Stamm; Äste steil aufgerichtet; Rinde bei alten Exemplaren graubraun, längsrissig, löst sich typischerweise in länglichen Platten ab. **Nadeln** 12–20 cm lang und fast 2 mm breit, stechend spitz, graugrün bis dunkelgrün, in etwa 1 cm langen, braungrauen Nadelscheiden; zu jeweils 2 (selten 3) büschelig am Kurztrieb. ♂ **Blüten** gelbe, kleine, ovale Zäpfchen zahlreich als Manschette um die Triebbasis; ♀ Blütenstände meist einzeln, blass gelbgrün. **Zapfen** bis zu 15 cm lang, geöffnet bis zu 10 cm breit, ziemlich schwer; zur Reifezeit glänzend hellbraun oder rötlich braun; Zapfenreife erst im 3. oder 4. Jahr nach der Blüte, Sep–Okt; Samen bis zu 2 cm groß, dunkelbraun bis schwarz. Beim Abfallen der Zapfen bleiben deren unterste Schuppen am Zweig zurück.

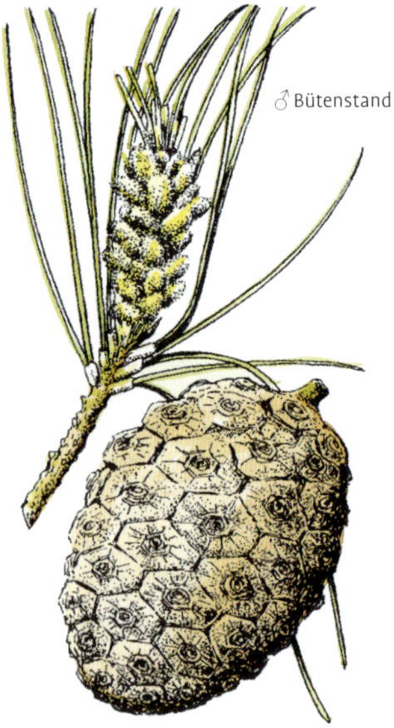

Vorkommen Bevorzugt lockere, sandig kiesige, mäßig saure oder leicht basisch Böden in Küstennähe; charakteristisch Art der immergrünen Hartlaubvegetation bildet für gewöhnlich nur lichte Bestände Im Mittelmeergebiet von SO-Spanien bi zum mittleren Italien sowie von Albanie bis zur Türkei und zum Libanon; fehlt a der nördlichen Adria, auf Korsika und au vielen griechischen Inseln; durch Anpflan zung auch außerhalb des natürlichen Are als weit verbreitet.

Wissenswert! Pinien sind neben Ölbäu men, Stein-Eichen und Zypressen die Cha rakterbäume des mediterranen Südens Ihre großen Zapfen wurden in vielen anti ken Bildwerken symbolhaft verarbeitet un zieren noch heute in stilisierter Form viel Haus- und Gartenpforten.

Die länglichen, stark ölhaltigen und nuss ähnlich schmeckenden Pinienkerne sin ähnlich wie die Arven-Samen essbar. Si werden als so genannte Piniennüsse ge handelt und geben eine sehr nahr- un schmackhafte Zutat zu vielen Gerichte der mediterranen Küche (französisch „p gnons“, italienisch „pinoli“). Sie liegen au den massiven Samenschuppen in grubige Vertiefungen und tragen bei der Reife e nen schmalen, funktionslosen Flügelsaum Bei anderen Arten dieser Gattung dient ei solcher Flügel als wirksame Verbreitung hilfe. So werden z. B. bei der heimische Wald-Kiefer (⇨ S. 252) die reifen Samen a Schraubenflieger am eigenen Propeller en lassen und vom Wind verdriftet. Die flugun tüchtigen Piniensamen sind dagegen au eine Verbreitung durch Tiere angewiesen.

In M.-EU lässt sich die formschöne Pin wegen ihrer mangelnden Frosthärte gär nerisch nicht einsetzen. Freilandexemp lare sieht man nur südlich der Alpen, d nördlichsten im Gebiet der oberitalien schen Seen. Das helle, überaus feste, na hezu harzfreie und mit seiner Maserun sehr ausdrucksstarke Pinienholz wird ge in der Möbeltischlerei verwendet sow als Bauholz für Türen, Fensterrahmen un Treppenstufen.

Pinie
unten rechts: Pinienkerne

Atlas-Zeder

Cedrus atlantica · Familie Kieferngewächse

Durch die oft schon bereits an unteren Zweigen gebildeten Zapfen und den häufig zur Seite gebogenen Gipfeltrieb unterscheidet sich dieser imposante Nadelbaum von anderen Arten. ✿ Sep–Okt

Immergrün, bis etwa 40 m hoch, mit lockerer, anfangs sehr gleichmäßiger, später zunehmend breit ausladender Krone; Äste schräg aufrecht; Rinde dunkel graubraun, plattenartig gefurcht. **Nadeln** 1–3 cm lang, spitz, steif, an den Langtrieben einzeln, an Kurztrieben zu 30–40 büschelig stehend; allseits mit helleren Spaltöffnungsstreifen, die auf der Unterseite besonders auffallen; dunkelgrün bis bläulich grün gefärbt. **Blüten** einhäusig verteilt; ♂ Blüten sehr zahlreich an älteren Kurztrieben, zylindrisch, bis zu 5 cm lang, leicht gekrümmt, hell bräunlich gelb, mitunter leicht rötlich; ♀ Blütenstände zunächst sehr klein, grünlich gefärbt. **Zapfen** 5 cm breit und 7 cm lang, eiförmig, vorn eingedellt, aufrecht auf den Zweigen stehend; Zapfenreife im 3. Jahr, Sep–Okt; die Schuppen lösen sich einzeln ab, während die Zapfenspindeln noch jahrelang an den Zweigen verbleiben.

Vorkommen Bevorzugt auf kalkreicher wasserdurchlässigen Böden im Gebirge vor allem zwischen 1600–2500 m Höhe Ursprünglich im westlichen N-Afrika (Atlasgebirge zwischen Algerien und Marokko); als Parkgehölz und dekorativer Hausbaum sehr beliebt und daher vielfach auc in M.-EU, insbesondere im Rheinland, an gepflanzt.

Wissenswert! Atlas-Zedern werden in ihre Heimat bis zu 900 Jahre alt. Früher gewan man in Marokko aus dem Holz durch trockene Destillation das aromatisch dufte de Zedernholzöl für die Kosmetik und fü besondere technische Anwendungen (z. B Immersionsöl für die Mikroskopie). Die natürlichen Bestände der Art wurden dadurc stark übernutzt und dezimiert.

Gärtnerisch werden vor allem die so genannten Blauzedern (Sorten 'Glauca') ve wendet, deren Nadeln durch eine besonders starke wachsige Bereifung entlang de Spaltöffnungsreihen blaugrün oder fas weiß erscheinen und dem Baum einen ho hen dekorativen Wert verleihen.

Im Unterschied zu den sommergrünen Lä chen (⇨ S. 246), deren Nadelblätter eben falls büschelig an Kurztrieben stehen, sin Zedern immergrün. Ihre Nadelblätter ble ben etwa 4–6 Jahre an den Zweigen, bev sie abfallen. Die einzelnen Nadelbüsch bestehen immer aus Nadeln verschieden Jahrgänge.

Ähnlich **Libanon-Zeder** *Cedrus libani*, immergrüner, bis zu 35 m hoch, mit breiter Krone aus etagenförmig ausgebreiteten Hauptästen auf einem mächtigen, bis über 2 m dicken Stamm. Nadeln bis zu 3,5 cm lang, spitz, dunkel bläulich grün, zu 10–20 in Rosettenbüscheln an den Kurztrieben; Blütezeit Sep–Okt. Im Gebirge W-Asiens vom Taurus bis nach Syrien vorkommend, meist oberhalb von 900 m bis zur klimatischen Waldgrenze; natürliche Bestände seit der Antike stark dezimiert; in M.-EU in wintermilden Gebieten (z. B. im Rheinland) häufig in Parks angepflanzt.

Himalaja-Zeder (Foto) *Cedrus deodara* an ihrem überhängenden Gipfeltrieb unc dem breit pyramidalen Wuchs leicht zu erkennen; Nadeln bis zu 6 cm lang, zu 20–3(rosettig in Kurztrieben beieinander stehend. Stammt aus dem westlichen Himalaja, wo sie in Höhen von 1000–4000 m vorkommt; in EU häufig als Ziergehölz in Parks und Gärten angepflanzt.

Atlas-Zeder

Riesenmammutbaum

Sequoiadendron giganteum · Familie Sumpfzypressengewächse

Der größte und älteste Baum der Erde mit schwammartig weicher, fuchsroter Borke und vorne spitzen Nadeln, die schuppenartig den Zweigen anliegen. ✿ Mär–Apr

Imposant, über 80 m hoch, mit dichter, säulenförmiger, im Alter eher offener Krone auf langem, geradem Stamm; dicke, schwammige Borke, fuchsrot bis graubraun, in langen Streifen tiefrissig. **Blätter** schuppenförmig, zugespitzt, 5–10 mm lang, den Trieben anliegend oder abstehend; dunkelgrün bis bläulich grün; beim Zerreiben nach Anis duftend. **Blüten** einhäusig verteilt; ♂ Blüten stets einzeln an Triebenden, ♀ einzeln oder zu 2. **Zapfen** bis zu 4 cm breit und 6 cm lang, starr, reif dunkelbraun; Schuppen mit deutlichem Dornfortsatz; Zapfenreife Jul–Aug.

Vorkommen Feuchte, nährstoffreiche Ve witterungsböden im Bergland von 1500 2500 m Höhe. Westhänge der Sierra Neva da in Kalifornien (USA); in EU vielerorts al Parkbaum angepflanzt.

Wissenswert! Die auch Bergmammu bäume genannten Baumriesen überspar nen mit ihrem Lebensalter von annähern 3000 Jahren nahezu die gesamte abendlär dische Geschichte. Das Holzvolumen eine der größten bekannten Exemplare im Se quoia National Park entspricht allein der Holzertrag von einem halben Hektar Fich tenforst. Die bis zu 50 cm dicke, schwam mige Borke ist ein sehr wirksamer Schut gegen die immer wieder auftretende meist von Blitzschlag verursachten Walc brände. Im botanischen Gattungsname wird der Indianer Se-quo-Yah (1770–1843 Sohn einer Irokesin und eines Deutscher geehrt, der das erste indianische Alphabe entwickelt hat.

Küsten-Mammutbaum

Sequoia sempervirens · Familie Sumpfzypressengewächse

Ungleich lange Nadeln, die an kurzen Zweigen streng gescheitelt stehen, und in unregelmäßigen Quirlen angeordnete Äste sind typisch. ✿ Feb–Mär

Immergrün, über 100 m hoch, mit kegelförmiger, im Alter rundlicher Krone auf langem Stamm; Rinde mit dicker, schwammig faseriger Borke, dunkelbraun bis braunrot, tief gefurcht. **Nadeln** bis zu 2 cm lang, an Langtrieben schraubig gestellt, an Kurztrieben 2-zeilig gescheitelt, spitz, oberseits dunkelgrün, unterseits graugrün mit 2 deutl chen hellen Längsbändern. **Blüten** einhäu sig verteilt; ♂ gelb, zu mehreren an junge Triebenden; ♀ Blüten überwiegend an älte ren Zweigen. **Zapfen** eiförmig, 2–3 cm lang reif braun; Zapfenreife Sep–Nov.

Zapfen unterschiedlicher Reife

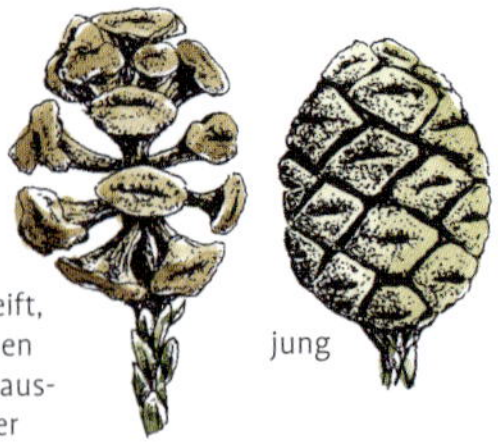

Vorkommen Nährstoffreiche, feuchte Bö den in der Ebene, im Bergland höchsten bis in 900 m Höhe. In einem nur etwa 800 60 km großen, inselartig zergliederten Are al im pazifischen N-Amerika von S-Orego bis M.-Kalifornien; in wintermilden Geger den von EU häufig angepflanzt.

Wissenswert! Wegen des ausdrucksvo dunkel rotbraunen Holzes, das als Bau holz oder zur Möbelfertigung verwende wurde, nennt man den K. in Amerika auc Redwood, d. h. Rotholz. Die natürlichen Be stände dieser Art wurden durch Holzein schlag stark dezimiert. Die immer noc eindrucksvollen Restvorkommen stehe heute in Naturschutzreservaten.

Riesenmammutbaum
oben rechts: unreifer (links) und reifer Zapfen

Küsten-Mammutbaum

Urweltmammutbaum

Metasequoia glyptostroboides · Familie Sumpfzypressengewächse

Dieser sommergrüne Nadelbaum mit der locker kegelförmigen Krone fällt durch die auffällig orange bis kupferrote Herbstfärbung auf. ✩ Mai

Über 30 m hoch, mit regelmäßig kegelförmiger Krone; Stamm dick, unterhalb der Astansätze auffällig eingedellt. **Nadeln** flach, spitz und weich, etwa 1–3 cm lang, streng 2-zeilig angeordnet an gegenständigen Kurztrieben; frischgrün, im Herbst kupferrot. **Blüten** einhäusig verteilt. **Zapfen** kugelig, bis zu 2,5 cm lang; aus nur wenigen, sehr breiten Schuppen; reif dunkelbraun; Zapfenreife Nov–Dez.

Vorkommen Auf nährstoffreichen, tiefgründigen Böden in schattigen Gebirgswäldern. Natürliches Vorkommen nur in einem kleinen Gebiet in SW-China (ungefähr 1500 Exemplare); neuerdings aber überall in EU als dekoratives Park- oder Gartengehöl und sogar als Straßenbaum verwendet.

Wissenswert! Ein erst 1940 in O-Asien gefundenes Blattfossil aus der Tertiärzei wurde wegen seiner großen Ähnlichkei mit dem Blattwerk lebender Mammutbäume als neue Gattung *Metasequoia* beschrieben. Ein Jahr später entdeckte mar im Grenzgebiet der Provinz Szechuan eir bis dahin unbekanntes Nadelgehölz, da der in China beheimateten Wasserficht (*Glyptostrobus*) sehr ähnlich sieht. Bei näherer Prüfung erwies es sich jedoch als ei lebender Vertreter der fossilen Gattun *Metasequoia* und erhielt danach seine wissenschaftlichen Namen, der wörtlic übersetzt „wasserfichtenähnlicher Urweltmammutbaum" bedeutet.

Ungewöhnlich ist, dass dieser Baum in Herbst nach Umfärbung seine Nadelblätte zusammen mit den Kurztrieben abwirft.

Sumpfzypresse

Taxodium distichum · Familie Sumpfzypressengewächse

Die an nassen Standorten aus dem Boden ragenden Wurzeln, die großen, kugeligen Zapfen und der Nadelfall im Herbst sind kennzeichnend für diesen Nadelbaum. ✩ Mär–Apr

Sommergrün, bis zu 40 m hoch, mit anfangs kegelförmiger, später zunehmend breiter und offener Krone; Stamm unten breit, verschmälert sich rasch und läuft gleichmäßig aus. **Nadeln** flach, weich, bis zu 2 cm lang, hellgrün; an den Kurztrieben 2-zeilig gescheitelt, an Langtrieben einzeln; im Herbst fuchsbraun; fallen mitsamt den Kurztrieben ab. **Blüten** einhäusig verteilt; ♂ Blüten zahlreich hängend an den Zweigenden, gelblich oder purpurfarben; ♀ Blüten winzig, grün. **Zapfen** kugelig, um 2 cm lang; grün, später braun; Zapfenreife Okt–Dez.

Vorkommen Flussnahe, sumpfige Ufer- und Überschwemmungsbereiche mit staunassem Boden. Südöstliches N-Amerika von Florida bis Delaware, westlich bis zun Mississippi-Gebiet und O-Texas; in EU häufig als Ziergehölz in Parkanlagen an Teichufern gepflanzt.

Wissenswert! Die S. ist gut auf Staunäss eingerichtet: Die oberen Wurzeln bilden bi zu 30 cm dicke „Atemknie", die der zusätzlichen Sauerstoffversorgung dienen. Di Vorfahren, wichtige Braunkohlebildene lebten vor ca. 15 Mio. Jahren auch in EU.

Urweltmammutbaum

Sumpfzypresse
am Heimatstandort, mit Louisiana-Moos

Lawsons Scheinzypresse

Chamaecyparis lawsoniana · Familie Zypressengewächse

Dieser Nadelbaum fällt im Frühjahr durch zahlreiche, auffallend rote männliche Blüten auf, das ganze Jahr über durch die waagrechten, vorne meist hängenden Äste. ✿ Apr

Immergrün, bis zu 60 m hoch, mit dichter, schmaler, kegelförmiger Krone; Leittrieb gewöhnlich überhängend; frei stehende Exemplare bis zum Boden beastet; Zweige abgeflacht, fächerförmig ausgebreitet. **Blätter** schuppenförmig, den Trieben dicht anliegend, gegenständig in 4 Längszeilen, die flächenständigen Blätter kürzer als die randständigen; stumpf oder spitz, oberseits dunkelgrün, unterseits graugrün mit weißen Strichen und Linien. **Blüten** einhäusig verteilt; ♂ Blüten an den Zweigenden, karminrot; ♀ Blütenstände grünlich. **Zapfen** kugelig, knapp 1 cm groß, zunächst blaugrün, reif hell rötlich braun und verholzt; Zapfenreife Sep–Okt.

Vorkommen Feuchte Lehmböden von der Ebene bis ins Gebirge (1700 m), oft in Reinbeständen. Pazifisches N-Amerika von S-Orgeon bis N-Kalifornien; in EU vielfach in Parks, auf Friedhöfen und in großen Gärten angepflanzt.

Die kugeligen Zapfen sitzen einzeln an den Triebenden. Sie bestehen aus nur jeweils 4 Paar Schuppen.

Wissenswert! Die auch als Oregonzeder bekannte Art ist die am häufigsten als immergrünes Ziergehölz angepflanzte Zypressenart, da sie sich als sehr anspruchslos erweist. Es sind zahlreiche Gartenformen bekannt, die sich vor allem in der Blattfärbung und in der Kronengestalt unterscheiden. Beliebt sind die kräftig blaugrünen 'Glauca'-Formen.

Die Zweige enthalten ein ätherisches Öl mit giftigen Bestandteilen (Thujon, Sabinen) und duften beim Zerreiben leicht nach Petersilie. Darin unterscheiden sie sich von den eher fruchtig duftenden Lebensbäumen (⇨ S. 274).

Ähnlich **Nootka-Scheinzypresse** *Chamaecyparis nootkatensis*, im Wuchs sehr regelmäßig kegelförmig; Zweige unterseits einheitlich grün ohne weißes Muster, duften beim Zerreiben äußerst unangenehm; die schuppenförmigen Blätter sehr spitz, die kantenständigen stehen im oberen Teil der Zweige ab; natürliche Vorkommen im pazifischen N-Amerika von Alaska bis Oregon; vielfach als Ziergehölz angepflanzt.

Sawara-Scheinzypresse *Chamaecyparis pisifera*, wegen ihrer kleinen Kugelzapfen auch Erbsenfrüchtige S. genannt; Zweige unterseits mit großen weißen Flecken, riechen beim Zerreiben scharf nach Harz; Schuppenblätter mit abstehenden Spitzen; Heimat Japan; in vielen silber- und goldfarbenen oder büschelig verzweigten Gartenvarietäten, häufig auch als Zwergformen, angepflanzt.

Hinoki-Scheinzypresse *Chamaecyparis obtusa*, auch Feuer-S. genannt, mit dicht stehenden Schuppenblättern, deren Spitzen einwärts gekrümmt sind, oberseits dunkelgrün, unterseits graugrün mit weißen Streifen, duften beim Zerreiben leicht nach Eukalyptus; Heimat Japan; als Wildform in EU selten zu sehen, aber in vielen, auch buschigen und zwergwüchsigen Gartenformen als Ziergehölz angepflanzt.

Lawsons Scheinzypresse
oben: gärtnerische Zuchtform, unten rechts: Zapfen

Mittelmeer-Zypresse

Cupressus sempervirens · Familie Zypressengewächse

Wegen der Anordnung der das ganze Jahr über dunkelgrünen Schuppenblätter, die dicht dachziegelartig übereinander liegen, wirken die dünnen Zweige vierkantig. ✩ Mär–Mai

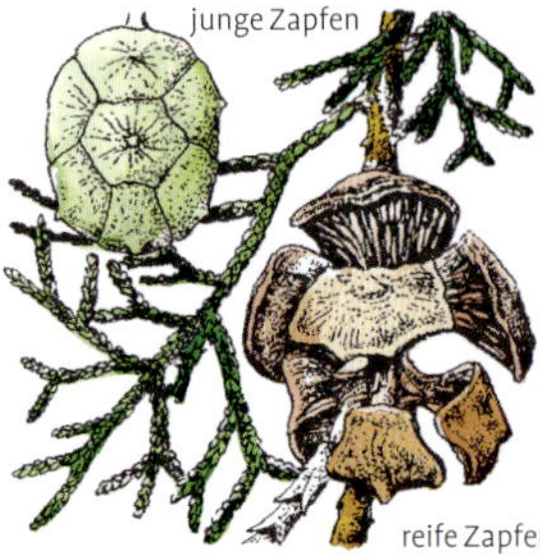

Immergrün, über 20 m hoch, mit schlanker, dichtkroniger Säulengestalt (ähnlich einem geschlossenen Regenschirm) oder mit breiter, offener Krone; Stamm zumeist schon in geringer Höhe in mehrere starke Äste aufgelöst; Rinde längsrissig, graubraun, auch an älteren Bäumen recht dünn, löst sich in Längsstreifen ab. **Blätter** schuppenförmig, stumpf gerundet. **Blüten** einhäusig verteilt; ♂ Blüten hellgelb, sehr zahlreich an den Zweigenden; ♀ Blütenstände unscheinbar grünlich. **Zapfen** kugelig, bis zu 4 cm lang, mit breitem Höcker auf den Schuppen; zunächst grün, in der Reife rötlich braun, Schuppen weit auseinander klaffend (in der Zeichnung rechts).

Vorkommen Kalkhaltige oder mäßig saure, wasserdurchlässige Böden von der Ebene bis in etwa 1300 m Höhe. Natürliche Vorkommen nur im östlichen Mittelmeergebiet von Griechenland bis Kleinasien und Syrien; heute im gesamten Mittelmeerraum häufig angepflanzt.

Wissenswert! Die zu Alleen, als Hausbaum, auf Friedhöfen oder in kleinen Hainen angepflanzte Z. wird auch oft Italienische Z. genannt, angesichts ihrer Herkunft eine unkorrekte Bezeichnung. Allerdings wurde die Art schon in der Antike auch nach Italien gebracht. In vielen Gegenden pflanzt man sie als Windschutz für Obstkulturen, so etwa in der Provence, wo Vincent van Gogh sie auf vielen seiner Zeichnungen und Gemälden festgehalten hat. Die schlanke Säulenform ist eine bereits vor langer Zeit entstandene erbfeste Varietät, die wegen ihrer ornamentalen Wirkung seit Jahrhunderten der breitkronigen Wildform vorgezogen wird. Letztere findet aber in Wiederaufforstungen bevorzugte Verwendung, weil sie auch auf stärker erodierten Böden gedeiht.

Zypressenholz war wegen seiner beachtlichen Beständigkeit schon im Altertum als Werkstoff sehr beliebt. Man zimmerte daraus Schiffe und Häuser, verwendete es aber auch häufig für die Herstellung von Möbeln und den verschiedensten Gebrauchsgegenständen.

Ähnlich **Arizona-Zypresse** *Cupressus arizonica*, bis zu 20 m hoch, schlank säulenförmig, mit kurzen, dicken, horizontal abgespreizten Ästen; Zweige von ihren Achsen nahezu rechtwinklig abstehend; Schuppenblätter graugrün, liegen den kantigen Zweigen nicht eng an; duften beim Zerreiben leicht nach Grapefruit; südwestliches N-Amerika; in M.-EU in verschiedenen Formen als Park- oder Gartengehölz angepflanzt.

Virginischer Wacholder *Juniperus virginiana*, auch Rotzeder oder Bleistiftzeder genannt, bis zu 30 m hoher Baum mit schlanker, säulenförmiger Krone; Blätter als graugrüne Schuppen sowie an vielen Zweigen auch als Nadeln in 3-zähligen Wirteln, duften beim Zerreiben charakteristisch nach Seife; atlantisches N-Amerika, in M.-EU vor allem als sehr schlankwüchsige Gartenform 'Skyrocket' verbreitet.

Mittelmeer-Zypresse

Monterey-Zypresse

Cupressus macrocarpa · Familie Zypressengewächse

Die dichten Kronen junger Bäume zeichnen sich durch eine regelmäßige Säulengestalt aus, die im Alter weit ausladend, offener und unregelmäßiger wird. ✿ Mär

Immergrün, über 20 m hoch; Zweige kantig, etwa 1–1,5 mm dick. **Blätter** schuppenförmig, gut 1,5 mm lang, stumpf, den Zweigachsen nicht allzu dicht anliegend, dunkel- bis kräftig grün; beim Zerreiben angenehm nach Zitrone duftend. **Blüten** einhäusig verteilt; unscheinbar. **Zapfen** 2,5–4 cm lang, reif glänzend rötlich braun, mit 8–12 harten, stumpfen Schuppen, die in der Mitte einen flachen, dornigen Höcker tragen.

Zapfenschuppen mit dornartigem Höcker

Vorkommen Trockene, steinige, flachgründige Böden im Küstenbereich. Ursprünglich nur mit ca. 1500 Exemplaren auf wenigen Hektar Fläche an der kalifornischen Küste (Monterey-Halbinsel und Point Lobos bei Carmel); heute als dekoratives Ziergehölz nahezu weltweit verbreitet; in M.-EU nicht winterhart, im nordwestlichen EU und in den Mittelmeerländern dagegen häufig zu sehen.

Wissenwert! In vielen europäischen Küstenregionen wird die M. als Windschutz rund um Häuser, an Kliffkanten oder zur Bodenbefestigung in Dünen gepflanzt. In manchen Regionen, etwa in der Bretagne, bestimmt er so das Bild der Landschaft.

Riesen-Lebensbaum

Thuja plicata · Familie Zypressengewächse

Die Oberseite der beim Zerreiben aromatisch nach Ananas duftenden Zweige ist glänzend grün, die Unterseite hingegen graugrün. ✿ Mär–Apr

Immergrün, bis zu 50 m hoch, anfangs schmal kegelförmige, später unregelmäßige, unten recht breite Krone; Stamm über 2 m dick; Borke rötlich bis dunkelbraun, löst sich in Längsstreifen oder kleineren Platten ab. **Blätter** um 3 mm lang, schuppenförmig, dicht am Zweig anliegend, stumpf oder mit kurzer Spitze. ♂ **Blüten** klein, gelblich, sehr zahlreich an den Zweigenden; ♀ Blütenstände grünlich oder zart rötlich. **Zapfen** gestielt, aufrecht, 1–2 cm lang, mit 5–6 Paar elastischer Schuppen; reif braun; Zapfenreife Aug–Sep.

Vorkommen Feuchte, nährstoffreiche Böden an Flussufern und Schattenhängen, von der Ebene bis ins Gebirge in 2100 m Höhe; selten in großen Reinbeständen. Beheimatet im pazifischen N-Amerika von S-Alaska bis N-Kalifornien; in M.-EU als Park- und Ziergehölz.

Wissenswert! In seinem Ursprungsgebiet wird der R. über 500 Jahre alt, seine Stämme wurden u. a. für Totempfähle verwendet. Der weitere Artname Westliche Rotzeder bezieht sich auf das im Kern rötliche Holz, das sehr beständig und gut zu bearbeiten ist. Man fertigt daraus bis heute z. B. Schindeln, Stützbalken und Segelmasten.

Monterey-Zypresse
links: auf der Monterey-Halbinsel, rechts: Gartenform

Riesen-Lebensbaum
Zapfen

Abendländischer Lebensbaum

Thuja occidentalis · Familie Zypressengewächse

Kennzeichnend sind die schmal kegelförmige Krone, die auffallenden Harzdrüsen der schuppigen Blätter und die eiförmigen Zapfen auf der Zweigoberseite. ✩ Apr–Mai

Immergrün, bis zu 20 m hoch, mit kurzen, abgespreizten Ästen; oft mehrstämmig; Rinde dünn, hell rötlich braun, faserig, mit schmalen Längsrissen; Zweige auffallend abgeflacht und horizontal gestellt. **Blätter** schuppenartig, 3–6 mm lang, stumpf oder leicht zugespitzt, an den Zweigflanken gekielt; oberseits matt dunkelgrün, unterseits gelblich grün; duften beim Zerreiben angenehm nach Äpfeln mit Gewürznelken. ♂ **Blüten** zahlreich an den Zweigenden, gelblich; ♀ Blütenstände rötlich. **Zapfen** länglich, aufrecht, ledrig, bis zu 1,2 cm lang mit 4–5 Paar sehr ungleich großer Schuppen; reif braun; Zapfenreife Sep–Okt.

Vorkommen Tiefgründige Feuchtböden in Gebirgslagen bis etwa 900 m, vielfach in Reinbeständen. Östliches N-Amerika vom Gebiet der großen Seen ostwärts bis Maine und New York; in EU sehr häufig als Friedhofsgehölz oder Gartenhecke.

Wissenswert! Die in Amerika auch Weißzeder (Northern White Cedar) genannte Art ist vermutlich die erste nordamerikanische Baumart, die man nach EU eingeführt hat. Bereits 1536 wurden Exemplare aus Paris bekannt.

Die langsamwüchsigen Lebensbäume erreichen ein Alter von bis zu 400 Jahren. Sie besitzen ein recht festes, aber relativ leichtes Holz und wurden daher von den Indianern bevorzugt für Einbäume verwendet. Die weißen Siedler nutzten das Holz für den Hausbau. Alle Teile der Pflanze sind wegen ihres Gehalts an Thujon überaus giftig. Aus den Zweigen gewann man früher das ätherische Öl für medizinische Zwecke.

In EU sind eine Reihe von Gartenformen mit teilweise von der Wildform abweichender Blattfärbung verbreitet. In Heckenpflanzungen vertragen sie einen regelmäßigen Schnitt. *Thuja*-Hecken bieten der heimischen Tierwelt allerdings nur wenig Nist- und Nahrungsmöglichkeiten. Daher sind sie ökologisch längst nicht so wertvoll wie Hecken aus heimischen Laubhölzern, stellen aber das ganze Jahr über einen sehr wirksamen Sichtschutz dar.

Ähnlich **Morgenländischer Lebensbaum** *Thuja orientalis*, immergrün, bis zu 30 m hoch, meist jedoch niedriger; schmale, kegelförmige Krone mit steil aufwärts gerichteten Ästen, oft mehrstämmig; Zweige abgeflacht, frisch- bis gelbgrün; Schuppenblätter den Zweigen eng anliegend, sich deutlich überlappend, bis zu 7 mm lang, beim Zerreiben schwach obstartig duftend; Pflanze einhäusig, ♂ Blüten hellgelb, zahlreich an den Zweigenden, ♀ Blütenstände unscheinbar grünlich; Blütezeit März-Apr; Zapfen bis zu 1,5 cm lang, anfangs bläulich grün, in der Reife dunkelbraun, die 6 Zapfenschuppen mit einem hornartigen, nach hinten gekrümmten Fortsatz; Heimat China; bei uns in mehreren (auch zwergwüchsigen) Varietäten angepflanzt.

Abendländischer Lebensbaum
obenlinks: Gartenform, unten: junge Zapfen

Gewöhnlicher Wacholder

Juniperus communis · Familie Zypressengewächse

Immergrüner, aufrecht kompakt säulenförmig oder breitbuschig wachsender, meist mehrstämmiger Nadelstrauch, selten auch mehrstämmiger, recht hoher Baum. ✫ Apr–Jun

Blüten ♂

Als Strauch 1–5 m hoch, als Baum bis zu 15 m; Rinde dünn, längsstreifig, bräunlich. **Blätter** einheitlich nadelförmig in abstehenden 3-zähligen Wirteln, 1–2 cm lang und 1–2 mm breit, steif, stechend spitz; oberseits rinnenförmig, graugrün mit breitem, hellerem Mittelband; unterseits leicht gekielt und glänzend grün. **Blüten** zweihäusig, nur ausnahmsweise auch einhäusig verteilt, in den Nadelachseln vorjähriger Zweige; ♂ Blüten gelblich, mit zahlreichen Staubblättern; ♀ Blüten mit mehreren Wirteln von Schuppenblättern, von denen die 3 obersten bei der Reife fleischig werden und einen saftigen Beerenzapfen bilden. **Beerenzapfen** kurz gestielt, 5–6 mm dick, reifen erst im 2. oder 3. Jahr nach der Blüte, rotschwarz und fast immer stark bläulich bereift, beim Zerreiben aromatisch duftend; Zapfenreife ab Aug.

Vorkommen Licht liebendes Gehölz auf nährstoffarmen, flachgründigen, mäßig sauren oder kalkhaltigen Böden in Heiden, Magerweiden, Halbtrockenrasen und im Saum lichter Wälder. Der G. W. gilt als ausgesprochen genügsame Art, die tiefe Kälte und anhaltende Sommerhitze gleichermaßen gut erträgt und außerdem eine denkbar große Bandbreite von Bodeneigenschaften von sandig bis flachgründig-steinig akzeptiert. In EU von der Ebene bis ins Gebirge weit verbreitet, von der Iberischen Halbinsel bis nach Skandinavien, ostwärts bis zur Türkei, im Mittelmeerraum auch auf dem Peloponnes und auf Sizilien; häufig und in vielen Sorten als Ziergehölz in Parks und Gärten verwendet.

Wissenswert! Die einstige Weidewirtschaft vor allem mit Schafen hat die Verbreitung dieser Art stark gefördert, denn die stachelspitzigen Zweige werden von den Weidetieren kaum verbissen. An offenen Standorten ist Wacholder daher gegenüber anderen Holzpflanzen im Vorteil, kümmert aber, sobald er bei nachlassender oder fehlender Beweidung von raschwüchsigen Gehölzen beschattet wird. In Gebieten mit historisch verbreiteter Weidewirtschaft, in denen eine sonstige landwirtschaftliche Nutzung nicht möglich war, wurde er zur Leitart der traditionellen Schafhutungen. Damit stellt er ein eindrucksvolles wirtschaftsgeschichtliches Dokument dar, das ganze Kulturlandschaften geprägt hat, etwa Münsterland, Lüneburger Heide oder auch Regionen der Mittelgebirge (Eifel, Bergisches Land, Schwäbische Alb, Westerwald). Als Kennart solcher Heidegebiete nannte man die Art einfach Heide-Wacholder. Heidegebiete weisen oftmals seltene Pflanzen- und Kleintierarten auf. Dieses Artengefüge bleibt jedoch nur erhalten, wenn der ursprüngliche Beweidungsrhythmus beibehalten wird.

Die reifen Beerenzapfen sind nur in sehr kleinen Mengen genießbar, in größeren dagegen gesundheitsschädlich. Sie werden medizinisch sowie als Aromatisierungsmittel verwendet, z. B. in Spirituosen. Die Produktbezeichnungen Gin (engl.) und Genever (niederl.) leiten sich vom Gattungsnamen *Juniperus* ab.

Gewöhnlicher Wacholder
unten rechts: Beerenzapfen

Zwerg-Wacholder

Juniperus sibirica · Fam. Zypressengewächse

Immergrüner, kleiner Strauch mit meist liegenden Ästen und kurzen, dicken und dicht benadelten Zweigen. ✩ Mai–Jun

Lediglich 30–50 cm hoch. **Nadeln** 4–8 mm lang, 1–2 mm breit, deutlich aufwärts gekrümmt, oberseits tief rinnig, kaum oder wenig stechend. **Beerenzapfen** 7–8 mm dick.

Vorkommen Silikatische Stein-, trockene Lehm- und Tonböden in Hochgebirgen. Himalaja, Vorderasien, Südgrönland, Rocky Mountains, Kaukasus, N-Korea; in EU in den Alpen bis in 3500 m Höhe; gelegentlich als Bodendecker auch gärtnerisch verwendet.

Wissenswert! Die Art wird auch als Alpen-Wacholder bezeichnet und trägt auch den Namen *Juniperus nana*.

Sadebaum

Juniperus sabina · Fam. Zypressengewächse

Immergrüner Strauch mit liegenden, besenartigen Ästen; Zweige duften beim Zerreiben sehr unangenehm. ✩ Mär–Apr

Wuchshöhe 1–2 m. **Blätter** nur in der Jugend nadelförmig in 3-zähligen Wirteln, 5 mm lang und bis zu 1 mm breit; die späteren Folgeblätter dagegen schuppenförmig, 2–4 mm lang. **Blüten** unauffällig eingeschlechtig, ein- oder zweihäusig verteilt. **Beerenzapfen** erbsengroß, anfangs grünlich, reif blauschwarz, heller bereift. In allen grünen Teilen sehr giftig!

Vorkommen Kalkhaltige Böden offener Felshänge, Trockenfluren, lichte Kiefern- und Lärchenwälder. Hochgebirge in EU, Kaukasus, Sibirien; in D nur in den Ammergauer und Berchtesgadener Alpen; in Sorten auch als Parkgehölz angepflanzt.

Chinesischer Wacholder

Juniperus chinensis · Fam. Zypressengew.

Immergrüner, zumeist reichästiger und dichter Strauch mit aufrecht stehenden oder ausgebreiteten Ästen. ✩ Apr–Mai

Wuchshöhe 2–3 m hoch; gelegentlich auch dickstämmiger Baum mit kegelförmiger Krone. **Blätter** jung nadelförmig in 3-zähligen Wirteln, spitzwinkelig abstehend, stechend spitz, Folgeblätter schuppenförmig in 4 eng anliegenden Längszeilen, stumpf, nur 2 mm lang. Nadel- und Schuppenblätter duften beim Zerreiben angenehm aromatisch. **Blüten** eingeschlechtig; ♂ Blüten zahlreich, gelb, endständig an kurzen Zweigen; ♀ Blütenstände unscheinbar. **Beerenzapfen** bis zu 8 mm dick, anfangs blaugrün, reif braun, mehlig bereift. In allen grünen Teilen giftig!

Vorkommen Heimisch in den bewaldeten Gebirgsregionen Japans, Chinas, der Mongolei und Koreas. In zahlreichen Sorten von kegelig-säuligem bis niedrig-strauchigem Wuchs in Gärten und Parks.

Virginischer Wacholder

Juniperus virginiana · Fam. Zypressengew.

Immergrüner, meist schlank und säulig wachsender Strauch oder schmal- und dichtkroniger Baum. ✩ Mär–Mai

Als Strauch bis zu 5 m hoch, als Baum bis zu 30 m; Rinde rötlich braun, löst sich in schmalen Streifen ab. **Blätter** meist schuppenförmig, spitz, bläulich grün, an der Triebspitze etwas abstehend, duftenbeim Zerreiben aromatisch. **Blüten** winzig und unauffällig, eingeschlechtig, ein- oder zweihäusig. **Beerenzapfen** bis zu 7 mm dick. Giftig!

Vorkommen Gebüsche auf flachgründigen, teilweise nassen Böden. Ursprünglich im atlantischen und zentralen N-Amerika, heute auch in EU in vielen, meist schmalkronigen Sorten angepflanzt.

Wissenswert! Die auch als Rotzeder bezeichnete Art ist die größte der Gattung.

Zwerg-Wacholder

Sadebaum

Chinesischer Wacholder

Virginischer Wacholder

Chilenische Araukarie

Araucaria araucana · Familie Araukariengewächse

Durch die breiten, spiralig um den Zweig laufenden Nadeln ist dieser immergrüne Nadelbaum unverwechselbar. Es gibt männliche und weibliche Bäume. ✩ Jun–Jul

Bis zu 50 m hoch, mit rundlich ovaler, breit kegeliger und fast immer auffallend ebenmäßiger Krone; Äste dick, zu jeweils 4–5 quirlständig, waagrecht ausgebreitet, wenig verzweigt, an den Enden leicht bogig aufsteigend, nur im oberen Kronenteil aufgerichtet; Stamm gerade, mit auffallend gefelderter graubrauner Schuppenborke. **Blätter** breit lanzettlich bis oval, mit ihrem Grund an der Zweigachse herablaufend, bis zu 4 cm lang und an der Basis fast ebenso breit, abstehend, lang zugespitzt, dick, ledrig derb, dunkelgrün. **Blüten** zweihäusig verteilt; ♂ Blüten rötlich gelb, in etwa 10 cm langen Büscheln an den Zweigenden, bleiben auch nach dem Abblühen noch lange an den Zweigen; ♀ Blütenstände anfangs kugelig und etwa nussgroß. **Zapfen** bis zu 17 cm dick, aufrecht, bis ins 2. Jahr nach der Bestäubung grünlich, erst im 3. Jahr bräunlich und reif, lösen sich auf dem Zweig in einzelne Schuppen auf; Samen nussgroß, braun, essbar, reich an Stärke und fettem Öl, im Geschmack an Pinienkerne und Zirbelnüsse erinnernd.

Vorkommen Feuchte, wasserdurchlässige Lehmböden in niederschlagsreichen Lagen, meist in Höhen von 800–1800 m. Auf den Westhängen der argentinischen und chilenischen Anden (zwischen 37. und 40. Breitengrad) beheimatet; im Mittelmeergebiet, in W-EU und in besonders wintermilden Gegenden von M.-EU, z. B. im deutschen Rheinland, dekoratives Parkgehölz.

Wissenswert! Die ersten Exemplare der auch Chile- oder Andentanne genannten Art soll der britische Schiffsarzt und Forschungsreisende A. Menzies von einer Expedition an die Pazifikküsten N-Amerikas mitgebracht haben. Bei einem Festessen wurden ihm dort die nussähnlichen, ihm noch unbekannten Araukariensamen serviert, von denen er kurzerhand einige in die Tasche steckte. Araukariensamen sind bei den Indianern S-Amerikas unter dem Namen „pinones“ beliebter Bestandteil de Speisezettels. Neuerdings sind sie auch i M.-EU in Delikatessengeschäften zu bekommen.

Die C. A. bildete einst an den westliche Andenabhängen zusammen mit den dor ebenfalls heimischen Südbuchen sehr urtümlich anmutende Wälder. Während si den Ureinwohnern stets als heiliger Baum galt, wurde sie von den Weißen durch übermäßigen Holzeinschlag stark dezimiert. Heute ist sie durch das Washingtoner Artenschutzabkommen geschützt.

Die entwicklungsgeschichtlich sehr alt Familie der Araukariengewächse umfasst heute nur noch zwei Gattungen mi 18 Araukarienarten, die auf die Südhalbkugel beschränkt sind. Die meisten davon (13 Arten) kommen endemisch au der Pazifik-Insel Neukaledonien vor, ein auf der Norfolk-Insel (bei uns als topfkultivierte „Zimmertanne“ bekannt), die restlichen Arten verteilen sich auf Neu-Guinea NO-Australien und S-Amerika. Noch in de Kreidezeit waren Araukarien auch auf de Nordhemisphäre verbreitet, wie Fossilfunde belegen.

♀ endständiger Zapfen

Chilenische Araukarie

Gewöhnliche Eibe

Taxus baccata · Familie Eibengewächse

Dieser Nadelbaum mit den biegsamen Nadeln fällt insbesondere durch die „Früchte" auf, bei denen der Samen von einem roten, fleischigen Samenmantel umgeben ist. ✿ Mär–Apr

Immergrün, bis zu 15 m hoch, mit anfangs breit kegelförmiger, später zunehmend offener und unregelmäßiger Krone, frei stehende Bäume häufig schon vom Boden weg mehrstämmig; Rinde tief gefurcht oder fetzenartig zerrissen, mit graubrauner Schuppenborke. **Nadeln** 2–4 cm lang und bis zu 3 mm breit, abgeflacht, ledrig, spitz, an aufrechten Zweigen schraubig angeordnet, sonst 2-zeilig gescheitelt, oberseits glänzend dunkelgrün, unterseits einheitlich hellgrün, vortretende Mittelrippe immer deutlich erkennbar. **Blüten** zweihäusig verteilt; ♂ Blüten kugelig bis oval, zahlreich an der Unterseite vorjähriger Zweige, beim Stäuben hellgelb; ♀ Blüten einzeln, unauffällig bräunlich gelb. **Samen** einzeln, zugespitzt, bläulich schwarz, mit Samenmantel; Samenreife Sep–Nov.

Vorkommen Tiefgründige, lockere, nährstoffreiche Böden; nie im Reinbestand, sondern immer einzeln oder gruppenweise im Unterwuchs von Buchen- und Mischwäldern, von der Ebene bis in etwa 1500 m Höhe. Portugal, W-Frankreich, Britische Inseln, S-Skandinavien, Baltikum, mitteleurop. Mittelgebirge, Alpen, Karpaten, Korsika, Sardinien und nördl. Balkan, ferner in Verbreitungsinseln im nördl. Kleinasien und im Kaukasus.

Wissenswert! Alle Teile der Pflanze mit Ausnahme des Samenmantels sind stark giftig: Sie enthalten verschiedene nervenwirksame Alkaloide. Insbesondere für Pfer-

de sind Eibenzweige überaus schädlic
während Rinder und andere Pflanzen fres
sende Haustiere weniger empfindlich au
das Gift reagieren. Der fleischig schleim
ge Samenmantel schmeckt süßlich, alle
dings mit stark kratzendem Beigeschmac
Von Drosseln und verschiedenen Kleinsäu
gern wird er dennoch mit Vorliebe verzehr
Die Nadeln der Eiben führen keine Harzka
näle und verströmen daher beim Zerreibe
keinen aromatischen Duft. Die ♀ Blüte
enthalten nur eine einzige Samenanlag
Streng genommen zählen die Eiben dem
nach zwar zu den Nadelhölzern, aber nich
zu den Koniferen (Zapfenträgern).

Eiben können über 1000 Jahre alt werde
In den heutigen Wirtschaftswäldern sin
sie jedoch überaus selten. Die ältesten E
ben in D finden sich im Allgäu. Auffallen
dickstämmige, meist als Naturdenkmäl
geschützte Exemplare sind zumeist aus d
Verwachsung mehrerer Einzelstämme he
vorgegangen. Häufiger als in freier Natu
sieht man Eiben in Parks und Gärten. **RL**

Gelbmantelige Gartenform der Eibe, Sorte 'Lutea'

Gewöhnliche Eibe
unten rechts: reife Samenmäntel

Japanische Nusseibe

Torreya nucifera · Familie Eibengewächse

Typisch sind die stechend spitzen Nadeln, die parallel in 2 Zeilen an den Zweigen stehen und beim Zerreiben unangenehm harzig riechen. ✿ Mai–Jul

Immergrün, bis zu 25 m hoch, mit kegelförmiger, breiter Krone und waagrecht abstehenden Ästen. **Nadeln** abgeflacht, stechend spitz, bis zu 3 cm lang, 2-zeilig gescheitelt, oberseits dunkel-, unterseits heller grün. **Blüten** zweihäusig, unauffällig grünlich. **Samen** hellbraun, in einem fleischigen, grünlichen Samenmantel, essbar.

Vorkommen Auf feuchten, nährstoffreichen Böden in der unteren Gebirgsstufe. Japan; im Mittelmeergebiet häufiges Parkgehölz, in D meist nur in großen Sammlungen zu sehen.

Kalifornische Nusseibe

Torreya californica · Familie Eibengewächse

Mit sehr langen Nadeln, die in einer scharfen Spitze enden, und pflaumenähnlichen, grünen Früchten. ✿ Mai–Jun

Immergrün, bis etwa 20 m hoch, Äste quirlartig abstehend. **Nadeln** abgeflacht, bis zu 7 cm lang, spitz, oberseits glänzend dunkelgrün, unterseits heller mit 2 grauen Bändern, 2-zeilig gescheitelt, beim Zerreiben sehr unangenehm riechend. **Blüten** zweihäusig unauffällig. **Samen** 3–4 cm lang, braun, in einem grünlichen, dunkel gefleckten Samenmantel, essbar.

Vorkommen Schattige Hänge und Schluchtwälder auf feuchten, nährstoffreichen Lockerböden. Küstennahe Gebirge und westliche Abhänge der Sierra Nevada in Kalifornien; in EU auch als Parkgehölz.

Steineibe

Podocarpus nivalis · Fam. Steineibengew.

Die abstehenden, steifen Nadeln und die unreifen Pflaumen ähnlich sehenden Früchte sind typisch. ✿ Mai–Jun

Immergrün, bis zu 15 m hoch, mit kegelförmiger, schlanker Krone, oft vom Boden weg mehrstämmig. **Nadeln** steif, 2–4 cm lang, spitz, abstehend, dunkelgrün, unterseits heller mit 2 graublauen Spaltöffnungsbändern, undeutlich 2-zeilig gescheitelt. **Blüten** zweihäusig verteilt; unscheinbar gelblich. **Samen** in einer gestielten, fleischigen, grünlichen Hülle sitzend, sehen unreifen Pflaumen sehr ähnlich.

Vorkommen Lockere, nährstoffreiche Böden in niederschlagsreichen Bergwäldern. Beheimatet in Chile und Argentinien, auch in N-China und S-Japan; in Großbritannien und den Mittelmeerländern gelegentlich in größeren Parks angepflanzt.

Harringtons Kopfeibe

Cephalotaxus harringtonia · Fam. Kopfeiben

Dieser immergrüne Nadelbaum ähnelt von Weitem einer Gewöhnlichen Eibe mit besonders großen Nadeln. ✿ Mai

Immergrün, bis zu 10 m hoch, mit offener, rundlicher Krone auf schlankem Stamm. **Nadeln** flach, 3–5 cm lang, steif, zugespitzt, oberseits glänzend dunkelgrün, unterseits heller mit silbergraue Spaltöffnungsbändern, v-förmig gesche telt und fast gegenständig. Zweihäusig; ♂ **Blüten** zahlreich auf der Unterseite vorjäh riger Zweige, ♀ Blütenstände sehr klei **Zapfen** mit nur jeweils 1 Samen, der au den wenigen Schuppen hervorragt.

Vorkommen Feuchte, lockere, nährstoff reiche Böden in der unteren Gebirgsstufe Japan, China und Korea.

Wissenswert! In Parks in M.-EU wächst die se Art meist nur als großer Strauch.

Japanische Nusseibe

Kalifornische Nusseibe

Steineibe

Harringtons Kopfeibe

Ginkgobaum

Ginkgo biloba · Familie Ginkgogewächse

Durch die fächerförmigen, lang gestielten Blätter und steinffruchtähnlichen, goldgelben Samen ist dieser Baum unverwechselbar. ✿ Apr

Sommergrün, bis zu 30 m hoch, mit anfangs schlanker, später zunehmend rundlicher, aber immer sehr offener Krone auf kräftigem, mitunter schon nahe der Basis in mehrere steile Hauptäste geteiltem Stamm; Zweige spitzwinklig abstehend, mit Lang- und nur etwa 2 cm langen Kurztrieben; Rinde braungrau, tiefrissig gefurcht oder mit netzartiger Struktur. **Blätter** an den Langtrieben einzeln stehend, an den Kurztrieben in Büscheln, lang gestielt, Spreite bis zu 10 cm lang, flach, weich, fächerförmig, 2-lappig oder 2-spaltig, an den Langtrieben meist tiefer geteilt, mit gabelteiligen Blattnerven, frischgrün, im Herbst vor dem Laubfall goldgelb. **Blüten** zweihäusig verteilt; ♂ Blüten in hängenden Kätzchen, ♀ Blüten unscheinbar, zu mehreren in den Blattachseln. **Samen** steinfruchtähnlich (innere Lage der Samenschale verholzt, äußere fleischig), zur Reife goldgelb; Samenmantel riecht beim Zerquetschen unangenehm nach Buttersäure; Samenreife Okt–Nov.

Vorkommen Lockere, tiefgründige, nährstoffreiche Böden; gewöhnlich in Mischbeständen mit anderen Laubhölzern. Natürliche Vorkommen in China; weltweit häufig als dekoratives Parkgehölz gepflanzt, in Großstädten zunehmend auch als Straßenbaum.

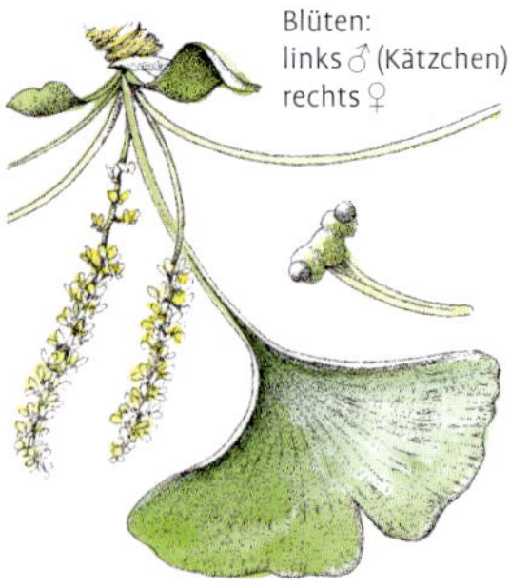

Blüten: links ♂ (Kätzchen), rechts ♀

Wissenswert! Der deutsche Arzt und Bo taniker Engelbert Kämpfer, der im 17. Jh in Ostasien ausgedehnte Forschungsrei sen unternahm, sah alte Exemplare des G erstmals in Japan an Tempelanlagen. Vo diesen stammen fast alle heute in EU an gepflanzten Ginkgobäume ab. Die Art is allerdings in Japan nicht heimisch. Di heute als natürliche Bestände aufgefass ten Vorkommen in China wurden jedoc erst viel später entdeckt.

Der G. ist der einzige heute noch lebend Vertreter der Ginkgoopsida, einer Pflanzen klasse innerhalb der Nacktsamer. Noch ir Erdmittelalter waren seine Vorfahren welt weit, d. h. auch in EU und N-Amerika ver breitet. Die schon immer flächig entwicke ten und nicht nadelförmigen Blätter ware bei den fossilen Formen jedoch häufig stä ker geschlitzt. Ein besonders ursprüngliche Merkmal ist ihre ausgeprägte Gabelnerva tur, die man sonst bei keinem Vertreter de Laubgehölze, sondern nur bei Farnpflanze findet. Aufgrund dieses und weiterer ur tümlicher Kennzeichen wertet man den G als so genanntes „lebendes Fossil".

Ähnlich wie die Farnpflanzen und die eben falls zu den Nacktsamern gestellten Palm farne (Cycadeen) kommen beim G. fre bewegliche, begeißelte männliche Sper mazellen vor. Die Bestäubung erfolgt ir Frühjahr zur Blütezeit. Die Befruchtung de großen Eizellen in den ♀ Blüten findet je doch erst im September statt. Eigenart gerweise entwickelt sich der Embryo ers nach dem Abfallen der goldgelb umman telten Samen. In China und Japan bereite man aus den frischen oder gerösteten Sa men verschiedene Gerichte zu.

Berühmt wurde der G. in EU nicht zuletz durch ein Gedicht Goethes, das dieser 181 unter dem Eindruck eines Heidelberger Ex emplars schrieb und später in dem Ge dichtzyklus „West-östlicher Diwan" verö fentlichte. Neuerdings werden G. auch in (Oberrheingebiet) in Plantagen kultivier da man in ihren Blättern einen Inhaltssto entdeckt hat, der die Gehirndurchblutun fördert.

Ginkgobaum

Buchsbaum

Buxus sempervirens · Familie Buchsbaumgewächse

Immergrüner Strauch, gelegentlich auch kleiner Baum, dicht verzweigt, mit aufrechten, im Alter überhängenden Ästen und Zweigen; die Triebe sind kantig und grün. ✰ Mär–Apr

Wuchshöhe bis zu 7 m. **Blätter** gegenständig, glattrandig, kurz gestielt, oval bis rundlich, stumpf oder leicht ausgerandet, 1–2 cm lang, oberseits glänzend dunkelgrün, unterseits sehr hellgrün, ledrig und fest. **Blüten** klein, unauffällig, gelblich. **Kapselfrüchte** bräunlich, unauffällig; ab Aug. Alle Teile der Pflanze sind leicht giftig! **Vorkommen** Sonnige Abhänge, Felsgebüsche und lichte Wälder auf steinigem, zu mindest zeitweise trockenem Boden. SW und westliches M.-EU, ferner N-Afrika un W-Asien; nördlichstes Wildvorkommen i D an der unteren Mosel; häufig und in So ten als Gartengehölz. **RL**

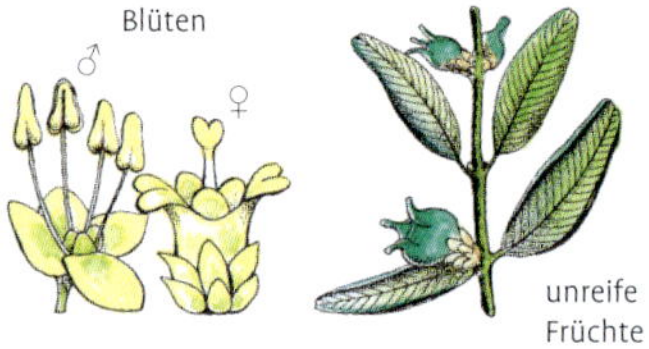

Wissenswert! Der dekorative Buchsbau ist eine alte Kloster- und Bauerngarten pflanze, die oft als niedrige Schnitthecke Beete umfasst. In der franz. Gartenkuns wurde sie durch Schnitt in allerhand Fan tasieformen gebracht. Die Blüten biete reiche Nektartracht, der B. stellt ein wer volles Nistgehölz dar. Schon seit dem Alte tum schätzt man das feste, gelbliche Hol Man fertigte daraus Weberschiffchen, Pfe fenköpfe, Messlatten, Kämme, Spielfigure und Schmuckkästchen, aber auch Musikin strumente wie z. B. Klarinetten und Flöte Die Verwendung für Schäfte von Gewehre (Büchsen) hat der Art vermutlich ihren Na men eingetragen.

Myrte

Myrtus communis · Familie Myrtengewächse

Immergrüner, verzweigter Strauch mit drüsig behaarten Trieben und großen Blüten. ✰ Jun–Aug

Bis zu 5 m hoch. **Blätter** gegenständig oder manchmal in 3-zähligen Wirteln, kurz gestielt, 1–5 cm lang, derb, glattrandig, spitz oval, durchscheinend punktiert, dunkelgrün, duften beim Zerreiben aromatisch. **Blüten** meist einzeln gestielt in den Blatt- achseln, reinweiß, bis zu 2 cm breit, Kronblätter ausgebreitet, Staubblätter sehr zahlreich. **Früchte** (Beeren) bis zu 12 mm dick, blauschwarz, mit Kelchzipfeln, Fruchtreife ab Sep.

Vorkommen In Felsgebüsche, Macchien und Auengehölze. Im gesamten Mittelmeerraum meist küstennah; häufig in Gärten gepflanzt.

Thunbergs Berberitze

Berberis thunbergii · Fam. Berberitzengew.

Sommergrüner Strauch, Zweige kantig braunrot berindet, Blüten in hängenden Trauben. ✰ Mai–Jun

Wuchshöhe 1–1,5 m. **Blätter** büschelig in den Achseln langer, einfacher Blattdornen, oval bis spatelförmig, bis zu 3 cm lang, wenig gezähnt, bei der Wildform frischgrün mit bläulicher Un terseite, bei der häufigsten Gartenvarietä purpurrot, im Herbst prächtig scharlach rot. **Blüten** halbkugelig, Kelchblätter au ßenseits oft rötlich. **Früchte** (Beeren) läng lich oval, bis zu 1 cm groß, scharlachro ungenießbar; ab Jul.

Vorkommen Lichte Wälder und Gebüsch Heimisch in O-Asien (Japan); bei uns häu fig als Ziergehölz in Parks und Gärten.

Wissenwert! Die T. B. erträgt Industrie- un Verkehrsabgase weitgehend schadlos.

Buchsbaum

Myrte

Thunbergs Berberitze

Trompetenbaum

Catalpa bignonioides · Familie Trompetenbaumgewächse

Auffällig sind die bis zu 20 cm langen Blütenstände aus weißen, glockigen Blüten, die über dem Laub stehen. ☆ Jun–Jul

Sommergrün, bis zu 20 m hoch. **Blätter** gegenständig oder zu dritt wirtelig, lang gestielt, 10–20 cm lang, herzförmig bis breit oval oder schwach gelappt mit 2 seitlichen Zipfeln, unterseits weichhaarig, beim Zerreiben unangenehm riechend. **Blüten** 3–5 cm breit, in aufrech ten Rispen. Kapsel**früchte** schmal, bis z 30 cm lang, hängend.

Vorkommen Auf lockeren, sommerwar men Böden. Stammt ursprünglich aus den südöstlichen N-Amerika; in M.-EU als Zier gehölz in Parks und Gärten angepflanzt.

Wissenswert! Die Blüten zeigen ein gelbe Farbmal, das beim Einstellen der Nektar produktion von Gelb nach Rot umschlägt Dann werden die Blüten von den rotblin den Hautflügler nicht mehr angeflogen. I Gärten sieht man weitere ähnliche T.-Arten

Blauglockenbaum

Paulownia tomentosa · Familie Blauglockenbaumgewächse

Im Frühjahr fallen die ungewöhnlich hellvioletten, bis zu 30 cm langen, aufrechten Blütenrispen auf. ☆ Apr–Mai

Sommergrün, bis zu 20 m hoch, mit breiter, offener Krone; Blütenknospen zimtbraun. **Blätter** gegenständig, lang gestielt, 15–30 cm lang, breit herzförmig oder schwach gelappt, beidseits behaart. **Blüten** trichterförmig, violett, 4–6 cm lang. Kapsel**früchte** grünlich, spitz.

Vorkommen Auf sommerwarmen, locke ren Böden. Stammt aus M.- und N-China; i wintermilden Gebieten auch in EU als Park baum gepflanzt, im östlichen N-Amerik eingebürgert.

Wissenswert! Der B. ist eine der wenige Gehölze unter den Braunwurzgewächse (= Rachenblütlern). Seine stark duftender trichterfrömigen Blüten, die noch vor den Laubaustrieb erscheinen, sind recht kurzle big. Im Ursprungsgebiet des Baums fertig man aus seinem Holz Schuhsohlen un Sandalen.

Immergrünes Johanniskraut

Hypericum calycinum · Familie Johanniskrautgewächse

Immergrüner, dicht verzweigter kleiner, buschiger Strauch mit zahlreichen Ausläufern; Triebe scharf 4-kantig. ☆ Jul–Sep

Frucht, unreif

Etwa 20–60 cm hoch. **Blätter** gegenständig, kurz gestielt bis sitzend, 4–9 cm lang und bis zu 4 cm breit, stumpf elliptisch, glattrandig, derb, ledrig, oberseits dunkelgrün, kahl, unterseits leicht bläulich, durch zahlreiche Öldrüsen durchscheinend punktiert. **Blüten** 5–7 cm breit, lang gestielt, ein zeln an den Zweigenden, Kelchblätter ur gleich groß, Kronblätter leuchtend gel Staubblätter sehr zahlreich, mit rötliche Staubbeuteln. Kapsel**früchte** braunro hängend, ab Aug.

Vorkommen Lichte Wälder, steinige Bö schungen. SO-EU (Bulgarien, Türkei), in S und W-EU stellenweise eingebürgert; häu fig als Bodendecker in Parks und Gärte angepflanzt.

Wissenswert! Die Art stellt eine äußerst e giebige Pollenquelle für Bienen dar.

Trompetenbaum
rechts: Kapselfrüchte

Blauglockenbaum

Immergrünes Johanniskraut

Granatapfelbaum

Punica granatum · Familie Granatapfelgewächse

Sommergrüner, stark ästiger, mitunter bedornter Strauch oder krummstämmiger, kleiner Baum mit kantigen, graubraunen Zweige, roten Blüten und charakteristischen Früchten. ✩ Mai–Sep

Frucht, geöffnet

Etwa 2–6 m hoch. **Blätter** gegenständig, an Langtrieben auch wechselständig, manchmal büschelig gehäuft, kurz gestielt, 2–8 cm lang, breit oval, derb, glänzend grün, glattrandig. **Blüten** bis zu 4 cm breit, zu 1–3 auf kurzen Stielen in den oberen Blattachseln; fleischiger Kelch und Achsenbecher leuchtend rot; 5–8 Kronblätter, kräftig orangerot; Staubblätter zahlreich. **Früchte** apfelähnlich, mit ledriger, braunroter Schale, bis zu 9 cm groß; Fruchtreife ab Aug.

Vorkommen Trockene, felsige Hänge, Mauern, Ruinen, Gärten. Ursprünglich nur im östlichen Mittelmeer- und im Schwarz meergebiet, heute im gesamten Mittel meerraum, nordwärts bis zur S-Schwei und N-Tirol; häufig als Zier- oder Fruchtge hölz angepflanzt.

Wissenswert! Der geleeartige Samenman tel, in den die steinharten Samen einge bettet sind, schmeckt angenehm säuerlic und liefert einen erfrischenden Getränke zusatz (Grenadine). Die Fruchtschale ver wendete man früher zum Färben von Leder Das harte, beständige Holz wurde für Werk zeuge oder Schnitzarbeiten genutzt.

Purgier-Kreuzdorn

Rhamnus cathartica · Familie Kreuzdorngewächse

Sommergrüner, mittelgroßer, sparriger Wildstrauch oder kleiner Baum; die Zweige stehen nahezu rechtwinklig ab und enden gewöhnlich in langen Sprossdornen. ✩ Apr–Jun

Bis zu 3 m hoch, als Baum bis zu 8 m; Zweige graubraun. **Blätter** gegenständig (beim ähnlichen Faulbaum wechselständig!), lang gestielt, elliptisch mit kurzer Spitze, an der Basis abgerundet, 2–7 cm lang, bis zu 5 cm breit, etwas gewellt, fein gesägt (beim Faulbaum immer glattrandig!), mit 3–4 Paaren stark gebogener, leicht behaarter Seitennerven. **Blüten** 4-zählig, nur um 5 mm breit, unscheinbar grünlich bis gelblich, zu 2–7 büschelig in den Blattachseln angenehm duftend. **Früchte** etwa erbsengroße Steinfrüchte, schwarz, schwach glänzend, giftig; Fruchtreife ab Sep.

Dornen

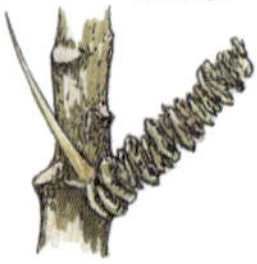

Vorkommen Säume, Auengehölze, Gebüsche, Laubwälder, Flurhecken, meist ar sonnigen, offenen Stellen, gern auf Kalkböden, im Gebirge bis in etwa 1300 m Höhe In EU weit verbreitet, von der Iberischen Halbinsel bis Norwegen, ferner Balkan und Eurasien bis W-Sibirien; gelegentlich als Ziergehölz.

Wissenswert! Eignet sich ausgesprochen gut für Wildhecken und Vogelschutzpflanzungen. Er ist Nahrungspflanze vieler Insekten, aber auch obligater Zwischenwirt des Kronenrosts, einer Pilzerkrankung de Hafers. Die für den Menschen ungenießbaren Früchte haben stark abführende Wirkung und werden ausschließlich medizinisch genutzt. Für Vogelarten stellen sie eine ungefährliche Nahrung dar.

Granatapfelbaum

Purgier-Kreuzdorn
unten rechts: reife Früchte

Laubholz-Mistel

Viscum album · Familie Leinblattgewächse

Immergrüner, meist reich und regelmäßig gabelig verzweigter, kugeliger Strauch, parasitiert auf Laubbäumen; Zweige gelblich grün, biegsam, kahl, rundlich. ✩ Mär–Mai

Bis 1 m Durchmesser. **Blätter** gegenständig, sitzend, um 5 cm lang und bis zu 1 cm breit, ledrig derb, länglich-zungenförmig, vorn gerundet, beidseits gleichfarben gelblich grün, fallen nach etwa 15 Monaten ohne Umfärben ab. **Blüten** zweihäusig, unscheinbar, gelblich, einzeln oder zu 3–5 in den Achseln kleiner Hochblätter an den Sprossenden. **Früchte** weißliche, kugelige Scheinbeeren, bestehen aus stark klebrigem Fruchtfleisch und mehreren eingebetteten Samen mit der eigentlichen Fruchthülle; Fruchtreife ab Nov. Giftig!

Vorkommen Geäst von Pappeln, Weiden, Birken, Hainbuchen, Robinien, Kastanien und Obstgehölzen (besonders Apfelbäume), nicht dagegen auf Buchen oder Eichen. M.- und S-EU, nördlich bis Skandinavien, ferner bis Vorderasien; vom Tiefland bis ins Bergland, dort bis in etwa 1300 m Höhe.

Wissenswert! Die Laubholzmistel ist ein typischer Halbparasit, der seiner Wuchsunterlage durch besondere Senker lediglich Wasser und die darin gelösten Mineralsalze entnimmt, nicht dagegen die organische Baustoffe aus der Eigenproduktion der Wirtspflanze. Die Schädigung des Trägerbaums hält sich daher sehr in Grenzen. Nur massiver Befall kann problematisch werden. Die Verbreitung der Samen erfolgt meist durch Vögel (Misteldrossel!).

Nadelholz-Mistel

Viscum laxum · Familie Leinblattgewächse

Immergrüner, meist reich und regelmäßig gabelig verzweigter, kugeliger Strauch bis zu 1 m Durchmesser. ✩ Mär–Mai

Diese Art in allen wichtigen Merkmalen der Laubholz-Mistel äußerst ähnlich. Alle Teile sind giftig!

Vorkommen Im Geäst heimischer Nadelbaum-Arten, vor allem Tanne und Wald-Kiefer. In mittleren und höheren Gebirgslagen in EU weit verbreitet.

Wissenswert! Im Unterschied zur Laubholz-Mistel lassen sich die auf Nadelholz parasitierenden Misteln in 2 verschiedene Unterarten von ausgeprägter Wirtsspezifität trennen: Tannen-Misteln besetzen fast ausschließlich die Weiß-Tanne. Ihre weißen Früchte sind länglich-eiförmig. Die Kiefern-Mistel hingegen trägt kleinere, gelbliche Früchte und kommt meist auf der Wald-Kiefer, seltener auch auf der Schwarz-Kiefer vor.

Riemenblume, Eichenmistel

Loranthus europaeus · Fam. Mistelgewächse

Sommergrüner, seltsamer Strauch auf Laubbäumen mit braunen, gabelig verzweigten, leicht brüchigen Ästen. ✩ Mai–Jun

Blattlänge 2–4 cm

Etwa 20–50 cm hoch. **Blätter** gegenständig, kurz gestielt, verkehrt eiförmig, an der Basis schmal keilförmig, glattrandig, dünn, dunkelgrün. **Blüten** zwittrig oder eingeschlechtig, in endständigen Trauben. Beerenartige Schein**früchte** kugelig, gelb, 1 cm dick; Fruchtreife ab Sep.

Vorkommen Fast ausschließlich auf verschiedenen Eichenarten, vor allem auf Flaum- und Zerr-Eiche, weniger auf Stiel und Trauben-Eiche, seltener auch auf Edel Kastanie und Ölbaum. SO-EU, westlich bis Italien, im N bis ins östliche D (Sachsen).

Wissenswert! Entzieht als Halbparasit ihrem Wirtsbaum Wasser- und Nährsalze.

Laubholz-Mistel
unten rechts: Früchte

Nadelholz-Mistel

Riemenblume, Eichenmistel

Alpen-Bärentraube

Arctostaphylos alpina · Familie Heidekrautgewächse

Sommergrüner, kriechender und ausgedehnte Teppiche bildender Zwerg- und Spalierstrauch mit aufgebogenen Zweigen. ✩ Mai–Jun

Bis zu 25 cm hoch. **Blätter** nahezu gegenständig, 2–5 cm lang, oval, am Grund keilförmig, scharf gezähnt, nicht ledrig, beidseits netznervig, oberseits hellgrün, unterseits grasgrün. **Blüten** grünlich weiß oder rötlich, zu 2–5 in endständigen Trauben. **Früchte** (Beeren) zunächst rötlich, reif blauschwarz, ungenießbar; Reife ab Sep.

Vorkommen Lichte Zwergstrauchbestände, Latschengebüsche, Lärchenwälder. Arktische Tundra, Pyrenäen, Alpen, Schottland, Teile des Balkans.

Wissenswert! Im Gegensatz zur Immergrünen Bärentraube färben sich die Blätter der Alpen-Bärentraube im Herbst intensiv karminrot um.

Zwergalpenrose

Rhodothamnus chamaecistus · F. Heidekr.g.

Immergrüner, reich verzweigter, locker buschiger, langsam wachsender Zwergstrauch mit relativ großen Blüten. ✩ Mai–Jul

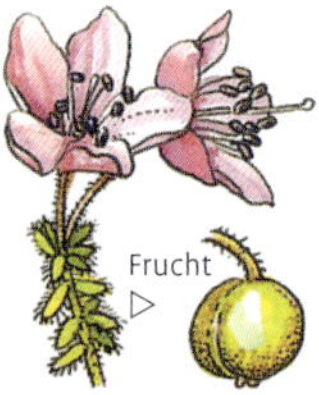

Bis zu 40 cm hoch. **Blätter** kurz gestielt oder sitzend, etwa 10 mm lang und bis zu 3 mm breit, an den Zweigenden gehäuft, ledrig, spitz-oval, beidseits glänzend dunkelgrün, am Rand abstehend borstig bewimpert. **Blüten** lang gestielt, bis zu 3 cm breit, meist zu 1–3 auf vorjährigen Trieben, Kronen auffallend hellrosa mit dunkleren Strichen und Flecken, Kronzipfel radförmig ausgebreitet. Kapsel**früchte** kugelig und hart, ab Aug.

Vorkommen Steinige Hänge, Schutthalden und Felsspalten in Kalkgestein.

Alpenazalee, Gamsheide

Loiseleuria procumbens · F. Heidekrautg.

Immergrüner, reich verzweigter Spalierstrauch mit knorrigen Zweigen in niedrigen und dichten Teppichen. ✩ Jun–Jul

Bis zu 20 cm hoch. **Blätter** überwiegend gegenständig, kurz gestielt, nur 4–7 mm lang und bis zu 2 mm breit, kahl, glänzend dunkelgrün, ganzrandig. **Blüten** knapp 1 cm breit, Kronen rosarot, mit 5 breit dreieckigen Zipfeln, zu 2–5 in endständigen Trauben. Kapsel**früchte** kugelig, ab Aug.

Vorkommen Überwiegend auf Urgestein oder oberflächlich versauerten Rohböden, schneearme Windkanten, Grate, blanker Fels. Arktisch-alpine Art: Pyrenäen, Alpen, Karpaten, N-EU, ferner N-Amerika, N-Asien, Island, Grönland und Spitzbergen.

Wissenswert! Gilt an ihren isolierten Hochgebirgsstandorten als Eiszeitrelikt.

Alpen-Bärentraube
rechts: Blüten

Zwergalpenrose

Alpenazalee, Gamsheide

Besenheide, Heidekraut

Calluna vulgaris · Familie Heidekrautgewächse

Immergrüner, dichtästiger, etwas wirr verzweigter Zwergstrauch mit dünnen, liegenden, aufsteigenden oder aufrechten Zweigen; junge Zweige deutlich 4-kantig. ✿ Jul–Sep

Um 20–50 cm hoch. **Blätter** vor allem an den kurzen Seitenzweigen in 4 geraden Längszeilen, 1–3 mm lang und um 1 mm breit, dachziegelartig, umfassen Stängelbasis mit 2 zipfeligen Öhrchen, Blattränder weit nach unten umgerollt; im Sommer dunkelgrün, im Winter bronzefarben braunrötlich. **Blüten** 4-zählig, nickend, etwa 4 mm lang, mit rosafarbenen oder hellvioletten (selten auch weißen) Kron- und längeren, etwas strohigen Kelchblättern, in endständigen, leicht einseitswendigen, 5–15 cm langen Trauben.

Vorkommen Lichte Kiefern- und Eichenwälder, Heiden, Heidemoore, Magerwiesen, Braundünen, gern auf nährstoffarmen, sauren, meist etwas sandigen Böden; Magerkeits- und Säurezeiger. In EU von N-Norwegen bis nach Kleinasien, fehlt in größeren Gebieten der Mittelmeerregion, in den Alpen bis in 2600 m Höhe.

Wissenswert! Die Blätter sind Nahrungsgrundlage für viele Schmetterlingsarten die Blüten bilden eine ergiebige Tracht für Bienen (Honigertrag bis zu 30 kg/ha). Frühere Schafbeweidung hat auf ertragsarmen Böden großflächige Heidelandschaften entstehen lassen (Lüneburger Heide).

Schnee-Heide

Erica carnea · Familie Heidekrautgewächse

Immergrüner, reichästiger, kriechender Zwergstrauch; Blätter nadelförmig, im Sommer dunkelgrün, im Winter eher schmutzig grün bis braunrot. ✿ Mär–Mai (evtl. schon Dez)

Etwa 25 cm hoch; junge Zweige dünn und biegsam, kahl, 4-kantig, längsfurchig. **Blätter** zu 3–4 in Wirteln, linealisch, bis zu 1 cm lang und 1 mm breit, spitz, nicht stechend, weit umgerollt, unterseits mit filzig weißem Mittelstreif. **Blüten** fleischfarben rosa, seltener reinweiß, abwärts geneigt, in endständigen, einseitswendigen Trauben, Kelch kurz und röhrenförmig, Krone nach vorn verengt mit kurzen Zipfeln; 8 Staubblätter, dunkelpurpurn, hängen aus der Kronröhre fast vollständig heraus und öffnen sich zur Pollenabgabe jeweils mit einem seitlichen Spalt in der Spitzenregion; Blütezeit in günstigen Lagen und im S schon ab Dez.

Vorkommen Latschengebüsche, Säume lichter Nadelwälder, Felshänge, Flussauen; meist auf kalkreichen Böden. Südliches M-EU, S-EU von Mazedonien bis Spanien, ferner Alpenvorland, selten auch im Fichtelgebirge und in Böhmen, in den Alpen bis in 2400 m Höhe; vielfach auch in Sorten als Zierpflanze in Heidegärten und Parks.

Wissenswert! Die Vorfahren der S. wanderten bereits im Tertiär in die europäischen Gebirge ein. Daher gelten die *Erica*-Arten in der heimischen Flora als Relikte. Als besonders früh blühendes Gehölz eine wichtige Nahrungspflanze von Bienen und anderen Blüten besuchenden Insekten.

Besenheide, Heidekraut

Schnee-Heide

Glocken-Heide

Erica tetralix · Familie Heidekrautgewächse

Immergrüner, zierlicher, liegender oder aufrechter Zwergstrauch; Zweige dünn und anfangs dicht graufilzig behaart. ✫ Jul–Aug

Etwa 20–60 cm hoch. **Blätter** zu 4 in Wirteln, kurz gestielt, bis zu 6 mm lang, nadelförmig linealisch, meist grau und dicht behaart, Ränder nach unten umgerollt. **Blüten** 4-zählig, hellrosa, mit bauchiger Krone und kurzen, zurückgeschlagenen Zipfeln, zu mehreren in kopfig gedrängten, endständigen Trauben oder Dolden, verfärben sich beim Abblühen auffällig rostbraun, verbleiben längere Zeit am Zweig.

Vorkommen Feuchtheiden, Hochmoore und saure, feuchte Kiefernwälder. Auf den Nordseeinseln Kennart der feuchteren Dünentälchen, bestandsbildend. Atlantisches EU von Portugal bis zum Baltikum.

Graue Heide

Erica cinerea · Familie Heidekrautgewächse

Immergrüner, reichästiger und sehr dichtbuschiger Zwergstrauch, Blüten in gedrängten Trauben oder Dolden. ✫ Jun–Sep

Etwa 30–70 cm hoch; junge Zweige kantig, graufilzig. **Blätter** kurz gestielt, 4–7 mm lang, nadelförmig, zu 3 in Wirteln, oberseits glänzend dunkelgrün, spitz, aber nicht stechend, Ränder nach unten umgebogen. **Blüten** 4-zählig, Kronen bauchig, bis zu 7 mm lang, intensiv purpurviolett bis fleischrot.

Vorkommen Kalkarme, trockene, sandige oder felsige Böden, lichte Gehölze. Atlantische Küstenheiden (Foto: Schottische Highlands), von Portugal (auch Madeira) bis S-Norwegen; in D sehr vereinzelt im äußersten NW; in Gärten häufig in vielen Sorten gepflanzt.

Wimper-Heide

Erica ciliaris · Familie Heidekrautgewächse

Immergrüner, locker verzweigter Zwergstrauch mit liegenden und aufsteigenden Ästen, in der Blüte sehr dekorativ. ✫ Jul–Sep

Um 30–60 cm hoch; Triebe dicht drüsig behaart. **Blätter** zu 3 in Wirteln, 3–4 mm lang, länglich oval, spitz, oberseits dunkel graugrün, am Rand herabgebogen, unterseits lang drüsig bewimpert. **Blüten** 8–10 mm lang, in endständigen, bis zu 12 cm langen, aufrechten Trauben, Kelch und Teile der Krone lang bewimpert, Kronen kräftig rosarot.

Vorkommen Mäßig trockene, oft sandig-steinige oder felsige Böden, lichte Gebüschsäume, Heiden, Küstenfelsen. W-EU, eine der Leitarten atlantischer Küstenheiden von Portugal bis zu den Britischen Inseln; fehlt in D.

Cornwall-Heide

Erica vagans · Familie Heidekrautgewächse

Immergrüner, dichtbuschiger Zwergstrauch mit liegenden, aufsteigenden und aufrechten Zweigen. ✫ Jul–Sep

Etwa 30–80 cm hoch; Triebe kahl, gelblich braun. **Blätter** zu 4–5 in Wirteln, nadelförmig linealisch, 5–10 mm lang, dunkelgrün, spitz, nicht stechend, kahl, am Rand umgerollt. **Blüten** etwa 8 mm lang gestielt, zu je 2 in den oberen Blattachseln, bilden eine etwa 8–12 cm lange, schlanke Traube, Krone breit glockig-urnenförmig, weißlich rosa oder blasslila, Staubbeutel dunkelpurpurn, den Kronenrand überragend.

Vorkommen Küstennahe Felsheiden, Gebüschsäume, auf sandig-steinigen, meist kalkarmen Böden. Atlantische Küstenheiden der Britischen Inseln, vereinzelt bis Portugal; in Sorten auch angepflanzt.

Glocken-Heide

Graue Heide

Wimper-Heide

Cornwall-Heide

Torfgränke

Chamaedaphne calyculata · Familie Heidekrautgewächse

Immer- oder wintergrüner, zierlicher, dicht verzweigter Kleinstrauch; Äste und Zweige abstehend oder bogig überhängend; Triebe dicht mit rostbraunen Schuppen. ✿ Mär–Jun

Bis zu 50 cm hoch. **Blätter** wechselständig, kurz gestielt, 4–5 cm lang und um 1 cm breit, länglich elliptisch, an der Basis rundlich, vorn stumpf, ledrig, derb, glattrandig oder undeutlich gekerbt, meist leicht nach unten eingerollt, oberseits mattgrün, unterseits gelblich grün und dicht mit rostbraunen Schildhaaren besetzt. **Blüten** 5-zählig, 6–8 mm lang und ebenso breit, nickend, zu mehreren in 4–10 cm langen, belaubten, einseitswendigen Trauben an den Zweigenden, Krone weiß, maiglöckchenartig mit kurzen Zipfeln, von den 10 Staubblättern nicht überragt, Kelchblätter bis zu 3 mm lang, bräunlich beschuppt; evtl. Zweitblüte Sep–Okt. **Früchte** (Kapseln) hängend, abgeflacht kugelig; Fruchtreife ab Aug.

Vorkommen Feuchte, torfige, mineralarme Böden in Moorrandwäldern und Hochmooren. NO-EU, Polen, Baltische Staaten, Skandinavien, Finnland, N-Russland; fehlt in D; gärtnerisch in einer zwergwüchsigen Form gelegentlich zur Grabbepflanzung und in Heidegärten verwendet.

Wissenswert! Die in der Natur recht seltene T. ist monotypisch, d. h. sie stellt eine Gattung dar, aus der nur eine einzige Art bekannt ist. Carl von Linné, der die Art bei seinen ausgedehnten Reisen durch Lappland entdeckte und als Erster beschrieb, stellte sie in die Gattung *Andromeda* (⇨ S. 402 Rosmarinheide). Von dieser unterscheidet sie sich jedoch vor allem durch die schuppig behaarten Laubblätter und den Aufbau der Blütenstände.

Gelber Hartriegel, Kornelkirsche

Cornus mas · Familie Hartriegelgewächse

Sommergrüner, sparrig verzweigter, breitkroniger Strauch von oder kleiner Baum; Triebe grün, anliegend behaart, später kahl; blüht lange vor dem Laubaustrieb. ✿ Feb–Apr

Strauch 3–6 m, Baum bis zu 8 m hoch; Borke schuppig abblätternd. **Blätter** gegenständig, bis zu 1 cm lang gestielt, 8–10 cm lang und bis zu 5 cm breit, oval bis elliptisch, an der Basis breit keilförmig bis rundlich, schlank zugespitzt, glattrandig, kahl, beidseits gleichfarben, oberseits glänzend, unterseits nur in den Nervenwinkeln behaart, mit zumeist 3–4 Bogennerven beidseits der Mittelrippe. **Blüten** schon im Spätwinter, klein, etwa 5 mm lang gestielt, zahlreich in gedrängten Dolden mit 4 gelblich grünen Hüllblättern, Kelchblätter kurz spitz, Kronblätter 2–3 mm lang, lanzettlich, hellgelb bis goldgelb. Stein**früchte** Kirschen ähnlich, herabhängend, in der Reife glänzend scharlachrot, essbar; Fruchtreife ab Jul.

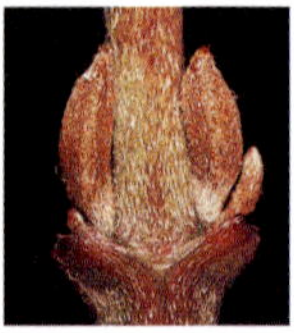

Vorkommen Lichte, trockene Laubwälder, Waldränder, Säume, Flurhecken, Gebüsche. M.- und S-EU, in D nördlich bis zum Rheinland, ferner Kleinasien bis Kaukasus; häufig als Straßen- und Fruchtgehölz angepflanzt.

Wissenswert! Die bis 1 cm langen, gelben Knospenschuppen verleihen den unscheinbaren Blütenständen ihre Attraktivität. Regional nennt man den G. H. auch Herlitze oder Dürlitze. Das außerordentlich feste Holz (Name Hartriegel!) verwendete man früher für Schäfte, Speere und Werkzeugstiele. Die Früchte sind reif essbar.

Torfgränke

Gelber Hartriegel, Kornelkirsche
unten rechts: Früchte

Roter Hartriegel

Cornus sanguinea · Fam. Hartriegelgewächse

Sommergrüner, reichästiger, mittelgroßer Strauch oder auch kleiner Baum mit prächtigem Herbstlaub. ✿ Mai–Jun

Bis zu 5 m hoch; Triebe dicht behaart. **Blätter** kurz gestielt, 4–8 cm lang, elliptisch, spitz, mit meist 3 Bogennervenpaaren, glattrandig. **Blüten** erscheinen nach dem Blattaustrieb, duften etwas fischig; Kronen reinweiß, in dichten Schirmrispen. Stein**früchte** kugelig, matt schwarzblau, weißlich punktiert, ungenießbar; Fruchtreife ab Sep.

Vorkommen Flurhecken, Auengebüsche, Laubwälder, Straßenbegleitgrün, Steinböden. Von N- bis S-EU weit verbreitet; häufig als Ziergehölz in Gärten und Parkanlagen angepflanzt.

Wissenswert! Die Lichtseite der Zweigrinde ist vor allem im Winter stark gerötet.

Tatarischer Hartriegel

Cornus alba · Familie Hartriegelgewächse

Sommergrüner, dichtlaubiger Strauch; Zweige straff aufrecht, mit blutroter, glatter Rinde. ✿ Mai–Jun

Bis zu 3 m hoch; Äste sehr zäh. **Blätter** gegenständig, mit 5–6 Paar Bogennerven, elliptisch-oval, glattrandig, oberseits grün, unterseits etwas bläulich. **Blüten** klein gelblich weiß, zahlreich in 3–5 cm breite Schirmrispen. Stein**früchte** hellblau ode weißlich, ungenießbar; Fruchtreife ab Jul.

Vorkommen Artenreiche Mischwälder Stammt aus O-Asien (Sibirien bis N-Korea), in N-EU eingebürgert; vielfach in Sorten mit panaschierten (= hell gezeichneten) Blättern oder abweichend gefärbte Rinde gepflanzt.

Wissenswert! Seine Früchte werden gern von Singvögeln verzehrt.

Gewöhnlicher Spindelbaum, Pfaffenhütchen

Euonymus europaea · Familie Spindelbaumgewächse

Sommergrüner Strauch oder kleiner Baum, etwas sparrig verzweigt; Triebe und junge Zweige grün, rundlich oder etwas kantig, erst später mit schmalen Korkleisten. ✿ Mai–Jun

Etwa 2–6 m hoch. **Blätter** gegenständig, gestielt, 5–8 cm lang, oval-lanzettlich, zugespitzt, kahl, glattrandig oder schwach gekerbt, im Herbstaspekt auffallend kupferrot. **Blüten** unauffällig, 4-zählig, grünlich, um 1 cm breit, lang gestielt, zu 3–9 traubig in den Blattachseln, schwach duftend. **Früchte** (Kapseln) 4-klappig, reif karminrot, Samen groß, weißlich, in der Kapsel von einem kontrastreich orangeroten Samenmantel umgeben; Fruchtreife ab Sep. Alle Pflanzenteile sind stark giftig!

Vorkommen Feldgehölze, Wald- und Wegränder. In EU weit verbreitet, in D häufig Auch als Zierstrauch angepflanzt.

Wissenswert! Das gelbliche Holz wurd früher zu hochwertiger Zeichenkohle un verschiedenen Drechslerprodukten verarbeitet, u. a. Spindeln (Name!) und divers Instrumentenbauteile (Klaviermechanik) Die Früchte werden von Staren (Foto unten und anderen Singvögeln gern verzehrt – di darin enthaltenen herzwirksamen Alkaloide sind nur für Säugetiere giftig.

Roter Hartriegel

Tatarischer Hartriegel

Gewöhnlicher Spindelbaum, Pfaffenhütchen

Blaue Heckenkirsche

Lonicera caerulea · Fam. Geißblattgewächse

Sommergrüner, stark sparrig verzweigter Strauch; Triebe charakteristisch rotbraun und bläulich bereift. ✰ Apr–Jun

Etwa 1–2 m hoch. **Blätter** gegenständig, kurz gestielt, 2–8 cm lang, rundlich oval, spitz oder abgestumpft, anfangs behaart, später kahl. **Blüten** paarweise kurz gestielt in den Blattachseln, Krone bis zu 2 cm lang, gelblich weiß, trichterförmig, fast radiär. **Früchte** elliptische Doppelbeeren, schwarz, bläulich bereift, giftig; Fruchtreife ab Jul.

Vorkommen Bergwälder, Grünerlen- und Legföhrengebüsche; kalkmeidend auf sauren Rohhumus- und Sandböden. Gebirge von NO-EU bis Kaukasus und Pyrenäen, fehlt in den Vogesen, in D nur im Bayerischen Wald, im Voralpenland und in den Alpen; gelegentlich angepflanzt.

Schwarze Heckenkirsche

Lonicera nigra · Familie Geißblattgewächse

Sommergrüner, aufrechter, kleiner Strauch mit dünnen, gebogenen, immer von Mark erfüllten Zweigen. ✰ Apr–Mai

Etwa 1–2 m hoch. **Blätter** gegenständig 2–5 mm lang gestielt, 4–6 cm lang, schma oval bis elliptisch, spitz, glattrandig, ober seits glänzend, unterseits bläulich, auf de Hauptnerven flaumig behaart. **Blüten** im mer paarweise auf etwa 4 cm langem Stie in den oberen Blattachseln, Krone hellrosa 5-zählig, deutlich 2-lippig, mit enger, etw 1 cm langer Kronröhre. **Früchte** kugelig Doppelbeeren, oft ungleich groß, schwarz bläulich bereift, giftig; Fruchtreife ab Jul.

Vorkommen Schattige Waldränder, kraut reiche Bergmischwälder, Halden, Wegsäu me und Gebüsche. Gebirge in M.-, S- un O-EU; selten als Ziergehölz angepflanzt.

Wissenswert! Wegen ihrer schwarzen Bee ren nennt man sie auch Tintenbeere, we gen der giftigen Beeren auch Teufelsbeere

Rote Heckenkirsche

Lonicera xylosteum · Fam. Geißblattgew.

Sommergrüner, reich verzweigter Strauch; Triebe behaart; Zweige eigenartigerweise hohl und ohne Mark. ✰ Mai–Jun

Etwa 1–3 m hoch. **Blätter** gegenständig, kurz gestielt, 3–6 cm lang, oval, schwach anliegend weichhaarig. **Blüten** paarweise in den Blattachseln, Krone 2-lippig, weißlich, außen rötlich. **Früchte** (Doppelbeeren) erbsengroß, dunkelrot, glänzend, saftig, schwach giftig; Fruchtreife ab Jul.

Vorkommen Laub- und Nadelmischwälder mit krautigem Unterwuchs, Schlagfluren, Gebüsche. M.-EU bis M.-Asien, fehlt im nördlichen D; häufig als Ziergehölz oder zur Befestigung von Böschungen verwendet.

Wissenswert! Das feste Holz verwendete man früher für Drechslerarbeiten.

Alpen-Heckenkirsche

Lonicera alpigena · Fam. Geißblattgewächse

Sommergrüner, nur wenig verzweigter aufrechter Strauch; gestielte Blüten immer paarweise in Blattachseln. ✰ Mai–Jul

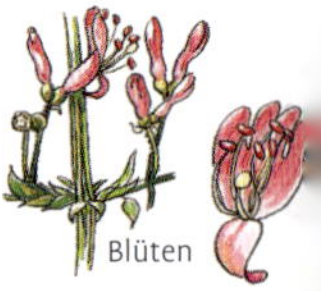

Etwa 1–3 m hoch; Triebe 2-kantig, wenig behaart; Zweige hohl, kantig. **Blätter** gegenständig, gestielt, bis zu 10 cm lang und 5 cm breit, spitz, länglich elliptisch, glattrandig. **Blü ten** auf 2–5 cm langem Stiel blattachse ständig, Krone 2-lippig, trichterförmi rötlich. **Früchte** (Doppelbeeren) glänzen hochrot, giftig; Fruchtreife ab Aug.

Vorkommen Hochstaudenfluren, krau reiche Bergmisch- und Schluchtwälde Säume und Wege, meist auf kalkreiche Boden. Gebirge von M.- und S-EU, in de Alpen bis in etwa 2300 m Höhe; in D nor wärts nur bis zur Donau.

Blaue Heckenkirsche

Schwarze Heckenkirsche

Rote Heckenkirsche

Alpen-Heckenkirsche

Wald-Geißblatt

Lonicera periclymenum · Familie Geißblattgewächse

Sommergrüner, rechtswindender Schlingstrauch, reich verzweigt und ziemlich dichtlaubig, ohne Blattverwachsung. ✰ Mai–Aug

Etwa 4–5 m hoch. **Blätter** 4–6 cm lang, spitz oder leicht gerundet, länglich oval, ohne gegenseitige Verwachsungen, oberseits dunkelgrün, unterseits bläulich. **Blüten** zu mehreren in endständiger Dolde, Krone 2-lippig, bis zu 6 cm lang, vor der Öffnung rötlich, nach dem Aufblühen gelb, wird nach Bestäubung merklich dunkler, Staubblätter und Griffel so lang wie der Kronsaum. Beeren**früchte** dicht stehend, kugelig, oft ungleich groß, hochrot, glänzend, schwach giftig; ab Aug.

Blätter gegenständig

Vorkommen Hecken, Gebüschsäume, Waldränder, Schlagfluren, Heiden. In EU von S-Skandinavien bis in den Mittelmeerraum (N-Afrika) weit verbreitet; häufig auch als Ziergehölz angepflanzt.

Wissenswert! Die Blüten werden von langrüsseligen Nachtfaltern bestäubt.

Verwandt **Tataren-Heckenkirsche** *Lonicera tataricum*, sommergrün, stark verzweigt, 2–4 m hoch; Blätter stumpf oval, am Grund herzförmig; Blüten paarig, Kronen hellrot oder weiß, oft gestreift, 2-lippig Blütezeit Mai–Jun; Doppelbeeren blutrot glänzend, giftig; stammt aus O-EU und W-Asien, wird häufig an Straßen gepflanzt.

Garten-Geißblatt

Lonicera caprifolium · Familie Geißblattgewächse

Sommergrüner, ausnahmsweise rechtswindender Schlingstrauch, Blätter an den Zweigenden paarweise verwachsen. ✰ Mai–Jul

Oft mehr als 5 m hoch. **Blätter** kurz gestielt bis sitzend, breit oval, bis zu 10 cm lang, stumpf, oberseits matt dunkelgrün, unterseits heller und bläulich, obere Blätter bilden durch Verwachsung regelrechte elliptische Teller. **Blüten** mit 3 cm langer, trichteriger Kronröhre, Kronzipfel 2-lippig umgebogen, cremeweiß, mitunter auch rötlich. Beeren**früchte** (kleines Bild unten) rundlich, hochrot, giftig; Fruchtreife Aug–Sep.

Vorkommen Lichte Wälder, sonnige Gebüsche. Ursprünglich in SO-EU vom Balkan bis zum Schwarzmeergebiet heimisch; in M.- und W-EU an vielen Stellen verwildert und eingebürgert.

Wissenswert! Die Blüten des Geißblattes, das auch Jelängerjelieber genannt wird, beginnen erst abends stark zu duften und bieten langrüsseligen Nachtfaltern (insbesondere den zahlreichen Schwärmerarten) Nahrung.

Bemerkenswert ist der Farbwechsel der äußerst dekorativen Blüten bei dieser Art. Sie starten kupferrot bis hellrosa, sind dann in der Vollblüte fast reinweiß und verfärben sich im Abblühen gelblich. Besucherinsekten fliegen nur die reinweißen Blüten an, die bei Dunkelheit genügend Kontrast zum Umfeld bieten und außerdem allein duftaktiv sind.

Wald-Geißblatt

Garten-Geißblatt

Gewöhnlicher Liguster

Ligustrum vulgare · Familie Ölbaumgewächse

Sommer- und teils wintergrüner Strauch; Triebe spärlich behaart, später kahl; Zweige rutenförmig, dünn, biegsam; Blüten creme- oder reinweiß in schlanken Rispen. ✿ Jun–Jul

Bis zu 3 m hoch, auch 5–7 m. **Blätter** gegenständig, kurz gestielt, etwas ledrig, glattrandig, oberseits dunkelgrün, unterseits heller, mit kräftiger Mittelrippe. **Blüten** 4-zählig, zahlreich in bis zu 8 cm langer, aufrechter Rispe an den Zweigenden, angenehm duftend. Stein**früchte** beerenartig, glänzend schwarz, ungenießbar, giftverdächtig; Fruchtreife ab Aug.

Vorkommen Flurhecken, Feldgehölze, Waldsäume, Ufer, Auengebüsche, Mauern. In EU weit verbreitet, ferner N-Afrika und W-Asien; in D vor allem im mittleren und südlichen Teil, angepflanzt, verwildert.

Wissenswert! Verbreitet auch Rainweid genannt, ist ein ökologisch sehr wertvol les Nist-, Deckungs- und Nahrungsgehöl für Singvögel.

Ähnlich **Wintergrüner Liguster** *Ligustrum ovalifolium*, wintergrüne, durch Schnitt stark verdichtet, häufig in Hecken verwendet, 1–3 m; Blätter eiförmig-elliptisch, 3–8 cm lang, oberseits glänzend dunkelgrün, kahl; Blüten cremeweiß, in dichten, bis zu 10 cm langen Rispen, Jun–Jul; Heimat O-Asien (Japan, Korea).

Flieder

Syringa vulgaris · Familie Ölbaumgewächse

Sommergrüner Großstrauch oder kleiner Baum mit charakteristischen vielblütigen Rispen in vielen Farben. ✿ Apr–Mai

Etwa 2–6 m hoch; Zweige rundlich, Rinde grau oder braungrün, glatt, an Ästen und am Stamm längsrissig. **Blätter** gegenständig, 1–3 cm lang gestielt, 5–12 cm lang, herzförmig, lang zugespitzt, glattrandig. **Blüten** 4-zählig, in dichten, endständigen Rispen, Krone trichterförmig, blau, violett, rötlich oder weiß gefärbt, stark duftend. Kapsel**früchte** 2-klappig, bräunlich, holzig; Fruchtreife ab Sep.

Vorkommen Lichte Wälder und Gebüsche. Beheimatet in SO-EU und Vorderasier häufig in zahlreichen Gartensorten ange pflanzt, vielfach an Felshängen oder Bahr dämmen verwildert, stellenweise einge bürgert.

Wissenswert! Schon seit 1560 ist der Flie der in M.-EU bekannt, nachdem erste Ex emplare in Wien aufgetaucht sind. Vo dort trat dieses beliebte Gartengehölz se nen Siegeszug nach Westen an. Meist wei den die zahlreichen Gartensorten mit ih ren verschiedenfarbigen, einfachen ode gefüllten Blüten kultiviert. Seine stark du tenden Blüten können nur von langrüsseli gen Insekten ausgebeutet werden.

Bei den spätestens im Spätsommer fert gen Winterknospen lohnt sich das genau ere Nachsehen: Ein sauberer Längsschnit durch eine besonders dicke Endknos pe zeigt unter der Lupe einen fertigen, a lerdings äußerst kompakt zusammenge drängten Blütenstand.

Gewöhnlicher Liguster

Flieder

Gewöhnliche Schneebeere

Symphoricarpos albus · Fam. Geißblattgew.

Sommergrüner kleiner Strauch mit Ausläufern; rötliche Blüten in achsel- oder endständigen Ähren, Beeren weiß. ✲ Jun–Jul

Etwa 1–2 m hoch; Triebe anfangs fein behaart Zweige dünn, schwach kantig, markig oder hohl, bogig überhängend. **Blätter** gegenständig, kurz gestielt, 4–6 cm lang, bis zu 4 cm breit, rundlich elliptisch, oberseits dunkelgrün, unterseits bläulich grün. Blüten unauffällig. Stein**früchte** beerenartig, mit schwammigem Fruchtfleisch, 1–1,5 cm dick, weiß, ungenießbar, giftverdächtig; Fruchtreife ab Sep.

Vorkommen Saum von Nadelwäldern, Auengehölze. Heimisch in N-Amerika; häufig als Parkgehölz und auf Friedhöfen, stellenweise eingebürgert.

Wissenswert! Zu Beginn des 20. Jh. nach EU eingeführt. Die Gartenvarietät mit großen Früchten („Knallerbsen“ genannt) wird oft als eigene Art *S. rivularis* aufgefasst.

Schmalblättrige Steinlinde

Phillyrea angustifolia · Familie Ölbaumgew.

Immergrüner, kleiner, sparrig verzweigter und dicht belaubter Strauch; Zweige und Äste rutenförmig, glatt. ✲ Mai–Jun

Etwa 1–3 m hoch; Triebe hellgrau, kahl. **Blätter** gegenständig, kurz gestielt, einfach, 2–6 cm lang, um 1 cm breit, lanzettlich-linealisch, an beiden Enden spitz, ledrig, mit undeutlichen Seitennerven, kahl, beiderseits glänzend grün. **Blüten** unauffällig, 4-zählig, in kurzen, wenigblütigen Trauben in den Blattachseln, Krone grünlich weiß bis gelblich, Kronzipfel ausgebreitet, angenehm duftend. Stein**früchte** etwa erbsengroß, matt blauschwarz, ungenießbar; Fruchtreife ab Aug.

Vorkommen Trockengebüsche, Macchien, lichte Wälder, Kalkböden. Mittelmeergebiet; selten als Ziergehölz angepflanzt.

Sommerflieder, Schmetterlingsstrauch

Buddleja davidii · Familie Rachenblütengewächse

Sommergrüner, breiter, dicht wachsender Strauch mit aufrechten Ästen und Zweigen; im Hochsommer außerordentlich reichblütig. ✲ Jul–Sep

Bis zu 4 m hoch; junge Triebe behaart, rutenförmig, später leicht bogig überhängend. **Blätter** gegenständig, gestielt, 6–25 cm lang und 2–7 cm breit, fiedernervig, elliptisch bis lanzettlich, spitz, schwach gezähnt, oberseits matt dunkelgrün, unterseits grau- oder weißfilzig. **Blüten** 4-zählig, Kronröhre 1 cm lang, eng, Kronzipfel ausgebreitet, am Röhreneingang kräftig gelb, sonst bei der Wildform blaulila, bei Gartenformen blauviolett oder rötlich getönt, selten reinweiß; zahlreich in endständigen, aufrechten, 10–30 cm langen Rispen. **Früchte** bräunliche Kapseln; Fruchtreife ab Sep.

Fruchtstand

Vorkommen Lockere Auengehölze und lichte, offene Felsgebüsche auf trockenem Boden. Ursprünglich nur in O-Asien (China und Japan), überall in EU fast nur in zahlreichen Gartensorten häufig angepflanzt, auf Schuttgelände, Trümmergelände, Brachen und entlang von Bahnanlagen sowie Flussufern verwildert; auch in Teilen der USA eingebürgert.

Wissenswert! Die duftenden, nektarreichen Blüten werden von Tagfaltern besucht. Der S. kann in strengeren Wintern stärker zurückfrieren, treibt aber nach Rückschnitt immer wieder neu aus.

Früher zur überwiegend tropisch verbreiteten Familie Buddlejagewächse gestellt, erst neuerdings umgeordnet.

Gewöhnliche Schneebeere

Schmalblättrige Steinlinde

Sommerflieder, Schmetterlingsstrauch

Großes Immergrün

Vinca major · Familie Immergrüngewächse

Immergrüner Halbstrauch mit kriechenden Sprossen und aufsteigenden Zweigen. ✿ Mär–Mai

Zweige bis zu 1 m lang; nur Blüten tragende Teile aufrecht und bis zu 30 cm hoch. **Blätter** gegenständig, ledrig, lanzettlich, bis zu 9 cm lang, zum Zweigende hin größer, an der Basis schwach herzförmig, am Rand bewimpert. **Blüten** bis zu 5 cm breit, hellblau bis blauviolett, mit kurzer Röhre und breiten, mühlradartigen Zipfeln; mitunter zweite Blühphase Sep–Nov.

Vorkommen Schattige Wälder und Auengehölze. Westliches Mittelmeergebiet.

Ähnlich **Kleines Immergrün** *V. minor*, bis zu 20 cm hoch, Blätter kahl, Blüten blau; Wälder, Hecken; W- und südl. M.-EU.

Oleander

Nerium oleander · Fam. Immergrüngewächse

Immergrüner Strauch mit wenigen, geraden Ästen und Zweigen mit ledrigen, schmalen Blättern. ✿ Jun–Sep

Etwa 2–4 m hoch. **Blätter** kurz gestielt bis sitzend, zu 2–4 in Quirlen, 5–15 cm lang und bis zu 3 cm breit, lanzettlich, derb ledrig, mit kräftigem Mittelnerv, am Rand etwas umgerollt. **Blüten** auffallend, etwa 3 cm breit, ohne besonderen Duft, 5 Kronzipfel, weiß, rosa oder rot. Sehr giftig!

Vorkommen Felsige Abhänge, Schotterbetten. Stammt aus den S-Alpen; heute im Mittelmeergebiet weit verbreitet, in warmen Regionen weltweit häufig und angepflanzt, in M.-EU nicht winterfest.

Wissenswert! Die Blüten werden gern von Nachtfaltern besucht. Futterpflanze der Raupe des Oleanderschwärmers (kleines Foto rechts).

Herzblättrige Kugelblume

Globularia cordifolia · Fam. Wegerichgew.

Immergrüner, dichte, flache Rasen bildender Spalierstrauch mit kriechenden Zweigen. ✿ Jun–Jul

Bis zu 10 cm hoch, nur Blüten tragende Zweige aufrecht, nur unten verholzt. **Blätter** wechselständig-rosettig, schopfig gedrängt, 4–7 mm lang, lanzettlich, vorn leicht herzförmig eingebuchtet. **Blüten** in halbkugeligem, 1–1,5 cm breiten Köpfchen, Einzelblüten 5-zipfelig, Krone 2-lippig, um 7 mm lang, blaulila.

Vorkommen Felsdurchsetzte Rasen, Felsspalten, Humusdecken über Felsen auf Kalkböden. Hochgebirge in M.- und S-EU, von den Pyrenäen bis zum Balkan, im Schweizer Jura und den Kalkalpen zerstreut, bis in etwa 2000 m.

Wissenswert! Blütenköpfchen von einer vielteiligen grünen Hülle umgeben.

Echter Lavendel

Lavandula officinalis · Fam. Lippenblüteng.

Immergrüner, stark ästiger Strauch mit aufsteigenden, steifen Ästen, die kantige Kurztriebe tragen. ✿ Jun–Aug

Bis etwa 1 m hoch; alle Teile der Pflanze duften beim Abstreifen stark aromatisch. Zweige nur an der Basis verholzt. **Blätter** gegenständig, schmal lanzettlich bis linealisch, bis zu 5 cm lang. **Blüten** lippenförmig, kurz gestielt, Kelch graufilzig bis bläulich, Krone lavendelblau, Kronröhre den Kelch nur wenig überragend; zahlreich in aufrechten, lang gestielten, Ähren mit mehreren Scheinquirlen.

Vorkommen Sonnige Trockenhänge auf steinigem, flachgründigem Boden, gern auf Kalk. Westliches Mittelmeergebiet von der Ebene bis in 1700 m Höhe; häufig in Sorten als Zierstrauch verwendet.

Wissenswert! Der Kreuzungsbastard mit dem ähnlichen **Breitblättrigen L.** *L. latifolia*, Lavandin genannt, wird in S-Frankreich zur Gewinnung von Lavendelöl angebaut.

Großes Immergrün

Oleander

Herzblättrige Kugelblume

Echter Lavendel

Rosmarin

Rosmarinus officinalis · F. Lippenblütengew.

Immergrüner, dicht verzweigter Strauch mit kleinen, nadelförmigen Blättern. ✿ Jan–Apr

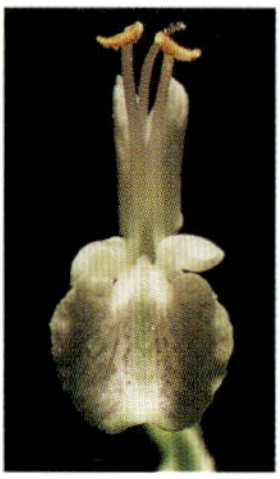

Bis etwa 1–2 m hoch. **Blätter** kreuzgegenständig, derb, ledrig, sitzend, bis zu 4 cm lang, am Rand umgerollt, nicht stechend, oberseits dunkelgrün, unterseits weißfilzig mit zahlreichen Sternhaaren, beim Zerreiben stark aromatisch duftend. **Blüten** zu wenigen in achselständigen Scheinquirlen, 2-lippig, Kelch glockig, Krone weißlich bis hellblau, manchmal auch dunkler und violettblau, Oberlippe weit zurückgebogen.
Vorkommen Trockene, sonnige Hänge auf Kalkgestein, lichte Gebüsche, Waldsäume. Mittelmeergebiet (Macchie); in Kräutergärten gezogen. Heil- und Würzpflanze.

Echter Salbei

Salvia officinalis · Fam. Lippenblütengew.

Immergrüner Halbstrauch mit liegenden oder heruntergebogenen, im oberen Teil behaarten Ästen. ✿ Jun–Jul

Bis etwa 50 cm hoch; von den verholzten Ästen steigen krautige, dicht belaubte Zweige auf. **Blätter** kreuzgegenständig, meist wintergrün, derb, gestielt, runzelig, oberseits graugrün und anfangs dicht behaart, unterseits weißfilzig, sortenabhängig vor allem im Winter rötlich bis violett überlaufen. **Blüten** zu 1–5 in Scheinquirlen, Kelch braunrot, 2-lippig, Krone auffällig, bis zu 3,5 cm lang, violettblau; alle Pflanzenteile duften beim Zerreiben angenehm aromatisch. Traditionelle Würz- und Arzneipflanze.
Vorkommen Steinige Hänge, Brachen, Wegsäume. Im westlichen Mittelmeergebiet; als Heil- und Würzkraut angepflanzt.

Echter Thymian

Thymus vulgaris · Fam. Lippenblütengew.

Immergrüner, reichästiger graugrüner Halbstrauch mit kantigen, aufrechten oder aufsteigenden Ästen und Zweigen. ✿ Mai–Okt

Höhe bis zu 40 cm; Zweige im oberen Teil ringsum behaart, Äste nur an der Basis verholzt. **Blätter** kreuzgegenständig, bis zu 1 cm, Blattränder umgeschlagen, oberseits graugrün, unterseits dicht weißlich samthaarig. **Blüten** zu mehreren büschelig in Blattachseln neuer Triebe, daher scheinbar kopfig gehäuft an den Zweigenden, Kelch 2-lippig, Krone rötlich bis hellviolett; alle Pflanzenteile duften beim Zerreiben aromatisch.
Vorkommen Stark besonnte, steinige Abhänge und trockene Felsheiden. Westl. Mittelmeergebiet, vielfach angepflanzt, gelegentlich aus Gärten verwildert.

Feld-Thymian, Quendel

Thymus pulegioides · Fam. Lippenblütengew.

Sommergrüner, krautig erscheinender Zwergstrauch mit kriechenden oder aufsteigenden Sprossen. Jun–Sep

Formenreich, etwa 5–15 cm hoch; Zweige an den Knoten meist bewurzelt und oft nur an der Basis verholzt, blühende Zweige 4-kantig und aufrecht, an den Kanten kurzhaarig. **Blätter** gegenständig, kurz gestielt, oval bis spatelig, 0,6–2 cm lang, beidseits kahl. **Blüten** an den Zweigenden kopfig gedrängt, Kronen etwa 6 mm lang, purpurn bis hellrosa.
Vorkommen Sand- und Halbtrockenrasen, Magerweiden, Heiden, Felsfluren, trockene Wiesen, sandig-steinige Böden. In EU weit verbreitet, in den Alpen bis in etwa 1800 m Höhe; in D die häufigste Form der schwer unterscheidbaren Kleinartengruppe.

Rosmarin

Echter Salbei

Echter Thymian

Feld-Thymian, Quendel

Breitblättriger Spindelbaum

Euonymus latifolia · Fam. Spindelbaumgew.

Sommergrüner Strauch mit aufrechten, aschgrau berindeten Ästen; Zweige glatt und rutenförmig. ✿ Mai–Jun

Bis zu 5 m hoch. **Blätter** gegenständig, kurz gestielt, länglich oval, fein zugespitzt, 6–12 cm, dunkelgrün, sehr fein gesägt. **Blüten** 5-zählig, bis zu 1 cm breit, Kronblätter grünlich, an den Rändern rot. **Früchte** (Kapseln) 5-klappig, kantig mit schmalem Flügelsaum, Samen weiß, jedoch mit auffälligem orangerotem Samenmantel; Fruchtreife ab Sep. Alle Teile der Pflanze sind giftig!

Blütenstand

Vorkommen Krautreiche Mischwälder, Säume, schattige Gebüsche, Kahlschläge. Gebirge M.-EU, Pyrenäen, Alpen, Apennin, Cevennen, Balkan; auch angepflanzt.

Wissenswert! Das sehr harte, feste Holz wurde ähnlich verwendet wie das vom Gewöhnlichen Spindelbaum.

Warzen-Spindelbaum

Euonymus verrucosa · Fam. Spindelbaumgew.

Sommergrüner Strauch mit abstehenden Ästen; Triebe mit dunkelbraunen Korkwarzen besetzt. ✿ Mai–Juni

Bis zu 2 m hoch. **Blätter** bis zu 6 cm lang oval-lanzettlich, zugespitzt. **Blüten** grünlich, 4-zählig, 6–10 mm breit, rötlich punktiert, zu 2–3 in lang gestielten Trauben. **Früchte** (Kapseln) gelbrot, Samen schwarz unvollständig vom roten Samenmantel umhüllt; Fruchtreife ab Sep. Ganze Pflanze giftig!

Vorkommen Felsgebüsche, Wälder, Säume. O-EU und südöstliches M.-EU.

Ähnlich **Flügel-Spindelbaum** *Euonymus alata*, bis zu 4 m hoher Strauch, Zweige mit je 4 schmalen, flügelartigen Korkleisten, Blätter elliptisch; ursprünglich in O-Asien, häufig angepflanzt.

Kletter-Hortensie

Hydrangea petiolaris · Fam. Hortensiengew.

Sommergrüner, wirrer, sehr reichblütiger Kletterstrauch, befestigt sich ähnlich wie Efeu mit Haftwurzeln. ✿ Jun–Jul

Bis zu 10 m hoch; sehr unregelmäßig verzweigt. **Blätter** 2–8 cm lang gestielt, breit oval, 5–10 cm lang und fast ebenso breit, an der Basis herzförmig oder abgerundet, kurz zugespitzt, gesägt, oberseits glänzend dunkelgrün, kahl, unterseits nur in den Blattachseln behaart. **Blüten** weiß, zahlreich in flachen, bis zu 25 cm breiten Schirmrispen, angenehm duftend, sterile Randblüten deutlich größer, bis zu 3 cm breit.

Vorkommen Artenreiche Wälder, Auengehölze. Heimisch in O-Asien (Japan bis Korea); vielfach als Ziergehölz angepflanzt, gedeiht auch an sehr schattigen Stellen.

Echte Hortensie

Hydrangea macrophylla · F. Hortensiengew.

Sommergrüner, dicht buschiger Strauch mit aufrechten, ziemlich dicken Zweigen und kugeligen Blütenständen. ✿ Jun–Jul

Meist um 1 m hoch. **Blätter** gegenständig, kurz gestielt, 10–20 cm lang und bis zu 8 cm breit, lanzettlich bis oval, gezähnt oberseits leicht glänzend. **Blüten** in halbkugeligen Doldenrispen, Kronen 4-zipfelig, bis zu 5 cm breit, reinweiß bis bläulich.

Vorkommen Lichte Gebüsche und Auengehölze. Stammt aus O-Asien; vor allem in W-EU vielfach in Sorten angepflanzt, daher auch oft Garten-Hortensie genannt.

Verwandt **Rispen-Hortensie** *Hydrangea paniculata*, sommergrün, 1–4 m, Blüten gelblich weiß in endständigen Rispen.

Breitblättriger Spindelbaum

Warzen-Spindelbaum

Kletter-Hortensie

Echte Hortensie

Wolliger Schneeball

Viburnum lantana · Familie Moschuskrautgewächse

Sommergrüner, kräftiger Strauch mit aufrechten Ästen; Triebe braun, durch Sternhaare dicht filzig. ✩ Apr–Jun

Zwischen 1–4 m hoch. **Blätter** gegenständig, 1–3 cm lang gestielt, 5–12 cm lang und bis zu 6 cm breit, dicklich, aber weich, scharf gesägt, mattgrün, unterseits graufilzig. **Blüten** zahlreich in 5–10 cm breiten, meist 7-strahligen, filzigen, leicht gewölbten Schirmrispen, etwas unangenehm duftend, Kronen cremeweiß, ohne vergrößerte Randblüten. Stein**früchte** anfangs leuchtend rot, in der Reife glänzend schwarz, giftig; Fruchtreife ab Sep.

Vorkommen Lichte Laubwälder, Gebüsche, Wegränder; gern auf mäßig trockenen Kalkböden.

In M.- und S-EU, von den Britischen Inseln bis ins Mittelmeergebiet; fehlt in D im nordwestlichen Tiefland; häufig auch entlang von Straßen angepflanzt.

Wissenswert! Im Unterschied zum Gewöhnlichen Schneeball und dessen Gartenformen sind die leicht unangenehm nach Fisch riechenden Blüten im Blütenstand dieser Art untereinander alle gleich – auffällig strahlende Randblüten, die eine äußerst üppige Superblume vortäuschen, fehlen. Die Früchte reifen selbst im gleichen Fruchtstand sehr unterschiedlich rasch heran. Daher finden sich für längere Zeit hochrote neben schon tiefschwarz ausgefärbten Steinfrüchten (Wintersteher!).

Verwandt **Runzelblättriger Schneeball** *Viburnum rhytidophyllum*, Blätter immergrün, bis 20 cm lang, dichtfilzig; Steinfrüchte schwarz, giftig, Blütezeit Mai–Jun; O-Asien.

Reichblütige Weigelie

Weigela floribunda · Fam. Geißblattgewächse

Sommergrüner, kleiner Strauch mit aufrechten, wenig verzweigten Ästen; Blüten groß und sehr dekorativ. ✩ Mai–Jun

Etwa 1–2 m hoch; Triebe weich behaart oder kahl. **Blätter** gegenständig, kurz gestielt, bis zu 9 cm lang, länglich, zugespitzt, fein gesägt, oberseits (fast) kahl, unterseits auf den Nerven behaart. **Blüten** 5-zählig, Krone trichterförmig, bis zu 5 cm lang, weißlich, rosa oder kräftiger rötlich bis tief karminrot, eventuell reiche Nachblüte im Spätsommer.

Vorkommen Lichte Wälder und Gebüsche. Heimat O-Asien; in M.-EU in vielen Sorten als Ziergehölz verwendet. Etwa 200 verschiedene Sorten sind unterdessen bekannt.

Wissenswert! Meist sieht man in M.-EU nicht die reine Art, sondern eine der zahlreichen Garten-Hybriden (Foto rechts). Die Art neigt kaum zum Verwildern.

Gewöhnl. Pfeifenstrauch

Philadelphus coronarius · Fam. Hortensieng.

Sommergrüner, breitwüchsiger Strauch mit aufrechten Ästen, rutenförmigen Zweigen und großen, weißen Blüten. ✩ Mai–Jun

Etwa 1–4 m hoch; Winterknospen kaum sichtbar. **Blätter** gegenständig, kurz gestielt, 4–8 cm lang, oval, zugespitzt, unregelmäßig gezähnt, oberseits dunkelgrün und kahl, unterseits heller, auf den Nerven spärlich behaart. **Blüten** 4-zählig, gestielt, zu 5–7 in achselständigen, aufrechten Trauben; Kronen rein- oder cremeweiß, 3–4 cm breit; Staubblätter zahlreich.

Vorkommen Waldränder, Wärme liebende, lichte Gebüsche, besonnte Berghänge. S-EU bis nach W-Asien; vielfach in sortenreichen Hybriden als Ziergehölz angepflanzt, nur selten verwildert.

Wissenswert! Wegen der abends duftenden Blüten heißt er auch Falscher Jasmin.

Wolliger Schneeball

Reichblütige Weigelie

Gewöhnlicher Pfeifenstrauch

Forsythie, Goldglöckchen

Forsythia × intermedia · Familie Ölbaumgewächse

Sommergrüner, unverwechselbarer mittelgroßer Strauch mit hohlen Ästen und gekammertem Mark. Mär–Apr

Etwa 2–5 m hoch; aufrechte oder überhängende Zweige. **Blätter** gegenständig, ungeteilt, länglich oval bis lanzettlich, 8–10 cm lang, glatt-randig oder meistens im oberen Teil fein gesägt. **Blüten** 4-zählig, Kronen kräftig gelb, bis zu 4 cm breit. **Früchte** 2-klappig, aber selten ausgebildet.

Vorkommen Artenreiche Laubgehölze; durch Kreuzung aus den ostasiatischen Arten Hänge-F. F. *suspensa* und Grüne F. F. *viridissima* hervorgegangen; in EU häufig in Gärten, Parks und öffentlichen Anlagen angepflanzt, von anderen Forsythienarten oder hybriden Gartenformen nur schwer unterscheidbar.

Wissenswert! Die Wildformen der F. bilden 2 verschiedene Blütentypen mit unterschiedlicher Griffellänge aus (Narbe überragt Staubbeutel oder umgekehrt). Die Gartenformen tragen entweder nur lang- oder nur kurzgriffelige Blüten. Im zeitigen Frühjahr begeistern diese Ziersträucher durch ihre überbordende Fülle an gelben Blüten, die vor den Blättern erscheinen. Die Blüten enthalten zuckerhaltigen Nektar und eiweißreichen Pollen. Dennoch werden sie so gut wie nicht von Bienen, Hummeln und anderen bestäubenden Insekten angeflogen. Die Gründe hierfür sind noch unklar. Vor über 100 Jahren wurde dieses Ziergehölz in Europa eingeführt. Seitdem wurden zahlreiche Sorten gezüchtet, die auch heller oder dunkler gelbe Blüten aufweisen. Die F. lässt sich leicht über Stecklinge vermehren.

Zierliche Deutzie

Deutzia gracilis · Familie Hortensiengewächse

Sommergrüner, buschiger und raschwüchsiger Strauch mit zahlreichen Blüten in aufrechten Rispen. ✿ Mai–Jun

Um 1 m hoch; aufrechter Wuchs; Zweige hängen bogig über, etwas kantig, hohl. **Blätter** gegenständig, gestielt, 3–7 cm lang, länglich oval, am Grund keilförmig, lang zugespitzt, Blattränder unregelmäßig gesägt, oberseits deutlich, unterseits nur schwach behaart. **Blüten** 5-zählig, zahlreich in aufrechten Rispen, Krone weiß, Kronblätter sternförmig ausgebreitet, schmal oval.

Vorkommen Artenreiche Laubmischwälder. Heimisch in O-Asien (Japan); häufig als Ziergehölz in Parks und Gärten angepflanzt. Zahlreiche weitere, meist nur schwer oder gar nicht unterscheidbare Arten und Hybriden dieser Gattung werden in verschiedenen Sorten, darunter auch solche mit rosa oder gefüllten Blüten oder hell gescheckten Blättern, sehr häufig gärtnerisch verwendet.

Wissenswert! Die Zierliche Deutzie gehört wie alle Deutzien zu den anspruchslosen Gartengehölzen und wird deshalb auch gern in öffentlichen Anlagen angepflanzt. Zudem gefällt sie durch ihre üppigen, auffälligen Blüten, die sternförmig oder glockig sein können und angenehm nach Honig duften. Über Stecklinge lässt sich dieses Ziergehölz leicht vermehren.

Die ausgesprochen umfangreiche Gattung *Deutzia* ist nach dem niederländischen Ratsherrn Johan van der Deutz (1743–1788) benannt, der den Botaniker Carl Peter Thunberg (1743–1828) sehr gefördert hat. Thunberg, Erstbeschreiber vieler Arten, ist seinerseits in vielen wissenschaftlichen Pflanzennamen verewigt.

Forsythie, Goldglöckchen

Zierliche Deutzie
unten rechts: Blüten

Gewöhnliche Berberitze

Berberis vulgaris · Familie Berberitzengewächse

Sommergrüner, kräftig und lang bedornter Strauch mit bogig überhängenden Ästen; hellgelbe Blüten in dichten, hängenden Trauben. ✿ Apr–Jun

Wuchshöhe etwa 1–3 m; Triebe kantig-längsstreifig; Rinde älterer Äste hell grüngrau. **Blätter** gestielt, büschelig angeordnet, länglich elliptisch, am Grund lang keilförmig, vorn gerundet oder zugespitzt, scharf dornig gezähnt, oberseits dunkelgrün, unterseits heller, kahl, bis zu 4 cm lang, mit kräftiger Mittelrippe. **Blüten** mit hellgelben Kelch- und Kronblättern, halbkugelig gewölbt, in vielblütigen Trauben; stark duftend. **Früchte** (Beeren) länglich, bis zu 1 cm groß, leuchtend rot, sehr sauer; Fruchtreife ab Sep.

Vorkommen Gebüsche, Flurhecken, Waldsäume, Lichtungen und Trockenhänge; auf kalkhaltigen, sonnigen Magerböden. Fehlt in N-EU, im übrigen EU weit verbreitet, vom Tiefland bis in etwa 2000 m Höhe.

Wissenswert! Die Blätter der Langtriebe sind in bis zu 2 cm lange Dornen umgewandelt. Die 6 gelben Staubblätter krümmen sich nach Berührung ihrer Basis schlagartig zur Blütenmitte. Als Zwischenwirt des Getreideschwarzrosts hat man die Art in vielen Gegenden ausgerottet. Für Kleintiere ist sie ökologisch besonders wertvoll.

Verwandt **Julianes Berberitze** *Berberis julianae* stammt aus China, ist immergrün und trägt 3-teilige Blattdornen; häufiges Ziergehölz.

Moosglöckchen

Linnaea borealis · Familie Moosglöckengewächse

Immergrüner, zierlicher, fast krautig aussehender Zwergstrauch mit fadenförmigen, aber verholzten Stängeln. ✿ Jul–Sep

Nur bis zu 15 cm hoch, kleine Polster bildend mit kriechenden Stängeln, die sich an den Knoten bewurzeln. **Blätter** gegenständig, kurz gestielt, 0,25–1 cm lang, spitz oder abgerundet, wenig gekerbt, ledrig derb, spärlich behaart, unterseits hellgrün. **Blüten** jeweils paarweise endständig auf 3–8 cm langem Stängel, nickend, Krone 6–9 mm lang, glockig-trichterförmig, zartrosa, dunkler geadert. Schließfrüchte klein, einsamig.

Vorkommen Moosreiche Nadelwälder und Zwergstrauchheiden auf sauren Rohhumusböden. Kühl gemäßigte und subarktische Regionen sowie Hochgebirge in EU von den Pyrenäen bis zum Ural, N-Asien, N-Amerika; fehlt in D, in den Alpen bis in 2000 m Höhe.

Wissenswert! Der wissenschaftliche Gattungsname ehrt den berühmten schwedischen Botaniker Carl von Linné (1707–1778), der mit seinen wichtigen Forschungsarbeiten die Grundlagen der heutigen Pflanzensystematik schuf und der auf vielen Porträts mit dieser Pflanze abgebildet ist. Berichten zufolge soll das Moosglöckchen auch seine Lieblingspflanze gewesen sein.

Der Niederländer Jan Frederik Gronovius (1686–1762) hat die Art zu Ehren von Linné als *Linnaea* beschrieben. Der Artnamenzusatz *borealis* verweist auf deren nördliche Verbreitungsgebiete. Erst 1753 wurde diese Beschreibung in Linnés grundlegendem Werk veröffentlicht.

Gewöhnliche Berberitze

Moosglöckchen

Berg-Ahorn

Acer pseudoplatanus · Familie Seifenbaumgewächse

Kurz nach den großen, 5-lappigen Blättern erscheinen die gelbgrünen, in Rispen hängenden Blüten, die sich zu geflügelten Nussfrüchten entwickeln.
✩ Mai

Blatt bis zu 20 cm lang und ebenso breit

Blütenstand

Bis zu 40 m hoher, meist stattlicher Baum mit breiter, gewölbter Krone auf kräftigem Stamm. **Blätter** gegenständig, mit langen, rötlichen Blattstielen, meist 5-lappig, die vorderen 3 Lappen ungefähr gleich groß, die beiden unteren manchmal nur angedeutet; oberseits dunkelgrün, unterseits graugrün, kahl. **Blüten** gewöhnlich zwittrig, klein, unscheinbar, in etwa 10 cm langen Rispen, nektarreich. Nuss**früchte** 3–5 cm lang, geflügelt, paarweise zusammenhängend und dabei ungefähr einen rechten Winkel einschließend; in hängenden Büscheln.

Vorkommen Meist in Buchenmischwäldern und schattigen Hangwäldern, im Gebirge bis zur Waldgrenze aufsteigend; wichtiger Waldbaum, aber selten in Reinbeständen. Überall in EU verbreitet; in mehreren Formen auch im Tiefland als Straßen- oder Parkbaum angepflanzt.

Wissenswert! Die großflächigen, symmetrisch aufgebauten Blätter verfärben sich im Herbst goldgelb bis karminrot, insbesondere nach einigen kalten Oktobernächten.

Die geflügelten Früchte lösen sich nach der Reife einzeln aus dem Fruchtstand, fallen herab und beginnen dabei eine charakteristische, den freien Fall abbremsende Drehbewegung, weshalb man sie als Schraubenflieger bezeichnet. So können sie leichter vom Wind erfasst und verdriftet werden. Sie keimen im Frühjahr und bilden an Wegrändern oder im Parkrasen oft dichte Bestände. Die beiden einfachen, glattrandigen Keimblätter und das nachfolgende Blattpaar sehen noch völlig anders aus als die handförmigen Folgeblätter (kleines Foto oben).

Der Blütennektar sowie der nach Blattlausbefall reichlich gebildete Honigtau, die zuckerhaltigen Ausscheidungen der Blattläuse, werden von Bienen und Hummeln gern gesammelt. Das harte, dauerhaft hell bleibende Ahornholz verwendet man unter anderem zu Schnitzereien, für Parkette und im Musikinstrumentenbau (vor allem für Gitarren und Violinen).

Ähnlich **Rot-Ahorn** *Acer rubrum*, die beiden unteren Blattlappen nur schwach angedeutet, Mittellappen; stammt aus dem atlantischen N-Amerika, in EU vor allem wegen des karminroten Herbstlaubs („Indian summer") gepflanzt.

Griechischer Ahorn *Acer heldreichii*, Blätter tiefer eingeschnitten als beim Berg-Ahorn, unterseits bläulich grün mit dichten weißlich bräunlichen Haarbüscheln in den Winkeln der Blattnerven; Bergwälder des Balkans.

Flügelfrüchte schmal, in spitzem Winkel

Flügelfrüchte breit, in spitzem Winkel

Berg-Ahorn
unten links: Herbstfärbung

Feld-Ahorn

Acer campestre · Familie Seifenbaumgewächse

Typisch sind die auffälligen Korkleisten an den Zweigen, die 5-lappigen Blätter und die Nussfrüchte, deren beide Flügel waagrecht abstehen. ✿ Mai–Jun

Sommergrün, bis zu 10 m hoch (selten höher), mit breiter, rundlicher Krone, niedriger, meist gekrümmter Stamm; auch mehrstämmig; Rinde dunkel graubraun, anfangs glatt, später zunehmend rissig gefeldert. **Blätter** gegenständig, langer Blattstiel mit Milchsaft, Blattspreite 5–9 cm lang und meist etwas breiter, 5-lappig, an den Enden abgerundet, wenig gekerbt oder undeutlich gezähnt; oberseits matt dunkelgrün, unterseits heller, kahl. **Blüten** erscheinen mit dem Laub, zu vielen 10–25 ir kurzen Rispen, nektarreich, gelblich grün Spalt**frucht** aus 2 geflügelten Nüssen, die Flügel geradlinig zueinander im Winkel vor 180 Grad.

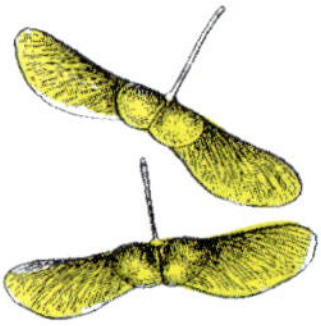

Vorkommen Liebt frische bis feuchte nährstoffreiche, mittelgründige Lehmböden, meist in Mischwäldern, Feldgehölzen oder Saumgebüschen, an Wegrändern unc in Hecken. Von N-Afrika bis W-Asien, in M. EU überall außer im N der Britischen Inseln und in Skandinavien; in D v.a. in der Mittelgebirgsregion, in den Alpen bis in etw. 1000 m Höhe.

Wissenswert! Der F. besitzt eine sehr gute Fähigkeit zum Stockausschlag und ist daher als Flur- oder Heckengehölz verbreitet Der volkstümliche Name Maßholder (vor „maß“ = Matte, Wiese) geht darauf zurück Mittelalterliche Steinmetze verwendeter seinen Blattumriss gern als Schmuckmotiv für Säulenkapitelle.

Burgen-Ahorn, Französischer Ahorn

Acer monspessulanum · Familie Seifenbaumgewächse

Die gleichzeitig mit dem Laub erscheinenden Blüten stehen zu vielen in überhängenden Büscheln, die Flügel der Nussfrüchte leuchten rötlich. ✿ Apr–Mai

Sommergrün, bis zu 10 m hoher Baum oder Strauch, mit offener, Krone auf schlankem, krummem Stamm; Rinde dunkelgrau, anfangs glatt, später feinrissig. **Blätter** gegenständig, lang gestielt; Spreite bis zu 6 cm lang, 3-lappig, an der Basis leicht herzförmig, nach dem Austrieb weichhaarig, später kahl; im Herbst kräftig gelb bis dunkelrot. **Blüten** unscheinbar gelblich grün nektarreich. Nuss**früchte** zu 2 zusammenhängend, Flügel überlappend.

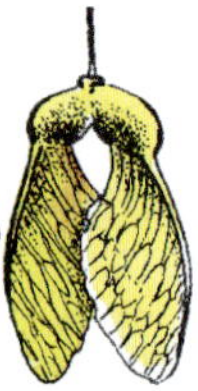

Geflügelte Früchte 2,5 cm lang

Vorkommen Auf trockenen, mäßig sauren bis kalkhaltigen, nährstoffarmen, flachgründigen und steinigen Böden, meist in Felsgebüschen und auf Trockenhängen Lichtholz. Vor allem im südl. EU und Mittelmeergebiet; in D nur isoliert im Nahe-, Mittelrhein- und Moseltal, selten angepflanzt

Wissenswert! Der deutsche Name verweis auf die stetigen Vorkommen dieser Art an den zahlreichen Burgruinen des Rheinlands. Nach der ungewöhnlichen Blattform wird die Art auch oft Dreilapp-Ahorn genannt. In seinen mitteleuropäischen Verbreitungsinseln bleibt der Baum imme kleiner als in seiner mediterranen Heimat Bemerkenswert ist seine Unempfindlichkeit gegen sommerliche Trockenheit.

Feld-Ahorn
rechts: Blütenstände

Burgen-Ahorn, Französischer Ahorn
rechts: Blütenstände

Spitz-Ahorn

Acer platanoides · Familie Seifenbaumgewächse

Der sommergrüne Baum mit den handförmig gelappten Blättern, die große spitze Zähne ausweisen, leuchtet gelbgrün, wenn er schon vor dem Laubaustrieb blüht. ✫ Apr–Mai

Bis zu 30 m hoch, mit rundlicher, dichter Krone, oft auch mehrstämmig; Rinde dunkel graubraun, anfangs glatt, später rissig mit feinen Leistenmustern. **Blätter** gegenständig; langer Stiel mit Milchsaft; Spreite 10–15 cm lang, 5- bis 7-lappig, ungleich große Lappen mit weiten Bögen und schlanken Spitzen; oberseits glänzend dunkelgrün, unterseits leicht bläulich, kahl, im Herbst kräftig goldgelb bis rötlich. **Blüten** in doldige Rispen, gelbgrün, nektarreich. Nuss**frücht** geflügelt, paarweise zusammenhängend bilden einen stumpfen Winkel.

Fruchtflügel in stumpfem Winkel zueinander

Vorkommen Auf frischen bis mäßig feuchten, nährstoffreichen und tiefgründige Böden in Hang- und Schluchtwäldern; verträgt Halbschatten. Von S-Frankreich (Pyrenäen) bis zum Ural, fehlt in Großbritannien und auf den Mittelmeerinseln; in D vom Tiefland bis in etwa 1000 m Höhe; außerhalb des natürlichen Verbreitungsgebiet häufig in Parks und Alleen angepflanzt und verwildert.

Wissenswert! Als Nutzholz hat der S. wenig Bedeutung, als früher und starker Nektarproduzent ist er jedoch hoch geschätzt. Versuchsweise hat man aus den Stämme wie bei nordamerikanischen Arten im Frühjahr Zuckersaft gewonnen. Die häufige schwarzen „Tintenkleckse" auf den Blättern werden von einem Pilz hervorgerufen

Silber-Ahorn

Acer saccharinum · Familie Seifenbaumgewächse

Die unscheinbaren Blüten stehen in dichten Büscheln an den Zweigen und haben sich schon zu geflügelten Nussfrüchten entwickelt, wenn das Laub erscheint. ✫ Mär

Sommergrün, bis zu 30 m hoch, mit rundlicher, offener Krone; Rinde graubraun. **Blätter** gegenständig, 7–15 cm lang, tief 5-lappig, oberseits frischgrün, unterseits silbrig behaart, im Herbst kräftig gelb. **Blüten** ♂ kurz-, ♀ lang gestielt; vom Wind bestäubt.

Vorkommen Auengehölz auf Schwemmlandböden in Flussniederungen und an Seeufern. Im östlichen und zentralen N-Amerika von den großen Seen bis Texas; in EU häufig als Park- und Straßenbaum gepflanzt.

Fruchtflügel sichelförmig gekrümmt

Wissenswert! Obwohl der S. ein typische Bewohner feuchter Flussauen ist, verträgt er die sommerliche Trockenheit im städtischen Umfeld sehr gut. Auffallend sind die karminroten Narben der ♀ Blüten. In seiner Heimat nutzt man den Baumsaft zur Zuckergewinnung (Ahornsirup).

Ähnlich **Zucker-Ahorn** *Acer saccharum* Blatt mit 5–11 annähernd dreieckigen Lappen (Umriss auf der kanadischen Nationalflagge), kräftig karminrote Herbstfärbung; im O von N-Amerika; in EU gelegentlich als Zierbaum. Zuckergewinnung aus dem Blutungssaft angebohrter Stämme.

Spitz-Ahorn
rechts: Blütenstand

Silber-Ahorn

Fächer-Ahorn

Acer palmatum · Familie Seifenbaumgewächse

Wegen der fächerförmig geschlitzten Blättern, die bei einigen Sorten rot sind, und der dichten schirmförmigen Krone ist dieser Baum ein beliebtes Ziergehölz. ✿ Mai

Sommergrün, bis zu 8 m hoch, auch mehrstämmig; Rinde rötlich braun bis graubraun. **Blätter** gegenständig, 5–10 cm lang, meist 5- bis 7-lappig, tief eingeschnitten. **Blüten** nach dem Laub erscheinend; rötlich grün, in Rispen. Nuss**früchte** paarweise, geflügelt, Flügel stehen in stumpfem Winkel zueinander.

Vorkommen Auf frischen, nährstoffreichen Böden der Bergwälder. Ursprünglich O-Asien (Japan und Korea); heute in zahlreiche Formen fast weltweit verbreitet.

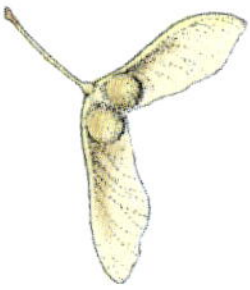

Wissenswert! Als relativ kleinwüchsige Ar ist der F. mit seinen geschlitzten Blätter gärtnerisch außerordentlich beliebt, auc wegen seiner prachtvollen roten Herbstfärbung. Die vielen Sorten und Varietäten unterscheiden sich vor allem in Blattschnit und -färbung. Gemeinsam ist ihnen da 5- bis 7-teilige Grundmuster, wobei di Blattlappen bis zum Blattstiel reichen un eine handförmige Fiederung vortäusche können oder fallweise an die Blätter vo Hahnenfuß erinnern. Die sichere Unterscheidung des F. von weiteren ähnliche Ahornen aus O-Asien ist nicht immer einfach. Einzeln stehend entwickeln sich diese Bäume mit den schirmartigen Krone und dem bizarren Wuchs zu attraktive Blickfängen in Park und Garten. Mitunte sieht man die schmucken Bäume auch al kunstvoll zugeschnittene Bonsais.

Schneeball-Ahorn

Acer opalus · Familie Seifenbaumgewächse

Mit den stumpf 5-lappigen Blättern, deren vordere Lappen sehr breit sind, erscheinen die hellgelben, lang gestielten Blüten. ✿ Mär–Apr

Sommergrün, 15–20 m hoch, mit offener, breiter Krone auf gedrungenem, kurzem Stamm; Rinde anfangs rötlich grau, später zunehmend mit groben, randlich aufgebogenen Schuppen, die nach dem Abfallen orangebraune Flecken hinterlassen. **Blätter** gegenständig; lang gestielt; 5-lappig, bis zu 12 cm lang; oberseits dunkelgrün, unterseits weich behaart. **Blüten** in hängenden Rispen. Nuss**früchte** an dickem Stiel, mit rosa-grünlichen bis rotbraunen Flügeln.

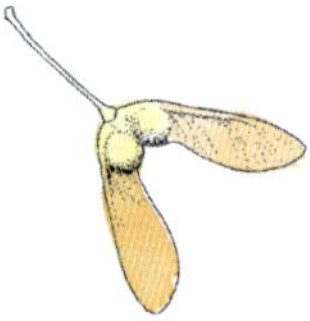

Vorkommen Auf mittelgründigen, nährstoffreichen Böden in Bergwäldern. Gebirge des westlichen Mittelmeergebiets (Italien, Spanien), nördlich der Alpen nur im Schweizer Jura.

Wissenswert! Die nach ihrer Blattform auch Schneeballblättriger A. bzw. nach de Hauptverbreitung Italienischer A. genannte, recht formenreiche Art wird in D nur selten als Ziergehölz angepflanzt. Im Mittelmeerraum hingegen sieht man sie oft i Parkanlagen. Im natürlichen Verbreitungsgebiet kommen weitere, zum Teil sehr ähnlich aussehende Arten vor.

Der S. gehört zu denjenigen Ahornarten die sich auf Insektenbestäubung spezialisiert haben. Trotz ihrer wenig auffällige Färbung werden seine kleinen, teils eingeschlechtigen, teils zwittrigen Blüten eifri von Bienen und anderen bestäubenden Insekten angeflogen, da sie reichlich süße Nektar produzieren.

Fächer-Ahorn
unten rechts: Herbstfärbung

Schneeball-Ahorn

Tataren-Ahorn, Steppen-Ahorn

Acer tataricum · Familie Seifenbaumgewächse

Die kleinen, weißlichen Blüten stehen zu vielen in aufrechten oder ausgebreiteten Rispen und verströmen eine angenehmen Duft. ✩ Apr–Mai

Sommergrün, bis zu 7 m hoher Baum oder Strauch, mit offener Krone auf niedrigem Stamm; Rinde bräunlich, glatt, später heller gestreift. **Blätter** gegenständig, lang gestielt, Spreite eiförmig, 6–10 cm lang, meist ungelappt, manchmal mit 1–2 undeutlichen randlichen Lappen; oberseits mattgrün, unterseits zumindest entlang der Hauptnerven behaart; im Herbst leuchtend orangerot. **Blüten** erst nach dem Laub erscheinend, zahlreich in Rispen; Einzelblü-

ten unscheinbar klein, weißlich, vorwie gend zwittrig, angenehm duftend. **Früch te** (Nussfrüchte) mit intensiv roten Flügelr paarweise zusammenhängend. Die Flüge schließen einen spitzen Winkel ein, sodas ihre Außenkanten annähernd parallel ve laufen.

Vorkommen Kalkhaltige, trockene, feuch te, nährstoffreiche Böden an Flussufer und an felsigen Hängen; vom Tiefland bi in die Bergregion. Vom südöstlichen E bis zum Ural; nördlich der Alpen häufig al Parkgehölz, gelegentlich auch als Straßen baum.

Wissenswert! Schon im sommerliche Fruchtschmuck sieht dieser Ahorn rech dekorativ aus, erst recht in der herbstliche Farbenpracht. Hinsichtlich der Blattgesta stellt er ebenso wie die folgende Art ein Ausnahme dar. An Schösslings-Langtrie ben können die Blätter wie bei den andere Ahornen allerdings deutlich 3-lappig sein.

Gewöhnlicher Schneeball, Wasser-Schneeball

Viburnum opulus · Familie Moschuskrautgewächse

Sommergrüner, kleinerer Strauch mit ausgebreiteten, etwas überhängenden Ästen; Triebe graubraun, stumpfkantig bis rinnig, kahl; Blüten und Früchte auffällig. ✩ Mai–Jun

Meist 1–4 m hoch. **Blätter** gegenständig, 2–3 cm lang gestielt, im Umriss breit oval, 3- bis 5-lappig, bis zu 10 cm lang und 8 cm breit, ungleichmäßig gezähnt, oberseits dunkelgrün und kahl, unterseits graugrün und schwach behaart, im Herbst tief weinrot verfärbt. **Blüten** zahlreich in endständigen, bis zu 10 cm breiten Schirmrispen, Randblüten mit großer, sternförmiger, bis zu 2,5 cm breiter, ungleichlappiger Krone und steril, Zentralblüten kleiner mit glockiger, nur 3–4 mm breiter Krone und fruchtbar. Stein**früchte** leuchtend rot, schwach giftig; Fruchtreife ab Aug.

Vorkommen Frische bis feuchte, überwie gend nährstoff- und basenreiche Lehm und Tonböden (Feuchtezeiger); halbschat tige Gebüsch- und Wegsäume, Waldrände Auengebüsche, Bachufer. In EU weit ve breitet, vom Tiefland bis in die Gebirgsstu fe, in den Alpen bis in 1700 m Höhe, ferne N-Afrika, N- und W-Asien; häufig in Gärte und an Straßen, für Städte und Industrie gebiete geeignet, da ziemlich rauchfest.

Wissenswert! Die großen, sterilen Ranc blüten der Wildform lassen den Blüter stand als Superblume erscheinen, die fü Blütenbesucher besonders attraktiv ausse hen soll. Die Blütenstände der Gartenso ten bestehen nur aus sterilen Blüten; nu für sie gilt die Bezeichnung Schneeball. A den Blattstielen fallen große, etwas wulst ge, grüne Nektardrüsen auf. Die Blätter we den häufig von den Larven des Schneebal Blattkäfers zerfressen. Die Früchte bleibe bis zum nächsten Frühjahr am Geäst.

Tataren-Ahorn, Steppen-Ahorn

Gewöhnlicher Schneeball, Wasser-Schneeball
links: Herbstfärbung

Silber-Pappel, Weiß-Pappel

Populus alba · Familie Weidengewächse

Die dicht weißfilzig behaarten Blattunterseiten und Stiele gaben diesem sommergrünen Baum, der an der Basis häufig Schösslinge bildet, seinen Namen. ✿ Mär–Apr

Bis zu 30 m hoch, mit hoher, offener und meist weit ausladender Krone auf geradem Stamm; Rinde zunächst glatt und hellgrau mit Leisten aus rautenförmigen Korkwarzen, später dunkelgrau mit Leisten und Furchen. **Blätter** wechselständig, lang gestielt, 6–10 cm lang und um 5 cm breit, im Umriss breit dreieckig und in 3–5 größere Lappen gegliedert; im Austrieb wie die jungen Zweige zunächst beidseits filzig behaart, später auf der Oberseite glänzend dunkelgrün und nur noch unterseits behaart. **Blüten** zweihäusig verteilt; vor dem

Laubaustrieb erscheinend; Deckblätter de Einzelblüten zottig bewimpert, ♂ Kätzche 3–7 cm lang, hängend, anfangs karminro gefärbt, beim Stäuben zunehmend blasse ♀ Kätzchen 3–5 cm lang, grünlich gelb ge tönt mit roten Narben. **Früchte** mit weiß haarigen Flugsamen ab Mai.

Vorkommen Feuchte, tonige und näh stoffreiche Locker- und Schwemmlandbö den in Talauen und an Seeufern. Von W-E (Portugal) bis zum Himalaja, in manche Regionen jedoch nur lückenhaft; steller weise auch in N-Afrika entlang der Mittel meerküste; im Gebirge bis in 1500 m Höhe fehlt von Natur aus im nordwestlichen EU wird hier jedoch häufig angepflanzt.

Wissenswert! Mit ihren im Hochsomme zweifarbigen Blättern wird die attraktive S häufig in Alleen und Parkanlagen gepflanz An der Küste verwendet man sie wegen ih rer Windfestigkeit häufig in Hecken. D besonders raschwüchsige Art kann übe 400 Jahre alt werden und mächtige Stäm me bis über 2 m Durchmesser entwickel Das weiche, im Kern gelbliche Holz wird z Schnitzarbeiten herangezogen und z. B. z Holzschuhen, früher auch zu Löffeln ode Reißbrettern verarbeitet.

Obwohl die S. wie alle Pappelarten winc blütig ist, sammeln Bienen den reichliche Pollen der männlichen Kätzchen ein.

Ähnlich **Grau-Pappel** *Populus × canescens*, bis zu 30 m hoch, mit rundlicher, offener Krone; Rinde dunkelgrau bis schwärzlich; Blätter lang gestielt, im Umriss dreieckig bis angenähert kreisförmig, mit großen, bogigen Zähnen und seichten Blattbuchten, anfangs beidseitig silbrig behaart, später oberseits glänzend dunkelgrün, unterseits filzig grauweiß; einhäusig; Blütezeit Mär–Apr. Die G. ist ein erbfester Bastard aus der Silber-Pappel und der Zitter-Pappel (⇨ S. 404). Im gemeinsamen Verbreitungsgebiet der Elternarten findet man sie überall. An der Küste wird sie oft für Windschutzpflanzungen verwendet („Marschpappel").

Silber-Pappel, Weiß-Pappel

Gewöhnliche Balsam-Pappel

Populus balsamifera · Fam. Weidengewächse

An den weißlichen oder gelblichen Unterseiten der herzförmigen Blätter gut zu erkennen. ✩ Mär–Apr

Sommergrün, bis zu 30 m hoch, schmale Krone, ausgebreitete Äste und reiche Wurzelbrut; Winterknospen groß, klebrig, stark duftend. **Blätter** eiförmig, zugespitzt, 8–13 cm lang, ledrig, leicht gekerbt und fein gewimpert, unterseits anfangs rötlich, später bläulich grau. **Blütenstände** (Kätzchen) bis zu 15 cm lang.

Vorkommen Feuchte Lockerböden in Talauen und auf Flussbänken. Nördliches N-Amerika; in Parks und Forstwäldern auch in M.-EU angepflanzt.

Wissenswert! Der Artname bezieht sich auf das aromatische, gelbe Knospenharz. Die forstlich als Nutzholzlieferanten angebauten Bäume sind meist Kreuzungen mit anderen Pappelarten.

Westliche Balsam-Pappel

Populus trichocarpa · Fam. Weidengewächse

Beim Aufspringen duften die Knospen nach Balsam (Name!), die dicht behaarten Kapseln sind typisch. ✩ Mär–Apr

Sommergrün, in seiner Heimat bis zu 60 m hoch, mit breiter Krone; Triebe leicht kantig. **Blätter** nach dem Austrieb zunächst klebrig, eiförmig bis länglich rautenförmig, 10–15 cm lang und bis zu 10 cm breit, am breitesten etwa in der Spreitenmitte, am Grund gestutzt oder schwach herzförmig, oberseits dunkelgrün, unterseits weißlich bis silbrig blaugrau. ♀ **Blütenstände** (Kätzchen) reif bis zu 20 cm lang.

Vorkommen Feuchte Schwemmböden in Auen, oft in Reinbeständen an Flussufern u. auf Sandbänken. Westliches N-Amerika von S-Alaska bis N-Kalifornien; in M.-EU in mehreren Sorten u. Kreuzungen mit verwandten Arten angepflanzt.

Kanadische Pappel

Populus × canadensis · Fam. Weidengew.

Die Borke dieses häufig gepflanzten Baums ist tief gefurcht, seine Blätter im Austrieb oft rötlich. ✩ Mär–Apr

Sommergrün, sehr formenreich, bis zu 30 m hoch, mit langschäftigem, geradem Stamm, breite, offene Krone. **Blätter** 7–10 cm lang und 6–9 cm breit, zugespitzt, am Grund gerade oder tief herzförmig, mit 1–2 Drüsen, am Rand nach dem Austrieb noch bewimpert.

Vorkommen Ufernahe, lockere Schwemmböden. Überall in M.-EU forstlich angebaut, gelegentlich auch in Schutzpflanzungen oder als Straßenbaum verwendet.

Wissenswert! Die K. P. ist ein Bastard aus der heimischen und der Amerikanischen Schwarz-Pappel. Die Sorten sind schwer unterscheidbar. Die K. P. hat den größten Holzzuwachs aller Laubholzarten.

Amerikan. Schwarz-Pappel

Populus deltoides · Fam. Weidengewächse

Dieser Baum gibt überaus reichlich Samen frei, die mit watteähnlichen Samenhaaren umgeben sind. ✩ Mär–Apr

Sommergrün, über 40 m hoch, mit breiter, offener Krone, schlanker Stamm, spitzwinklig aufsteigende Äste. **Blätter** lang gestielt, 10–18 cm lang, zugespitzt, am Rand dicht bewimpert und grob kerbig gesägt, am Grund flach oder schwach herzförmig, am Stielansatz mit 2–4 rötlichen Drüsen. ♀ **Blüten**kätzchen in der Blüte bis zu 10 cm, reif bis zu 30 cm lang.

Vorkommen Lockere Schwemmböden in Flussauen. Südöstliches N-Amerika; in EU vielfach in verschiedenen Sorten angepflanzt.

Wissenswert! Wegen der starken Samenproduktion wird die A. S. auch Cottonwood („Baumwollholz") genannt.

Gewöhnliche Balsam-Pappel

Westliche Balsam-Pappel

Kanadische Pappel

Amerikanische Schwarz-Pappel

Silber-Weide

Salix alba · Familie Weidengewächse

Die Blätter der größten und häufigsten heimischen Weide mit den biegsamen Trieben glänzen auffallend silbrig, sie blüht mit dem Blattaustrieb.
✲ Apr–Mai

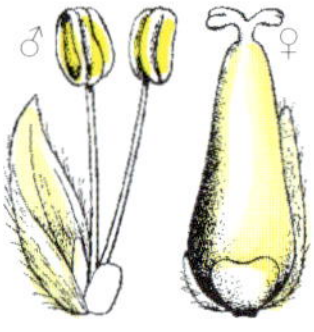

Einzelblüten

Sommergrün, bis zu 20 m hoch, mit breiter, offener, im Alter meist unregelmäßiger Krone auf dickem, schon bodennah geteiltem Stamm; Rinde gelblich mit dunkleren Korkwarzen, später graubraun und tiefrissig. **Blätter** kurz gestielt, 5–12 cm lang und bis 2 cm breit, im Umriss lanzettlich, am Rand fein gezähnt und drüsig, anfangs auf beiden Seiten anliegend seidig behaart, später oberseits dunkelgrün und fast kahl, unterseits bleibend behaart und graugrün bis bläulich, selten völlig kahl. **Blüten** zweihäusig verteilt, unmittelbar vor dem Laubaustrieb erscheinend; ♂ Kätzchen aufrecht oder gebogen aufsteigend, 4–6 cm lang, gelblich; ♀ Kätzchen aufgerichtet, 3–5 cm lang.

Kätzchen

Fruchtreife mit reicher Samenproduktior ab Apr.

Vorkommen Periodisch überschwemm-te, staunasse und nährstoffreiche Locker-böden von Bächen und Flussauen, v. a. im Tiefland; Leitart der Weichholzaue (Baum-weidenaue); im Gebirge nur unterhalb vor 1000 m. Überall in W- und M.- EU verbrei-tet; in Skandinavien und Großbritannier seit langem eingebürgert; ferner in N-Af-rika (Atlasgebirge), Klein- und Vorderasier bis zum Kaspischen Meer heimisch.

Wissenswert! Entlang von größeren na-türlichen Fließgewässern bestimmt die S oft zusammen mit der Schwarz-Pappel das Bild der Landschaft. Sie baut galerieartige Bestände auf, die man fachlich als Weich-holzaue oder Baumweidenaue bezeichnet Durch ihr stark verzweigtes, weit reichen-des Wurzelwerk trägt sie wirksam zum Ufer-schutz bei, weil sie Abschwemmungen und sonstige Erosionsschäden mindert. Vieler-orts hat man die natürlichen Auenwälde allerdings durch Monokulturen aus Hyb-ridpappeln (⇨ S. 340) oder baulichen Ufer-befestigungen ersetzt. Gelegentlich säum-die S. auch die Gewässer großer Parkanla-gen. Sie wird an die 300 Jahre alt und bil-det Stämme bis zu 2 m Durchmesser aus Ihr Holz ist weich und kaum verwendbar Von größerem Wert sind die sehr biegsa-men, rutenförmigen Zweige, die man v. a für Flechtarbeiten (Körbe) verwendet.

Ähnlich **Trauer-Weide** *Salix alba* 'Tristis' (Foto), eine der vielen Gartenformen der Silber-Weide; Zweige dünn, schlaff herabhängend, gelb berindet; Blätter unterseits dicht seidig behaart; häufig in Parks und großen Gärten als Zierbaum gepflanzt.

Chinesische Trauer-Weide *Salix babylonica*, Zweige olivbraun bis rötlich braun, Blätter kahl, weniger frosthart.

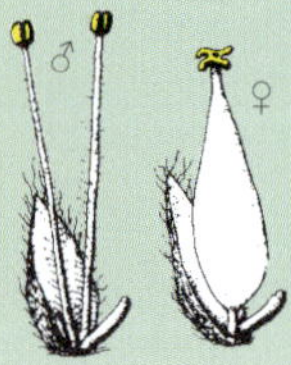

Blüten der Chinesischen ▷ Trauer-Weide

Silber-Weide
unten links: Kopfweiden entstehen nach Rutenschnitt

Bruch-Weide

Salix fragilis · Familie Weidengewächse

Die mattgrüne Oberseite der knorpelig gezähnten Blätter unterscheidet sich deutlich von der hellgrünen Unterseite mit dem vortretenden Mittelnerv.
✿ Mär–Mai

Sommergrün, bis zu 15 m hoch, Baum oder Großstrauch, Krone breit und offen; Zweige kahl, glänzend gelblich oder braun. **Blätter** 8–18 cm lang, bis zu 4 cm breit, lang zugespitzt, kahl. **Blüten** zweihäusig verteilt; mit den Laubblättern erscheinend; ♂ Kätzchen lang gestielt, bis zu 5 cm lang, gelblich; ♀ Kätzchen sehr schlank, bis zu 7 cm lang.

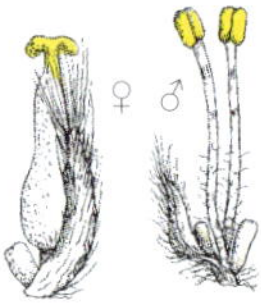

Vorkommen Von der Ebene bis in Mittelgebirge auf periodisch überschwemmten, kiesigen Böden von Flussauen, oft mit anderen Weiden. In EU und W-Asien weit verbreitet; auch weit außerhalb des natürlichen Verbreitungsgebiets angepflanzt.

Wissenswert! Im naturnahen Wasserbau verwendet man sehr gern die B., weil sie mit ihrem dichten Wurzelwerk die Ufer wirksam befestigt. Ihre nur wenig biegsamen Zweige eignen sich nicht für Flechtarbeiten. Weil sie mit hörbarem Knacken abbrechen, wird die Art auch Knack-Weide genannt.

Ähnlich **Purpur-Weide** *Salix purpurea*, Strauch oder kleiner Baum bis zu 6 m Höhe; Zweige biegsam, auf der Lichtseite vor allem im Winter purpurrot; Blätter lanzettlich, spitz, bis zu 12 cm lang, oberseits grün, unterseits heller graugrün.

Korb-Weide

Salix viminalis · Familie Weidengewächse

Die geraden Zweige dieses oft zur Kopfweide geschnittenen Baumes mit den dicken, rund 3 cm langen Blütenkätzchen sind extrem biegsam. ✿ Mär–Mai

Sommergrün, Großstrauch oder kleiner Baum, bis zu 10 m hoch, Zweige bräunlich grün, anfangs grau filzig behaart, später kahl. **Blätter** 12 cm lang, schmal, oberseits dunkelgrün, unterseits dicht silbrig behaart, am Rand gewellt und eingerollt. **Blüten** zweihäusig verteilt, schon vor dem Laub erscheinend.

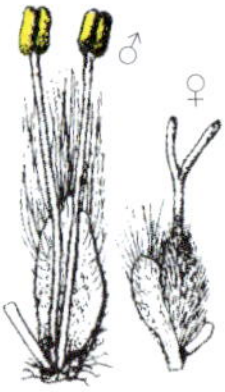

Vorkommen Auengebüsche und -wälder an stehenden und fließenden Gewässern auf tonigen bis sandigen, nährstoffreichen Böden; im Bergland bis in Höhen von etwa 700 m. Von den Pyrenäen über ganz M.-EU bis Sibirien.

Wissenswert! Nach einem Rückschnitt bildet die K. über 2 m lange, dünne, sehr biegsame Ruten, die sich leicht entrinden lassen. Schon im Altertum verwendete man sie zum Flechten v. a. von Körben oder Sitzen. Deshalb wurde die K. mancherorts in langen Reihen entlang von Bächen und Flüssen angepflanzt. Durch regelmäßigen Rückschnitt bilden die Bäume dicke Stämme mit kopfig verdicktem Ende (Kopfweiden).

Bruch-Weide

Korb-Weide

Purpur-Weide

Salix purpurea · Familie Weidengewächse

Sommergrüner, reich verzweigter, dichtkroniger Großstrauch, seltener auch dickstämmiger, aber kleiner Baum. ✩ Mär–Apr

Bis zu 6 m hoch, sehr variabler, unregelmäßiger Wuchs; reich und dicht verzweigt; Zweige dünn und biegsam; Rinde glänzend, auf der Lichtseite meist purpurrot oder dunkelgelb überlaufen. **Blätter** 5–10 cm lang, lanzettlich schmal, breiteste Stelle oberhalb der Mitte, oberseits matt dunkelgrün, unterseits bläulich. **Blüten** zweihäusig, Kätzchen schmal, um 5 cm lang, erscheinen vor dem Laubaustrieb; Staubbeutel vor dem Öffnen rot gefärbt.

Vorkommen Entlang von Gewässern und in Auengehölzen, eignet sich bestens für Uferbefestigungen in Hochwassergebieten. M.- und S-EU; Vorder- bis O-Asien.

Wissenswert! Die Rinde weist einen hohen Gehalt an Salicinsäure auf und wurde früher arzneilich genutzt (als Derivat Acetylsalicylsäure = Aspirin). So kannten schon die Mediziner der Antike die fiebersenkende und schmerzlindernde Wirkung der Rinde dieses Baumes. Heute haben industriell hergestellte Wirkstoffe, wie beispielsweise die Acetylsalicinsäure, die Bedeutung der aus der Rinde gewonnenen Substanzen abgelöst.

Die Purpur-Weide gehört zu unseren häufigsten Weidenarten. Sie wird auch zur Befestigung des Bodens gepflanzt sowie als Flechtweide angebaut, da sich ihre dünnen, biegsamen Zweige gut für Korbwaren und andere Korbprodukte eignen.

Die Art bastardiert gelegentlich mit der Korb-Weide. Die Hybriden heißen Blend-Weiden (*S.* × *rubra*).

Grau-Weide, Asch-Weide

Salix cinerea · Familie Weidengewächse

Sommergrüner, dichter, sparrig verzweigter, meist halbkugelig abgeflachter oder kuppelförmiger Strauch mit derben Zweigen. ✩ Mär–Apr

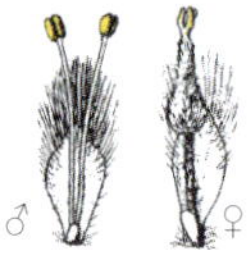

Zumeist 3–5(6) m hoch; Triebe bis zum 2. Jahr dicht graufilzig. **Blätter** mit kurzen, weichhaarigen, gelben Blattstielen, Spreite länglich oval, bis zu 10 cm lang und 4 cm breit, vorne rund, anfangs stark graufilzig, später verkahlend, oberseits graugrün, unterseits bläulich, Nebenblätter nierenförmig. **Blüten** zweihäusig, Kätzchen ähnlich der Sal-Weide, sitzend, aufrecht, bis zu 5 cm (♂) bzw. 9 cm (♀) lang, erscheinen vor den Blättern.

Vorkommen Staunässezeiger; Gräben, Quellsümpfe, Feuchtwiesen und Erlenbrücher mit sauren bis basenreichen Böden, vom Tiefland bis etwa 700 m Höhe im Gebirge. EU, Vorderasien und N-Afrika.

Wissenswert! Wie fast alle Weiden neigt auch diese Art zur Bastardierung mit anderen Weiden und bildet auf schwer durchschaubare Formenschwärme. Wird zur Uferbefestigung an stehenden Gewässern angepflanzt, seltener als Ziergehölz. Die reichlich produzierten Flugsamen (unteres kleines Bild) gehen schon vor der Laubentfaltung auf die Luftreise.

Purpur-Weide

Grau-Weide, Asch-Weide

Lavendel-Weide

Salix elaeagnos · Familie Weidengewächse

Sommergrüner, reichästiger Großstrauch, seltener auch als Baum; Zweige dünn, hellbraun, oberseits kantig. ✮ Apr–Mai

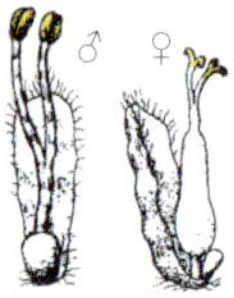

Wuchshöhe etwa 3–6 m. **Blätter** kurz gestielt, Spreite schmal lanzettlich oder linealisch, bis zu 15 cm lang, max. 2 cm breit, spitz, anfangs beidseits dicht weißfilzig, später nur oberseits kahl und dunkelgrün, Blattrand nach unten eingerollt; meist ohne Nebenblätter. **Blüten** zweihäusig, grünlich gelb, Kätzchen bis zu 2,5 cm (♂) bzw. 3–5 cm (♀) lang, erscheinen kurz vor oder während des Laubaustriebs.

Vorkommen Offene, zeitweilig trockene Böden alpiner Flüsse sowie Bergheiden. Pyrenäen, Alpen, Karpaten, Abruzzen, Balkan, im Oberrheingebiet nur bis Karlsruhe. Wird auch als Ziergehölz verwendet.

Mandel-Weide

Salix triandra · Familie Weidengewächse

Sommergrüner, dicht verzweigter, halbkugeliger Großstrauch; Triebe anfangs wenig behaart, später rotbraun. ✮ Apr–Mai

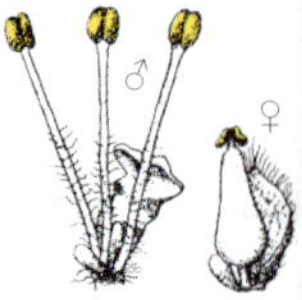

1–4 (6) m hoch; Zweige brechen leicht ab; die braune Rinde löst sich in Platten ab. **Blätter** gestielt, länglich elliptisch, breiteste Stelle in der Mitte, am Rand fein gezähnt, beidseits kahl, oberseits glänzend dunkelgrün, unterseits bläulich grün; bleibende Nebenblätter nieren- bis halbherzförmig. **Blüten** zweihäusig verteilt, Kätzchen 6–8 cm lang, erscheinen mit dem Laubaustrieb.

Vorkommen Häufig an Bach- und Flussufern, hier in der Weichholzaue wichtige Kennart des Strauchweiden-Saums, von der Ebene bis ins Hochgebirge. Von EU bis O-Asien weit verbreitet.

Reif-Weide

Salix daphnoides · Familie Weidengewächse

Sommergrüner, raschwüchsiger Großstrauch, auch kleiner Baum; Triebe auffällig bläulich weiß bereift. ✮ Mär–Apr

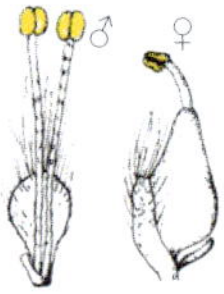

Meist 4–8 m (10 m) hoch; Triebe nach dem Abwischen rotbraun, zunächst behaart, später kahl. **Blätter** 4–12 cm lang, länglich elliptisch, fein gesägt bis fast ganzrandig, oberseits glänzend dunkelgrün, unterseits blaugrün; Nebenblätter halbherzförmig. **Blüten** zweihäusig, Kätzchen sitzend, bis zu 5 cm lang, vor dem Laubaustrieb.

Vorkommen Kiesbänke alpiner Flüsse, Kennart des Grauerlenwalds, meidet Staunässe; von etwa 1800 m als Abschwemmling bis weit ins Vorland. N-EU sowie Gebirge M.- und SO-EU; häufig angepflanzt.

Wissenswert! Auch Schimmel-Weide genannt. In den Alpendörfern als Palmkätzchen verwendet.

Kriech-Weide

Salix repens · Familie Weidengewächse

Sommergrüner, dichtbuschiger Kleinstrauch mit kriechendem Stamm und liegenden Ästen. ✮ Apr–Mai

Formenreich, meist 0,5–1 m hoch. **Blätter** etwa 3 mm lang gestielt, elliptisch oder lanzettlich, bis zu 5 cm lang, spitz, am Grund rundlich, mit 4–6 Seitennerven, graugrün, später nur unterseits dicht seidig behaart, ganzrandig. **Blüten** zweihäusig, die gelben Kätzchen öffnen sich kurz vor dem Laubaustrieb, ♂ bis zu 1,5 cm lang, ♀ um 1 cm.

Vorkommen Niedermoore, Streu-, Nass- und Magerwiesen, Küstendünen (Graudünen). N-, W- und M.-EU, im Gebirge bis in 1700 m Höhe.

Wissenswert! Erträgt die Übersandung durch Wanderdünen und wächst dann mit unterirdischem Stamm weiter. Regional nennt man die Art auch Moor-Weide.

Lavendel-Weide

Mandel-Weide

Reif-Weide

Kriech-Weide

Kraut-Weide, Zwerg-Weide

Salix herbacea · Familie Weidengewächse

Sommergrüner Spalierstrauch; Stämmchen kriechen meist unterirdisch; Äste liegend bis aufsteigend. ✮ Jul–Aug

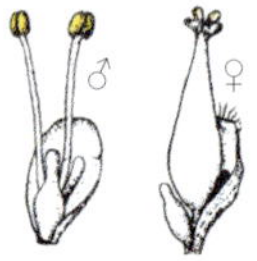

Nur 2–5 cm hoch. **Blätter** gestielt, fast kreisrund oder oval, 8–20 mm lang, kerbig gesägt, beidseits kahl und glänzend mittelgrün. **Blüten** zweihäusig verteilt, Kätzchen wenigblütig, ♂ kugelig, um 5 mm groß, ♀ kopfig, wenigblütig, bis zu 1 cm lang.

Vorkommen Auf sickerfeuchten, kalkfreien Böden in Schneetälchen, bis in etwa 3300 m Höhe. Rein arktisch-alpine Pflanze: N-EU, Schottland, Grönland, Spitzbergen, Island, Alpen, Jura, Riesengebirge, Pyrenäen und Zentralmassiv.

Wissenswert! Spaliersträucher nennt man die in dichten Teppichen wachsenden Zwergweiden des Hochgebirges. Meist ragen nur die Blätter über den Boden.

Netz-Weide

Salix reticulata · Familie Weidengewächse

Sommergrüner, teppichbildender Spalierstrauch mit kriechenden Stämmchen und liegenden Ästen. ✮ Jun–Aug

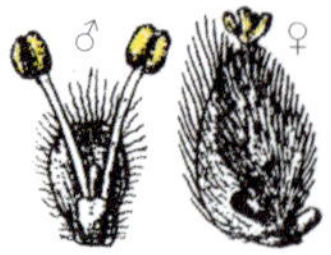

Nur 5–15 cm hoch; Triebe dick, olivbraun, schwach behaart. **Blätter** gestielt, 2–5 cm lang, rundlich, vorn leicht ausgerandet, derb, oberseits dunkelgrün und auffällig runzelig, unterseits graugrün, weißgrau behaart. **Blüten** zweihäusig verteilt, Kätzchen wenigblütig, bis zu 3 cm lang, purpurn.

Vorkommen Arktisch-alpine Pflanze, in den Hochgebirgen oberhalb der Waldgrenze bis in 2800 m Höhe. Alpen, Pyrenäen, Jura, Schottland, Balkan.

Wissenswert! Gut erhaltene Blattfunde in eiszeitlichen Ablagerungen zeigen, dass die N. während der Kaltzeiten auch in den Niederungen von M.-EU vorkam.

Stumpfblättrige Weide

Salix retusa · Familie Weidengewächse

Sommergrüner, rasenbildender Spalierstrauch mit oberirdischen Kriechstämmchen; Äste liegend. ✮ Jun–Aug

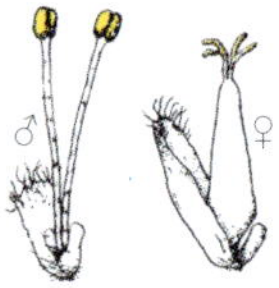

Nur bis zu 30 cm lang; Triebe kahl und olivbraun. **Blätter** kurz gestielt, 8–20 mm lang und bis zu 8 mm breit, an der Spitze oft eingekerbt, im Herbst intensiv goldgelb. **Blüten** zweihäusig verteilt, Kätzchen 1,5–2 cm lang.

Vorkommen Kalkhaltige Stein- und Schuttböden mit langer Schneebedeckung, auch auf blankem Fels (Spaltenwurzler), bis in etwa 3000 m Höhe. Europäische Hochgebirge.

Wissenswert! Die zwergwüchsigen alpinen Weiden bilden eine Pflanzengesellschaft, die man als Gletscherweidenspalier bezeichnet. Oft wirken sie mit ihrem dichten Zweigwerk auch als Schuttstauer.

Quendelblättrige Weide

Salix serpyllifolia · Familie Weidengewächse

Sommergrüner Spalierstrauch mit kriechenden Stämmchen und verzweigten, der Unterlage dicht angedrückten Ästen. ✮ Jun–Aug

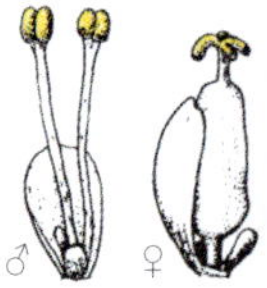

Nur 5–10 cm hoch. **Blätter** wechselständig, aber an den Sprossenden rosettenartig gehäuft, bis zu 1 cm lang und nur 4 mm breit, oval oder elliptisch, vorn stumpf oder leicht ausgerandet, ledrig, meist kahl, oberseits glänzend dunkelgrün; Nebenblätter fehlen. **Blüten** zweihäusig verteilt, Kätzchen etwa 5 mm lang, erscheinen nach dem Laubaustrieb, ♂ Kätzchen kugelig mit höchstens 7 Blüten, ♀ Kätzchen, meist 3- bis 5-blütig.

Vorkommen Polsterbildende Pionierpflanze auf basenreichen, humusarmen Rohböden, Graten und Kalkschutthalden, bis etwa 3100 m. Ausschließlich in den Kalkalpen.

Kraut-Weide, Zwerg-Weide

Netz-Weide

Stumpfblättrige Weide

Quendelblättrige Weide

Alpen-Weide

Salix alpina · Familie Weidengewächse

Niedrige, kleinere Strauchweide mit liegenden Stämmen und Ästen, aber bogig aufgerichteten Zweigen. ✿ Jun–Jul

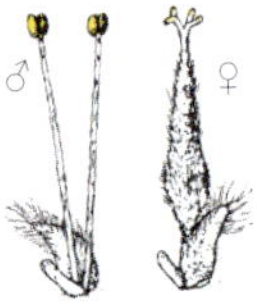

Selten über 50 cm hoch. **Blätter** kurz gestielt, 1–3 cm lang und bis zu 1 cm breit, oval bis lanzettlich, glattrandig, anfangs behaart, später kahl und beidseits glänzend grün. **Blüten** zweihäusig verteilt, Kätzchen erscheinen gleichzeitig mit den Blättern, ♂ bis zu 2 cm lang, Staubbeutel vor dem Stäuben rot, ♀ etwa 3 cm lang, Fruchtknoten bräunlich behaart.

Vorkommen Trockene Felshänge, Geröllhalden, alpine Rasen, gewöhnlich nur auf Kalkböden. Nur in den Ostalpen, bis in etwa 2000 m Höhe.

Wissenswert Neben dieser Art gibt es noch weitere, z. T. sehr ähnliche, meist alpin verbreitete Kleinstrauchweiden.

Schweizer Weide

Salix helvetica · Familie Weidengewächse

Sommergrüner Kleinstrauch, mit kurzen, gekrümmten Ästen und Zweigen; Triebe weißfilzig behaart. ✿ Mai–Jun

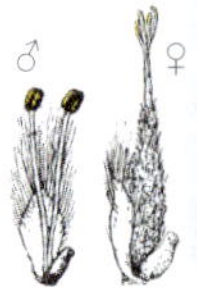

Wuchshöhe bis zu 1 m. **Blätter** bis zu 5 cm lang, verkehrt oval, kurz zugespitzt, nahezu ganzrandig oder fein gezähnt, oberseits dunkelgrün und behaart, unterseits bleibend weißfilzig; Nebenblätter klein. **Blüten** zweihäusig verteilt, Kätzchen erscheinen vor den Blättern, 3–5 cm lang, dicht behaart.

Vorkommen Feuchter, kalkfreier Blockschutt, schattige Hänge in Nordlage, meist zwischen 1700 und 2300 m, oft in Reinbeständen. Pyrenäen, Alpen, Karpaten, Sudeten, ferner Französisches Zentralmassiv, nicht selten auch in Gärten angepflanzt.

Wissenswert! Meist zusammen mit der ähnlichen **Spieß-Weide** *S. hastata* und der ähnlichen **Seiden-Weide** *S. glaucosericea* .

Arktische Grau-Weide

Salix glauca · Familie Weidengewächse

Sommergrüne, meist niedrige und sparrig verzweigte Strauchweide mit aufrechten Ästen und kurzen Zweigen. ✿ Jun–Jul

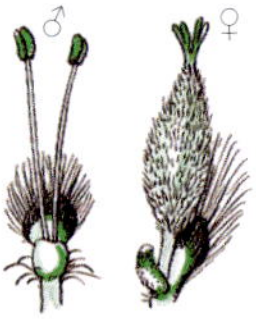

Nur selten über 1 m hoch; Triebe lang seidig hellgrau behaart, Zweige später kahl und glänzend braun. **Blätter** gestielt, 3–8 cm lang, lanzettlich und an beiden Enden spitz, glattrandig, beidseits seidig bis weißfilzig behaart, zuletzt jedoch kahl, oberseits matt grün, unterseits bläulich. **Blüten** zweihäusig verteilt, Kätzchen erscheinen mit den Blättern, 2–5 cm lang, dicht behaart.

Vorkommen Bestandsbildende Art in der Zwergstrauchtundra auf moorigen, sandigen oder felsigen Böden. Tundrengebiete von EU, N-Amerika und N-Asien, ferner Island und Grönland.

Strand-Keilmelde

Atriplex portulacoides · Fam. Amaranthgew.

Strauchartige, kräftige, ziemlich dichtästige Pflanze mit aufsteigenden, am Grund verholzten Stängeln. ✿ Jul–Okt

Mehrjährig, bis zu 50 cm hoch. **Blätter** silbrig graugrün, dicklich, unten gegen-, weiter oben wechselständig, eiförmig, bis zu 5 cm lang. **Blüten** unscheinbar grünlich, eingeschlechtig, aber einhäusig, zahlreich in knäueligen Trauben.

Vorkommen Salzige Böden, Salzwiesen, Prielränder. NW-Europa; in D nur an der Nordsee.

Wissenswert! In den gemäßigten Breiten können auf Salzwiesen keine Gehölze gedeihen. In den Tropen sind die Weichbodenküsten dagegen immer von dichten, hochwüchsigen Gezeitenwäldern (Mangrove) gesäumt, die die wechselnde Meersalzbelastung ertragen können. Die Salz-Keilmelde ist das einzige in EU vorkommende Gehölz, das ökologisch in etwa der tropischen Mangrove entspricht.

Alpen-Weide

Schweizer Weide

Arktische Grau-Weide

Strand-Keilmelde

Rot-Buche, Gewöhnliche Buche

Fagus sylvatica · Familie Buchengewächse

Die graue, glatte Rinde, länglich elliptische Blätter und glänzend dunkelbraune Nussfrüchte, die zu mehreren in einer stacheligen Hülle sitzen, sind typisch. ✿ Apr–Mai

♀ Blüten (in grünem, filzig behaartem Becher)

♂ Blütenstände, hängend

Sommergrün, 20–30 m hoch, mit breiter, rundlicher, ziemlich regelmäßiger Krone, Stamm spätestens in der Kronenmitte in mehrere starke Äste geteilt; Rinde am Stamm auch bei alten Exemplaren glatt oder wenig aufgeraut, bleigrau, an den Zweigen dagegen dunkel rötlich braun mit einzelnen helleren Korkwarzen (Lentizellen). **Blätter** wechselständig, gestielt, länglich elliptisch, 5–10 cm lang, 4–7 cm breit, mit 5–7 starken Seitennerven jederseits der Hauptrippe, an der Basis keilförmig, am Rand leicht gewellt und nach dem Austrieb lang bewimpert, oberseits glänzend dunkelgrün, unterseits auf den Hauptnerven und in den Winkeln dazwischen leicht behaart. **Blüten** einhäusig verteilt, mit der Belaubung erscheinend; ♂ Blütenstände lang gestielt, halbkugelig; ♀ Blüten zu jeweils 2 in kurz gestielter, meist aufrechter, grüner Hülle. Nuss**frucht** (= Buchecker) rund 2 cm lang, zu 2–4 in einer 4-klappigen, verholzten, stacheligen Hülle sitzend.

Vorkommen Auf basischen oder mäßig sauren, frischen, nährstoffreichen, tiefgründigen Böden; nicht in Gebieten mit starker sommerlicher Trockenheit; vom Tiefland bis in etwa 1500 m Höhe; Leitart der Buchenwälder. Von N-Spanien über das gesamte M.-EU und S-Skandinavien bis Schwarzmeergebiet, im südlichen EU überwiegend im Bergland.

Wissenswert! Im Frühjahr fallen in den Buchenwäldern die Keimpflanzen der R. mit ihren beiden großen, halbrunden Keimblättern auf. Die Bucheckern keimen als Dunkelkeimer nur unter der Laubstreu. Ihr fettes Öl ist reich an ungesättigten Fettsäuren und gilt als wertvolles Speiseöl.

Das feste, rötliche Holz (Name!) verwendet man für Möbel, im Hausbau (Treppenstufen, Parkettriegel) und zur Herstellung von Musikinstrumenten (Klavier, Orgel). Früher wurde die R. fast nur zur Brennholzgewinnung genutzt.

Die „Blutbuche" ist eine häufig gepflanzte rotlaubige Gartenform.

Ähnlich **Orientalische Buche** *Fagus orientalis*, mit dunkelgrauer Rinde und deutlich gefurchtem Stamm; Blätter schmal, verkehrt eiförmig, vorn zugespitzt, 7–11 cm lang, glattrandig oder seicht gewellt, mit 8–12 starken Seitennerven jederseits der Hauptrippe; vertritt in den Laubwaldgebieten von SO-EU (Bulgarien) und Vorderasien (bis Nordiran) die Rot-Buche; in M.-EU nur in großen Parks und botanischen Sammlungen zu sehen.

Antarktische Scheinbuche, Südbuche *Nothofagus antarctica*, kleiner, sommergrüner Baum; jüngere Zweige flach 2-zeilig gestellt; Blätter dunkelgrün, länglich eiförmig ohne Spitze, nur etwa 3 cm lang, mit gekerbtem Rand; Frucht becherartig, viel kleiner als Buchecker. Die A. S. vertritt auf der Südhalbkugel die Gattung *Fagus*, im Bergland S-Amerikas ist sie eine wichtige waldbildende Baumart; in NW-EU forstlicher Versuchsanbau, in D vor allem als Park- und Gartengehölz angepflanzt.

Rot-Buche, Gewöhnliche Buche
oben: Herbstfärbung, Mitte links: Keimlinge

Lorbeerbaum

Laurus nobilis · Familie Lorbeergewächse

Immergrüner, von Grund an reich verzweigter Großstrauch oder kleiner Baum, anfangs mit kegelförmiger, später mit rundlicher Krone; Blätter derb und ledrig. ✿ Mär–Mai

Wuchshöhe etwa 1–8 m. **Blätter** wechselständig, 3–5 cm lang gestielt, Spreite bis zu 10 cm lang und 4 cm breit, lanzettlich, am Rand etwas wellig oder undeutlich gekerbt, frisch oberseits glänzend dunkelgrün, später matt, unterseits immer matt hellgrün, Blattnerven in der unteren Spreitenhälfte oft rötlich; duften beim Zerreiben angenehm aromatisch. **Blüten** zweihäusig, klein, unauffällig, hell grünlich gelb, zu mehreren in den Blattachseln, ♂ Blüten mit etwa 10 Staubblättern, ♀ Blüten mit wenigen verkümmerten Staubblättern und oberständigem Fruchtknoten. **Früchte** (Beeren) kugelig, um 1 cm groß, anfangs grün, reif glänzend schwarz Fruchtreife ab Sep.

Vorkommen Lichte Mischgehölze auf lockeren, humosen Böden, felsige Abhänge Trockenhänge. Ursprünglich nur auf dem Balkan und in Kleinasien beheimatet, heute im gesamten Mittelmeergebiet als Kultur- und Zierpflanze weit verbreitet.

Wissenswert! Eine der Kennarten der immergrünen mediterranen Hartlaubvegetation. Im Ursprungsgebiet vermehrt er sich durch Samen und Wurzelsprosse. Im Altertum war er dem Apoll geweiht und wurde in dessen Tempelhainen angepflanzt. Aus den Zweigen wand man Siegerkränze, und bis heute nennt man mit Preisen ausgezeichnete Personen „Laureaten". Obwohl er leichten Frost erträgt, ist er nicht zuverlässig winterhart. Man kultiviert ihn daher in M.-EU überwiegend als Topf- oder Kübelpflanze, die im Kalthaus überwintert wird.

Chinesischer Klebsame

Pittosporum tobira · Fam. Klebsamengew.

Immergrüner Strauch mit dicht grau behaarten Zweigen. ✿ Mär–Mai

Etwa 2–3 m hoch. **Blätter** wechselständig, glänzend, 5–10 cm lang, rundlich. **Blüten** duften stark nach Orange, zahlreich in Doldentrauben, cremeweiße, später gelblich.

Vorkommen Aus O-Asien, im Mittelmeerraum eingebürgert.

Ähnlich Der **Gewelltblättrige Klebsame** *Pittosporum undulatum* wird bis etwa 20 m hoch. Seine bis zu 12 cm langen, immergrünen Blätter sind lanzettlich oval. Die stark duftenden, weißen Blüten entwickeln sich zu Kapselfrüchten. In Australien beheimatet, im Mittelmeergebiet verbreitet.

Mäusedorn

Ruscus aculeatus · Familie Spargelgewächse

Immergrüner, ziemlich ästiger Kleinstrauch mit kantigen Ästen und sehr spitzen Blattorganen. ✿ Mär–Apr

Um 1 m hoch. Die dunkelgrünen, wie Laubblätter aussehenden Organe sind stark abgeflachte und verbreiterte Seitenzweige, sie sitzen in der Achsel der winzigen, schuppenförmigen eigentlichen Blätter. **Blüten** zweihäusig, gelblich, um 2 mm breit. Beeren**früchte** korallenrot, 1–1,5 cm dick, ungenießbar; ab Sep.

Vorkommen Gebüsche, halbschattige Wälder. S-EU, Kanarische Inseln; in W-Frankreich und GB aus Gärten verwildert.

Lorbeerbaum

Chinesischer Klebsame

Mäusedorn

Kapernstrauch

Capparis spinosa · Familie Kapernstrauchgewächse

Sommergrüner, meist liegender oder kriechender Strauch mit kurzen Stämmchen und zahlreichen rutenförmigen Zweigen. ✩ Apr–Sep

Etwa 0,3–1 m hoch; die Zweige oft hängend oder niederliegend; manchmal sogar etwas kletternd. **Blätter** wechselständig, derb, kurz gestielt, 2–6 cm lang und bis zu 4 cm breit, rundlich bis breit oval, vorn stumpf oder ein wenig ausgerandet, graugrün; Nebenblätter zu Dornen umgewandelt. **Blüten** lang gestielt, einzeln in den Blattachseln, 4–7 cm breit, 4 Kronblätter, reinweiß, Staubblätter hellviolett oder weißlich, sehr zahlreich; Fruchtknoten lang gestielt. Kapselfrüchte lang gestielt und fleischig; enthält dunkle Samen,

Vorkommen Felsige Abhänge, Mauern, trockene Ruderalstandorte, Ödland, sonnige, offene Böden; auch am Straßenrand mediterraner Gebiete. Im Mittelmeergebiet, Halbinsel Krim, Kanarische Inseln, SW-Asien; häufig auch angebaut oder als Zierpflanze gezogen.

Wissenswert! Die noch nicht geöffneten kugeligen, etwa erbsengroßen Blütenknospen werden nach besonderer Aufbereitung in einer gesalzenen Weinessiglösung und sodann in Olivenöl eingelegt in der Küche als Kapern verwendet. Auch die unreifen Früchte können in Essig, Salz oder Öl eingelegt werden. Sie werden Kapernäpfel genannt und schmecken sehr intensiv. Besonders in Südfrankreich und Spanien werden diese Sträucher zur Gewinnung von Kapern angepflanzt. Schon in der Antike wurden die Knospen und Früchte des Kapernstrauches in der Heilkunde verwendet, etwa als Mittel gegen verschiedenartige Krämpfe. Sie dienen vor allem als Appetitanreger und Verdauungsförderer. Ihre Inhaltsstoffe sind mit den senfartig schmeckenden Verbindungen aus den Kreuzblütengewächsen chemisch sehr nahe verwandt.

Lorbeer-Kirsche, Kirschlorbeer

Prunus laurocerasus · Familie Rosengewächse

Immergrüner Strauch mit aufrechten, kräftigen Ästen und Zweigen; Blätter ledrig und glänzend dunkelgrün. ✩ Apr–Mai

Etwa 1–5 m hoch; kleiner Baum oder breit buschiger Strauch. **Blätter** wechselständig, gestielt, 5–15 cm lang, breit lanzettlich, glattrandig oder unauffällig gewellt, unterseits heller mattgrün, beidseits kahl, am Rand leicht umgebogen oder eingerollt, Mittelrippe sehr kräftig. **Blüten** rund 8 mm lang, zahlreich in aufrechten, bis zu 10 cm langen Trauben, reinweiß, manchmal zusätzliche Blühphase Sep–Okt. **Früchte** kugelige Steinfrüchte, erbsengroß, schwarz, giftig; Fruchtreife ab Jul. Giftig.

Blätter ebenso wie die Früchte giftig!

Vorkommen Unterwuchs lichter Laubwälder und Gebüsche an felsigen Hängen; ausgesprochene Schattenpflanze. Von SW-EU bis Vorderasien; häufig als Sichtschutz gepflanzt, in D stellenweise verwildert.

Wissenswert! Die L. wird auch Kirschlorbeer genannt, da ihre Blätter an die des Lorbeers erinnern. Die kugeligen Früchte hingegen ähneln Kirschen, sind aber wie die ganze Pflanze giftig. Zerreibt man die Blätter, so verströmen sie einen Geruch wie Bittermandeln. In Gärten wächst die L. meist als Strauch, wild wachsend oft als Baum.

Kapernstrauch

Lorbeer-Kirsche, Kirschlorbeer

Quitte

Cydonia oblonga · Familie Rosengewächse

Die großen, schweren, grünlich gelben Früchte sind apfel- oder birnenförmig; die filzige Behaarung lässt sich bei reifen Früchten mit würzigem Duft abwischen. ✩ Mai–Jun

Sommergrün, bis zu 8 m hoher Baum oder Strauch mit breiter, flacher Krone; Rinde glatt, braungrau. **Blätter** wechselständig, Blattstiel bis zu 2 cm lang, filzig behaart, Spreite länglich oval bis elliptisch, an der Basis abgerundet, vorn spitz, 7–10 cm lang und bis zu 7 cm breit, ganzrandig, oberseits matt dunkelgrün, unterseits heller und filzig behaart. **Blüten** einzeln oder selten zu 2 an den Zweigenden, geöffnet bis zu 6 cm breit, mit 5 reinweißen oder rosa geäderten Kronblättern, Staubbeutel meist 20 in mehreren Reihen, gelb.

Vorkommen Auf kalkhaltigen, tiefgründigen, lockeren Böden in warmem Klima. Ursprünglich W-Asien; in der Türkei und in N-Afrika eingebürgert, in M.-EU vor allem in Weinbauregionen kultiviert, selten verwildert; auch als Ziergehölz.

Wissenswert! Bei den „Goldenen Äpfeln der Hesperiden" aus der griechischen Sage handelte es sich wohl um Quitten, ebenso bei dem berühmten Liebesapfel der Venus. In der Antike waren diese bekannten Früchte sehr beliebt, Äpfel und Birnen aber noch weitgehend unbekannt. Quitten verwendet man nur für Marmelade, Gelee, Saft oder Obstwein.

Mispel

Mespilus germanica · Familie Rosengewächse

Dieses schöne, sommergrüne Ziergehölz entwickelt bis zu 3 cm lange, bräunliche Früchte, die 5 verbleibende, freie Kelchzipfel aufweisen. ✩ Mai–Jun

Bis zu 6 m hoher Baum oder Strauch mit breiter Krone aus wenigen, kräftigen Ästen; Rinde anfangs graubraun, glatt, später plattig aufgelöst und tiefrissig, Triebe filzig behaart. **Blätter** wechselständig, sehr kurz gestielt oder sitzend, 5–12 cm lang und bis zu 4 cm breit, länglich oval bis elliptisch, an der Basis keilförmig, vorn kurz zugespitzt, ganzrandig oder allenfalls fein gezähnt mit Drüsen; Spreite durch eingesenkte Blattnerven leicht runzelig, oberseits glänzend dunkelgrün, unterseits filzig behaart. **Blüten** bis zu 6 cm breit mit 5 reinweißen Kronblättern, die von den schmalen grünen Kelchblättern überragt werden.

Vorkommen Lichtholz auf nährstoffreichen, lockeren Böden in Gebüschen und an Waldrändern. Von W-Asien bis S-EU, in M.-EU als dekoratives Obstgehölz kultiviert und stellenweise verwildert.

Wissenswert! Der wissenschaftliche Name dieser Art täuscht: Die Mispel ist kein ursprünglich germanisches Gehölz, sondern kam erst mit den Römern in die Region nördlich der Alpen. Im Lauf der Jahrhunderte wurde sie hier vielfach zum geographischen Namensbestandteil, so z. B. bei Schloss Mespelbrunn im Spessart. Aus den mehligen, herb-bitteren Früchte kann man Marmeladen oder Obstwein bereiten, doch sollte man sie erst nach Frosteinwirkung ernten. Roh enthalten sie viele Gerbstoffe.

Quitte
rechts: apfelförmige Früchte

Mispel

Wild-Apfelbaum, Holz-Apfelbaum

Malus sylvestris · Familie Rosengewächse

Die reinweißen oder zartrosa Blüten sind außen kräftig rosa und stehen zu mehreren an den Enden der Kurztriebe, nicht blühende Zweige enden in Sprossdornen. ✿ Apr–Mai

Sommergrün, bis zu 10 m hoher Baum oder Großstrauch, mit dicht beasteter Krone und überhängenden Ästen auf meist niedrigem, gekrümmtem Stamm; Rinde anfangs graubraun und glatt, später borkig, rissig und unregelmäßig gefeldert. **Blätter** wechselständig, 2–4 cm lang gestielt, breit oval bis fast rundlich, 4–10 cm lang, vorn spitz, an der Basis abgerundet oder breit keilförmig, gekerbt bis fein gezähnt,

zunächst dicht behaart, später unterseit nur auf Blattnerven spärlich behaart. **Blü ten** gestielt, bis zu 4 cm breit, Kronblätte außen tief rosa, innen reinweiß oder zar rosa; Griffel an der Basis verwachsen. Ap**felfrüchte** nur 2–4 cm dick, kugelig, gelb lich grün, auf der Sonnenseite oft leicht ge rötet; Fruchtfleisch holzig und säuerlic schmeckend.

Vorkommen Nährstoffreiche, lockere, gu durchfeuchtete Lehm- u. Steinböden in be sonnter Lage. Von EU bis W-Asien weit ve breitet, in D zerstreut von der Ebene bis i etwa 1000 m Höhe in den Alpen, aber ni gendwo häufig; gelegentlich auf Waldlich tungen oder an Bestandsrändern für di Wildäsung angepflanzt.

Wissenswert! Die Bezeichnung Holz-Apfe weist auf die wenig schmackhaften Früch te mit ihrem holzig derben Fruchtfleisc hin. Doch die Menschen der Steinzeit ha ben sie gesammelt und verzehrt.

Kultur-Apfelbaum

Malus domestica · Familie Rosengewächse

Die bekannten grünlichen, gelben oder roten Früchte dieses Baumes, von dem weltweit rund 20 000 Sorten bekannt sind, stehen sehr kurz gestielt an den Zweigen. ✿ Apr–Mai

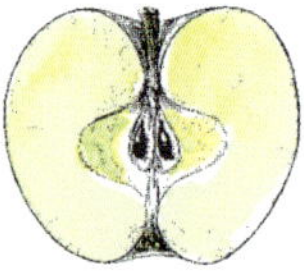

Sommergrün, bis zu 10 m hoch, mit breiter, runder, oft sehr dichter Krone und abstehenden Ästen auf geradem Stamm; Zweige nicht in Sprossdornen endend; Rinde braungrau, anfangs glatt, später stark rissig gefeldert. **Blätter** wechselständig, gestielt, breit bis länglich oval, spitz, fein gezähnt, unterseits stets weichhaarig. **Blüten** unmittelbar vor dem Laubaustrieb erscheinend, jeweils zu 5–10 büschelig am Ende eines Kurztriebs; Blütenstiele weißfilzig behaart; bis zu 5 cm, außen rötlich, innen reinweiß oder hellrosa. Apfel**früchte** über 10 cm dick.

Vorkommen In Streuobstwiesen, Gärter Plantagen. In den gemäßigten Klimazone aller Erdteile. Der Apfelbaum ist nach Oran gen und Bananen weltweit der am meiste angebaute Fruchtbaum.

Wissenswert! Der K. stellt eine der wenige Obstarten dar, deren Wildform Bestandte der heimischen Flora ist. Verwilderte Ex emplare der Kultursorten lassen sich nu durch die stärker behaarten Laubblätte vom Wild-Apfel unterscheiden. Das heu tige vielfältige Sortenbild des K. ist kaur noch zu überblicken. Viele neuere Stan dardsorten wie z. B. Cox Orange oder Bos koop sind nicht Ergebnis gezielter Züch tung, sondern gehen auf Zufallsfunde au Plantagen zurück.

Heute baut man meist pflege- und ernte leichte Niedrigstämme an. Dabei gehöre Streuobstwiesen mit hochstämmigen Ap felbäumen zu den wertvollsten, weil be sonders artenreichen Lebensräumen.

Wild-Apfelbaum, Holz-Apfelbaum

Kultur-Apfelbaum

Wild-Birnbaum, Holz-Birnbaum

Pyrus pyraster · Familie Rosengewächse

Die holzig harten, gelblich braunen Früchte mit den langen, dünnen Stielen werden nur bis zu 4 cm dick und stehen zu meist 3–7 an den Zweigenden. ✲ Apr–Mai

Sommergrün, bis zu 15 m hoher Baum oder Strauch, mit kegelförmiger, hoher, reichästiger und dichter Krone; Kurztriebe häufig in Sprossdornen endend; Rinde jung glatt graubraun, später schuppig gefeldert. **Blätter** wechselständig, bis zu 7 cm lang gestielt, Spreite 3–7 cm lang, breit elliptisch, sehr kurz gespitzt, fein gesägt, an der Basis abgerundet oder herzförmig; oberseits glänzend dunkelgrün, unterseits leicht bläulich. **Blüten** reinweiß oder leicht rosa, Kelch behaart; Staubbeutel vor dem Öffnen dunkelrot; 5 Griffel im Unterschied zur Apfelblüte bis zur Basis hinab frei, d. h. nicht verwachsen.

Vorkommen Auf unterschiedlichen Böden meist in sonnigen Lagen; vorwiegend in Mischbeständen mit anderen Laubgehölzen; vom Tiefland bis in etwa 1000 m Höhe. In EU mit Ausnahme der nördlichen Länder weit verbreitet, aber nirgendwo häufig; oft auch als Wildäsung angepflanzt.

Wissenswert! Am besten kann man die heimische W. an ihren auffallend dünnstieligen und ziemlich kleinen, zudem wenig schmackhaften Früchten von verwilderten Exemplaren der Kultursorten unterscheiden. Die Birne stellt eine aus Achsengewebe hervorgehende Apfelfrucht dar. In dem Fruchtfleisch sind große Mengen so genannter Steinzellnester enthalten, Grüppchen von Zellen mit extrem verdickter und verhärteter Zellwand. Diese machen die Birnen sehr fest, was im Namen Holz-Birne zum Ausdruck kommt.

Kultur-Birnbaum

Pyrus communis · Familie Rosengewächse

Die Baumkrone ist meist höher als breit und im Sommer und Herbst an den leuchtend orangeroten Blattflecken zu erkennen, die vom Birnengitterrost herrühren. ✲ Apr–Mai

Sommergrün, bis zu 20 m hoch, mit schmaler, kegelförmiger, im Umriss meist birnenförmiger Krone; Kurztriebe nicht in Sprossdornen endend. **Blätter** wechselständig, gestielt, breit elliptisch, 5–8 cm lang, zunächst behaart, später kahl, fein gesägt. **Blüten** lang gestielt in Büscheln an den Zweigenden, Kronblätter reinweiß, leicht nach Fisch duftend (Trimethylamin). Birnen**frucht** über 5 cm lang, im Unterschied zur Wild-Birne dickstielig, sehr schmackhaft.

Vorkommen In verschiedenen Zuchtsorten in Streuobstwiesen, Hausgärten und Plantagen sowie an Flurwegen. Heute in gemäßigten Klimaten weltweit verbreitet.

Wissenswert! Die heute in vielen Sorten angebauten Kultur-Birnen haben von den Wildformen die eigenartigen Steinzellnester in ihrem Fruchtfleisch behalten. Die Blätter werden oft vom Birnengitterrost befallen. Dieser Pilz wechselt zwischen Birnen und Wacholderarten.

Das feste, dichte Holz ist im frischen Zustand sehr hell, dunkelt nach der Verarbeitung stark nach. Früher fertigte man daraus Mess- und Zeicheninstrumente sowie Druckstöcke für Holzschnitte.

Wild-Birnbaum, Holz-Birnbaum

Kultur-Birnbaum

Felsen-Zwergmispel

Cotoneaster integerrimus · Fam. Rosengew.

Sommergrüner, kleiner und locker verzweigter Strauch mit kräftigen, aufrechten und abstehenden Zweigen. ✩ Apr–Mai

Blütenstände

Bis zu 1 m hoch; Triebe filzig behaart. **Blätter** wechselständig, 2–5 cm lang und meist nur halb so breit, an beiden Enden verschmälert, oberseits dunkelgrün und kahl, unterseits dicht behaart. **Blüten** 5-zählig, klein und unauffällig, glockig, einzeln oder zu wenigen in endständigen Trauben, mit blassroten, rundlichen Kronblättern. **Früchte** apfelartig, etwa erbsengroß, scharlachrot, rundlich, kahl, ungenießbar; Fruchtreife ab Aug.

Vorkommen Felsen, steinige Hänge, trockene Böden und Geröllhalden in sonniger Lage. In D in warmen Flusstälern bis zum nördlichen Mittelgebirgsrand, in den Alpen bis in 2000 m Höhe.

Filz-Zwergmispel

Cotoneaster tomentosa · Fam. Rosengew.

Sommergrüner, kleiner, ästiger Strauch mit überhängenden oder abstehenden Zweigen, oft in einer Ebene. ✩ Apr–Mai

Etwa 0,5–2 m hoch. **Blätter** wechselständig, kurz gestielt, 2–6 cm lang und bis zu 4 cm breit, oval, stumpf abgerundet, glattrandig, oberseits anfangs filzig, später nur noch schwach behaart, unterseits bleibend grünlich graufilzig. **Blüten** gestielt, unauffällig, 5-zählig, zu wenigen in Doldentrauben, Kronblätter weißlich, aufrecht. **Früchte** etwa erbsengroß, hochrot, leicht glänzend oder behaart, ungenießbar; Fruchtreife ab Sep, werden gerne von Singvögeln gefressen.

Vorkommen Waldränder, Gebüschstreifen, strauchreiche Laubmischbestände in trockenen, warmen Lagen, meist auf Kalkboden. S-EU und südliches M.-EU, Alpen.

Chinesische Scheinquitte

Chaenomeles speciosa · Familie Rosengewächse

Sommergrüner, kleiner, aufrechter, dicht buschig verzweigter Zierstrauch, Äste oft breit und ausladend; überaus reichblütig und in der Blüte sehr attraktiv. ✩ Mär–Apr

Etwa 1–2 m hoch. **Blätter** wechselständig, kurz gestielt, 3–8 cm lang, elliptisch, scharf gesägt, an beiden Enden zugespitzt, oberseits glänzend grün, auch unterseits kahl; auffällige Nebenblätter, bis zu 4 cm breit, nierenförmig. **Blüten** einzeln oder zu mehreren an Kurztrieben, 3–4 cm breit, weit geöffnet, 5 Kronblätter, breit, scharlachrot, Staubblätter sehr zahlreich, 5 Griffel, am Grund verwachsen. **Früchte** typische Apfelfrüchte, rundlich-länglich, wohlriechend; Fruchtreife ab Jun.

Blatt mit Nebenblatt

Vorkommen Wälder und Gebüsche auf nährstoffreichen, lockeren Böden. Ursprünglich nur in China; in Japan eingebürgert, in EU nur in Gartenkultur und in vielen Sorten angepflanzt.

Wissenswert! Die rechts abgebildete Sorte 'Eximia' zeichnet sich gegenüber der kräftiger gefärbten Wildform durch hellere, eher rosafarbene Kronblätter aus. Daneben existieren auch zahlreiche Gartenformen mit karmin- und dunkelroten sowie mit cremeweißen, gelegentlich sogar halb gefüllten Blüten. Außer dieser Art, die mitunter auch Zierquitte genannt wird, findet man in Parks und Gärten häufig die dekorative **Japanische Scheinquitte** *C. japonica*, deren Triebe stets zottig behaart sind. Sie besitzt korkwarzige Zweige sowie breiter ovale, grob kerbig gesägte Blätter, die Blüten sind ziegelrot, die Früchte duften.

Felsen-Zwergmispel

Filz-Zwergmispel

Chinesische Scheinquitte

Englischer Ginster

Genista anglica · F. Schmetterlingsblüteng.

Sommergrüner, sparriger, oft liegender Wildstrauch mit dünnen, vor allem im unteren Teil verholzt. ✩ Mai–Aug

Bis zu 50 cm hoch; Äste und Zweige stark bedornt. **Blätter** kurz gestielt, einfach, elliptisch-lanzettlich, bis zu 8 mm lang und 3 mm breit, blaugrün, ohne Nebenblätter. **Blüten** kräftig gold- oder zitronengelb, kahl, bis zu 1 cm lang, Fahne oval, kürzer als Schiffchen und Flügel, zu 3–10 in endständigen, gedrängten, rundlichen Trauben. **Früchte** rundliche Hülsen, kahl, hellbraun, bis zu 2 cm lang, reif leicht blasig verdickt; Fruchtreife Aug.

Vorkommen Lichte Eichen-Birken- und Kiefernwälder, Heiden, Moore, Trockenrasen. W- und M.-EU, SW-Italien, nördlich bis nach S-Schweden; in D fast nur im nördlichen Tiefland.

Deutscher Ginster

Genista germanica · F. Schmetterlingsbl.g.

Sommergrüner, stark dorniger Wildstrauch mit liegenden oder aufsteigenden Ästen und Zweigen. ✩ Mai–Aug

Bis zu 60 cm hoch; Triebe zottig behaart, Dornen bis zu 1,5 cm lang. **Blätter** wechselständig, sehr kurz gestielt bis sitzend, 1–2 cm lang und bis zu 7 mm breit, einfach, lanzettlich-elliptisch, grasgrün, vor allem am Rand lang bewimpert bis rauhaarig. **Blüten** goldgelb, etwa 1 cm lang, Fahne oval, spitz, kürzer als das Schiffchen, Flügel anliegend seidig behaart, zahlreich in endständigen, lockeren, aufrechten, 1–5 cm langen Trauben. **Früchte** schwarzbraune Hülsen, dicht behaart, wenigsamig; Fruchtreife ab Jul.

Vorkommen Magerwiesen, Heiden, lichte Wälder, Säume, lockere Gebüsche; auf kalkarmen Böden. M.- und O-EU.

Behaarter Ginster

Genista pilosa · F. Schmetterlingsblütengew.

Sommergrüner, reichästiger, dichtbuschiger Wildstrauch mit liegenden und aufsteigenden Ästen. ✩ Mai–Aug

Nur bis zu 30 cm Höhe; jüngere Zweige rundlich, dicht anliegend behaart, ältere langsstreifig und knotig, immer dornenlos. **Blätter** wechselständig, einfach, an Langtrieben einzeln, sonst in Büscheln, bis zu 1 cm lang und 4 mm breit, lanzettlich oval, entlang der Mittelrippe gefaltet, dunkelgrün, unterseits dicht seidig behaart. **Blüten** gelb, etwa 1 cm lang, zu 1–3 in den Blattachseln an vorjährigen Trieben. **Früchte** hellbraune Hülsen, bis zu 2,5 cm lang, seidig, abgeflacht, gerade; Fruchtreife ab Jul.

Vorkommen Sonnige, trockenwarme Säume von Gebüschen und Wäldern, in Heiden und Magerwiesen. M.-, S- und SW-EU.

Skorpion-Ginster

Genista scorpius · F. Schmetterlingsblüteng.

Sommergrüner, sparrig verzweigter Strauch; Zweige graubraun gestreift, mit spitzen Sprossdornen. ✩ Apr–Jun

Bis zu 1,6 m hoch. **Blätter** wechselständig, meist sitzend, einfach, lanzettlich oval, um 1 cm lang, spitz, graugrün, oberseits kahl, unterseits anliegend behaart. **Blüten** goldgelb, bis zu 1,5 cm lang, zu 1–4 in Blattachseln, dichtblütiger, traubiger Blütenstand. **Früchte** (Hülsen) bis zu 4 cm lang, leicht gekrümmt, hellbraun; Fruchtreife ab Aug.

Vorkommen Felsige Hänge, steinige Säume, lichte Gebüsche und Wälder. W-EU sowie Iberische Halbinsel bis S-Frankreich, vereinzelt auch in den W-Alpen.

Trieb mit Blättern

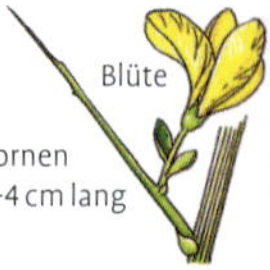

Englischer Ginster

Deutscher Ginster

Behaarter Ginster

Skorpion-Ginster

Färber-Ginster

Genista tinctoria · Familie Schmetterlingsblütengewächse

Sommergrüner, ästiger Wildstrauch mit rutenförmigen, aufrechten Ästen und etwas kantig gefurchten, grünen Zweigen ohne Dornen. ✿ Jun–Jul

Wuchshöhe 0,3–1 m. **Blätter** wechselständig, sitzend, einfach, bis zu 4,5 cm lang und um 0,5 cm breit, lanzettlich, kahl oder dünn seidig behaart, an der Basis mit 2 kleinen, schmalen Nebenblättern. **Blüten** goldgelb, bis zu 1,5 cm lang, zahlreich in den oberen Blattachseln in aufrechten, schlanken Trauben, diese zu einem außerordentlich reichblütigen, rispigen Gesamtblütenstand vereinigt. **Früchte** 2–3 cm lange Hülsen, kahl, flach, am Rand gewellt; Fruchtreife ab Sep.
Vorkommen Heiden, trockene Magerwiesen, Heidemoore, lichte Eichen- und Kiefernwälder; fast immer auf nährstoffarmen, teilweise auf leicht kalkhaltigen und wechselfeuchten Böden. In EU vom Mittelmeergebiet bis nach S-Skandinavien weit verbreitet, ferner bis nach Kleinasien; fehlt in D im nordwestlichen Tiefland weitgehend; in den Alpen bis in 1500 m Höhe. Außerhalb des natürlichen Verbreitungsgebiets wird die Art häufig als dekoratives Ziergehölz (auch in gefülltblütigen Sorten) gepflanzt und ist stellenweise verwildert.
Wissenswert! Zweige, Blätter und Blüten wurden früher wegen ihres Gehalts an Luteolin und Genestein zum Gelbfärben von Leinen und Wolle verwendet. Außerdem gewann man aus der Pflanze die mit Schlämmkreide und Alaun pastös angerührte Malfarbe „Schüttgelb“. Medizinisch nutzt man die in allen Pflanzenteilen enthaltenen Alkaloide meist homöopathisch.

Spanischer Ginster

Genista hispanica · F. Schmetterlingsblüteng.

Sommergrüner, aufrechter, sehr dichter, halbkugeliger Strauch mit allseits abstehenden Trieben. ✿ Mai–Jun

Etwa 30–70 cm hoch; Triebe dicht abstehend behaart; in den Blattachseln entwickeln sich etwa 1 cm lange, verdornte Kurztriebe, nur blühende Triebe immer ohne Dornen. **Blätter** wechselständig, bis zu 1 cm lang, lanzettlich, vorn abgestumpft, oberseits kräftig grün, unterseits behaart, nur an den diesjährigen blühenden Trieben. **Blüten** goldgelb, 1 cm lang, Fahne breit oval, etwa so lang wie das Schiffchen, zu 2–12 in kopfigen Trauben am Ende beblätterter Triebe. **Früchte** behaarte Hülsen, mittelbraun; Fruchtreife ab Aug.
Vorkommen Offene Gebüsche, Steinfluren, küstennahe Felsabhänge, Macchie, meist auf Kalkböden. SW-EU; dekorativ.

Wald-Ginster

Genista sylvestris · F. Schmetterlingsblüteng.

Sommergrüner, dicht verzweigter, teppichartiger und ziemlich dorniger Zwergstrauch. ✿ Mai–Jun

Bis zu 20 cm hoch; Triebe silbrig behaart, ältere dornig bewehrt und bogig aufsteigend. **Blätter** wechselständig, linealisch-lanzettlich, um 1–2 cm lang, kahl oder sehr spärlich flaumig behaart. **Blüten** hell- bis kräftig gelb, etwa 1 cm lang, Kelch seidig behaart, mit langen, schmalen Zähnen; zu 4–10 in lockeren oder kopfigen, end- und seitenständigen Trauben. **Früchte** 1-samige, braune Hülsen mit aufwärts gebogenem Ende; Fruchtreife ab Aug.
Vorkommen Offene Felsfluren, küstennahe Abhänge, Trockengebüsche, Brachland. Nur an der mittleren Adria auf küstennahen Felsen; selten und nur im Heimatgebiet auch in Gärten gepflanzt.

Färber-Ginster

Spanischer Ginster

Wald-Ginster
Genista sylvestris ssp. *dalmatica*

Binsenginster

Spartium junceum · Familie Schmetterlingsblütengewächse

Sommergrüner, reich verzweigter, sehr dichter Strauch mit rutenförmigen, biegsamen Zweigen, diese rund, fein gerippt, grün und kahl. ✩ Apr–Aug

Etwa 0,5–3 m hoch. **Blätter** wechselständig, sitzend, einfach, lanzettlich, um 3 cm lang und bis zu 3 mm breit, fallen meist schon frühzeitig ab. **Blüten** kräftig gelb, stark und angenehm duftend, bis zu 2,5 cm lang, Fahne aufrecht und meist etwas zurückgeschlagen, Flügel kürzer als das Schiffchen; zahlreich in langen, vielblütigen Trauben am Ende jüngerer Zweige. **Früchte** schwarzbraune, bis zu 8 cm lange, behaarte Hülsen; giftig; reif ab Sep.

Blätter einfach

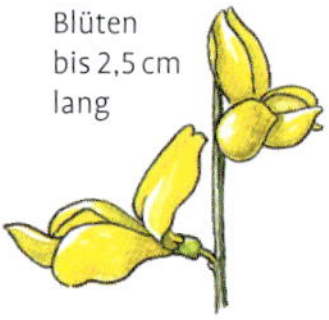
Blüten bis 2,5 cm lang

Vorkommen Macchien und Garigues, Trockenhänge und Felsen, Wegränder, Brachen, meist auf Kalkböden. Gesamtes Mittelmeergebiet und SW-EU, außerdem auf Madeira und den Kanarischen Inseln, in wintermilden Gebieten als Ziergehölz angepflanzt, in M.-EU zunehmend verwildert.
Wissenswert! Der B., auch Pfriemenginster oder „Spanischer Ginster“ genannt, ist ein Beispiel für so genannte Rutensträucher, zu denen auch der heimische Besenginster (⇨ S. 520) gehört. Diese Gehölze verzichten an ihren sommertrockenen Standorten z. T. schon ab Frühsommer auf die kleinen Blätter und erledigen die Fotosynthese allein mit den grünen, wegen des günstigen Verhältnisses von Volumen zu Oberfläche äußerst wasserökonomisch arbeitenden Zweigen. Die gelbe Fahne der B.-Blüten zeigt für Insektenaugen dunkle Streifen, welche die Bestäuber als „Leitplanken“ in das Blütenzentrum locken.

Flügelginster

Chamaespartium sagittale · Familie Schmetterlingsblütengewächse

Dornenloser, teppichbildender Zwergstrauch mit kriechenden, wurzelnden Ästen und aufrechten, unverholzten Stängeln. ✩ Mai–Jul

Nur bis zu 25 cm hoch; Stängel breit geflügelt, durch mehrere Einkerbungen in 3–6 Abschnitte gegliedert. **Blätter** spärlich, wechselständig, sitzend, einfach, rundlich oval oder leicht zugespitzt, bis zu 2 cm lang und um 6 mm breit, frühzeitig abfallend. **Blüten** goldgelb, bis zu 1,5 cm lang, zahlreich in endständigen, aufrechten, rundlichen Trauben. **Früchte** zusammengedrückte, bis zu 2 cm lange, bräunliche, behaarte Hülsen; ab Aug.
Vorkommen Magerrasen, Trockenwiesen, Zwergstrauch- und Sandheiden, Wegränder, lichte Gebüsche und Wälder. S-EU und südliches M.-EU von der Iberischen Halbinsel bis zum Balkan; in D nordwärts nur bis zum Mittelrhein.
Wissenswert! Die breit geflügelten, teilweise. wintergrünen Stängel übernehmen statt der meist fehlenden Blätter die Aufgabe der fotosynthetischen Stoffproduktion und stellen die hauptsächliche Assimilationsfläche dar. Die tiefreichenden Wurzeln des F. lockern magere Böden und tragen so zur Anreicherung von Humus bei. Andererseits verdrängt dieser Strauch dort, wo er wächst, die verschiedenen Gräser und wird vom weidenden Vieh als Futter verschmäht. In Stein- und Heidegärten wird der F. als Zierstrauch angepflanzt. Er ist aber etwas frostempfindlich.
Flügelginster ist die Typpflanze der danach benannten Flügelginsterrasen, einer Pflanzengesellschaft auf eher sauren, aber sehr trockenen Standorten.

Binsenginster

Flügelginster

Judasbaum

Cercis siliquastrum · Familie Johannisbrotgewächse

Aus den kräftig rosaroten Blüten, die vor den runden bis nierenförmigen Blättern erscheinen, entwickeln sich bis zu 9 cm lange, harte Hülsenfrüchte. ✪ Mai

Sommergrün, bis zu 10 m hoher Baum oder Strauch, mit breiter, offener Krone; Rinde dunkelbraun bis schwärzlich, fein gestreift, leicht rau gefeldert. **Blätter** wechselständig, gestielt, Spreite zum Blattstiel stark abgewinkelt, bis zu 10 cm lang, kahl, oberseits matt dunkelgrün, unterseits leicht bläulich grün, am Rand leicht gewellt. **Blüten** gestielt, zu je 3–8 in kleinen Büscheln an Stamm oder größeren Ästen, mit 5-zähnigem Kelch und kräftig rosaroter, 1–2 cm langer Krone, deren obere 3 Kronblätter deutlich schmaler sind als die beiden nach unten weisenden. Hülsen**früchte** 5–9 cm lang, mit schlanker, aufgesetzt wirkender Spitze, in der Reife bräunlich, manchmal auch karminrot.

Vorkommen Auf mäßig trockenen, meist kalkhaltigen, mittelgründigen Böden. Östliches Mittelmeergebiet von der Adria bis W-Asien; häufig als dekoratives Ziergehölz angepflanzt und verwildert, auch in D in den Weinbauregionen als Park- und Gartengehölz.

Wissenswert! Der J. bietet ein eindrucksvolles Beispiel für die so genannte Stamm- oder Astblütigkeit, die besonders bei subtropischen bis tropischen Gehölzen sehr verbreitet ist: Die auffälligen, sehr attraktiven Blüten(stände) entwickeln sich nur am mehr- bis vieljährigen Holz. Man bezeichnet dies als Kauliflorie (Blüten am Stamm) bzw. Ramiflorie (an Ästen).

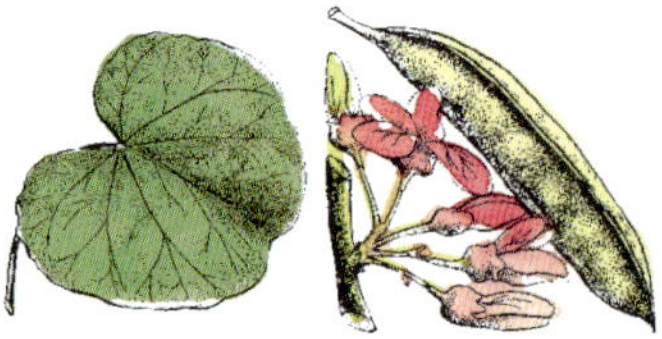

Katsurabaum

Cercidiphyllum japonicum · Familie Kuchenbaumgewächse

Die bis zu 12 cm langen, herzförmigen Blätter mit den langen, dunkelroten Stielen verfärben sich im Herbst auffallend rötlich oder goldgelb. ✪ Apr

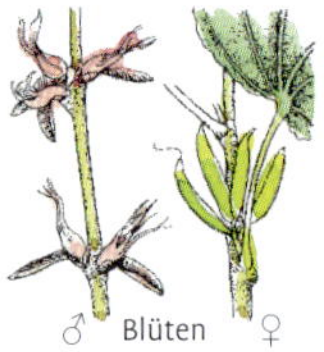

Sommergrün, bis zu 12 m hoch, mit länglicher, kegelförmiger Krone; Rinde braungrau, zunächst glatt, später rau netzadrig oder fein gefeldert. **Blätter** gegenständig, Spreite fast rechtwinklig zum Blattstiel stehend, breit oval bis rundlich, handnervig, vorn spitz; kahl, oberseits mattgrün, unterseits bläulich getönt. **Blüten** zweihäusig verteilt, noch vor dem Laub erscheinend; unauffällig, rötlich, zu mehreren in den Achseln der Blattknospen. Balg**früchte** hellgrün, krallenartig gekrümmt.

Vorkommen In lichten Gebüschen auf lockerem, humosem, nährstoffreichem Boden. Stammt aus O-Asien (Japan und China); in EU nicht selten in Gärten und Parks als dekoratives Ziergehölz angepflanzt.

Wissenswert! An den Kurztrieben fallen die Blätter etwas länglicher aus. Die weiblichen Blüten bestehen nur aus einem einzigen Fruchtblatt, das sich zu einer vielsamigen Balgfrucht mit flachen, geflügelten Samen entwickelt. Die Blätter färben ziemlich rasch von Mattgrün nach Lachsrosa und zuletzt Goldgelb um. Kurz vor dem Laubfall duften sie schwach, aber angenehm nach Lebkuchen, weshalb die Art auch Kuchenbaum genannt wird.

Die Familie der Kuchenbaumgewächse umfasst nur diese eine Art und nimmt innerhalb der Blütenpflanzen eine recht isolierte Stellung ein. Mit ihrer Häufung von entwicklungsgeschichtlich ursprünglichen Merkmalen ähnelt sie den Magnolien- und Zaubernussgewächsen, ohne jedoch mit diesen näher verwandt zu sein.

Judasbaum

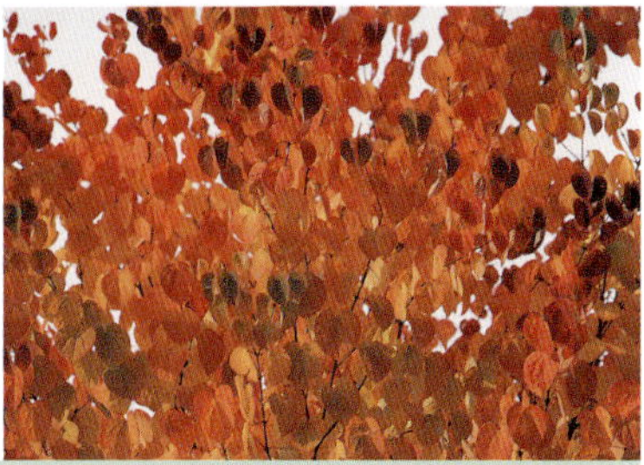

Katsurabaum
unten rechts: Herbstfärbung

Alpen-Zwergbuchs, Buchsblättriges Kreuzblümchen

Polygala chamaebuxus · Familie Kreuzblumengewächse

Immergrüner, kleiner Halbstrauch mit liegenden oder bogig aufsteigenden, verzweigten, nur im unteren Teil verholzten Stängeln, Triebe abstehend behaart. ✿ Mär–Mai

Etwa 10–30 cm hoch. **Blätter** wechselständig, meist sitzend oder kurz gestielt, ledrig, dunkelgrün, glattrandig, schmal eiförmig, mit kleiner, aufgesetzter Spitze, kahl. **Blüten** 2–3 cm lang, zu 1–3 in den Achseln der mittleren und oberen Blätter oder am Ende des Stängels; 5 Kelchblätter, sehr ungleich gestaltet, das oberste gespornt, die beiden unteren klein, die beiden seitlichen groß und blütenblattartig, gewöhnlich aufwärts gerichtet oder etwas zurückgeschlagen, entweder cremeweiß, gelblich oder intensiv purpurn; 3 Kronblätter, das untere groß, schiffchenartig und mit fransigem Anhängsel, weißlich bis gelborange, beim Verblühen zunehmend dunkel- bis braunorange; 8 Staubblätter, zu einer oben offenen Röhre verwachsen; eventuelle zweite Blühphase Sep–Okt. **Früchte** fleischige, rundlich-herzförmige, abgeflachte Kapseln mit dunkelbraunen Samen; ab Aug.

Vorkommen Kiefernwälder, Legföhrengebüsche, Matten, Magerrasen, meist auf Kalk, auch auf Granitverwitterungsböden. Alpen von S-Frankreich bis zu den Ostalpen, vereinzelt Bayerischer Wald, Fränkischer, Schwäbischer und Schweizer Jura, Baar, Alpenvorland, bis in 2000 m Höhe.

Wissenswert! In M.-EU die einzige Holzpflanze innerhalb der Gattung. Sie fällt durch die zahlreichen, attraktiven Blüten auf. Diese erinnern an eine typische Schmetterlingsblüte, beziehen in die Blütenhülle auch die vergrößerten Kelchblätter ein. Die Farbänderung signalisiert, dass in der Blüte nun nichts mehr zu holen ist.

Perückenstrauch

Cotinus coggygria · Familie Sumachgewächse

Sommergrüner, reichästiger Mittelstrauch mit rundlicher, oft breiter Krone; Triebe mit zahlreichen hellen Korkwarzen. Blütenstände mancher Formen spektakulär. ✿ Mai–Jul

Etwa 2–5 m hoch. **Blätter** wechselständig, 3–8 cm lang gestielt, breit oval bis rundlich elliptisch, 3–7 cm lang und bis zu 6 cm breit, vorn stumpf, rundlich oder leicht ausgerandet, dünn, glattrandig, oberseits hell- oder kräftig grün, unterseits bläulich, beidseits kahl. **Blüten** 5-zählig, etwa 2–4 mm breit, unscheinbar, zwittrig oder eingeschlechtig, größtenteils jedoch steril, gelblich weiß, überaus zahlreich zu lockeren, bis zu 20 cm langen, endständigen, reichästigen Rispen; Blütenstiele entwickeln im Herbst einen dichten Besatz mit fiederigen Haaren, die den **Frucht**stand wie Perücke aussehen lassen. Verfärben sich wie die Blätter kräftig rötlich bis purpurrot.

Vorkommen Sonnige Felsgebüsche, Trockenwälder, meist auf kalkhaltigen, steinigen, trockenen Böden; sehr lichtbedürftig. Vom östlichen Mittelmeergebiet über Vorderasien bis nach Zentralchina; häufig in Sorten mit abweichender Laubfärbung als Ziergehölz in Parks und Gärten angepflanzt, jedoch kaum verwildert.

Wissenswert! Die stark gerbstoffhaltigen Blätter wurden früher medizinisch als blutstillendes Mittel genutzt. Das Holz verwendete man zur Gewinnung von Farbstoffen für Seide und Wolle. Dazu wurde der P. in Elsass und in S-Tirol sogar angebaut.

Ähnlich Ebenso dekorativ ist der **Amerikanische Perückenstrauch** *C. obovatus*: Blattunterseite anfangs seidige Behaarung, Blattgrund keilförmig.

Alpen-Zwergbuchs, Buchsblättriges Kreuzblümchen

Perückenstrauch
oben rechts: Blütenstand

Gewöhnlicher Seidelbast

Daphne mezereum · Familie Seidelbastgewächse

Sommergrüner, wenig verzweigter Kleinstrauch mit rutenförmigen, aufrechten oder abstehenden Ästen und Zweigen. Im Blüten- und Fruchtschmuck sehr dekorativ. ✩ Feb–Apr

Nur 0,4–1,5 m hoch; Triebe und Zweige dicht mit Korkwarzen besetzt. **Blätter** wechselständig, kurz gestielt, an den Zweigenden büschelig gehäuft, 3–8 cm lang, länglich-lanzettlich, stumpf oder leicht zugespitzt, an der Basis keilförmig, oberseits grün, unterseits graugrün oder bläulich. **Blüten** büschelig zusammen, vor dem Laubaustrieb erscheinend, stark und angenehm duftend; Krone fehlt, statt dessen kronblattartig ausgefärbte Kelchblätter, rosapurpurn bis karminrot. Stein**früchte** korallenrot; Fruchtreife ab Jun. Sehr giftig!

Vorkommen Schattige Gebüsche und Laubmischwälder auf wechselfeuchten Böden. In EU weit verbreitet, vor allem in den höheren Mittelgebirgen, in den Alpen bis in 2000 m Höhe, fehlt im Tiefland; auch in Sorten in Gärten und Parks gepflanzt. **RL**

Wissenswert! Alle Teile der Pflanze sind stark giftig! Schon der Verzehr weniger Früchte kann für Kinder lebensgefährlich sein. Allerdings wirken die Giftstoffe nur bei Säugern. Für Vögel sind sie ungefährlich. Trotzdem schätzt man die Pflanze wegen ihres dekorativen Aussehens.

Verwandt **Gestreifter Seidelbast** *Daphne striata*, Zwergstrauch bis zu 30 cm, Blüten kopfig; alpine Zwergstrauchheiden.

Lorbeer-Seidelbast

Daphne laureola · Fam. Seidelbastgewächse

Immergrüner, wenig verzweigter Kleinstrauch mit aufrechten Ästen u nd grünlichen Blüten. ✩ Feb–Apr

Nur bis zu 1 m hoch. **Blätter** wechselständig, gestielt, 3–10 cm lang, ledrig, lanzettlich, spitz, kahl, oberseits matt dunkelgrün, unterseits gelblich, mit kräftigem Mittelnerv. **Blüten** gelblich grün, schwach duftend, büschelig in hängenden, kurz gestielten Trauben in den Blattachseln nahe der Zweigspitze. Stein**früchte** eiförmig, blauschwarz; Fruchtreife ab Jul. Sehr giftig!

Vorkommen Lichte Mischwälder und Gebüsche, meist auf kalkhaltigen, mäßig trockenen Lockerböden, im Bergland bis in etwa 1000 m Höhe. W- und S-EU, Mittelmeergebiet, N-Afrika; in D wild im S-Schwarzwald sowie am Mittelrhein; auch gärtnerisch in Steingartenpflanzungen. **RL**

Rosmarin-Seidelbast, Steinröschen

Daphne cneorum · Fam. Seidelbastgewächse

Immergrüner, locker verzweigter Kleinstrauch; reichblütig, daher in der Blüte besonders auffällig. ✩ Apr–Mai

Nur 10–30 cm hoch; Triebe anliegend grau behaart. **Blätter** wechselständig, an den Zweigenden schopfig gehäuft, sitzend, 1–2 cm lang, länglich bis spatelförmig, ledrig, kahl, oberseits dunkelgrün, unterseits bläulich. **Blüten** zu mehreren in endständigen Köpfen, stark nach Nelken duftend; ohne Kronblätter, stattdessen kronblattartige, rosarote Kelche mit ausgebreiteten Zipfeln. Stein**früchte** gelb oder rötlich; Fruchtreife Aug. Sehr giftig!

Vorkommen Kalk liebende Art in Gebüschen, Kiefernwälder, Trockenrasen, Felsfluren. Gebirge in M.- und S-EU, von den Pyrenäen bis zum Balkan; in Sorten als Steingartenpflanze verwendet. **RL**

Gewöhnlicher Seidelbast
rechts: Früchte, sehr giftig

Lorbeer-Seidelbast

Rosmarin-Seidelbast, Steinröschen

Alpen-Seidelbast, Berg-Seidelbast

Daphne alpina · Familie Seidelbastgewächse

Sommergrüner Kleinstrauch mit behaarten Trieben, Äste mit vereinzelten Korkwarzen. ✩ Mai–Jun

Ungefähr 20–50 cm hoch. **Blätter** wechselständig, 1–4 cm lang, verkehrt eiförmig, oberseits graugrün, unterseits etwas heller. **Blüten** bis zu 1,8 cm breit, zu 6–10 büschelig in den oberen Blattachseln, nach Vanille duftend, Kelchröhre bis zu 1 cm lang, außen seidig, Kelchzipfel weiß. Stein**früchte** rotorange; Fruchtreife ab Aug. Sehr giftig!
Vorkommen Felsspalten, Steinfluren, Grobschutt, auch Mauern; auf Kalk. Europäische Hochgebirge, von den Pyrenäen bis zu den Karpaten; in den Alpen bis in 1900 m Höhe, fehlt in D; in Steingärten gepflanzt.
Wissenswert! Wie bei allen Seidelbastarten ist die Blütenhülle nur einfach, die Kronblätter fehlen. Die Werbewirkung übernehmen in diesem Fall die kronblattartig gestalteten Kelchblattzipfel.

Mannsblut

Hypericum androsaemum · F. Johanniskrautg.

Immergrüner, dicht verzweigter Strauch mit kriechenden oder aufsteigenden Ästen und 2-kantigen Trieben. ✩ Jun–Aug

Etwa 30–80 cm hoch. **Blätter** sitzend, kahl, 4–12 cm, breit eiförmig, ledrig, glatt-randig, unterseits auffallend blaugrün, mit großen Öldrüsen durchscheinend punktiert. **Blüten** ein heitlich hellgelb, bis zu 3 cm breit, lang gestielt, Staubblätter sehr zahlreich, länger als die 5 Kronblätter. Beeren**frucht** anfangs rotbraun, später glänzend schwarz ungenießbar; Fruchtreife ab Aug.
Vorkommen Lichte Wälder, schattige Gebüsche. W- und S-EU, von der Iberischen Halbinsel bis nach Kleinasien, nördlich bis Irland, ferner N-Afrika; fehlt in D; gärtnerisch häufig als Bodendecker verwendet.

Chinesischer Bocksdorn

Lycium chinense · Familie Nachtschattengew.

Sommergrüner, ästiger Strauch mit überhängenden Zweigen und violetten Blüten. ✩ Jun–Sep

Blüte

Klettert gelegentlich als Spreizklimmer bis zu 4 m hoch. **Blätter** wechselständig, kurz gestielt, an Kurztrieben in Büscheln, 10–14 cm lang, lanzettlich. **Blüten** bis zu 1,5 cm breit, Kelch 3- bis 5-zähnig, Krone trichterig, purpurn. Beeren**früchte** oval, bis zu 2,5 cm lang, scharlachrot; Fruchtreife ab Aug. Wenig giftig!

Ähnlich **Gewöhnlicher Bocksdorn** *Lycium barbarum*, Blätter nur 3–5 cm lang, Blütenkronen purpurviolett mit dunkler geaderten Zipfeln; Hecken, Gebüsche; heimisch in China, in M.-EU eingebürgert.

Bittersüßer Nachtschatten

Solanum dulcamara · Fam. Nachtschatteng.

Sommergrüner Halbstrauch mit liegendem oder kletterndem Stängel, im unteren Drittel verholzt. ✩ Jun–Aug

Blüten

Klettert 0,5–4 m hoch; Triebe und Zweige rundlich, manchmal undeutlich kantig. **Blätter** wechselständig, lang gestielt, lanzettlich oder an der Basis mit 1–2 fiederartigen Lappen, kahl oberseits dunkelgrün. **Blüten** 1–2 cm breit Krone blauviolett, mit 5 zurückgeschlagenen Zipfeln, 5 Staubblätter chromgelb aufrecht kegelig zusammengeneigt. Beeren**früchte** 0,7–1 cm lang, etwas länglich anfangs grünlich, dann gelborange, reif scharlachrot, giftig; reif ab Jul.
Vorkommen Ufer, feuchte Wälder, Hecken In EU und auch in D weit verbreitet.
Wissenswert! Rassen unterscheiden sich im Giftgehalt der süßlichen Beeren.

Alpen-Seidelbast, Berg-Seidelbast

Mannsblut

Chinesischer Bocksdorn

Bittersüßer Nachtschatten

Ölbaum

Olea europaea · Familie Ölbaumgewächse

Typisch sind der kurze, knorrige Stamm mit lichter Krone, die schmalen Blätter und die ölhaltigen Olivenfrüchte, die von Grün über Rotbraun nach Schwarz reifen. ✿ Mai–Jun

Immergrün, bis zu 15 m hoch, mit unregelmäßiger, zumeist ausgebreiteter Krone; Stamm meist stark gedreht, bei sehr alten Bäumen innen hohl und löchrig durchbrochen; Rinde anfangs hell silbrig grau mit feinem Furchenmuster, im Lauf der Jahre zunehmend plattig rau und dunkelbraun. **Blätter** gegenständig, schmal, 2–8 cm lang, lanzettlich, vorn spitz, glatte Ränder leicht nach unten eingerollt; oberseits matt dunkel graugrün, unterseits grauweiß oder hellbräunlich behaart. **Blüten** klein, unscheinbar, mit 4-teiliger, weißlicher, zur Mitte hin hellgelber Krone, oberständigem Fruchtknoten und 2 Staubblättern; zu mehreren in langen, aufrechten Rispen in den Blattachseln; angenehm duftend; werden vom Wind bestäubt. **Früchte** (Oliven) 1–3 cm lang, mit ölhaltigem Fruchtfleisch und sehr hartem Steinkern, in der Reife bräunlich bis schwarz glänzend.

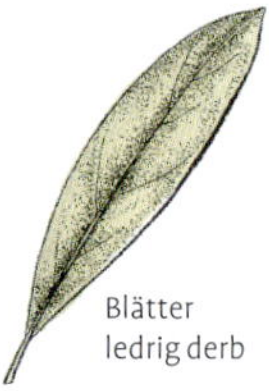

Blätter ledrig derb

Vorkommen Trockene, lockere, steinige bis mittelgründige, oft kalkhaltige Böden; wichtigste Leit- und Charakterart der immergrünen mediterranen Hartlaubvegetation. Von der Atlantikküste der südlichen Iberischen Halbinsel und NW-Afrika (Marokko) bis nach Israel; vielfach angepflanzt, in N-Italien u. a. am Gardasee.

Wissenswert! Der Ölbaum kann mehrere hundert Jahre, in Ausnahmefällen sogar um die 2000 Jahre alt werden. Er ist eine aus dem Vorderen Orient stammende Nutzpflanze, die man im östlichen Mittelmeergebiet schon vor mehr als 5000 Jahren in Kultur genommen hat. Die Ölfrucht oder Olive war neben Weinstock und Feigenbaum eine der Verheißungen des Alten Testaments. Die fast überall im Mittelmeerraum in der Macchie oder in anderen felsbewohnenden Gehölzen vorkommende Wildform ist ein im Aussehen ähnlicher kleiner Baum, jedoch mit bedornten Zweigen, kleineren Blättern und bitteren, kleinen Steinfrüchten.

Die Oliven erntet man im Herbst (Okt–Dez) vor der Vollreife von Hand. Nach dem Zermahlen wird in einer kalten Pressung das wertvollste Olivenöl gewonnen. Die zweite, warme Pressung liefert ein immer noch als Speiseöl verwendetes Produkt, die dritte, diesmal heiße Behandlung ein nur noch für technische Zwecke geeignetes Öl. Das kalt und warm abgepresste Öl enthält zu etwa 65 % die Glyceride der Ölsäure neben ungefähr 10 % ungesättigten Fettsäuren (Linol- und vor allem Linolensäure). Die Speiseoliven stammen oft von besonderen Kultursorten des Ö. Sie werden durch Einlegen in alkalische Kochsalzlösung von den Bitterstoffen des Fruchtfleisches befreit und anschließend mit verschiedenen Gewürzen aromatisiert. Von einem einzigen Ölbaum lassen sich etwa 60 kg Oliven ernten, die rund 9 l Olivenöl ergeben. Die Bäume tragen jedoch nur jedes 2. Jahr. Mehr als 95 % der Welternte stammen heute aus den Mittelmeerländern, der Rest aus Kalifornien (USA), S-Afrika und Australien.

Olivenernte

Ölbaum

Apfelsinenbaum, Orangenbaum

Citrus sinensis · Familie Rautengewächse

Die angenehm duftenden, reinweißen Blüten stehen einzeln zu 3–5 in den Blattachseln und entwickeln sich zu relativ glattschaligen Orangen.

☆ Feb–Jun

Immergrün, bis zu 10 m hoher Baum oder Strauch. **Blätter** wechselständig, breit lanzettlich, mit schmal geflügelten Blattstielen, ledrig, oberseits glänzend dunkelgrün. **Blüten** mit 5 reinweißen Kronblättern und zahlreichen hellgelben Staubblättern. **Früchte** (Orangen) botanisch Beeren; Fruchtfleisch besteht aus zahlreichen so genannten Safthaaren, von angenehmem Geschmack.

Vorkommen Auf lockeren, etwas steinigen, kalkhaltigen, gut wasserdurchlässigen Lehmböden. Stammt aus SO-Asien, im Mittelmeergebiet seit dem 16. Jh. kultiviert; in M.-EU nicht winterhart, gelegentlich als Kübelpflanzen in Wintergärten zu finden.

Wissenswert! Die **Bitterorange** oder **Pomeranze** *Citrus aurantium*, die man wegen des ätherischen Öls ihrer Blüten sowie als Marmeladen- und Spirituosenfrucht kultiviert, hat breitere Blattspreiten und Stielflügel. Nur in kühlen Nächten bilden Blutorangen rote Farbstoffe, die sich im Fruchtfleisch sammeln. In tropischen Anbaugebieten bleiben auch Blutorangen orange. Gelegentlich bildet der Apfelsinenbaum auch Dornen an den Zweigen aus.

Zitronenbaum

Citrus limon · Familie Rautengewächse

Immergrüner, größerer Strauch oder kleiner Baum; Äste und Zweige in den Blattachseln meist lang bedornt.

☆ Jan–Dez

Etwa 2–8 m hoch. **Blätter** lanzettlich-elliptisch, mit kurzer, stumpfer Spitze, Blattstiel um 1 cm lang, nicht oder nur sehr schmal geflügelt, Spreite ledrig, oberseits matt dunkelgrün, unterseits weißlich, sortenabhängig bis zu 10 cm lang und 4 (8) cm breit, deutlich schmaler als beim Apfelsinenbaum, vom Blattstiel deutlich abgesetzt, gekerbt bis fein gezähnt, duften beim Zerreiben aromatisch. **Blüten** zu 1–3 in den Blattachseln, in der Knospe dunkel purpurn, Kronblätter 5, etwa 2 cm lang, etwas fleischig, innen reinweiß, außen rötlich überlaufen; Staubblätter 30–40. **Frucht** oval, hellgelb, bis 14 cm lang und 8 cm breit, Schale glatt oder rau, mit zahlreichen Ölzellen. Zitronenbäume blühen und fruchten gleichzeitig.

Vorkommen Die genaue Herkunft der Art ist unklar, möglicherweise stammt sie aus N-Indien, vielleicht aber auch aus N-Afrika. Von den Arabern wurde sie jedenfalls schon vor über 1000 Jahren nach S-Europa eingeführt und kultiviert. Kolumbus nahm sie 1492 mit in die Neue Welt. Seither weltweit in zahlreichen Sorten in mediterranem Klimagebieten kultiviert. Der Saft dient u. a. zur Herstellung von Limonaden, deren Bezeichnung sich vom wissenschaftlichen Artnamen ableitet.

Wissenswert! Botanisch ist die Zitrone eine Beere. Allerdings zeigt sie in Entwicklung und Aufbau einige Besonderheiten. Die äußere Fruchtwand ist durch Carotenoide gelb gefärbt. Aus der innersten, sehr dünnen Fruchtwandschicht entwickeln sich zahlreiche Saftschläuche, die die 8–10 Fruchtfachhöhlen allmählich ausfüllen und zur Reifezeit wie ein normales Fruchtfleisch erscheinen.

Apfelsinenbaum, Orangenbaum

Zitronenbaum

Tulpen-Magnolie

Magnolia × soulangiana · Familie Magnoliengewächse

Vor dem Laubaustrieb öffnen sich an den Zweigenden die aufrechten großen Blüten, deren Kronblätter stets glockig zusammengeneigt bleiben. ✩ Apr–Mai

Sommergrün, bis zu 6 m hoher Baum oder Strauch, mit ausladender Krone auf kurzem, meist krummem Stamm; Rinde anfangs glatt, braungrau, später feinrissig. **Blätter** wechselständig, kurz gestielt, verkehrt eiförmig bis elliptisch mit kurzer Spitze, 12–20 cm lang und bis zu 6 cm breit, ledrig, glattrandig; oberseits matt frischgrün, unterseits heller und wenig behaart. **Blüten** innen reinweiß, außen rötlich überlaufen, an der Basis mitunter rotviolett gefärbt. Kapsel**frucht** mit roten Samen, die in der Reife an langen Samenstielchen heraushängen (Zeichnung).

Vorkommen Meist auf wasserdurchlässigen, mäßig nährstoffreichen und leicht sauren Lockerböden. Ausschließlich aus der Gartenkultur bekannt, heute in M.-EU die am weitesten verbreitete Magnolie.

Wissenswert! Die T. entstand um 1820 im Park von Soulange-Bodin als Kreuzung der chinesischen Yulan-Magnolie *(M. denudata)* und der ebenfalls aus O-Asien stammenden Purpur-Magnolie *(M. liliiflora)*. Mehrere Kulturvarietäten mit unterschiedlichen Blütenfarben sind verfügbar, darunter die nach dem bedeutenden rheinischen Gartenkünstler des 19. Jh. Peter Joseph Lenné benannte Sorte 'Lennéi', deren Blüten auf der Außenseite dunkel purpurrot sind, oder die reinweiß blühende 'Lennéi Alba'. Auch die beiden dekorativen Elternarten werden gelegentlich in Parkanlagen angepflanzt.

Magnolien sind heute in EU nicht mehr heimisch, ihre Vorfahren starben hier während der letzten Eiszeit aus. Die als Gartenformen oder Kreuzungseltern verwendeten Arten stammen alle entweder aus O-Asien oder aus N-Amerika.

Ähnlich **Gurken-Magnolie** *Magnolia acuminata*, sommergrüner, bis zu 24 m hoher Baum mit gewölbter, pyramidaler Krone aus aufrechten oder abgespreizten Ästen; Stamm schlank und gerade; Blätter wechselständig, bis zu 25 cm lang und 12 cm breit, elliptisch, mit schlanker, aufgesetzter Spitze, glattrandig oder leicht gewellt, oberseits frischgrün und nur nach dem Austrieb behaart, unterseits bleibend weichhaarig; Blüten einzeln an den Zweigenden, bis zu 9 cm breit, glockig, mit 6 grünlich oder hellgelben Blütenblättern; Blütezeit Mai–Jun; Fruchtzapfen mit vielen dunkelroten Kapsel, jede mit 2 Samen, die sich an Schleimfäden abseilen; ursprünglich östliches N-Amerika, in EU manchmal als Park- oder Straßenbaum gepflanzt.

Immergrüne Magnolie *Magnolia grandiflora*, immergrüner, bis zu 20 m hoher Baum mit dichter, kegelförmiger Krone aus kurzen Ästen; Blätter bis zu 20 cm lang und 7 cm breit, oberseits glänzend dunkelgrün (erinnern an einen Gummibaum), unterseits rostbraun behaart; Blüten bis zu 20 cm breit (gehören zu den größten Baumblüten überhaupt), reinweiß, angenehm duftend, einzeln an den Zweigenden; Blütezeit Jun–Aug; Heimat südöstliches N-Amerika, dort in feuchten Talauen; in D nicht winterhart, in S-EU jedoch häufig in Parkanlagen und Gärten.

Tulpen-Magnolie
links: Frucht, rechts: Samen

Kakipflaumenbaum

Diospyros kaki · Familie Ebenholzgewächse

Aus den Blüten mit dem großen, grünen Kelch und der blass- bis schwefelgelben Krone bilden sich bis zu 12 cm große Früchte, die an Tomaten erinnern. ✩ Jun

Sommergrün, bis zu 12 m hoch, mit rundlicher, breiter, dichter Krone; Rinde anfangs glatt dunkelbraun, später zunehmend borkig und längs gefurcht oder geschuppt mit hell braungrauen Platten. **Blätter** wechselständig oder angenähert gegenständig, 6–15 cm lang, länglich eiförmig, vorn spitz, an der Basis abgerundet oder keilförmig; oberseits dunkelgrün, unterseits dicht behaart und heller. **Blüten** einhäusig verteilt, klein, ♂ Blüten überwiegend in kleinen Büscheln, ♀ Blüten einzeln; 4-zählig, mit großem Kelch. **Früchte** in botanischem Sinn Beeren, mit stark vergrößerten Kelchblättern, kräftig orangegelb bis gelbbraun; Fruchtreife Okt–Nov.

Vorkommen Bevorzugt in Kultur lockere, lehmig-sandige, nur mäßig humusversorgte Böden, die jedoch regelmäßig bewässert werden müssen; als Parkgehölz wenig anspruchsvoll und auf Lockerböden problemlos zu halten. Stammt ursprünglich aus O-Asien (Japan, China); in den Mittelmeerländern und weltweit in den Subtropen häufig in Plantagen angebaut; in M.-EU nur in besonders wintermilden Gebieten als seltenes Parkgehölz zu sehen.

Wissenswert! Das weiche Fruchtfleisch ist nur genießbar, wenn es schon fast puddingartig weich geworden ist. Neue Marktsorten, vor allem 'Sharon', haben ein etwas festeres Fruchtfleisch, das im Geschmack an Pflaumen erinnert. Geschälte Kakipflaumen schmecken frisch, in Quarkspeisen oder Obstsalat.

Faulbaum, Pulverholz

Frangula alnus · Familie Kreuzdorngewächse

Sommergrüner, aufrechter, mittelgroßer, meist recht schlankwüchsiger, dornenloser Strauch oder kleiner Baum mit wechselständigen, bogennervigen Blättern. ✩ Mai–Jun

Etwa 1–3 m hoher, als Baum bis zu 6 m; Triebe rostrot behaart; Rinde an Zweigen und Ästen braunrot, mit länglichen, hellbraunen Korkwarzen, am Stamm graubraun, etwas längsrissig. **Blätter** gestielt, oval bis elliptisch, im vorderen Drittel am breitesten, kurz zugespitzt, mit 7–8 Paar bogig nach vorn verlaufender Seitennerven. **Blüten** 5-zählig, unscheinbar, grünlich weiß, zu 1–3 in den Blattachseln. **Früchte** kugelige Steinfrüchte, zunächst grün, dann in verschiedenen Gelbtönen, schließlich kräftig rot, zuletzt glänzend schwarz, giftig; Fruchtreife ab Aug.

Vorkommen Waldwege, Gehölzsäume, Ufer, Auengebüsche, Nadelmischbestände, vorzugsweise auf staunassen, sauren Böden. In EU weit verbreitet, vom Tiefland bis in 1500 m Höhe im Gebirge.

Wissenswert! Faulbaumblätter sind die Nahrung der Raupen von Zitronenfalter (Foto unten) und Faulbaumbläuling, die nektarreichen Blüten ernähren Bienen, Fliegen und Käfer, die reifen Steinfrüchte vor allem Drosseln. Nur die gut abgelagerte Rinde wird medizinisch verwendet. Aus dem Holz stellte man früher Holzkohle her, die, fein gemahlen, Bestandteil von Spreng- und Schießpulver war.

Kakipflaumenbaum

Faulbaum, Pulverholz

Sanddorn

Hippophae rhamnoides · Familie Ölweidengewächse

Sommergrüner, gut erkennbarer, dicht verzweigter, buschiger Wildstrauch, teilweise mit zahlreichen Ausläufern, seltener auch kleiner, breitkroniger Baum. ✿ Mär/Apr–Mai

Wuchshöhe 2–3 m, als Baum auch bis zu 6 m; zahlreiche Kurztriebe in 3–6 cm lange, spitze Dornen umgewandelt. **Blätter** wechselständig, kurz gestielt, schmal lanzettlich, bis zu 7 cm lang, aber höchstens 1 cm breit, spitz oder abgestumpft, am Grund keilförmig, oberseits graugrün, unterseits silbrig grau, auf beiden Seiten mit großen, auch ohne Lupe erkennbaren Sternhaaren besetzt. **Blüten** eingeschlechtig, zweihäusig, unauffällig grünlich braun, erscheinen schon vor dem Laubaustrieb, zu mehreren dicht gedrängt büschelig an vorjährigen Zweigen, ♂ Blüten mit 2 länglichen, etwa 3 mm breiten Kelchblättern und 4 Staubblättern, ♀ Blüten mit röhrenförmigem Kelchbecher und kurz herausragenden Griffeln, Windbestäubung. Schein**früchte** zur Reifezeit leuchtend orangegelb, beerenartig saftig, mit großem Steinsamen (der die eigentliche Frucht, eine Nuss, darstellt), essbar; Fruchtreife ab Sep.

Vorkommen Schotterauen alpiner Fließgewässer und Felsgrushalden, in den Alpen bis in 1900 m Höhe, außerdem in Binnen- und Küstendünen (Braundünen, Dünentäler). In EU an den Küsten von Nord- und Ostsee, ferner Alpen, N-Italien, Balkan, Kaukasus und Vorderasien; in reich fruchtenden Sorten häufig als Ziergehölz verwendet, wegen der ausgeprägten Salzverträglichkeit auch in Straßenbegleitpflanzungen (z. B. an Autobahnen).

Wissenswert! Der S. weist in M.-EU ein eigenartig zweigeteiltes Verbreitungsareal auf, wobei sich die jeweiligen Wildformen im Aussehen etwas unterscheiden: Die in den Alpen und im Alpenvorland als Pioniere auf Bachschotterfluren vorkommenden Exemplare sind nur schwach bedornt und recht locker verzweigt, während die an den Küsten vorkommende (und hier auch Seebeere genannte) Form kräftiger wird und außerdem stark bedornt ist. Die Pflanze gehört zu den windhärtesten heimischen Gehölzen und ist ausgesprochen lichtbedürftig. Eine Beschattung durch höherwüchsige Bäume erträgt sie nicht.

Die einladend orangeroten Sanddorn-„Beeren", die säuerlich schmecken und ein wenig nach Buttersäure duften, entwickeln sich nicht wie üblich aus dem Fruchtknoten, sondern wie bei allen Vertretern der Ölweidengewächse ausnahmsweise aus dem Blütenkelch. Sie weisen ein Vielfaches vom Vitamin C-Gehalt der Zitrusfrüchte sowie zusätzlich Vitamine der A- und B-Gruppe auf. Für den Anbau als Vitaminspender gibt es besonders großfrüchtige und im Geschmack verbesserte Sorten (jeweils rein weibliche Pflanzen!), die zum Fruchtansatz allerdings einen geeigneten Pollenspender benötigen. Den Saft verwendet man in Saftmixgetränken, aus den Früchten lässt sich eine schmackhafte Marmelade bereiten. Für die heimische Tierwelt ist der S. ein wertvolles Wildobst, das nicht nur Nahrung bietet, sondern auch vielerlei Nist- und Versteckmöglichkeiten.

Wacholderdrosseln im Sanddornstrauch

Sanddorn

Schmalblättrige Ölweide

Elaeagnus angustifolia · Familie Ölweidengewächse

Sommergrünes, dicht verzweigtes und kräftig bedorntes Gehölz mit meist breiter und lockerer Krone. ✰ Mai–Jul

2–5 m hoch; Triebe und Knospen dicht mit silbrigen Schildhaaren besetzt; Zweige und Äste dünn berindet, rötlich braun, mit verdornten Kurzsprossen. **Blätter** wechselständig, gestielt, schmal lanzettlich, ledrig, etwa 4–8 cm lang und bis zu 2 cm breit, vorn spitz oder stumpf gerundet, am Grund keilförmig, oberseits graugrün und kahl, unterseits silbergrau, dicht mit weißlichen Sternhaaren besetzt. **Blüten** bis etwa 1 cm breit, zwittrig oder rein männlich, Kelchblätter innen hellgelb, außen silbrig behaart, angenehm nach Leder duftend, kurz gestielt, einzeln oder zu jeweils 2–4 in den Blattachseln im unteren Bereich der Zweige. **Früchte** 1–2 cm lange, ovale bis zylindrische Scheinbeeren, hellgelb, mehlig, essbar, Geschmack sehr aromatisch; Fruchtreife ab Jul.

Laubblatt

Früchte

Vorkommen Ufergehölze an Seen und Flüssen, Waldsäume, Gebüsche sonniger Hänge, bevorzugt auf lockeren, feuchteren Böden. Heimisch in Zentralasien, im 17. Jh. in den Mittelmeerraum eingeführt und dort heute weit verbreitet; in M.-EU oft als Parkgehölz verwendet, auch verwildert.

Wissenswert! Erträgt formenden Schnitt, bildet dann sehr dichte Hecken und eignet sich insofern hervorragend als Windschutz. Für Bienen und andere Hautflügler sind die Blüten eine ergiebige Tracht. Im Orient werden die getrockneten, nussartig schmeckenden Früchte als Nahrungsmittel verzehrt. Die Gattung umfasst weitere als Ziergehölze verwendete Arten.

Breitblättrige Ölweide

Elaeagnus commutata · Familie Ölweidengewächse

Sommergrüner, aufrechter, dichtästiger Strauch oder kleiner Baum mit Ausläufern, Zweige braun, ohne Dornen. ✰ Mai–Jul

Blüten

Etwa 2–5 m hoch. **Blätter** wechselständig, breit oval, 4–8 cm lang und 2–4 cm breit, oberseits graugrün, unterseits grauweißlich, beidseits mit einzelnen silbrig bräunlichen Sternhaaren besetzt, die auch ohne Lupe gut zu erkennen sind. **Blüten** zylindrisch, außen silbrig, innen goldgelb, einzeln oder zu wenigen auf kurzen Stielen in den Blattachseln, angenehm duftend. **Früchte** trocken, silbrig; Fruchtreife ab Aug.

Vorkommen Flussufer, Ufergehölze, Gebüsche. Heimisch in N-Amerika (Quebec bis Utah), häufig als Parkgehölz angepflanzt.

Wissenswert! Auch Silber-Ölweide genannt, eignet sich für dichte Windschutzpflanzungen in Grau- und Braundünen. Ihre Blüten liefern Bienen und Hummeln wertvolle Nahrung.

Ähnlich Reichblütige Ölweide *Elaeagnus multiflora* Blätter länglich oval bis elliptisch, anfangs dicht, später zerstreut mit sibrig grauen bis braunen Sternhaaren besetzt; Blüten weiß, beim Verblühen gelblich; Früchte länglich, ca. 1,5 cm lang, saftig, an langen, dünnen Stielen, kräftig rrötlich bis rötlich braun, säuerlich. Trockenwarme Hänge mit lichten Gebüschen, Säume; wintermildes Klima. Stammt aus O-Asien (China, Japan, Korea), häufig als Ziergehölz verwendet, auch als Wege- und Straßenbegleitgrün. Die saftigen Früchte sind essbar und werden in O-Asien konsumiert. In EU ist die R. Ö. bisher noch nicht verwildert.

Schmalblättrige Ölweide

Breitblättrige Ölweide

Rispelstrauch

Myricaria germanica · Fam. Tamariskengew.

Sommergrüner Strauch mit straffen, rutenförmigen, braunroten Ästen und unaufälligen Blüten. ✩ Jun–Aug

Etwa 0,5–2 m hoch. **Blätter** nadelartig, sitzend, wechselständig, 2–5 mm lang, spitz, dachziegelartig anliegend, kahl, bläulich grün. **Blüten** 5-zählig, weiß oder rötlich, kurz gestielt, etwa 8 mm breit, in aufrechten, endständigen Trauben, Kelch- und Kronblätter bleiben bis zur Fruchtreife.

Vorkommen Kies- und Schotterböden von Fließgewässerauen, Kiesgruben, Wegränder. Pyrenäen, Balkan, Skandinavien. In M.-EU nur in den Alpen und im Alpenvorland.

Frucht

Staubblätter

Französische Tamariske

Tamarix gallica · Fam. Tamariskengewächse

Sommergrünes, stark ästiges Gehölz; Äste und Zweige rutenförmig, bogig ausgebreitet. ✩ Jun–Aug

Blüte

△ Blatt von der Seite

Etwa 2–4 m hoch; Rinde purpurbraun; Zweige durch Lentizellen etwas rau. **Blätter** wechselständig, schuppenförmig, ungestielt, dachziegelartig dicht und schraubig angeordnet, 2–4 mm lang und 1 mm breit, an der Basis relativ breit, am Rand immer leicht durchscheinend, dunkel- bis bläulich grün, keine Nebenblätter. **Blüten** winzig, 5-zählig, rosa, kurz gestielt, sehr zahlreich in dichten, 3–5 cm langen, zylindrischen Ährentrauben; Kronblätter fallen nach der Blüte ab.

Vorkommen Felsige Böschungen, Brachland, Küstendünen und Flussufer. Von NW-Frankreich bis ins östl. Mittelmeergebiet.

Viermännige Tamariske

Tamarix tetrandra · Familie Tamariskengew.

Sommergrün mit dunkelbraunen bis fast schwarzen, rutenförmigen Zweigen. ✩ Apr–Mai

Blätter schuppenförmig

Etwa 2–3 m hoch; Äste hängen bogig über. **Blätter** nur 1–2 mm lang, spitz, am Rand leicht durchscheinend, grasgrün, mit eingetieften Drüsen. **Blüten** 4-zählig, hellrosa, zahlreich in büscheligen, 4–5 cm langen Trauben, verblühte Kronblätter rasch abfallend.

Vorkommen Offene, feuchte Böden von Küste und Steppe. SO-EU, vom Balkan bis Vorderasien; häufig als Zierpflanze verwendet, in S- und W-EU auch zur Festlegung von Sandböden angepflanzt.

Wissenswert! Über die feinen, grubig versenkten Blattdrüsen vermag die Pflanze auf küstennahen, versalzten Böden aktiv Salz auszuscheiden.

Fünfmännige Tamariske

Tamarix pentandra · Familie Tamariskengew.

Sommergrünes, locker verzweigtes Gehölz mit rutenförmigen, bogig überhängenden Ästen. ✩ Jul–Sep

Schuppenblatt

Etwa 3–5 m hoch; Zweige anfangs purpurn, später braunrot. **Blätter** wechselständig, schuppenförmig, 2–3 mm lang, lanzettlich oval, blassgrün bis bläulich, am Rand nicht durchscheinend, decken sich dachziegelartig. **Blüten** immer 5-zählig, rosarot bis dunkelrosa, zahlreich in 3–8 cm langen, zylindrischen Trauben, diese zu großen, endständigen Rispen vereint, Kronblätter nach dem Verblühen nicht abfallend.

Vorkommen Steppen, Trockenhänge, Brachland. SO-EU bis Mittelasien; häufig als Ziergehölz in Parks und Gärten.

Wissenswert! Tamarisken sind von W-EU bis O-Asien verbreitet und als Ziersträucher in vielen Teilen der Welt eingebürgert.

Rispelstrauch

Französische Tamariske

Viermännige Tamariske

Fünfmännige Tamariske

Rostblättrige Alpenrose

Rhododendron ferrugineum · Familie Heidekrautgewächse

Immergrüner, reich verzweigter Kleinstrauch mit kräftigen Ästen und Zweigen, Äste und Stämme grau berindet. ✫ Mai–Aug/Okt

Bis zu 1,3 m hoch. **Blätter** wechselständig, zu den Zweigenden hin gehäuft, 2–4 cm lang und etwa 1 cm breit, länglich lanzettlich, vorn zugespitzt bis stachelspitzig, ledrig, fest, am leicht umgeschlagenen Blattrand fein gezähnt, oberseits glänzend dunkelgrün und kahl, unterseits dicht rostrot schuppenhaarig, bleiben nur ca. 2 Jahre am Strauch. **Blüten** 5–8 mm lang gestielt, zu mehreren in gedrängten, endständigen Trauben, Kelchblätter verwachsen, Krone tiefrosa bis kräftig rot, bis zu 2 cm lang, trichterförmig geöffnet, innen kurz behaart, 10 Staubblätter, am Grund wollig behaart. Kapsel**früchte** holzig bräunlich, Samen leicht, vom Wind verfrachtet; ab Aug.

Vorkommen Lichte Gebüsche, Wälder, Zwergstrauchbestände, meidet kalkhaltigen Untergrund, kommt daher nur auf sauren und silikatischen Böden vor; zusammen mit dem Zwerg-Wacholder (⇨ S. 280) wichtiger Rohbodenpionier. Pyrenäen, Alpen, Jura, Apennin, Karpaten, Balkangebirge, bis in etwa 2800 m Höhe, gelegentlich auch außerhalb des natürlichen Verbreitungsgebiets in Gartenkultur. **RL**

Frucht = Kapsel ▷

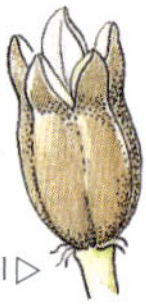

Wissenswert! Die R. A. kommt als fast nie mit der folgenden Behaarten A. vor, bildet damit aber gelegentlich fruchtbare Bastarde.

Behaarte Alpenrose

Rhododendron hirsutum · Familie Heidekrautgewächse

Immergrüner, in der Blüte ungemein auffälliger und sehr dekorativer Strauch mit aufrechten, kräftigen Ästen und Zweigen. ✫ Mai–Jul

Um 1 m hoch; Triebe zerstreut behaart und nur wenig beschuppt. **Blätter** wechselständig, kurz gestielt, 1–3 cm lang und bis zu 1,5 cm breit, ledrig, oberseits glänzend hellgrün und kahl, unterseits zerstreut mit Drüsenschuppen besetzt, am Rand und auf Blattstiel bewimpert. **Blüten** bis zu 1,5 cm lang gestielt, zahlreich an den Zweigenden in kopfig gedrängten Trauben, Kronen glockig-trichterförmig, leuchtend hellrot, bis zu 1,5 cm lang, außen mit Drüsenschuppen, innen behaart, Staubblätter ungleich lang und am Grund behaart. **Früchte** ovale, holzige Kapseln.

Vorkommen Latschengürtel und andere Gebüsche an der Waldgrenze, in tieferen Lagen auch feuchte Schluchten, auf Kalk. Nördl. und südl. Ostalpen, in den Zentralalpen nur stellenweise; außerhalb des natürlichen Verbreitungsgebiets angepflanzt, aber kaum eingebürgert. **RL**

Kapselfrüchte ▷

Ähnlich In den Karpaten kommt die **Myrtenblättrige Alpenrose** *Rhododendron myrtifolium* mit kleineren, unterseits grünlich beschuppten Blättern und unbewimperten Blatträndern vor.

Rostblättrige Alpenrose

Behaarte Alpenrose

Gelbe Azalee

Rhododendron luteum · Familie Heidekrautgewächse

Sommergrüner, dicht verzweigter und buschiger Mittelstrauch mit Wurzelsprossen; junge Triebe zottig behaart; im gewöhnlich reichen Blühaspekt sehr auffällig. ✩ Mai–Jun

Bis zu 4 m hoch. **Blätter** wechselständig, kurz gestielt, 6–12 cm lang, bis zu 4 cm breit, länglich lanzettlich, vorn stumpf, aber mit aufgesetzter Spitze, am Grund keilförmig in den kurzen, behaarten Blattstiel verschmälert, am Rand kaum wahrnehmbar gezähnt und dicht bewimpert, oberseits und auf den Hauptnerven der Unterseite borstig behaart. **Blüten** 3–5 cm breit, öffnen sich vor dem Blattaustrieb, duften intensiv, zu 7–12 endständig an den Zweigen in dicht gedrängten, doldenähnlichen Trauben, Kronen satt goldgelb, trichterförmig, außen etwas klebrig, 5 Staubblätter überragend.

Vorkommen Schattige Nadel- und Moorwälder. Mittlerer und westlicher Kaukasus, N-Türkei, Teile des östlichen M.-EU (Polen), im S von GB eingebürgert; häufig angepflanzt, Stammform vieler Gartenzüchtungen.

Wissenswert! Die sommergrünen Arten der Gattung *Rhododendron* bezeichnet man gärtnerisch meist als Azaleen.

Ähnlich **Pontischer Rhododendron** *Rhododendron ponticum*, immergrün, Blätter bis zu 15 cm lang, dunkelgrün, elliptisch, kahl; Blüten 4–5 cm breit, violett, purpurrosa oder lila, innen mit grünlichem Muster; heimisch im Kaukasus, Schwarzmeergebiet, Vorderasien, vor allem in SW- (Portugal) und W-EU (GB) verwildert und eingebürgert.

Immergrüne Bärentraube

Arctostaphylos uva-ursi · Familie Heidekrautgewächse

Immergrüner, dicht verzweigter Zwerg- oder Spalierstrauch mit liegenden, teppichbildenden Ästen und Zweigen. ✩ Mär–Jun

Blätter wechselständig, dicklich, fest, sitzend oder kurz gestielt, 3–5 cm lang und bis zu 1 cm breit, oval, stumpf gerundet oder leicht ausgerandet, am Rand und auf der Mittelrippe schwach behaart, oberseits glänzend, nur unterseits netznervig (Unterschied zur sonst sehr ähnlichen Preiselbeere). **Blüten** krugförmig, weißlich, grünlich oder rötlich, in meist hängenden Trauben. **Früchte** saftige Beeren, kugelig, hochrot, ungenießbar; Fruchtreife Sep.

Vorkommen Zwergstrauchheiden, lichte Kiefernwälder, Gebüsche, vorwiegend auf kalkhaltigem und eher trockenem Untergrund. Arkto-alpine Art: Arktische Tundra, Alpen, Pyrenäen, Zentralapennin, südlicher Balkan, im Gebirge bis in etwa 2700 m Höhe. **RL**

Wissenswert! Der deutsche Name bezieht sich darauf, dass die I. B. in der nördlichen Hemisphäre wächst, in der das zirkumpolare Sternbild des Großen Bären zu sehen ist. Die Blätter werden medizinisch genutzt, da sie harndesinfizierend wirken. Sie sind Bestandteil von Blasen- und Nierentees.

Gelbe Azalee

Immergrüne Bärentraube

Rauschbeere

Vaccinium uliginosum · Fam. Heidekrautgew.

Sommergrüner, dicht verzweigter Zwergstrauch mit liegenden Stämmchen und aufrechten, braunen Zweigen. ✿ Mai–Jun

Bis zu 75 cm hoch. **Blätter** wechselständig, gestielt, bis zu 2,5 cm lang und um 1 cm breit, länglich oval, oberseits mattgrün, unterseits blaugrün. **Blüten** 4- oder 5-zählig, Kronen glockig-krugförmig, cremeweiß, am Grund intensiv rötlich, zu 1–5 in den oberen Blattachseln. Beeren**früchte** bis zu 1 cm groß, kugelig, blau bereift, essbar, aber wenig schmackhaft; reif ab Aug.

Vorkommen Hochmoore, Moorwälder, lichte Nadelwälder, Zwergstrauchheiden. Gebirge in N- und M.-EU.

Wissenswert! In größeren Mengen konsumiert sollen die Früchte eine leicht berauschende Wirkung (Name!) haben.

Heidelbeere

Vaccinium myrtillus · Fam. Heidekrautgew.

Sommergrüner, kleiner, reich verzweigter Zwergstrauch; Äste nur an der Basis verholzt, Zweige kantig und grün. ✿ Mai–Jun

Bis zu 50 cm hoch. **Blätter** wechselständig, kurz gestielt, 2–3 cm lang, länglich oval, zugespitzt, fein gesägt, matt hellgrün, in der Herbstfärbung vor allem im Gebirge oft prächtig goldgelb bis karminrot. **Blüten** 4- oder 5-zählig, hängend oder nickend, glockig, grünlich weiß, auch kräftig rötlich, zu 1–2 in den oberen Blattachseln. Beeren**früchte** saftig, blauschwarz, heller bereift, essbar; reif ab Jul.

Vorkommen Lichte Nadelwälder, Heiden, Moore. M.- und N-EU, im S nur in den Gebirgen, ferner arktische Tundren.

Wissenswert! Für die Gartenkultur wird die aus N-Amerika stammende **Strauch-Heidelbeere** *V. corymbosum* angeboten.

Preiselbeere

Vaccinium vitis-idaea · Fam. Heidekrautgew.

Immergrüner Zwergstrauch mit kriechenden Sprossachsen und mäßig verzweigten Ästen. ✿ Mai–Jul

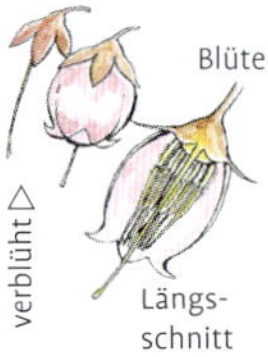

Bis zu 30 cm hoch. **Blätter** wechselständig, kurz gestielt, bis zu 2 cm lang, elliptisch bis oval, glattrandig, oberseits glänzend dunkelgrün, unterseits hellgrün, dunkel gepunktet. **Blüten** 4- oder 5-zählig, in hängenden Trauben, Krone krugförmig, cremeweiß, rosa überlaufen. Beeren**früchte** kugelig, bis zu 1 cm groß, anfangs weißlich, reif scharlachrot, essbar; Fruchtreife ab Jul.

Vorkommen Moorränder, lichte Nadelwälder, Zwergstrauchheiden. N- und M.-EU, stellenweise auf dem Apennin und Balkan, außerdem Kaukasus, Grönland, N-Amerika von Neufundland bis Alaska. Auch im Plantagenanbau.

Gewöhnliche Moosbeere

Vaccinium oxycoccos · Fam. Heidekrautgew.

Immergrüner, kriechender Zwergstrauch mit unscheinbaren, fadendünnen Ästen. ✿ Mai–Jul

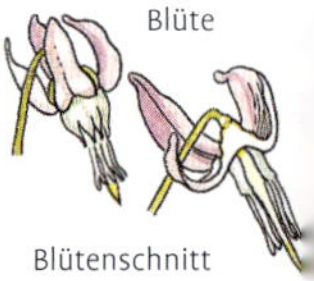

Bis 80 cm lang. **Blätter** 10 mm lang, länglich, oberseits glänzend, unterseits blaugrün bereift. **Blüten** zu 1–5 in Trauben, 4-zählig, blassrosa oder kräftig rot . **Beeren** bis 1 cm dick, gelb- oder hochrot, saftig, essbar; Fruchtreife ab Aug.

Vorkommen Torfmoospolster in Hochmooren. N- und M.-EU, selten im SW. **RL**

Ähnlich Die **Großfrüchtige M.** oder **Krannbeere** *V. macrocarpon* hat bis zu 2 cm dicke Beeren. Sie stammt aus N-Amerika, in M.-EU mancherorts eingeschleppt (Nordseeinseln, Schwarzwald, Bayern, Schweiz).

Rauschbeere

Heidelbeere

Preiselbeere

Gewöhnliche Moosbeere

Alpen-Krähenbeere

Empetrum hermaphroditum · Familie Heidekrautgewächse

Immergrüner, niedriger und ziemlich dichtästiger Zwergstrauch mit liegenden und aufsteigenden Zweigen sowie schwarzen Früchten. ✩ Mai–Jun

Etwa 20–30 cm hoch; Zweige selten länger als 50 cm; junge Triebe grünlich. **Blätter** wechselständig oder zu wenigen in unregelmäßigen Wirteln, kurz gestielt, bis zu 8 mm lang, parallelrandig, kahl, glänzend dunkelgrün, stumpf, weich, nicht stechend, Blattränder nach unten eingerollt bis auf eine schmale, mit weißem Haarstreifen verschlossene Rinne. **Blüten** zwittrig, unscheinbar, grünlichrot, mit getrennten Kelch- und Kronblättern. Stein**früchte** beerenartig, mehrsamig, kugelig, bis zu 8 mm groß, schwarz, leicht glänzend; genießbar, aber nicht wohlschmeckend; Fruchtreife ab Aug.

Vorkommen Lichte Felsgebüsche, Steinschutt, Moränen, Rohhumusböden, Zwergstrauchheiden. Gebirge in EU, von den Pyrenäen bis zum Kaukasus, in den Alpen bis in 2200 m Höhe.

Wissenswert! Teil einer formenreichen Sammelart, häufig als Unterart aufgefasst

Ähnlich **Gewöhnliche Krähenbeere** *Empetrum nigrum*, liegende Äste wurzeln, bis zu 1,2 m lang, bilden ausgedehnte Teppiche, junge Triebe rötlich; Blätter bis zu 5-mal so lang wie breit; Blüten eingeschlechtig, zweihäusig. Auf Sand- und Moorböden, im Küstenbereich von Nord- und Ostsee, selten auch in Eifel, Harz, Rhön, Fichtelgebirge, Schwarzwald und Erzgebirge, ferner im arktischen N-EU und in N-Amerika; fehlt in den Alpen.

Rosmarinheide, Torfmyrte

Andromeda polifolia · Familie Heidekrautgew.

Immergrüner, spärlich verzweigter Zwergstrauch mit kriechenden, wurzelnden Sprossachsen. ✩ Mai–Jul

Etwa 20–40 cm hoch. **Blätter** wechselständig, kurz gestielt, 2–4 cm lang und bis zu 8 mm breit, linealisch, ledrig, Blattränder stark eingerollt, oberseits glänzend dunkelgrün, mit eingesenktem Mittelnerv, kahl, unterseits weißlich behaart. **Blüten** auf rötlichen, gebogenen, bis zu 1,5 cm langen Blütenstielen, Kelchblätter klein, rötlich, Kronen krugförmig, bis zu 8 mm lang, kräftig hellrosa bis weißlich.

Vorkommen Hoch- und Zwischenmoore. N- und M.-EU, stellenweise in den Karpaten und in Weißrussland, in alpinen Mooren nur spärlich, ferner Grönland und N-Amerika; mitunter in Heidegärten angepflanzt. **RL**

Sumpf-Porst

Ledum palustre · Fam. Heidekrautgew.

Immergrüner, verzweigter, in der Blüte außerordentlich attraktiver Strauch mit aufrechten Ästen. ✩ Mai–Jun

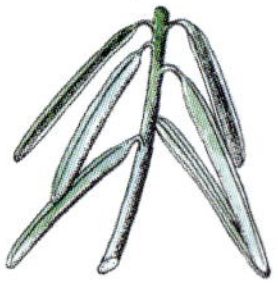

Um 1–1,5 m hoch; Triebe filzig rostrot behaart. **Blätter** gestielt, ledrig, lanzettlich bis linealisch, bis zu 4 cm lang, oberseits matt olivgrün, unterseits rostrot wollfilzig Blatt-ränder bis auf kleine Schlitze wei nach unten eingerollt. **Blüten** zahlreich in endständigen, aufrechten, kopfigen Trauben, Krone 5-zählig, sternförmig, reinweiß, bis zu 1,5 cm breit, von den langen weißen Staubblättern überragt. **Früchte** unauffällige, bräunliche Kapseln; Fruchtreife ab Aug. Giftig, aber alle Teile duftend.
Vorkommen Hoch-, Übergangs- und Waldmoore. M.-EU östlich der Weser, im N von D vereinzelt, ferner Skandinavien und N-Amerika. **RL**

Alpen-Krähenbeere

Rosmarinheide, Torfmyrte

Sumpf-Porst

Zitter-Pappel, Espe

Populus tremula · Familie Weidengewächse

Schon beim geringsten Lufthauch bewegen sich die lang gestielten, fast kreisrunden Blätter dieses Baumes, der durch Wurzelaustriebe oft dichte Gruppen bildet. ✩ Mär–Apr

Sommergrün, bis zu 30 m hoch, mit lichter, rundlicher, weit ausladender Krone auf geradem Stamm; Rinde anfangs grau mit markanten Streifen aus Korkwarzen (Lentizellen), später schwarzgrau und längsrissig. **Blätter** wechselständig, lang gestielt, im Umriss nahezu kreisförmig oder leicht oval mit stumpfen Zähnen und seichten Buchten, nur kurz nach dem Austrieb leicht behaart, sonst völlig kahl; oberseits matt graugrün, unterseits hell bläulich grün, im Herbst goldgelb verfärbt (Foto rechts unten). **Blüten** zweihäusig verteilt; Tragblätter der Einzelblüten geteilt, grau bewimpert; ♂ Blüten in schlaff hängenden, bis zu 10 cm langen, purpurroten Kätzchen; ♀ Kätzchen grünlich. **Frucht**reife ab Mai.

Vorkommen Trockene, nährstoffarme Schutt- und Rohböden, daher häufiges Pioniergehölz in Kiesgruben und Steinbrüchen, an Bahnanlagen oder vergleichbaren, bevorzugt kalkfreien Lockerböden in sonniger Lage. Ganz EU von Portugal bis N-Skandinavien und Kleinasien, ausgenommen in S-Italien; in M.-EU überall häufig, von der Ebene bis in über 1000 m Höhe im Gebirge; meist in Mischbeständen mit anderen Laubgehölzen.

Wissenswert! Die bräunlichen, an den verlängerten ♀ Kätzchen heranreifenden Kapseln setzen schon im Frühsommer eine große Menge winziger Samen frei, die an weißen Flughaaren sitzen und vom Wind wolkenweise verfrachtet werden. Wegen derer enormen Reichweite gehört die Z. neben der Weiß-Birke und der Sal-Weide zu den ersten Bäumen, die frisch angeschüttete, noch vegetationsfreie und nur mäßig nährstoffversorgte Böden besiedeln. Daher tritt sie besonders häufig auch in Schlagfluren, an Wegrändern oder auf Brachland auf. Als Erosionsschutz pflanzt man sie an Straßenböschungen oder zur Aufforstung von Halden. Die Lebenserwartung der Z. liegt allerdings nur bei etwa 100 Jahren.

Die Blätter bewegen sich beim leisesten Lufthauch und beginnen sprichwörtlich zu „zittern wie Espenlaub". Die Ursache dafür ist in den langen Blattstielen zu suchen, die seitlich zusammengedrückt sind, sodass nur eine kleine, nicht besonders tragfähige Verbindungsstelle bleibt.

Das gelbliche Holz der Z. ist schlagfrisch wegen des hohen Wassergehalts ziemlich schwer, nach dem Trocknen jedoch sehr leicht und zudem einfach zu bearbeiten. Man verwendet es zur Herstellung von Faserplatten und Sperrholz, für Zündhölzer und für Flechtarbeiten.

Die harzigen Knospen liefern den Bienen reichlich Kittharz, so genanntes Propolis, das sie zum Abdichten von Ritzen und Fugen in den Stock eintragen.

Zitter-Pappel, Espe
unten rechts: Herbstfärbung

Gewöhnliche Schwarz-Pappel

Populus nigra · Familie Weidengewächse

Kennzeichnend sind die oft auffällig rautenförmigen Blätter, die schwärzliche Borke und die Fähigkeit abgesägter Stämme, wieder auszutreiben.

✫ Mär–Apr

Sommergrün, über 30 m hoch, mit offener, meist sehr breiter, bei alten Exemplaren unregelmäßiger Krone auf geradem Stamm; große, aufrechte Äste häufig schon in geringer Höhe; im Alter mit dicker, tiefrissiger, dunkelgrauer bis schwärzlicher Borke (Name!). **Blätter** lang gestielt, Spreite im Umriss rautenförmig bis dreieckig mit verlängerter Spitze, am Rand fein gezähnt, zuerst schwach behaart, später kahl und auf der Oberseite glänzend dunkelgrün, ohne Drüsen am Stielansatz. **Blüten** zweihäusig verteilt; erscheinen vor dem Laubaustrieb; ♂ Kätzchen schlaff hängend, 5–9 cm lang, mit rötlichen Staubblättern, später zunehmend grauweiß; ♀ Kätzchen kürzer, grünlich. **Frucht**reife ab Mai.

Vorkommen Feuchte, nährstoffreiche, tiefgründige Locker- und Schwemmböden der Flussauen. Von SW-EU über das gesamte M.-EU bis nach Zentralasien; fehlt natürlicherweise im nördlichen D und in Skandinavien, dort jedoch örtlich angepflanzt.

Wissenswert! Dieser charakteristische Baum der Tieflagen ist in M.-EU ursprünglich vor allem entlang der großen Flüsse (Maas, Rhein, Weser, Elbe, Donau) anzutreffen. Die ausgesprochen imposante G. S., die bis zu 300 Jahre alt werden und Stämme von 2 m Dicke entwickeln kann, ist auch als Park- und Flurgehölz anzutreffen. Sie bildet Wurzelsprosse aus, sodass oft dichte Bestände dieser Pappel entstehen. Die zur Reifezeit bräunlichen, länglich ovalen Kapseln, die an den verlängerten ♀ Kätzchen sitzen, geben beim Öffnen große Mengen winziger Samen frei. Diese hängen an weißen Flughaaren und werden in wattigen Flocken vom Wind weit verdriftet. Dennoch erobert die G. S. nicht so rasch Neuland wie die verwandte Zitter-Pappel.

An den langen Blattstielen sieht man nicht selten knotige, bis zu 2 cm dicke Anschwellungen. Sie werden von der Spiralgallenlaus hervorgerufen, deren Larven sich vom Pflanzengewebe ernähren. Die unter dem Einfluss von Laushormonen im Lauf des Sommers anschwellende Galle verursacht eine auffällige Drehung des Blattstiels. Vor dem Laubfall im Herbst schlüpfen aus den Gallen neue Gallenläuse, die im Boden überwintern und im nachfolgenden Frühjahr die frischen Blätter befallen.

Das helle, ziemlich leichte, aber feste Holz der G. S. verarbeitet man zu Möbeln, vielerlei Schnitzwerk, Küchengeräten oder Holzschuhen und zu Zellstoff für die Papierindustrie.

Reife Fruchtkapseln mit behaarten Samen.

Ähnlich **Pyramiden-Pappel** *Populus nigra* 'Italica', auch Säulen-P. genannt, ist eine vermutlich in Vorderasien oder in Mittelitalien entstandene Mutation der Schwarz-Pappel, bei der die Äste steil senkrecht stehen, sodass sich eine säulenförmige Krone ergibt. Man pflanzt sie häufig in Alleen, als Sichtschutz um Industriebetriebe und Sportanlagen oder als Solitär in Parks.

Gewöhnliche Schwarz-Pappel
unten rechts: Flugsamen

Sal-Weide

Salix caprea · Familie Weidengewächse

Besonders die männlichen Blütenkätzchen mit dem silbrigen „Fell“, die Insekten reichlich Nektar und Pollen bieten, fallen an diesem früh blühenden Baum auf. ✿ Mär–Mai

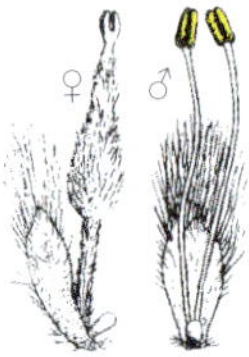

Sommergrün, Großstrauch oder Baum, bis zu 10 m hoch, mit breiter Krone und längsfurchiger, grauschwarzer Rinde; Zweige grüngrau, anfangs noch hell behaart, sehr biegsam, dünn bleibend. **Blätter** wechselständig, gestielt, 4–12 cm lang und bis zu 6 cm breit, elliptisch, am Grund rundlich, vorn spitz, am Rand gewellt bis unregelmäßig gezähnt, oberseits dunkelgrün, unterseits graugrün und bleibend dicht flaumig behaart. **Blüten** zweihäusig verteilt; Blütenstände lange vor den Laubblättern erscheinend; ♂ Kätzchen oval, bis zu 3 cm lang, im Aufblühen silbrig fellhaarig (daher „Kätzchen“), beim Stäuben hellgelb; ♀ Kätzchen unscheinbar grünlich, Fruchtknoten behaart. **Frucht**reife ab Mai.

Vorkommen Häufig als Pioniergehölz auf Brachen, an Wald- und Wegrändern und in Steinbrüchen, auch mit anderen Strauch- und Baumweiden im Saum von Stillgewässern; Lichtholz mit rascher Jugendentwicklung. Überall in EU (außer Portugal), in den Alpen bis in 2000 m Höhe; in S-EU nur im Gebirge; ferner in W- und NO-Asien.

Wissenswert! Die S. ist ein Vertreter der Breitblattweiden, die im Unterschied zu den Schmalblattweiden nicht unmittelbar in Flussauen wachsen, sondern wechselfeuchte, höher gelegene Standorte bevorzugen. Trotz ihrer vergleichsweise schmucklosen Blüten ist die S. auf Insektenbestäubung eingerichtet und stellt als besonders frühzeitig und reich blühendes Gehölz die wichtigste Trachtpflanze der Bienen im zeitigen Frühjahr dar. Aus diesem Grund ist das Schneiden von Schmuckreisig verboten.

Ein typisches Merkmal fast aller Weiden ist die rasche Bewurzelung von Stecklingen, die auch bei der S. gelingt, selbst noch an armdicken Hölzern. An Zweigstücken lässt sich dabei die innere Polarisierung zeigen. Aus der spitzenwärts gelegenen Schnittstelle entwickeln sich nur neue Blatttriebe, aus der unteren Wunde nur Wurzelanlagen.

Die Rinde der S. enthält einen nach dem wissenschaftlichen Gattungsnamen Salicin genannten Stoff, aus dem sich mit einem chemischen Verfahren Acetylsalicylsäure herstellen lässt, die Hauptkomponente des Schmerz- und Fiebermittels Aspirin. Das wenig beständige Holz der S. wird bestenfalls als Zuschlag in der Spanplattenherstellung oder für die Zellstoffgewinnung verwendet. Der ökologische Nutzen des Baums ist ungleich größer. Von seinen Blättern ernähren sich z. B. die Raupen etlicher Schmetterlingsarten wie Trauermantel, Großer Fuchs und Großer Schillerfalter.

Sal-Weide

Öhrchen-Weide

Salix aurita · Familie Weidengewächse

Sommergrüner, sparrig verzweigter, ziemlich gedrungener Strauch mit aufrechten oder abstehenden Ästen.
✰ Mär–Mai

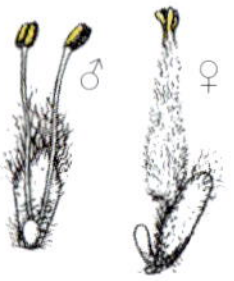

Wuchshöhe etwa 1–3 m; auffallend dünne Zweige. **Blätter** mit 1 cm langen Stielen, oval bis verkehrt eiförmig, in der Vorderhälfte am breitesten, 2–5 cm lang, mit schlanker, zur Seite gedrehter oder zurückgebogener Spitze, am Rand gewellt, beidseits behaart, oberseits durch eingesenkte Blattnerven etwas runzlig, unterseits bläulich grün filzig, zuletzt kahl; am Blattstiel nierenförmiges Nebenblatt. **Blüten** zweihäusig, erscheinen vor den Blättern in sitzenden, silbrigen bis gelblichen, 0,5–3 cm langen Kätzchen.

Vorkommen Ufer, Grabenränder, Nass- und Feuchtwiesen, Niedermoore, vom Tiefland bis ins Gebirge; auf feuchten, sauren Böden. Von EU bis W-Asien weit verbreitet und stellenweise häufig. Gärtnerisch wird die Öhrchen-Weide nur wenig verwendet.

Wissenswert! Besonders kennzeichnend sind die namengebenden, großen, nierenförmigen, gezähnten Nebenblätter (Öhrchen), die nicht frühzeitig abfallen wie bei den meisten anderen Weidenarten. Dank dieses Merkmals und anhand der auffallend dünnen Zweige kann die Öhrchen-Weide gut von ähnlichen Weidenarten unterschieden werden. Die Öhrchen-Weide kommt oft zusammen mit Erlen vor, die ähnliche Ansprüche an die Bodenfeuchte haben. Daher gehört diese Weidenart zu den wichtigsten Gehölzen, die bei der Erstbepflanzung von sauren, nassen Böden verwendet werden.

Die Art bastardiert gerne mit der Grau-Weide. Die Hybriden und erst recht die Rückkreuzungen mit den Elternformen sind nicht einfach zu erkennen.

Großblättrige Weide

Salix appendiculata · Familie Weidengewächse

Sommergrüner, sparrig verzweigter Großstrauch oder kleiner Baum, die Laubblätter sind auffällig groß.
✰ Apr–Mai

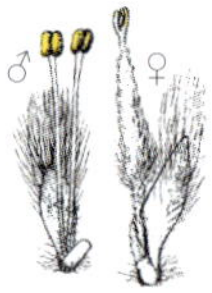

Wuchshöhe 2–6 m, breitwüchsig; Rinde grau, glatt. **Blätter** 5–18 cm lang und bis zu 5 cm breit, verkehrt eiförmig, glattrandig oder grob gezähnt, oft mit gewelltem Rand, oberseits kahl, durch eingesenkte Blattnerven runzelig, unterseits zerstreut behaart; Nebenblätter herz- bis nierenförmig. **Blüten** zweihäusig verteilt, Kätzchen sitzend, etwa 3 cm lang, erscheinen unmittelbar vor oder mit dem Laubaustrieb.

Vorkommen Feuchte, lockere bis steinige, meist kalkhaltige Böden an kühlen, luftfeuchten Standorten, Hochstaudengebüsche, alpine Wälder, Lawinenbahnen, bis in etwa 2100 m Höhe. Alpen und Alpenvorland, Jura, Balkangebirge, Reliktvorkommen im Schwarzwald und im Böhmerwald. Forstlich oder gärtnerisch wird die Art nicht verwendet.

Wissenswert! Die Großblättrige Weide gehört zu den Weidenarten, die gerne Bastarde mit anderen Weiden, vornehmlich mit der Sal-Weide, bilden. Diese Bastarde zeichnen sich durch recht veränderliche Blattformen aus. Die Blüten werden von Bienen und anderen bestäubenden Insekten besucht, die Nektar und Pollen sammeln. Die Samen sind mit einem Haarschopf versehen und können vom Wind sehr weit verbreitet werden. Da sie nur relativ kurze Zeit keimfähig sind, keimen sie bei ansprechenden Standortbedingungen rasch.

Ein relativ sicheres Kennzeichen der Art ist neben der charakteristischen Blattform und dem Gebirgsstandort, dass das Holz bemerkenswert glatt ist und keine Striemen aufweist.

Öhrchen-Weide

Großblättrige Weide

Baum-Hasel

Corylus colurna · Familie Birkengewächse

Die hartschaligen Haselnuss-Früchte dieses Baums sind von einer tief zerschlitzten, klebrigen Hülle umgeben und bilden ballartige Knäuel.

✿ Feb–Apr

Sommergrün, bis zu 20 m hoch, mit breiter, kegeliger, meist stumpfer Krone und regelmäßiger, bei jungen Exemplaren nahezu quirlständiger, breit abstehender Beastung; Rinde an jungen Zweigen dicht drüsig behaart, an den Ästen und Stämmen dagegen graubraun, korkig, vielfach schuppig gefeldert und zerrissen. **Blätter** wechselständig, gestielt, meist nach unten hängend, 8–12 cm lang und fast ebenso breit (breiteste Stelle im oberen Drittel der Spreite), an der Basis herzförmig eingebuchtet, vorn kurz zugespitzt, Rand doppelt gesägt oder andeutungsweise gelappt, Blattspreite sehr fest, oberseits glänzend grün, unterseits heller und nur auf den Hauptnerven behaart.

Blüten einhäusig verteilt; bereits lange vor dem Laubaustrieb erscheinend; ♂ Kätzchen in Gruppen an den Zweigenden, bis zu 12 cm lang, schlaff herabhängend, beim Stäuben hellgelb; ♀ Kätzchen kurz, in dicken Knospen geborgen, zur Blütezeit an den büschelig herausragenden, karminroten Fadennarben erkennbar. Nuss**frucht** bis zu 2 cm lang, dickschalig; Fruchtreife ab Sep.

Vorkommen Bergwälder auf lockeren, möglichst nährstoffreichen Böden. Ursprünglich nur im südöstlichen EU und in Kleinasien; in zunehmendem Maß auch bei uns als raschwüchsiger Straßen- und Parkbaum angepflanzt.

Wissenswert! Die B. ist die einzige Vertreterin ihrer nicht allzu artenreichen Gattung, die ausschließlich baumförmig wächst. Da die verschiedenen Haselnussarten sich in der Belaubung nur wenig voneinander unterscheiden, sind zur sicheren Bestimmung die reifenden Früchte erforderlich. Im Unterschied zu der nur als Großstrauch wachsenden heimischen Hasel, auch Wald-Hasel genannt (*Corylus avellana*, ⇨ S. 414), stecken die meist sehr zahlreich entwickelten Nüsse der B. in einer zähen, zur Reifezeit bräunlichen Hülle mit vielen schmalen, weit zurückgebogenen Zipfeln. Sie lassen sich nur sehr schwer aus dieser Hülle lösen. Die Nüsse sind essbar und schmecken ebenso wie die heimischen Haselnüsse.

Seltener sieht man in Parkanlagen auch einen baumförmigen Bastard zwischen der B. und der heimischen Wald-Hasel. Er steht in den Blattmerkmalen zwischen den Elternarten.

Die vor allem als Backzutat gehandelten Haselnüsse stammen gewöhnlich von einer weiteren südosteuropäischen Haselart, der strauchförmig wachsenden Lamberts-Hasel (*Corylus maxima*, ⇨ S. 414) aus Kleinasien. Bei dieser Art ist die Fruchthülle fast doppelt so lang wie die Nuss, vorn tütenförmig verengt und an den Vorderkanten nur in geringem Maß zerschlitzt. Der Strauch wird hierzulande in mehreren Sorten angebaut. Unter anderem ist eine sehr attraktive, tief dunkelrot belaubte Varietät unter der Bezeichnung „Blut-Hasel“ als Park- und Gartengehölz weit verbreitet.

Baum-Hasel
unten: Frucht mit noch geschlossener Hülle

Gewöhnliche Hasel, Wald-Hasel

Corylus avellana · Familie Birkengewächse

Großer, meist recht breitwüchsiger Strauch; Triebe feinfilzig und rotbraun drüsig behaart; Rinde älterer Äste glänzend dunkelbraun mit helleren Korkwarzen. ✪ Jan–Mär

Wuchshöhe 2–6 m. **Blätter** wechselständig, kurz gestielt, 7–10 cm lang und bis zu 6 cm breit, im Umriss rundlich bis verkehrt-oval, mit schlanker Spitze und leicht schiefem Blattgrund, doppelt gesägt und schwach gelappt, unterseits besonders auf den Hauptnerven behaart. **Blüten** einhäusig verteilt, vor dem Laubaustrieb, ♂ Blüten zahlreich in hellgelben, 3–8 cm langen Kätzchen, ♀ Blüten in wenig verdickten Knospen verborgen, mit 1–2 mm langen, karminroten Narben. Nuss**früchte** in einer anliegenden, bleichen Hülle, die kaum länger ist als die Nuss; Fruchtreife ab Sep.

Vorkommen Mäßig trockene Stellen im Saum von Wäldern, in Gebüschen, Feldgehölzen und entlang von Fließgewässern, vom Tiefland bis in etwa 1400 m Höhe in den Alpen, im Schwarzwald nur bis 1350 m. Die früher übliche Nieder- und Mittelwaldbewirtschaftung haben die Verbreitung der Art stark gefördert. In EU von Skandinavien bis zum Balkan weit verbreitet; häufig angepflanzt und auch gärtnerisch verwendet, u. a. als Korkenzieher-Hasel mit bizarr gewundenen Zweigen (Strahlenmutante).

Wissenswert! Haselnüsse spielten schon bei den Menschen der Steinzeit eine bedeutende Rolle. Später verwendete man Haselzweige als Wünschelrute oder als Schutz gegen Blitzschlag. Haselnussöl ist ein wertvolles Speiseöl, das reich an ungesättigten Fettsäuren ist. Außerdem nimmt man es gern zum Anrühren von Malfarben, da es nach dem Aushärten nicht nachdunkelt. Als Frühestblüher ist die Art eine wichtige Bienenfutterpflanze, die reichlich Pollen liefert. Die Bienen fliegen an sonnigen Wintertagen nur die ♂ Kätzchen an und leisten keine Bestäubung. Die Pollenübertragung auf die ♀ Blüten, die weder duften noch Nektar anbieten, übernimmt in jedem Fall der Wind. Zudem bedeutsam als Nistgehölz und Nahrungslieferant für Vögel und Kleinsäuger. Eichelhäher, Tannenhäher und Eichhörnchen verbreiten die Art durch vergessene Depots. Die Nuss ist nur bis zum kommenden Frühjahr keimfähig.

Ähnlich Die in SO-EU und Kleinasien beheimatete **Lamberts-Hasel** oder **Lambertsnuss** *Corylus maxima* trägt bis zu 15 cm lange und fast ebenso breite, nur kurz gestielte Blätter. Ihre ♂ Kätzchen erreichen 10 cm Länge. Die bis zu 2,5 cm lange Nussfrucht steckt in einer samtig behaarten, röhrenförmigen, tütenartig geschlossenen und vorne verengten Fruchthülle. Sie liefert die marktüblichen und in Sorten angebotenen Haselnüsse, auch in M.-EU an vielen Stellen in Kultur. In Parks und Gärten sieht man häufig die als **Blut-Hasel** bezeichnete Varietät (*C. maxima* var. *purpurea*, siehe Bild) tief schwarzroten Blättern.

Gewöhnliche Hasel, Wald-Hasel

Hänge-Birke, Weiß-Birke

Betula pendula · Familie Birkengewächse

Die Rinde mit den dunklen Wülsten und Rissen dieses sommergrünen Baums, deren dünne Zweige schleierartig herabhängen, leuchtet weiß. ✫ Mär–Mai

Blatt mit Fruchtstand

Sommergrün, bis zu 20 m hoch, mit kegeliger, später rundlicher, hoher oder unregelmäßiger Krone; Äste kurz, Zweige lang und dunkel rotbraun berindet; Rinde am Stamm glatt, silbrig weiß. **Blätter** wechselständig, lang gestielt, im Umriss dreieckig mit langer, schlanker Spitze, am Rand regelmäßig doppelt gesägt. **Blüten** einhäusig verteilt; ♂ Kätzchen 3–6 cm lang, vor dem Aufblühen bräunlich, stäubend hellgelb; ♀ Kätzchen 2–3 cm lang, an den Zweigenden unterhalb der ♂ Blütenstände, grünlich mit dunkelroten Narben, später braun. **Nussfrucht** 2–3 mm lang, häutig umrandet.

Vorkommen In lichten Laubgehölzen, Gebüschen und Feldholzinseln, an Waldlichtungen und Wegrändern; anspruchslos; Lichtholz; in M.-EU eher Begleitart, im N von EU auch bestandsbildend. Ganz EU mit Ausnahme des hohen Nordens und der Südränder der mediterranen Halbinseln, in S-EU nur im Gebirge, in den Alpen bis 1800 m Höhe; häufigste Birkenart in EU.

Wissenswert! Die Nüsse der H. sind extrem leicht und werden vom Wind weit verfrachtet. Die vor oder mit dem Laubaustrieb aufblühenden ♂ Kätzchen setzen enorme Mengen Blütenstaub frei, der bei empfindlichen Personen starke allergische Reaktionen auslöst. Birkenholz ist sehr hell und findet in der Möbelherstellung Verwendung. Es besitzt außerdem den höchsten Heizwert unter den heimischen Hölzern. Die Blätter enthalten medizinisch wirksame Stoffe und werden in der Homöopathie ebenso wie in der Volksmedizin eingesetzt.

Moor-Birke

Betula pubescens · Familie Birkengewächse

Typisch sind die eher ovalen Blätter und die leuchtend weiße bis silbrige, glatte Rinde zeigt eine feine, schwarze Querbänderung. ✫ Apr–Mai

Blatt mit Fruchtstand

Sommergrün, Großstrauch oder Baum, bis zu 25 m hoch, mit schlanker, oft mehrteiliger Krone; Äste aufsteigend oder abstehend, Zweige nicht herabhängend; junge Zweige dicht flaumig behaart, später verkahlend. **Blätter** gestielt, meist nur einfach gesägt; unterseits auf den größeren Blattnerven und in den Nervenwinkeln flaumig behaart. **Blüten** einhäusig verteilt, erscheinen mit dem Laub; ♂ Kätzchen ungestielt, schlaff hängend, beim Stäuben hellgelb; ♀ Kätzchen gestielt, aufrecht, grünlich mit roten Narben.

Vorkommen Auf staunassen, feuchten, mäßig nährstoffreichen Lehm-, Sand- und Moorböden. Von W- bis NO-EU; in den Alpen bis in 2000 m Höhe; im Gebirge jedoch meist nur strauchförmig.

Wissenswert! Ähnlich wie die Weiden bastardieren auch die Birken sehr stark, wenn verschiedene Arten gemeinsam vorkommen. So sind die in Parks und Gärten angepflanzten Birken oft Hybriden oder deren Rückkreuzungen mit einer der Elternarten, insbesondere bei dieser Art sind reinerbige Exemplare selten. Eine in Hangmooren der Mittelgebirge vorkommende Form der M. mit bräunlicher Rinde wird auch als Karpaten-Birke bezeichnet.

Herbstfärbung

Hänge-Birke, Weiß-Birke

Moor-Birke
oben rechts: Fruchtstände

Zwerg-Birke

Betula nana · Familie Birkengewächse

Sommergrüner, ästiger Zwergstrauch mit knorrigen Ästen; Rinde schwarzgrau, Triebe anfangs filzig, später kahl und dunkel rotbraun. ✿ Apr–Mai

Meist nur um 50 cm hoch. **Blätter** wechselständig, kurz gestielt, fast kreisrund, um 1 cm breit und lang, grob gekerbt, oberseits dunkelgrün, unterseits heller und netznervig, nach dem Austrieb etwas klebrig, im Herbstaspekt sehr kräftig goldgelb bis intensiv karminrot. **Blüten** einhäusig, in kleinen, aufrechten Kätzchen, ♂ Kätzchen 0,5–1,5 cm lang, mit gelben Staubblättern, ♀ Kätzchen hellbraun, 7–10 mm lang. Reife **Früchte** ab Aug.

Vorkommen Auf staunassen Torfböden von Hoch- und Niedermooren, in Moorwiesen und an Rändern von Erlenbrüchen. Arktische Tundra von Norwegen bis Sibirien, ferner Schottland (dort meist bestandsbildend); in M.-EU vereinzelt im nördl. Tiefland, im Harz, Böhmerwald und Erzgebirge sowie sehr selten auch im Alpenvorland. **RL**

Wissenswert! Die zierliche Z. ist neben der krautig aussehenden Silberwurz (⇨ S. 450) ein Beispiel für Pflanzenarten mit arktisch-alpiner Verbreitung. Vor der nacheiszeitlichen Wiederbewaldung von M.-EU entwickelte sich zwischen der nordischen Eisrandlage und den europäischen Hochgebirgen ein breiter Zwergbirkengürtel wie in der Tundra. In Finnland kommt eine strauchig wachsende, bis zu 3 m hohe Form vor, die als Kreuzung der Z. mit der gewöhnlichen Hänge- oder Weiß-Birke gilt, da ihre Merkmale ziemlich genau zwischen denen der Elternarten liegen.

Strauch-Birke

Betula humilis · Familie Birkengewächse

Sommergrüner, reichästiger kleiner Strauch; Rinde braun, Triebe anfangs schwach behaart und mit warzigen Drüsen besetzt. ✿ Apr–Mai

Wuchshöhe 0,5–2 m. **Blätter** wechselständig, 2–5 mm lang gestielt, breit oval oder rundlich, 1–3,5 cm lang, stumpf oder kurz zugespitzt, ungleichmäßig grob gesägt, an der Basis breit keilförmig, kräftig grün, beidseits kahl oder unterseits nur in den Blattnervenwinkeln mit Haarbüscheln. **Blüten** einhäusig, in aufrechten grünlichen, walzenförmigen Kätzchen, öffnen sich mit dem Laubaustrieb. Einsamige Nuss**früchte**, schmal geflügelt; Fruchtreife Sep–Okt.

Blütenstände

Vorkommen Moorwiesen, Moorrandgebüsche, Weiden-Erlen-Bruchwälder. In M.-EU nur an wenigen Stellen im Alpenvorland sowie isoliert im nördlichen Tiefland; ferner in weiteren, räumlich weit getrennten Verbreitungsinseln von NO-EU bis zum Ural und Altai. **RL**

Wissenswert! Die S. wurde von dem bayerischen Botaniker Franz von Schrank in einem Moor bei Trauchgau entdeckt und 1789 als neue Art unter der Bezeichnung „Morastbirke" beschrieben.

An den Standorten, an denen sie vorkommt, hat sie, ähnlich wie die Zwerg-Birke, Reliktcharakter. Damit gibt sie einen letzten Hinweis auf das Aussehen der spät- bzw. nacheiszeitlichen Pflanzendecke in M.-EU. Die Nussfrüchte sind als Fossilien erhalten und dienen der Rekonstruktion einstiger Verbreitungsgebiete. Für die Erhaltung der wenigen Standorte ist gezielte Pflege erforderlich.

Zwerg-Birke
links: unreife Fruchtstände, rechts: Herbstfärbung

Strauch-Birke
links: unreife Fruchtstände, rechts: Herbstfärbung

Hainbuche, Weißbuche

Carpinus betulus · Familie Birkengewächse

Der Stamm zeigt typische Furchen, die Blattspreiten sind ziehharmonikaartig gefaltet und bleiben vertrocknet noch lange am Baum. ✿ Apr–Mai

Sommergrün, bis zu 25 m hoch, mit reich verzweigter Krone; Stamm oft mit ovalem Querschnitt, bei älteren Exemplaren gedreht oder auffallend wulstig; Rinde glatt, dunkelgrau, mit flachem Netzwerk gefeldert; Winterknospen eng anliegend. **Blätter** wechselständig, gestielt, 4–10 cm lang, schmal eiförmig mit kurzer Spitze, doppelt gesägt, kahl, beidseits frischgrün, vor dem Laubfall gelblich. **Blüten** einhäusig verteilt; mit dem Laub erscheinend; ♂ Kätzchen bis zu 7 cm lang; ♀ Kätzchen an Langtrieben, mit lockeren, bleichgrünen Tragblättern. Nuss**frucht** an der Basis eines 3-lappigen Flugorgans.

Fruchtstand

Vorkommen Auf frischen, tiefgründigen, nährstoffreichen, humosen Böden. Von den Pyrenäen über das gesamte M.-EU und S-Skandinavien bis nach W-Asien; in D vom Tiefland bis auf rund 1000 m im Gebirge.

Wissenswert! Die manchmal auch Hagebuche genannte H. erträgt regelmäßigen Schnitt und eignet sich daher gut für dichte Heckenpflanzungen. Da sie sich leicht durch Stockausschläge regeneriert, wird sie auch in der Niederwaldwirtschaft eingesetzt. Das helle Holz (Weißbuche!) ist sehr schwer, reißt beim Trocknen jedoch stark auf.

Hopfenbuche

Ostrya carpinifolia · Familie Birkengewächse

Die dekorativen Fruchtstände erinnern an die des Hopfens (Name!), Wuchs und Blätter hingegen ähneln denen der Hainbuche. ✿ Apr–Mai

Sommergrün, Großstrauch oder bis zu 20 m hoher Baum, mit breiter, rundlicher, dichter Krone; Rinde dunkelbraun, an den noch jüngeren Zweigen grünlich braun mit helleren Korkwarzen. **Blätter** wechselständig, gestielt, an der Basis abgerundet, vorn spitz, fein doppelt gesägt mit langen Spitzen, weitgehend glatt, oberseits dunkelgrün, unterseits blasser und auf den Nerven behaart, an den Zweigen 2-zeilig angeordnet. **Blüten** einhäusig verteilt; mit dem Laub erscheinend; ♂ Kätzchen zu 3–5, beim Stäuben grünlich gelb, schlaff, bis zu 10 cm lang; ♀ Kätzchen geöffnet 3–5 cm lang. **Frucht**stand bleichgrün, zapfenähnlich; Nussfrüchte mit Haarbüschel in einer 12–15 mm langen, blasenartig aufgetriebenen Hülle.

Fruchtstand

Vorkommen Auf lockeren, wasserdurchlässigen, oft kalkreichen Böden in verschiedenen Wärme liebenden Laubwaldgesellschaften des unteren Bergwalds ab etwa 300 m Höhe. S-EU von S-Frankreich über den Balkan bis nach Kleinasien; in den südlichen Alpen bis in rund 1200 m Höhe.

Wissenswert! Während sie in ihrer Heimat ein wichtiger waldbildender Baum ist, kann man die H. in M.-EU allenfalls als Parkgehölz im wintermilden Klima der Weinbauregionen sehen. die auffallenden Nussfrüchte werden von Tieren, in ihrer aufgeblähten Hülle aber ebenso vom Wind verbreitet. Das recht harte, zähe Holz verarbeitet man zu Werkzeuggriffen oder zu Holzkohle.

Hainbuche, Weißbuche

Hopfenbuche

Schwarz-Erle

Alnus glutinosa · Familie Birkengewächse

Im Frühjahr fallen an diesem oft mehrstämmigen Baum die langen männlichen Blütenkätzchen auf, im Herbst dann die zapfenartigen, verholzten Fruchtstände. ✩ Feb–Apr

Sommergrün, bis zu 25 m hoch, mit breiter Krone und hoch reichendem Stamm, oft von Grund an mehrstämmig; Äste gebogen, aufrecht oder waagrecht ausgebreitet; Rinde bräunlich grau, an älteren Stämmen schwarzgrau und längsrissig; Zweige kahl, Triebe grünlich, mit orangegelben Korkwarzen (Lentizellen). **Blätter** wechselständig, gestielt, im Umriss breit keilförmig, im vorderen Spreitendrittel am breitesten, vorn meist deutlich eingebuchtet, seltener gerundet oder undeutlich zugespitzt, am Rand wellig gesägt; oberseits glänzend dunkelgrün, unterseits heller mit gelblichen Haarbüscheln in den Nervenwinkeln; nach dem Austrieb klebrig. **Blüten** einhäusig verteilt; ♂ Kätzchen zu 2–3, anfangs purpurn, beim Stäuben dann hellgelb und 6–10 cm lang, schlaff herabhängend; ♀ Kätzchen länglich oval, purpurn, zu 2–8 an Zweigenden, öffnen sich vor dem Laubaustrieb. **Frucht**stände mit geflügelten Nussfrüchten zwischen verholzten Tragblättern. **Vorkommen** Kalkmeidend; gern auf zeitweilig überschwemmten Auen- und Lehmböden, auch auf Kies- und Sandböden, in Moor- und Nasswiesen; häufiges Saumgehölz an Bachufern oder bestandsbildend in Bruchwäldern. Überall in EU mit Ausnahme des nördlichen Skandinaviens; vom Tiefland bis ins höhere Bergland, in den Alpen jedoch selten oberhalb von 1200 m.

Wissenswert! Die Feinwurzeln der S. gehen eine innige Lebensgemeinschaft mit bestimmten Bakterien ein, die den Luftstickstoff für den Baum verfügbar machen. Außerdem gewährleisten sie die Sauerstoffversorgung der Wurzeln auch im staunassen Boden.

Die ♀ Blüten der Erlen verwachsen zu kompakten, verholzten, starren Fruchtständen, die an einen Koniferenzapfen erinnern. Erst im Frühjahr des Folgejahrs fallen die kleinen geflügelten Nussfrüchte heraus und werden vom Wind verdriftet. Da sie eine Weile schwimmfähig sind, können sie auch über fließendes Wasser verbreitet werden. Daraus erklärt sich der dichte Erlensaum an fast allen kleineren Fließgewässern, der im Kulturgrünland häufig das Bild der Landschaft bestimmt. Die leeren Fruchtstände bleiben noch mehrere Jahre an den Zweigen. Man verwendet sie in der Kranzbinderei als Dekorationsmaterial.

Mit ihren tief reichenden Hauptwurzeln stabilisieren die S. die Uferkanten und verhindern dadurch Erosionsschäden durch reißende Hochwasser. Daher pflanzt man sie auch gern als sichernde Ufergehölze an. Das Holz der S. ist orangegelb gefärbt (Foto unten), dunkelt mit der Zeit aber zu einem kräftigen Orangerot nach, weshalb der Baum fälschlich auch oft Rot-Erle genannt wird. Das Holz dient vorwiegend zur Herstellung von Möbeln.

Oben: Laubblatt mit Einbuchtung am Vorderende; beiderseits der Mittelrippe 5–8 gegenständige Nerven. Links oben: Langgestreckte männliche und rundliche weibliche Kätzchen. Links unten: Reife schwarzbraune Fruchtstände.

Schwarz-Erle

Grau-Erle, Weiß-Erle

Alnus incana · Familie Birkengewächse

Die weißgraue Borke, die kürzer gestielten Fruchtstände und die meist spitzen Blätter unterscheiden diesen Baum oder Großstrauch von der ähnlichen Schwarz-Erle. ✰ Mär–Apr

Sommergrün, 10–20 m hoch, gewöhnlich mehrstämmig, mit breiter, dichter, kegelförmiger Krone; Rinde glänzend hellgrau bis silbergrau (Name!), kaum rissig, mit vielen ringförmig angeordneten Korkwarzen (Lentizellen); junge Zweige anfangs leicht behaart, später kahl, mit bräunlichen oder rötlichen Korkwarzen; Winterknospen deutlich gestielt. **Blätter** wechselständig, gestielt, oval bis rundlich, vorn leicht zugespitzt, an der Basis gerundet; 7–10 cm lang; beidseits der Hauptrippe mit 7–12 (fast) gegenständigen Blattnerven, am Rand doppelt gesägt, oberseits matt dunkelgrün, unterseits bläulich grün und anfangs grau behaart, später zunehmend kahl oder nur noch auf den Blattnerven flaumig, nicht klebrig. **Blüten** einhäusig verteilt; ♂ Kätzchen in Gruppen zu 3–5 an den Zweigenden, beim Stäuben bis zu 10 cm lang, hellgelb und schlaff; ♀ Kätzchen zu 2–8 beieinander stehend, rötlich, entwickeln sich zur Reifezeit zu zapfenartigen **Frucht**ständen.

Fruchtstände

Vorkommen Kalkliebend, auf zeitweilig nassen, jedoch nicht ständig überstauten Sand-, Kies- und Schotterböden, meist entlang von Fließgewässern und auf Wildbachgeschieben im Gebirge, in den Alpen auch auf Moränenschutt bis 1600 m. In M.-, N- und O-EU weit verbreitet, fehlt im nordwestlichen Tiefland, in D an der Westgrenze der natürlichen Verbreitung.

Wissenswert! Die G. bevorzugt zwar nährstoffreiche Böden, kann aber auch unterversorgte Rohböden erfolgreich besiedeln und wird deshalb im Landschaftsbau zur Befestigung und Rekultivierung von Bergbauhalden und zur Böschungsbegrünung an Straßen angepflanzt, zumal sie sehr rasch wächst. Spezielle Stickstoff bindende Bakterien, die in den Feinwurzeln des Baums leben, reichern den Boden zudem mit Nährstoffen an. Die G. entwickelt reichlich Wurzelbrut und regeneriert sich bei Rückschnitt über Stockausschlag.

Das Holz der G. ist weniger beständig als das der nahe verwandten Schwarz-Erle und wird trotz seiner intensiven Orangefärbung heute seltener genutzt. Früher fertigte man daraus oft Schuhleisten, Spielsachen und allerlei Drechslerarbeiten.

Ähnlich **Herzblättrige Erle** *Alnus cordata*, Blätter mit kurzer Spitze, an der Basis herzförmig eingeschnitten, oberseits glänzend dunkelgrün, unterseits in den Nervenwinkeln bräunlich behaart; in Italien weit verbreitet, in M.-EU gelegentlich als Ziergehölz angepflanzt.

Rot-Erle, Oregon-Erle *Alnus rubra*, Blätter spitz, leicht gelappt, jederseits mit 10–15 Seitennerven, oberseits matt dunkelgrün, unterseits blau oder blaugrün, mitunter rotbraun behaart; westl. N-Amerika von Alaska bis Kalifornien; bei uns gelegentlich in Parks und Gärten angepflanzt.

Grau-Erle, Weiß-Erle

Grün-Erle

Alnus viridis · Familie Birkengewächse

Sommergrüner Strauch mit meist breit ausladenden Ästen und Zweigen, oft in dichten Beständen, selten auch als kleiner Baum. ✫ Apr–Mai

Wuchshöhe als Strauch 0,5–2,5 m. **Blätter** wechselständig, lang gestielt, 5–8 cm lang, oval, zugespitzt, am Grund breit keilförmig oder abgerundet, scharf doppelt gesägt, oberseits kahl, nach dem Austrieb klebrig, unterseits glänzend grün mit bräunlichen Achselbärten. **Blüten** einhäusig, mit dem Laubaustrieb; ♂ Kätzchen weißlich behaart, hängend, 3–6 cm lang; ♀ Kätzchen um 1 cm lang, aufrecht an den Zweigenden, rötlich. **Frucht**stand zapfenförmig, zunächst grün, dann schwarzbraun und holzig.

Vorkommen Bildet in der subalpinen Höhenstufe im Bereich der Waldgrenze große Reinbestände auf Lawinenbahnen, in Rieselfluren und entlang von Bachläufen, in tieferen Lagen auch an Waldrändern und in Auengehölzen. Hochgebirge in EU (Alpen, Karpaten, Balkan) bis in 2400 m Höhe, stellenweise auch im Alpenvorland.

Wissenswert! Erfüllt in den Gebirgen wichtige Schutzfunktionen, weil sie Hangrutschflächen stabilisiert bzw. den Abtrag von Boden verringert, kann den Abgang von Lawinen allenfalls einschränken. Im Schutz von Erlengebüschen siedeln sich weitere Gehölzarten des Bergwalds an, wie z. B. Vogelbeere und Berg-Ahorn. Für Gämsen und andere Tierarten bieten die Gebüsche reichlich Nahrung und Deckung.

Gagelstrauch, Torf-Gagel

Myrica gale · Familie Gagelgewächse

Sommergrüner Strauch mit rutenförmigen Zweigen, die wegen der vielen Harzdrüsen beim Abstreifen sehr aromatisch duften. ✫ Mär–Apr

Meist nur 0,5–1 m hoch, bildet meist größere Bestände. **Blätter** kurz gestielt, 2,5–6 cm lang, etwas ledrig, länglich oval, im vorderen Teil dornig gezähnt, zugespitzt, am Grund keilförmig, oberseits glänzend grün, unterseits grasgrün, beidseitig dünn behaart. **Blüten** zweihäusig, in aufrechten, gelb-bräunlichen, gedrungenen, achselständigen Kätzchen, öffnen sich vor dem Laubaustrieb. Stein**frucht** bräunlich, unauffällig. Alle Teile der Pflanze sind giftig!

Vorkommen Nasse, moorige Sand- und Torfböden von Heidemooren und Feuchtheiden, im Saum von Nieder- und Hochmooren, entlang von Gräben. Atlantisches W- und N-EU von Portugal bis Norwegen, atlantisches und pazifisches N-Amerika; in D nur im nördlichen Tiefland. **RL**

Wissenswert! In N-D verwendete man die Zweige oder daraus hergestellte Extrakte anstelle von Hopfen zum Aromatisieren des Bieres. Die toxischen Inhaltsstoffe des ätherischen Öls erhöhten dabei die berauschende Wirkung des Getränks. Blattextrakte des G. spielten in der Volksmedizin auch eine Rolle als Mittel gegen Hautausschläge. In Irland werden die aromatisch duftenden Zweige gegen Ungeziefer aufgehängt. Von den Knospen des Strauchs ernähren sich im Winter die Birkhühner.

Grün-Erle

Gagelstrauch, Torf-Gagel

Ess-Kastanie, Edel-Kastanie

Castanea sativa · Familie Buchengewächse

Die auffälligen, schwefelgelben Blüten riechen angenehm, die schmalen Blätter sind bis zu 30 cm lang, die geschlossenen Stachelhüllen der Esskastanien erinnern an kleine Igel. ✩ Jun–Jul

Sommergrün, über 30 m hoch, mit breiter, dichter, gewölbter Krone aus dicken, kurzen Ästen; Stamm bis über 2 m dick, häufig schon in geringer Höhe über dem Boden in kräftige, steil aufgerichtete oder horizontal abstehende Hauptäste geteilt, oft etwas gedreht wachsen; Rinde anfangs glatt rötlich grau bis braun, später dunkelbraun und mit starken, erhabenen Leisten und tiefen Rissen. **Blätter** wechselständig, häufig an den Zweigen auch 2-zeilig ausgebreitet; 10–30 cm lang, länglich lanzettlich, an der Basis breit keilförmig, vorn schlank zugespitzt, am Rand mit groben, nach vorn weisenden Zähnen, in die jeweils ein kräftiger Seitennerv ausläuft; oberseits glänzend dunkelgrün, unterseits blasser grün; Blattspreite ledrig, vollständig unbehaart. **Blüten** einhäusig verteilt; ♂ Blüten beim Stäuben hellgelb, jeweils zu mehreren in etwa 15 cm langen Kätzchen sehr angenehm duftend; ♀ Blütenstände zu 2–3 an der Basis der ♂ Kätzchen, von einer dicht beblätterten Hülle umgeben, aus der nur die weißen Narben ragen. Nuss**frucht** bis zu 3 cm lang, zu 1–3 in einem dicht bestachelten, hellgrünen Fruchtbecher, der aus den Tragblättern der Einzelblüten hervorgeht und sich zur Reifezeit mit 4 breiten Zipfeln öffnet; Fruchtreife ab Sep.

Vorkommen Der sehr lichtliebende Baum wächst auf lockeren, tiefgründigen, nährstoffreichen, oft kalkhaltigen Lehmböden in sommerwarmen Gebieten. In ihrer südeuropäischen Heimat steigt die E. bis zur Laubwaldgrenze auf. Ursprünglich nur von Spanien über den Südalpenraum bis zum Balkan und nach Kleinasien verbreitet, in N-Italien bis in 1400 m Höhe. In wintermilden Gebieten von M.-EU kann man den Baum in großen Parks und Sammlungen sehen, im Rheinland kommt er auch aus Kultur verwildert vor. Auch in ihrer Heimat bildet die E. selten Reinbestände, wird jedoch häufig in lichten kleinen Hainen oder Gruppen angepflanzt.

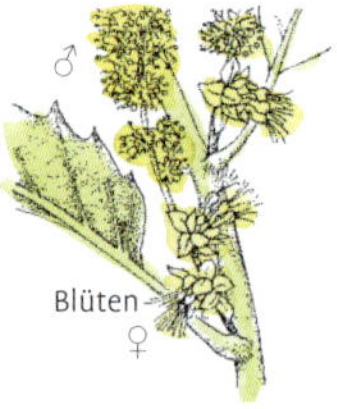

Wissenswert! Die Blüten öffnen sich erst relativ spät nach Abschluss der Belaubung. Sie sind sehr auffällig und verändern durch ihre große Zahl das Erscheinungsbild des Baums. Planmäßige Bestäuber sind Insekten, vor allem Hautflügler wie Bienen oder Hummeln. Nach einiger Zeit trocknet jedoch der anfangs klebrige Pollenkitt ein, sodass die Pollenkörner auch vom Wind verfrachtet werden können.

Die Römer haben die E. zusammen mit dem Weinbau und anderen Kulturpflanzen nördlich der Alpen gebracht. Ihre Früchte (Maronen) reifen nur in warmen Weinbaugebieten aus, wie beispielsweise rund um den Kaiserstuhl. Im Hauptverbreitungsgebiet stellte die Frucht früher, vor der Einführung des Kartoffelanbaus, ein wichtiges Grundnahrungsmittel dar. Ihre dicken Keimblätter enthalten viel Stärke und nur wenig Fett. Bis heute verwendet man die delikaten Nussfrüchte in der Küche für verschiedene Gerichte, beispielsweise für Suppen oder als Püree. Oft werden sie auch geröstet auf Weihnachtsmärkten angeboten. Vor dem Rösten muss man die harte Schale mit einem schmalen Schnitt aufschlitzen, weil die erhitzten Maronen sonst leicht explosionsartig zerplatzen.

Die tief wurzelnde E.-Bäume können bis zu 2000 Jahre alt werden. Besonders dickstämmige Exemplare sind aus Sizilien, vor allem aus der Ätna-Region, bekannt. Das harte Holz der Bäume wurde zeitweise für die Herstellung von Möbeln und im Hausbau verwendet.

Ess-Kastanie, Edel-Kastanie
rechts: reife Früchte

Feld-Ulme

Ulmus minor · Familie Ulmengewächse

Auf den Ästen dieses stark verzweigten, sommergrünen Baumes, der in Wuchs und Blattform sehr variabel ist, befinden sich oft erhabene Leisten.

☆ Mär–Apr

Über 30 m hoch, mit meist schlanker, dichter Krone auf langem, geradem Stamm, gelegentlich auch mehrstämmig; Rinde graubraun, dicke, tief gefurchte, gefelderte Borke bei älteren Bäumen. **Blätter** wechselständig, gestielt, überwiegend flach 2-zeilig angeordnet, Spreite länglich oval, 6–10 cm lang, jederseits mit 10–12 Seitennerven, vorn spitz, an der Basis schief und stark asymmetrisch (der längere Blattgrund weist zum Zweig), am Rand gesägt; oberseits glänzend dunkelgrün und kahl, unterseits heller mit bräunlichen Haarbüscheln und behaarter Mittelrippe; ähnlich der Hainbuche. **Blüten** vor dem Laub erscheinend; meist zwittrig; in kugeligen, sitzenden Blütenständen; Einzelblüten mit unscheinbarer Blütenhülle. Nuss**früchte** breit geflügelt, Flügelrand vorn bis zur Frucht eingeschnitten.

Vorkommen Auf nährstoffreichen, wechselfeuchten Schwemmlandböden; Leitart der Hartholzaue an größeren Fließgewässern. Vom südwestlichen EU bis zum Kaukasus; häufig in Parks oder als Straßenbaum.

Wissenswert! Wegen ihrem Holz wird die F. auch Rot-Rüster genannt, ein älterer wissenschaftlicher Name lautet *Ulmus carpinifolia*. In jüngerer Zeit sind viele Exemplare dieses Baums Opfer einer um 1920 aus N-Amerika eingeschleppten Pilzerkrankung geworden, die vom Ulmensplintkäfer übertragen wird und die Wachstumszone des Holzes zerstört. Gesunde Bäume können bis zu 600 Jahre alt werden und prägen vielerorts auf Dorf- und Kirchplätzen, als Alleen oder einzeln in freier Flur das Bild der traditionellen Kulturlandschaft, nach Infektion mit dem Erreger sterben die Ulmen jedoch in kurzer Zeit ab. Bisher ist eine Bekämpfung der Erkrankung nicht möglich. Ulmen- oder Rüsterholz gehört zu den ringporigen Hölzern, d. h. in jedem Jahrring wird nur ein Kranz besonders weiter Wasserleitungsbahnen angelegt. Diese sind im Stammquerschnitt als Poren sichtbar. Rüsterholz ist sehr fest und schwindet beim Trocknen kaum. Das Holz der F. gilt dabei als besonders wertvoll. Man fertigte daraus Sportgeräte, Sitzmöbel und Bodenbeläge. Von der F. gibt es mehrere abweichende Wuchsformen mit hängenden Zweigen oder Kugelkronen, die ausschließlich gärtnerisch verwendet werden. Außerdem sind Bastarde mit der Berg-Ulme bekannt.

Ähnlich **Englische Ulme** *Ulmus procera*, der Feld-Ulme sehr nahe stehend, oft nur als deren Varietät angesehen; stattlicher Baum bis zu 35 m Höhe mit langem, geradem Stamm; Blätter breit oval, asymmetrisch, 5–9 cm lang und 3–7 cm breit, vorn kurz zugespitzt, am Rand scharf gesägt, oberseits im Unterschied zum glatten Laub der Feld-Ulme rau, unterseits dagegen gleichmäßig weißlich behaart mit weißen Haarbüscheln in den Nervenwinkeln; junge Zweige ebenfalls behaart, häufig mit Korkleisten; geflügelte Nussfrucht 1–1,7 cm breit, zwischen dem eingekerbten vorderen Flügelrand und der Nuss bleibt ein schmaler Saum stehen; überaus reiche Wurzelbrut; daher auf den Britischen Inseln, der Heimat der Art, sehr häufig in Flurhecken und Alleen verwendet; ersetzt dort weitgehend die Feld-Ulme; sonst in EU gelegentlich in Parkanlagen und Gärten gepflanzt.

Feld-Ulme
unten links: Blüten, unten rechts: Früchte

Flatter-Ulme

Ulmus laevis · Familie Ulmengewächse

Die flachen, geflügelten Nussfrüchte flattern an den auffallend langen Stielen und im unteren Stammbereich treten dicht büschelige Zweigausschläge auf. ✩ Mär–Apr

Sommergrün, bis zu 30 m hoch, mit lockerer, unregelmäßiger Krone, Stamm lang, gerade; Rinde anfangs rotbraun, später zunehmend graubraun und borkig mit tiefen Längsrissen u. Feldern. **Blätter** wechselständig, sehr kurz gestielt, 7 - 12 cm, an den Zweigen 2-zeilig angeordnet; stark asymmetrisch, auf der längeren Spreitenhälfte mit 12–18 Seitennerven, spitz, am Rand doppelt gesägt; oberseits dunkelgrün, unterseits dicht graugrün behaart, fühlt sich weich an. **Blüten** zwittrig, vor dem Laub erscheinend; in büschelförmigen Blütenständen, lang gestielt und herabhängend (Artname!). Nuss**früchte** geflügelt mit bewimpertem Saum, der oben v-förmig eingeschnitten ist.

Vorkommen Wechselfeuchte, gelegentlich auch staunasse Lehm- und Tonböden in der Hartholzaue der großen Flüsse. Von W-EU bis zum Ural, fehlt auf den Britischen Inseln, in Skandinavien sowie auf den großen Halbinseln südlich der europäischen Faltengebirge; in D hauptsächlich im Gebiet von Donau und Rhein vorkommend, gelegentlich auch als Park- oder Straßenbaum angepflanzt.

Wissenswert! Die F. gehört zu den am frühesten blühenden Baumgehölzen der heimischen Flora. Sie ist wie ihre Verwandten windblütig, dennoch fliegen auch Pollen sammelnde Bienen und andere Hautflügler ihre Blüten an. Für die bei der Feld-Ulme (⇨ S. 430) erwähnten Pilzerkrankung ist die F. etwas weniger anfällig.

Berg-Ulme

Ulmus glabra · Familie Ulmengewächse

Die Nussfrüchte sind ringsum von einem flachen, grünen Hautsaum umgeben, der bereits vor dem Blattaustrieb als Fotosyntheseorgan fungiert. ✩ Mär–Apr

Sommergrün, 30–35 m hoch, mit hoher, gerundeter Krone, Stamm lang; Rinde anfangs glatt, silbrig grau, später längsrissig, graubraun. **Blätter** kurz gestielt, verkehrt eiförmig bis breit oval, 10–16 cm lang, mit 1 oder 3 Spitzen; Rand ungleichmäßig gesägt; oberseits mattgrün, sehr rau, unterseits in den Nervenwinkeln behaart. **Blüten** zwittrig; büschelige Blütenstände vor dem Laub erscheinend, kurz gestielt.

Vorkommen Frische bis feuchte, tiefgründige, nährstoffreiche Böden in Schluchten und an schattigen Hängen; in den Alpen bis in 1400 m Höhe. Von NW-EU bis zum Ural; nur selten als Park-, Straßen- oder Forstbaum.

Wissenswert! Die nach ihrem hellen Holz auch Weiß-Rüster genannte Art ist ein charakteristischer Begleiter im Buchenwald. Am Alpenrand kommt sie häufig zusammen mit Fichte und Berg-Ahorn vor. Ihr festes, elastisches Holz verarbeitet man zu Sportgeräten und Gewehrschäften. Aus dem schön gemaserten Wurzelholz werden Drechselarbeiten wie Pfeifenköpfe oder Griffe gefertigt.

von links: Feld-, Flatter-, Berg-Ulme

Flatter-Ulme
oben rechts: Blüten, unten rechts: Früchte

Berg-Ulme
oben rechts: Blüten, unten rechts: Früchte

Südlicher Zürgelbaum

Celtis australis · Familie Ulmengewächse

Die kugeligen, etwa 1 cm dicken, essbaren Steinfrüchte stehen einzeln am langen Stiel in den Blattachseln und sind reif braunrot bis schwarz gefärbt. ✿ Apr–Mai

Blüten

Sommergrün, bis zu 25 m hoch, mit lockerer, mitunter einseitig überhängender Krone auf geradem Stamm; Rinde glatt, hellgrau. **Blätter** wechselständig, gestielt, schmal oval bis lanzettlich, 5–15 cm lang, mit schlanker, gebogener Spitze, scharf gezähnt, oberseits glänzend dunkelgrün und rau, unterseits blasser und fein behaart. **Blüten** unscheinbar, zwittrig, gestielt einzeln in Blattachseln, auch ♂ Blüten in kleinen Büscheln.

Vorkommen Steinige, humus- und nährstoffarme Böden an sonnigen Hängen, meist vergesellschaftet mit Wärme liebenden Arten wie Flaum-Eiche, Manna-Esche und Hopfenbuche. Von N-Afrika und S-Spanien über den Südalpenraum, Italien und den Balkan bis nach Kleinasien vorkommend; gelegentlich auch in anderen wintermilden Gebieten als Obst- und Straßenbaum angepflanzt.

Wissenswert! Die schmackhaften Steinfrüchte werden in Südtirol Zürgeln genannt und zu verschiedenen Süßspeisen verarbeitet. Wie bei den nahe verwandten Ulmenarten ist das Holz sehr fest, aber elastisch. Es wurde früher gern für Wagenräder, Naben und Deichseln verwendet. Die Rinde des Baums liefert einen gelben Farbstoff für Textilien.

Im Tertiär vor rund 15 Mio. Jahren war die Gattung *Celtis* in EU auch nördlich der Alpen verbreitet, wie Blattfossilien aus Tonschichten belegen, die beim Braunkohlentagebau freigelegt wurden.

Kaukasische Zelkove

Zelkova carpinifolia · Familie Ulmengewächse

In den Blattachseln stehen die bräunlichen, nur 5 mm dicken, ungenießbaren Steinfrüchte, die mehrere Kanten und Leisten aufweisen, an sehr kurzen Stielen. ✿ Mai

Frucht

Sommergrün, bis zu 10 m hoher Baum oder Großstrauch mit dichter, ovaler Krone auf kurzem, auffallend längsgefurchtem Stamm; Rinde graugrün bis hellbraun, glatt, blättert mit kleinen rundlichen Flecken ab, darunter gelborange. **Blätter** wechselständig, kurz gestielt, elliptisch, 5–10 cm lang; jederseits mit 7–12 kräftigen Seitennerven, die in grobe, nach vorn weisende Blattrandzähne auslaufen; oberseits dunkelgrün und etwas rau, unterseits weiß behaart; im Herbst gelborange. **Blüten** einhäusig verteilt, unauffällig; ♂ Blüten rund 5 mm groß, mit Büscheln von Staubgefäßen; ♀ Blüten kleiner, weiter an den Triebspitzen.

Vorkommen Lockere, mäßig nährstoffreiche, frische Böden in Bergwäldern. Östl. Kaukasus und Iran; im Mittelmeerraum Ziergehölz, in M.-EU nur selten.

Wissenswert! Während die meisten Vertreter der Ulmengewächse asymmetrische Blattgestalt aufweisen, sind die fiedernervigen Blätter der K. Z. recht ebenmäßig. Sie erinnern im Spreitenumriss an die heimische Hainbuche. Zelkoven kamen im milden Klima vor den Eiszeiten auch nördlich der Alpen vor, wie Funde fossiler, in der Originalsubstanz erhaltener Blätter aus den Deckschichten der Braunkohleflöze belegen. Heute beschränkt sich die nur noch 4 Arten umfassende Gattung auf W-Asien. In EU ist sie nur auf Kreta mit einer meist strauchförmig wachsenden, sehr kleinblättrigen Art vertreten.

Südlicher Zürgelbaum

Kaukasische Zelkove

Chinesische Zaubernuss

Hamamelis mollis · Familie Zaubernussgewächse

Sommergrüner, meist sehr breiter und in der Blüte dekorativer Strauch, Zweige anfangs dicht weichhaarig. ✩ Jan–Mär

Wuchshöhe 2–5 m, trichterförmiger Wuchs, wenig verzweigt. **Blätter** kurz gestielt, breit oval, zugespitzt, am Grund schief herzförmig, bis zu 16 cm lang und 12 cm breit, beidseitig behaart, unterseits dicht graufilzig, im Herbst kräftig orangegelb gefärbt. **Blüten** erscheinen lange vor den Blättern in fast sitzenden Büscheln, 4-zählig, duftend, Kelchblätter schmal und wenig zurückgeschlagen, innen weinrot, Kronblätter goldgelb, am Grund rötlich, nicht gerollt. **Früchte** kleine, holzige Kapseln; ab Jun.

Vorkommen Sonnige Gebüsche und lichte Wälder der unteren Höhenlagen; auf lockeren Böden. Heimisch in China; seit langem in mehreren Gartenformen als besonders früh blühendes Ziergehölz (Großstrauch in Einzelpflanzung) verwendet.

Wissenswert! Als Gartenformen wurden zahlreiche Varietäten gezüchtet, von denen am häufigsten die Sorte 'Pallida' gepflanzt wird. Sie fällt durch die besonders dichte Besetzung mit großen Blüten auf, deren Kronblätter schwefelgelb gefärbt sind, der Kelch ist weinrot.

Die ausgesprochen hübschen Blüten lohnen eine genauere Betrachtung mit der Lupe: Die gelben, schmalzipfligen, meist relativ glatten Kronblätter stehen exakt auf der Winkelhalbierenden zwischen den rundlichen, braunroten Kelchblättern. Darin drückt sich die so genannte Alternanzregel der Blütenarchitektur aus.

Japanische Zaubernuss

Hamamelis japonica · Familie Zaubernussgewächse

Sommergrüner, meist breitwüchsiger Strauch; Zweige abstehend, fahlgrau, mit formschönen Sternhaaren besetzt. ✩ Jan–Mär

Wuchshöhe etwa 1–4 m, trichterförmiger Wuchs, wenig verzweigt. **Blätter** kurz gestielt, breit oval bis rundlich, 5–8 cm lang, unterseits nur auf den Hauptnerven wenig behaart, ungleich gekerbt, kurz zugespitzt, mit schiefem Blattgrund, unterseits hellgrün, im Herbst kräftig gelb bis gelborange umgefärbt. **Blüten** lange vor dem Laubaustrieb erscheinend, zu mehreren büschelig, fast sitzend, 4-zählig, Kelchblätter dreieckig, rotbraun bis braunviolett, zurückgekrümmt, Kronblätter bandförmig, bis zu 2 cm lang, etwas zerknittert wirkend, lebhaft goldgelb. **Früchte** holzige, kleine Kapselfrüchte; Reife ab Jun.

Vorkommen Lichte Wälder und Gebüsche des Tieflands sowie der unteren Bergstufe. Heimisch in Japan; häufig in Sorten als dekorativer Großstrauch verwendet.

Wissenswert! Die schmalen Kronblätter strecken sich bei der Entfaltung nicht vollständig, sodass sie auch in voller Blüte zerknittert aussehen. Zwischen den gelben, bandförmigen Kronblättern sitzen die bräunlichen Kelchblätter. Die holzigen Kapselfrüchte fallen nur wenig auf. Wenn sie reif sind, platzen sie deutlich knackend auf und schleudern dabei die schwarz gefärbten Samen weit heraus.

Gärtnerisch wird relativ häufig die formenreiche Kreuzung zwischen *H. mollis* und *H. japonica* verwendet. Sie trägt die Bezeichnung Hybrid-Zaubernuss (*H. × intermedia*). Man erkennt sie an den oberseits glänzenden, aber unterseits dicht weichhaarigen Laubblättern.

Chinesische Zaubernuss
rechts: Sorte 'Pallida'

Japanische Zaubernuss
oben links: Sorte 'Rubra elite'

Schlehe, Schwarzdorn

Prunus spinosa · Familie Rosengewächse

Sommergrüner, sehr dichtästiger und sparrig verzweigter Wildstrauch, mit bis zu 5 cm langen, Kurztriebdornen besetzt; Rinde an Ästen und Stamm schwarzbraun. ✿ Mär–Apr

Meist 1–4 m hoch, selten höher; Triebe zunächst behaart, später kahl und rötlich Äste und Zweige kräftig, abstehend oder aufrecht; Rinde zerreißt im Alter in schmale Längsstreifen. **Blätter** 1–2 cm lang gestielt, wechselständig, an den Kurztriebenden büschelig gehäuft, 3–4 cm lang und bis zu 2 cm breit, elliptisch bis verkehrt eiförmig, zugespitzt oder stumpf, am Grund keilförmig, fein gesägt bis gekerbt, spärlich und kurz behaart, oberseits matt dunkelgrün, runzelig, unterseits anfangs behaart, später weitgehend kahl und hell graugrün, an der Spreitenbasis mit kleinen, unauffälligen Nektardrüsen. **Blüten** 5-zählig, erscheinen geraume Zeit vor dem Blattaustrieb, zahlreich an Kurztrieben, der Strauch erscheint daher überaus reichblütig; Kelchblätter dreieckig, drüsig gezähnt, Krone 1–1,5 cm breit, Kronblätter reinweiß, länglich oval, stumpf, ungefähr 20 Staubblätter mit gelben oder rötlichen Staubbeuteln, Fruchtknoten am Grund eines becherförmigen Achsengebildes. **Früchte** kugelige Steinfrüchte, 1–1,5 cm groß, anfangs bläulich grün, zuletzt blauschwarz, stark bereift, Fruchtfleisch grünlich, essbar, vor den ersten strengeren Frösten sehr gerbstoffreich und wenig angenehm, nach dem Gefrieren erfrischend säuerlich; Fruchtreife ab Okt.

Vorkommen Saum von Wäldern und Gebüschen, in Feldgehölzen und Flurhecken, am Rand von Weinbergen, an Wegrändern und in nicht allzu feuchten Flussauen. In EU von Portugal bis zum mittleren Skandinavien; ferner in N-Afrika und Vorderasien; vom Tiefland bis in mittlere Gebirgslagen um die 1500 m Höhe.

Wissenswert! Schlehen fassen als Pioniergehölze auf Trockenrasen sehr rasch Fuß, sobald die regelmäßige Beweidung der Grasfluren aussetzt. Weil sie sich nicht nur über die Samen, sondern auch über Wurzelsprosse vermehren, drängen sie die krautige Vegetation stark zurück. Da Trockenrasen zahlreiche seltene Pflanzenarten beherbergen und oft als Naturschutzgebiete ausgewiesen sind, versucht man hier durch vorsichtige Biotoppflege, die Ansiedlung dieser Sträucher unter Kontrolle zu halten. Ansonsten sind Schlehen in der Kulturlandschaft überaus wertvolle Gehölze, weil sie vielen Kleintieren Nahrung und Schutz gewähren. Bereits im Frühjahr bieten die Blüten eine ergiebige Tracht für Bienen und Hummeln, obwohl die pro Blüte abgegebenen Nektar- und Pollenmengen relativ gering sind. Außerdem leben an S. etwa die Raupen des selten gewordenen Segelfalters. Das dichte Gezweig ist Nistraum für viele Vogelarten. Drosseln ernten ab Spätherbst die reifen Früchte. Teilweise bleiben diese bis zum nachfolgenden Frühjahr am Geäst und dienen den heimkehrenden Sommervögeln als Nahrung.

Schon die Menschen der mittleren Jungsteinzeit haben die Steinfrüchte gesammelt und verzehrt, denn die charakteristischen Steinkerne fanden sich in den Pfahlbausiedlungen rund um die Alpen. Das besondere Aroma der Schlehenfrüchte entfaltet sich erst, wenn die Gerbstoffe chemisch gebunden sind. Die dazu notwendigen Frostnächte kann man durch die Tiefkühltruhe ersetzen: Beim Gefrieren werden die Safträume im Fruchtfleisch zerstört und die darin enthaltenen Gerbstoffe freigesetzt. Durch Anschlussreaktionen mit den übrigen Zellbestandteilen werden sie gebunden – der Fruchtgeschmack verliert an Herbheit. Schlehenfrüchte verwendet man in Fruchtschnäpsen, als Saft und zu Wildbeerenkompotts.

Schlehe, Schwarzdorn

Vogel-Kirschbaum, Süß-Kirschbaum

Prunus avium · Familie Rosengewächse

Vor dem Laub erscheinen die reinweißen Blüten, die sich zu genießbaren, kugeligen, roten und bis zu 1 cm dicken Steinfrüchten entwickeln. ✩ Apr–Mai

Sommergrün, bis zu 30 m hoch, mit schmaler, hoher Krone auf schlankem, langschäftigem Stamm; Rinde glatt, rötlich braungrau, etwas glänzend, mit breiten Querbinden. **Blätter** wechselständig, bis zu 4 cm lang gestielt, verkehrt eiförmig bis länglich oval, spitz, an der Basis 2–4 große rote Nektardrüsen, gezähnt, oberseits glatt, glänzend dunkelgrün, unterseits heller, in den Nervenwinkeln mit Haarbüscheln. **Blüten** lang gestielt, 5 reinweiße Kronblätter. **Frucht**reife ab Jul.

Blattlänge 7–15 cm

Blüten zu 2–4 büschelig an Kurztrieben

Vorkommen Auf frischen bis feuchten, nährstoffreichen Böden; oft als Pioniergehölz auf Brachen, Lichtungen u. an Waldrändern. Von N-Spanien bis zum Kaukasus, in M.-EU überall verbreitet und häufig angepflanzt.

Wissenswert! Die Vogel-Kirsche ist die Stammform der Süß-Kirsche und von verwilderten Exemplaren der Kultursorten nicht leicht zu unterscheiden, hat aber nur recht kleine Früchte. Das Laub färbt im Herbst zu einem auffallenden, flammenden Karminrot um.

Sauer-Kirschbaum

Prunus cerasus · Familie Rosengewächse

Die glatten, roten Steinfrüchte dieses Baumes mit der breiten, offenen Krone auf niedrigem Stamm sind recht sauer. ✩ Apr–Mai

Sommergrün, bis zu 8 m hoch; Rinde rötlich braun, nur wenig glänzend. **Blätter** wechselständig, 3–8 cm lang, fest, am Stielansatz ohne oder mit nur wenigen grünlichen Nektardrüsen. **Blüten** mit den Blättern erscheinend; lang gestielt, zu je 2–6 in Büscheln, mit 5 kreisrunden, reinweißen Kronblättern.

Vorkommen Lockere, etwas sandige Lehmböden. Ursprünglich in SO-Asien; in M.-EU in mehreren Sorten angebaut.

Wissenswert! Bekannte Sorten sind beispielsweise die Schattenmorellen und Maraschinokirschen.

Grannen-Kirschbaum

Prunus serrulata · Familie Rosengewächse

Aus den meist gefüllten, großen Blüten entwickeln sich keine essbaren Kirschen. ✩ Apr–Mai

Sommergrün, bis zu 10 m hoch, mit dichter, vielästiger Krone; Rinde rötlich braun mit kupferbraunen Querbinden. **Blätter** wechselständig, gestielt, 6–15 cm lang, scharf gesägt, oft in Spitzen auslaufend. **Blüten** kurz vor dem Laub erscheinend, zu 3–7 in Schirmtrauben, Hochblätter grün oder rötlich, Kronblätter rosa oder rötlich.

Vorkommen Ursprünglich in Bergwäldern. Beheimatet in Japan; in EU als Ziergehölz.

Wissenswert! Diese auch als Japanische Zierkirschen bezeichneten Garten- und Parkgehölze stellen eine komplizierte Sammelart mit unzähligen Sorten dar.

Vogel-Kirschbaum, Süß-Kirschbaum
rechts: Früchte

Sauer-Kirschbaum

Grannen-Kirschbaum

Gewöhnliche Traubenkirsche

Prunus padus · Familie Rosengewächse

Die weißen, angenehm duftenden Blüten befinden sich zu vielen an bis zu 15 cm langen, hängenden oder abwärts gebogenen Trauben. ✩ Apr–Mai

Sommergrün, bis zu 15 m hoch, mit kegelförmiger, schlanker, gewölbter Krone und überhängenden Zweigen auf schlankem Stamm; Rinde dunkelbraun bis schwärzlich. **Blätter** wechselständig, gestielt, elliptisch, zugespitzt, an der Basis 1–3 grünliche Nektardrüsen, matt dunkelgrün. **Blüten** mit dem Laub erscheinend, meist zu 20–40 in Trauben; bis zu 2 cm breit, reinweiß, fein gezähnt. Stein**frucht** kugelig, etwa 8 mm dick, schwarzrot.

Vorkommen Feuchtes Schwemmland in Talauen mit tiefgründigen, nährstoffreichen Böden. Fast in ganz EU, stellenweise jedoch nur lückenhaft; vielfach als Park- und Straßenbaum gepflanzt; Schattenholz; im Gebirge (in den Alpen bis in 1600 m Höhe) meist als Strauch.

Wissenswert! Die Früchte schmecken frisch leicht bitter, man kann sie aber als Wildobst zu Marmeladen oder Säften verarbeiten. Schon die Menschen der Steinzeit sammelten und verzehrten sie in Mengen, wie Steinkernfunde in ehemaligen Siedlungen belegen.

Blattlänge 5–9 cm, Breite 3–7 cm

Spätblühende Traubenkirsche

Prunus serotina · Familie Rosengewächse

Im Frühjahr stehen bis zu 40 reinweiße Blüten in den dicht hängenden Trauben, aus denen sich im Herbst schwarzrote, bittere Früchte entwickeln, die essbar sind. ✩ Mai–Jun

Sommergrün, bis zu 20 m hoch, mit offener, etwas unregelmäßiger Krone auf langem, schlankem Stamm; Rinde braungrau, anfangs mit schmalen Querbinden, später unregelmäßig rissig und gefeldert. **Blätter** gestielt, elliptisch, an den Enden verschmälert, am Grund 1–2 rote Nektardrüsen, fein gezähnt mit leicht einwärts gekrümmten Spitzen, ledrig fest, oberseits glänzend frisch- bis dunkelgrün, unterseits etwas blasser. **Blüten** nach dem Laub erscheinend, zu 20–40 in bis zu 15 cm langen Trauben. Stein**früchte** bis zu 1 cm dick mit glattem Steinkern.

Vorkommen Lockere, flach- bis mittelgründige, nicht allzu trockene Böden. Lichtholz. Stammt aus dem östlichen N-Amerika; in M.-EU vielfach als Straßenbegleitgrün oder in Industriegeländen.

Wissenswert! Mit den bereits 1629 in englischen Gärten auftauchenden Exemplaren war die S. T. eine der ersten nach EU eingeführten Laubbaumarten aus N-Amerika. Heute ist sie im Landschaftsbau sehr beliebt und befestigt mit ihrer Wurzelbrut Schutthalden oder frisch angeschnittene Böschungen wirksam.

Blattlänge 5–12 cm, Breite 3–5 cm

Gewöhnliche Traubenkirsche
rechts: Früchte

Spätblühende Traubenkirsche
rechts: Früchte

Weichsel-Kirsche, Stein-Weichsel

Prunus mahaleb · Familie Rosengewächse

Sommergrüner, sparriger Strauch oder kleiner Baum; blühend und Fruchtschmuck sehr dekorativ. ✩ Apr–Mai

Etwa 1–3 m hoch. **Blätter** lang gestielt, rundlich oval, 2–4 cm lang, am Grund rundlich, mit grünlicher Nektardrüse, vorn kurz zugespitzt, oberseits glänzend dunkelgrün. **Blüten** erscheinen mit dem Laub, zu mehreren in Trauben, Kronen reinweiß, von angenehmem Duft. Stein**früchte** etwa erbsengroß, anfangs rötlich, reif schwarz, leicht glänzend, essbar, aber nicht lohnend; Fruchtreife ab Aug.

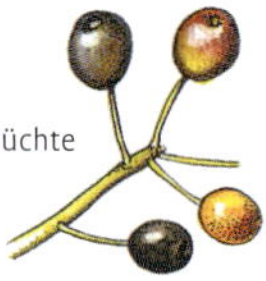
Früchte

Vorkommen Wärmeliebend, erträgt Trockenheit: lichte Felsgebüsche und Wälder, auf trockenen, besonnten und steinigen Hängen. Von der Iberischen Halbinsel bis ins östliche Mittelmeergebiet, nur in S-D.

Kirsch-Pflaume

Prunus cerasifera · Familie Rosengewächse

Sommergrünes, sehr breites Gehölz; im Blühaspekt und im Fruchtschmuck sehr dekorativ. ✩ Mär–Apr

Etwa 4–8 m. **Blätter** gestielt, länglich oval, bis zu 7 cm lang, gekerbt oder ungleichmäßig gesägt, oberseits glänzend dunkelgrün, kahl. **Blüten** reinweiß, um 2 cm breit, einzeln an Kurztrieben. Stein**früchte** 2–3 cm groß, kugelig, reif gelb, rötlich oder braunrot, essbar; Fruchtreife ab Aug.

Vorkommen Sonnige Felsgebüsche und Hänge. Vom Balkan bis nach Vorderasien, häufig als Ziergehölz angepflanzt.

Wissenswert! Ist vermutlich die Stammart der Mirabelle (gelbfrüchtige Pflaume).

Zwerg-Kirsche

Prunus fruticosa · Familie Rosengewächse

Sommergrüner, unbedornter, sparrig verzweigter Strauch mit geraden Ästen; sehr reichblütig. ✩ Apr–Mai

Etwa 0,5–1 m hoch. **Blätter** gestielt, oval bis elliptisch, zugespitzt, gesägt oder gekerbt, fest, 3–5 cm lang, oberseits glänzend, unterseits kahl.

Blüten lang gestielt, etwa 1,5 cm breit, weiß, zu mehreren in gedrängten Dolden und am Zweig in dichter Folge, Kronblätter etwas ausgerandet. Stein**früchte** kugelig, bis zu 1 cm groß, reif korallen- oder schwarzrot, essbar; Fruchtreife ab Jun.

Vorkommen Trockengebüsche, trockene Hänge, Wegsäume, Steinbrüche, Hohlwege. M.- und O-EU, vom südl. Rheintal bis zum Kaukasus, stellenweise in Thüringen.

Wissenswert! Ihre Früchte sind ein beliebtes Wildobst.

Zwerg-Mandel

Prunus tenella · Familie Rosengewächse

Sommergrüner, dichtlaubiger Strauch mit rutenförmigen, aufrechten Ästen; in der Blüte sehr attraktiv. ✩ Mär–Apr

Etwa 0,5–1 m hoch, bildet Wurzelsprosse; Triebe kahl. **Blätter** länglich oval, zugespitzt, scharf gesägt, 4–7 cm lang, steif aufrecht, beidseits hellgrün. **Blüten** meist vor dem Laubaustrieb, einzeln oder zu 2–3 in den Blattachseln, sehr dicht sitzend, kräftig rosarot, ca. 2 cm breit. Stein**früchte** kirschgroß, graufilzig behaart, fest, ungenießbar; reif ab Aug.

Frucht

Vorkommen Lichte Wälder, Trockengebüsche, Saum von Trockenrasen und Weinbergen. Von SO-EU (Niederösterreich) bis Sibirien, auch als Ziergehölz in Gärten.

Wissenswert! Die Samen der Früchte sind wegen ihrer Blausäureglykoside (starkes Bittermandelaroma) sehr giftig.

Weichsel-Kirsche, Stein-Weichsel

Kirsch-Pflaume

Zwerg-Kirsche

Zwerg-Mandel

Kultur-Mandelbaum

Prunus dulcis · Familie Rosengewächse

Die meist kräftig rosa gefärbten Blüten erscheinen schon vor dem Laub. ✩ Mär–Apr

Sommergrün, bis zu 6 m hoher Baum oder Strauch, mit breiter Krone auf kurzem, oft krummem Stamm. **Blätter** wechselständig, 4–12 cm lang, länglich oval, an beiden Enden verschmälert, an der Basis meist mit typischer V-Falte. **Blüten** einzeln oder zu 2, bis zu 5 cm breit, meist kräftig rosa. Stein**früchte** 3–4 cm lang, grüngrau, behaart, mit trockenem Fruchtfleisch.

Vorkommen Bevorzugt offene Standorte auf lockeren, wasserdurchlässigen Böden. Ursprünglich in Vorderasien; schon seit der Antike im Mittelmeergebiet in Kultur und vielfach angepflanzt.

Wissenswert! Die Wildform enthält in ihren bitteren Samen (= Mandeln) das giftige Blausäureglykosid Amygdalin. Aus den fast glykosidfreien, süßen Mandeln der Kulturform stellt man z. B. Marzipan her.

Kultur-Aprikosenbaum

Prunus armeniaca · Familie Rosengewächse

Vor dem Laubaustrieb erscheinen die weißen bis blassrosa Blüten; wärmeliebender Baum oder Strauch. ✩ Mär–Apr

Sommergrün, bis zu 10 m hoch, mit offener, breiter Krone auf niedrigem Stamm. **Blätter** wechselständig, lang gestielt, breit oval bis rundlich, vorn spitz, 5–10 cm lang und bis zu 9 cm breit, kahl. **Blüten** erscheinen vor dem Laub, einzeln oder zu 2, fast sitzend, bis zu 2,5 cm breit, Kelch kürzer als Krone. Stein**früchte** kugelig, samtig behaart, kräftig gelb, Steinkern glatt.

Vorkommen Sonnige, offene Stellen auf lockeren, mäßig nährstoffreichen Böden. Stammt aus Zentralasien und China, im Mittelmeergebiet in vielen Sorten kultiviert, auch im nördlichen M.-EU anbaufähig, verwildert hier jedoch nicht.

Wissenswert! Mancherorts nennt man die Aprikosen auch Marillen. Die Früchte werden nicht nur als Obst verzehrt, sondern auch zu Spirituosen verarbeitet.

Kultur-Pfirsichbaum

Prunus persica · Familie Rosengewächse

Die kugeligen Früchte mit dem tief gefurchten Steinkern besitzen eine samtig behaarte Schale. ✩ Mär–Apr

Sommergrün, meist nur 3–8 m hoher Baum oder Strauch mit offener, breiter Krone. **Blätter** wechselständig, gestielt, schmal oval, 5–15 cm lang, kurz zugespitzt, fein gezähnt, glatt, kahl. **Blüten** erscheinen vor dem Laub, zu 1–2, bis zu 3,5 cm breit, Kronblätter weißlich oder kräftig rosa. Stein**früchte** kugelig, 4–8 cm dick.

Vorkommen Auf mittelgründigen, lockeren, nicht allzu trockenen Böden. Vermutlich stammt die Wildform aus China bzw. Zentralasien. Schon seit langem wurden verschiedene Sorten herausgezüchtet, die auch nördlich der Alpen anbaufähig sind.

Wissenswert! Pfirsichbäume sind heute weltweit verbreitet. Verwilderte Exemplare verlieren im Lauf der Zeit ihre für die jeweilige Sorte typischen Merkmale und nähern sich im Aussehen wieder der Wildform an.

Kultur-Pflaumenbaum

Prunus domestica · Familie Rosengewächse

Die über 2000 Sorten weisen sehr unterschiedliche Früchte mit stets glattem Steinkern auf. ✩ Apr–Mai

Sommergrün, bis zu 15 m hoch, mit offner, schmaler Krone auf geradem, schlankem Stamm. **Blätter** wechselständig, an den Kurztrieben büschelig gedrängt, gestielt, verkehrt eiförmig, 3–8 cm lang, fein gekerbt bis gesägt, beidseitig behaart, später oberseits kahl. **Blüten** erscheinen mit dem Laub, zu 2–3 beieinander, kurz gestielt, bis zu 4 cm breit, reinweiß, Außenrand unregelmäßig gezähnt. Stein**früchte** länglich rundlich, 2–7 cm lang.

Vorkommen Auf mittelgründigen, mäßig nährstoff- bis stickstoffreichen Lehm- und Sandböden. Herkunft nicht gesichert; heute auf fast allen Kontinenten kultiviert.

Wissenswert! Pflaumen, Zwetschgen, Reineclauden oder Mirabellen sind nur einige Formen. An Waldrändern oder auf Brachland wachsen auch verwilderte Exemplare.

Kultur-Mandelbaum

Kultur-Aprikosenbaum

Kultur-Pfirsichbaum

Kultur-Pflaumenbaum

Gewöhnliche Mehlbeere

Sorbus aria · Familie Rosengewächse

Die oft etwas behaarten, roten Apfelfrüchte sind trocken-mehlig und bleiben im Herbst noch lange an den meist regelmäßig gewachsenen Bäumen hängen. ✩ Mai–Jun

Sommergrün, bis zu 12 m hoch; mit breiter, rundlicher Krone und feinschuppiger, grauer Rinde. **Blätter** wechselständig, ungeteilt, kurz gestielt, Spreite 6–9 cm lang, länglich oval, an der Basis keilförmig, ungleich doppelt gesägt, oberseits glänzend dunkelgrün, unterseits dicht silbrig behaart. **Blüten** bis zu 1,5 cm breit, reinweiß oder cremeweiß, in gewölbten Schirmrispen. **Früchte** bis zu 1,5 cm lang, eiförmig.

Vorkommen Bevorzugt lockere, sommerwarme, trockene, mäßig saure oder kalkhaltige Böden im Saum von Gebüschen und Wäldern; Lichtholz. Von N-Afrika über die Iberische Halbinsel bis zum nördlichen Balkan; in D vor allem in der Mittelgebirgsregion, in den Alpen bis in 1500 m Höhe; häufig als Park- oder Straßenbaum verwendet und angepflanzt.

Wissenswert! Wegen der unterseits filzigen Behaarung verdunsten die Blätter weniger Wasser. Die fade schmeckenden, weichen Früchte hat man in Notzeiten gesammelt und getrocknet zu Mehl verarbeitet (Name!). Im Herbst werden sie zunächst von den Vögeln und Kleinsäugern kaum gefressen, bieten aber als so genannte Wintersteher den Tieren später im Jahr eine wichtige Nahrungsreserve.

Ähnlich **Berg-Mehlbeere** *Sorbus mougeotii*, Blätter leicht gelappt, unterseits weißfilzig, 8–12 Seitennervenpaare; im Herbst leuchtend rote, 1 cm große, gekocht essbare Früchte; gilt als Kreuzung zwischen der Gewöhnlichen Mehlbeere und der Eberesche; selten in Vogesen, Allgäu, S-Alpen.

Zwerg-Mehlbeere

Sorbus chamaemespilus · Familie Rosengewächse

Sommergrüner, locker verzweigter, ziemlich seltener Kleinstrauch; im Blüten- und Fruchtschmuck sehr attraktiv. ✩ Jun–Jul

Blätter 3–7 cm lang

Meist nur 1–2 m hoch. **Blätter** kurz gestielt, 3–7 cm lang, elliptisch, am Grund breit keilkörmig oder rundlich, stumpf oder stachelspitzig, gesägt, oberseits kahl und glänzend, unterseits bläulich grün und dünn behaart. **Blüten** um 1 cm breit, rosa bis rötlich, in dichten, weißfilzigen Schirmrispen. kleine Apfel**früchte**, länglich, tief orangerot oder braunrot, essbar, aber sehr mehlig; Fruchtreife ab Aug.

Vorkommen Nadelwälder, Legföhrengürtel, Alpenrosengebüsche, Grünerlenfluren. Hochgebirge in EU, Schwarzwald, Vogesen, Jura; selten als Ziergehölz.

Wissenswert! Wie bei vielen Arten dieser Gattung finden die reifen, kleinen Apfelfrüchte auch der Zwerg-Mehlbeere bei Kleintieren im Spätsommer und Herbst zunächst erstaunlich wenig Anklang. Erst im Hoch- und Spätwinter sowie bis in den Vorfrühling hinein werden sie jedoch gerne gefressen, weil sich dann durch häufige Kälteeinwirkung die bitter schmeckende und leicht giftige Parascorbinsäure abgebaut hat. Den gleichen Effekt hat auch das früher übliche Einkochen der Früchte.

Ähnlich **Breitblättrige Mehlbeere** *Sorbus latifolia*, größerer Strauch, kleiner Baum mit kegelförmiger Krone und glänzend olivbraunen Trieben. Blätter 7–9 cm lang, gelappt und scharf gesägt. Blüten gelblich weiß, um 12 mm breit, in Schirmrispen; Frucht rotbraun. Vor allem in S-Europa (Portugal bis Frankreich), in D selten.

Gewöhnliche Mehlbeere

Zwerg-Mehlbeere

Virginia-Blasenspiere

Physocarpus opulifolia · Fam. Rosengewächse

Sommergrüner Strauch mit auffälliger Streifenborke und dekorative Blüten- bzw. Fruchtständen. ✿ Mai–Jun

Bis etwa 3 m hoch; Triebe bräunlich, kahl. **Blätter** wechselständig, lang gestielt, 2–8 cm lang, rundlich oval, meist 3- bis undeutlich 5-lappig, Lappen stumpf, gesägt, unterseits fast kahl. **Blüten** ca. 1 cm breit, weiß bis blassrosa, in meist hängenden Doldenrispen, Stiele und Kelch wenig behaart, Staubblätter purpurn.

Vorkommen Unterwuchs in lichten Laubwäldern, an Waldsäumen und in feuchten Auengebüschen. Ursprünglich in N-Amerika von Quebec bis Arkansas; häufig als Ziergehölz gepflanzt.

Wissenswert! Trotz eines reichen Fruchtansatzes ist die V. bisher nirgends verwildert oder eingebürgert worden.

Feuerdorn

Pyracantha coccinea · Fam. Rosengewächse

Wintergrüner, verzweigter Strauch mit weit abstehenden Ästen und verdornten Kurztrieben. ✿ Mai–Jun

Etwa 1–3 m hoch. **Blätter** kurz gestielt, länglich oval, an Langtrieben 5–8 cm, an Kurztrieben 2–4 cm lang, ledrig, stumpf oder mit kurzer Stachelspitze, gezähnt, oberseits glänzend dunkelgrün, unterseits heller. **Blüten** zahlreich in gestielten, meist aufrechten Schirmtrauben, um 1 cm breit, cremeweiß bis rötlich gelb. Apfel**früchte** erbsengroß, kugelig, rotorange oder hochrot, genießbar; Fruchtreife ab Sep.

Vorkommen Waldsäume, Gebüsche, Flurhecken. SO-EU von Italien über den Balkan bis ins Schwarzmeergebiet; häufig in Sorten als Ziergehölz in Gärten gepflanzt.

Wissenswert! Die Blätter bleiben den Winter über ohne Umfärben am Strauch.

Silberwurz

Dryas octopetala · Familie Rosengewächse

Immergrüner, krautig erscheinender Zwergstrauch mit niederliegenden, kriechenden Ästen, Spalierstrauch in ausgedehnten Matten. ✿ Mai–Aug

Nur etwa 10 cm hoch; Verzweigungen 0,5–1 m lang. **Blätter** wechselständig, aber rosettig gehäuft, lang gestielt, bis zu 3 cm lang, elliptisch, am Grund herzförmig, vorn spitz, stark gekerbt, ledrig, oberseits runzelig, kräftig grün, unterseits dicht silbrig behaart, Blattrand meist eingerollt; Nebenblätter weit mit Blattstiel verwachsen. **Blüten** einzeln, lang gestielt, bis zu 4 cm breit, meist 8 rein- bis cremeweiße Kronblätter, außen braunfilzig. Griffel verlängern sich zur **Frucht**zeit zu fedrig behaarten Schwänzen zur Windverbreitung der Früchte (kleines Foto); Fruchtreife ab Jul.

Vorkommen Zwergstrauchbestände der arktischen Tundren, Moränenschutt, Felsfluren, Matten und Kalkschuttfluren oberhalb der Waldgrenze, in N-EU eher auf sauren Böden. Arktisch-alpine Art, Hochgebirge EU, N-Asiens und N-Amerikas. Auch als Zierpflanze in Steingärten.

Wissenswert! Hinsichtlich ihres Standorts ist die Art ausgesprochen genügsam, sofern sie ausreichend Licht bekommt. Nur wenige Wochen im Jahr stoffwechselaktiv, kann die Pflanze über 100 Jahre alt werden. Die 8-zählige, auffällige und charakteristische Blütenkrone wird während des kurzen arktischen bzw. Hochgebirgssommers der Sonne im Tageslauf wie eine Parabolantenne nachgeführt und stellt als Wärmekollektor einen attraktiven Landeplatz für Blüten besuchende Insekten dar.

Virginia-Blasenspiere

Feuerdorn

Silberwurz

Eingriffliger Weißdorn

Crataegus monogyna · Familie Rosengewächse

Sommergrüner, breitkroniger Großstrauch oder kleiner Baum; Triebe filzig, später kahl; Sprossdornen kräftig, gerade, bis zu 2 cm lang. ✰ Mai–Jun

Formenreich, etwa 3–5 m hoch. **Blätter** lang gestielt, im Umriss rautenförmig, tief 3- bis 7-lappig, Einschnitte weit über die Spreitenmitte hinausreichend, einzelne Spreitenlappen spitz, nur im vorderen Bereich fein gesägt, oberseits dunkelgrün, kahl, unterseits bläulich, Haarbüschel in Nervenwinkeln. **Blüten** weiß, 8–15 mm breit, zu je 5–6 in Schirmrispen, duften durch Verströmen von Trimethylamin recht unangenehm und intensiv nach Fisch, zahlreiche Staubblätter mit roten Staubbeuteln, Fruchtknoten mit nur 1 langen Griffel. Apfel**frucht** etwa erbsengroß, mit Steinkern, rot, ungenießbar; Fruchtreife ab Sep.

Vorkommen Hecken, Gebüsche, Flurgehölze, Waldsäume, felsige Hänge, von der Ebene bis etwa 1500 m Höhe im Gebirge. M- und S-EU, südliches Skandinavien, Kaukasus, Vorderasien, N-Afrika; häufig in verschiedenen Gartenformen als Ziergehölz.

Wissenswert! Extrakte aus Blättern, Blüten und Früchten werden medizinisch als Herz stärkende Mittel und gegen Bluthochdruck verwendet. Das relativ harte Holz wurde früher zu Werkzeugstielen und Drechselarbeiten verwendet. Bildet mit dem Zweigriffligen Weißdorn fruchtbare Hybriden.Die Früchte sind wichtige Wintersteher.

Zweigriffliger Weißdorn

Crataegus laevigata · Familie Rosengewächse

Sommergrüner, sparrig verzweigter, breitkroniger Großstrauch oder kleiner Baum; Sprossdornen kräftig, gerade und bis zu 2,5 cm lang. ✰ Mai–Jun

Als Baum etwa 10 m hoch. **Blätter** wechselständig, verkehrt eiförmig, 3–5 cm lang, unregelmäßig 3- bis 5-lappig oder tief gekerbt, Lappen fast bis zur Spreitenmitte, oberseits kahl, dunkelgrün, unterseits bläulich, nur anfangs auf den Nerven behaart. **Blüten** gestielt, reinweiß, unangenehmer Duft, zahlreich in Doldenrispen, stets mit 2–3 langen Griffeln. Apfel**frucht** scharlachrot, etwas kantig, mit mindestens 2 Steinkernen; Fruchtreife ab Aug, Wintersteher.

Vorkommen Hecken, Gebüsche, Laub- und lichte Nadelwälder, Flurgehölze, Gärten. NW-, NO- und M.-EU, südlich bis zum Balkan und Apennin; häufig als Ziergehölz.

Wissenswert! Eine beliebte Gartenform ist der Rotdorn. Er zeichnet sich durch gefüllte, pollensterile Blüten aus, deren üppig vermehrte Kronblätter karminrot sind und die in sehr reichhaltigen Doldenrispen beieinander stehen. Beide Weißdornarten sind hervorragende Heckengehölze, die auch Schnitt sehr gut vertragen. Mit ihrem üppigen Blüten- und Fruchtschmuck wirken sie nicht nur dekorativ, sondern sind auch ein bedeutsamer Nahrungsspender und Lebensraum für zahlreiche heimische Kleintiere (Insekten, Singvögel, Kleinsäuger).

Eingriffliger Weißdorn
rechts: Früchte

Zweigriffliger Weißdorn
unten rechts: Früchte

Gewöhnliche Felsenbirne

Amelanchier ovalis · Familie Rosengewächse

Sommergrüner, reich verzweigter und dichtkroniger Strauch mit dünnen Stämmchen, junge Triebe filzig behaart, später glänzend olivbraun. ✿ Apr–Mai

Etwa 1–3 m hoch. **Blätter** wechselständig, lang gestielt, 2,5–5 cm lang, breit oval, an beiden Enden abgerundet, oberseits mattgrün und kahl, unterseits gelblich und zunächst filzig, später auch hier kahl und nur noch mit Achselbärten. **Blüten** zu 3–6 in endständigen Trauben zusammenstehend, erscheinen unmittelbar vor dem Laubaustrieb, 5-zählig, mit langen, schmalen, reinweißen Kronblättern. **Früchte** typische Apfelfrüchte, blauschwarz bereift, mit ausgebreiteten Kelchblattresten, essbar, angenehm schmeckend; Fruchtreife ab Aug.

Vorkommen Felsgebüsche, sonnige, trockene Steilhänge, Säume von Halbtrockenrasen, lichte Eichen- und Kiefernwälder, auf Kalk, auf Fels auch Spaltenwurzler und Rohbodenpionier. M.-, S- und O-EU, in den südl. Alpen bis auf 2000 m Höhe, in D nördlich bis zum Mittelgebirgsrand (Siebengebirge); im Mittelmeergebiet und in Kleinasien.

Wissenswert! Dieser dekorative heimische Wildstrauch zählt zu den wertvollen Vogelgehölzen (Nahrung und Nistraum). Seine bläulich bereiften Früchte werden von Vögeln, allen voran von Drosseln, gefressen und so wirksam verbreitet. Die Vögel scheiden die unverdauten Samen oft weit vom Standort entfernt aus. Wegen der großen, ausgebreiteten Blüten, die sich geraume Zeit vor der Laubentfaltung entfalten, nennt man die Art in einigen Regionen auch Edelweißstrauch.

Kupfer-Felsenbirne

Amelanchier lamarckii · Familie Rosengewächse

Sommergrünes, mehrstämmiges Gehölz mit aufrechten, unregelmäßig verzweigten Ästen; Triebe seidig behaart; kräftige Herbstfärbung. ✿ Apr–Mai

Bis etwa 10 m hoch. **Blätter** wechselständig, Blattstiel stets behaart, 4–10 cm lang, länglich elliptisch, an der Basis rundlich oder schwach herzförmig eingebuchtet, im oberen Drittel verschmälert, fein gesägt, im Austrieb kupferrot und unterseits seidig behaart, später kahl und matt dunkelgrün, im Herbst leuchtend gelb bis karminrot verfärbt. **Blüten** erscheinen mit dem Laub, zu mehreren in meist hängenden Trauben, Kronblätter reinweiß, behaart, 9–14 mm lang. **Früchte** typische Apfelfrüchte, um 1 cm dick, reif tief purpurn bis blauschwarz, bereift, essbar, wohlschmeckend, Kelchblattreste aufrecht, ab Jun.

Vorkommen Wälder und Gebüsche, Saumgehölze auf lockeren, mäßig trockenen bis frischen und nährstoffreichen Böden. Ursprünglich im östlichen N-Amerika; in M.-EU beliebtes Ziergehölz, im NW von D verwildert und stellenweise eingebürgert.

Wissenswert! Die Unterscheidung von der ähnlichen **Kanadischen Felsenbirne** *A. canadensis* gründet sich auf deren unbehaarte Triebe, den eher elliptischen Umriss, die geringere Blattgröße (nur 3–5 cm lang) sowie die größere Zahl an Blattseitennerven. Wertvolles Nahrungs- und Nistgehölz für die heimische Vogelwelt, die reifen Früchte werden v. a. von Drosselarten geerntet.

Gewöhnliche Felsenbirne
rechts: Früchte

Kupfer-Felsenbirne
links: Herbstfärbung

Ranunkelstrauch

Kerria japonica · Familie Rosengewächse

Sommergrüner, reich verzweigter Zierstrauch mit langen, aufrechten, grünen, rutenförmigen Ästen. ✫ Mai–Jun

Wildform

Etwa 0,5–2 m hoch; Zweige ohne Lentizellen, grün, mit weißlichem Markgewebe. **Blätter** gestielt, länglich oval, zugespitzt, oberseits kräftig grün und kahl, unterseits heller und leicht behaart. **Blüten** einzeln oder zu wenigen in den Blattachseln am Triebende, bis zu 3 cm breit, 5 Kronblätter leuchtend goldgelb; evtl. zweite Blühphase Sep–Okt.

Vorkommen Unterwuchs lichter Laubwälder. Stammt aus O-Asien (China); in EU sehr häufig als Ziergehölz angepflanzt.

Wissenswert! Die sterile, gefülltblütige Gartenform verwildert nicht, vermehrt sich aber vegetativ über Ausläufer. Ökologisch wertvoller ist die einfache Form.

Weidenblättriger Spierstrauch

Spiraea salicifolia · Familie Rosengewächse

Sommergrüner, stark verzweigter Strauch mit schlanken, aufrechten oder bogig überhängenden Ästen. ✫ Jun–Jul

Blätter bis 7 cm lang

Etwa 1–2 m hoch; Triebe kantig. **Blätter** gestielt, länglich lanzettlich, weidenblattähnlich, mit kleinen Nebenblättern, ungleich gesägt, kahl, oberseits mattgrün, unterseits etwas heller. **Blüten** zahlreich in aufrechten, bis zu 10 cm langen, endständigen Rispen, Kelchblätter zurückgeschlagen, Kronen 5-zählig, rötlich weiß.

Vorkommen Waldränder, Gebüschsäume, Graben- und Flussufer, Ufergehölze von Gebirgsbächen. Stammt aus O-Asien; wird in EU oft als Ziergehölz gepflanzt, auch in D verwildert und eingebürgert.

Wissenswert! Wegen ihres starken Wurzelwachstums eignet sich diese Art sehr gut zur Befestigung von Böschungen.

Gamander-Spierstrauch

Spiraea chamaedryfolia · Fam. Rosengew.

Sommergrüner, meist reichästiger Strauch, nur in seinem reichen Blühaspekt auffallend. ✫ Mai–Jun

Blütenstand

Bis etwa 1,5 m hoch; Triebe kantig. **Blätter** wechselständig, 4–6 cm lang, elliptisch bis oval, spitz, an der Basis breit keilförmig, fast kahl. **Blüten** 6–8 mm breit, weiß, zahlreich in leicht gewölbten, ca. 4 cm breiten Doldentrauben, Kelchblätter zurückgeschlagen, Kronblätter kreisrund. Balg**frucht** ab Sep.

Vorkommen Wälder, Gebüsche im kühlfeuchten Bergland mittl. Höhenlage. SO-Alpen, Karpaten, Balkan, Sibirien.

Ähnlich Im gleichen Gebiet wächst der nur bis zu 0,5 m hohe **Kärntner Spierstrauch** S. *decumbens*. Seine Blüten stehen immer am Ende von Langtrieben.

Japanischer Spierstrauch

Spiraea japonica · Familie Rosengewächse

Sommergrüner, buschiger Strauch mit aufrechten Ästen und Zweigen; sehr reichblütig und dekorativ. ✫ Jun–Aug

Blätter bis 10 cm lang

Nur 0,5–1,5 m hoch. **Blätter** wechselständig, kurz gestielt, elliptisch, bei manchen Gartenformen schlank zugespitzt, am Grund keilförmig, scharf doppelt gesägt, oberseits mattgrün, unterseits bläulich, kahl. **Blüten** um 7 mm breit, in flachen, bis zu 15 cm breiten Schirmrispen, kräftig rosa oder purpurn.

Vorkommen Sandbänke, Kiesflächen, Dünen. Stammt aus Japan; in vielen Sorten angepflanzt, stellenweise verwildert und zunehmend auch bewusst eingebürgert.

Wissenswert! Erträgt Halbschatten, ist sehr frosthart. Außer für Blütenbesucher wie Fliegen und Wildbienen ist er für die heimische Tierwelt kaum von Bedeutung.

Ranunkelstrauch Sorte 'Pentiflora'

Weidenblättriger Spierstrauch

Gamander-Spierstrauch

Japanischer Spierstrauch

Alpen-Johannisbeere

Ribes alpinum · Familie Stachelbeergewächse

Sommergrüner, dichter Strauch ohne Stacheln oder Dornen mit kleinen, büscheligen Blättern und drüsig bewimperten Blattstielen. ✩ Apr–Mai

Nur 1–2 m hoch; Triebe hellgrau, kahl, ältere Rinde löst sich in Streifen ab. **Blätter** wechselständig, dreieckig bis rundlich oder herzförmig, 3–5 cm breit, 3- bis 5-lappig, grob gezähnt, oberseits mattgrün, unterseits etwas glänzend, kahl, zeitiger Austrieb im Frühjahr. **Blüten** zweihäusig verteilt, grünlich gelb, 4- oder 5-zählig, 5–9 mm breit, in aufrechten, unscheinbaren, gelbgrünen Trauben, ♂ Blütenstände 2–3 cm lang, 10- bis 30-blütig, ♀ Blütenstände kürzer, höchstens 5-blütig, Kronblätter deutlich kürzer als Kelchblätter. Beeren**früchte** kugelig, scharlachrot, schmecken recht fade; Fruchtreife ab Aug.

Vorkommen Gebüsche, lichte oder schattige Wälder, Schluchten, Waldsäume, Auenwälder des Tieflands und steinige Abhänge der Gebirge, auf lockeren, feuchten Böden. M.- und N-EU, Gebirge von SW- und S-EU, ferner N- und O-Asien. Der deutsche Name, regional auch Berg-Johannisbeere genannt, ist etwas irreführend, da sie zerstreut auch im Tiefland vorkommt. **RL**

Wissenswert! Die A. erträgt Halbschatten und bemerkenswerterweise auch Abgase gut. In verschiedenen, teils buntlaubigen, teils kleinwüchsigen Sorten wird sie daher oft für Heckenpflanzungen im Straßenbegleitgrün von Großstädten und Industriegebieten verwendet. In ihrer Anlage sind die Blüten dieser Art stets zwittrig und in seltenen Fällen können sie auch tatsächlich funktionell zwittrig bleiben. Normalerweise werden aber bei der weiteren Entwicklung entweder die Staubblattkreise oder die Fruchtknoten unterdrückt.

Felsen-Johannisbeere

Ribes petraeum · Familie Stachelbeergewächse

Sommergrüner, kleiner, aber zumeist stark verzweigter Strauch ohne Stacheln oder Dornen, beim Zerreiben ohne auffallenden Geruch. ✩ Apr–Mai

Wuchshöhe 1–2 m; Triebe kräftig, graubraun, kahl. **Blätter** wechselständig, an Kurztrieben büschelig, lang gestielt, rundlich, bis zu 10 cm breit, mit 3 großen und 2 kleineren, manchmal nur undeutlich ausgeprägten Lappen, gesägt, unterseits (vor allem auf den Hauptnerven) ein wenig behaart, am Rand bewimpert, oberseits ziemlich runzelig. **Blüten** überwiegend 5-zählig, 4–9 mm breit, zu 10–15 in dichten, lang gestielten Trauben, rötlich, die kurzen Kronblätter werden von den längeren Kelchblättern glockig überragt. Beeren**früchte** kugelig, rot, essbar, schmecken jedoch extrem sauer; Fruchtreife ab Juni.

Vorkommen Bergwälder, Bachschluchten, Blockhalden, Hochstaudenfluren; meist auf sickerfeuchten, lockeren, schwach sauren Böden. Von den Pyrenäen über die Alpen bis zu den Karpaten, ferner in N-Afrika (Atlas) und ostwärts bis O-Sibirien; in den Mittelgebirgen und im Tiefland sehr selten vorkommend, in den Alpen stellenweise bis über 2000 m Höhe.

Wissenswert! Vermutlich an vielen Zuchtsorten der Garten-Johannisbeeren beteiligt. Gilt nach dem Verbreitungsbild in den höheren nördlichen Mittelgebirgen (Vogesen, Schwarzwald) als Eiszeitrelikt. Im Unterschied zur Alpen-Johannisbeere, die ihr recht ähnlich ist, sind die Blüten stets zwittrig. Die nur wenig auffälligen Blüten bieten jedoch bestäubenden Insekten reichlich Nektar und werden vor allem von kleinen Hautflüglern und Zweiflüglern, selten auch von nachtaktiven Schmetterlingen, aufgesucht.

Alpen-Johannisbeere

Felsen-Johannisbeere

Rote Johannisbeere

Ribes rubrum · Familie Stachelbeergewächse

Sommergrüner, kleiner, buschiger Strauch mit aufrechten Ästen und herzförmigen Blättern und unscheinbaren gelbgrünen Blüten. ✰ Apr–Mai

Etwa 1–2 m hoch; Triebe kahl. **Blätter** wechselständig, lang gestielt, 3- bis 5-lappig, am Grund herzförmig oder gestutzt, bis zu 7 cm breit, grob gesägt, Lappen spitz, unterseits zunächst flaumhaarig, später kahl. **Blüten** grünlich gelb oder rötlich, zu 10–20 in anfangs aufrechten, später bogig herabhängenden Trauben, Staubbeutelhälften durch ein breites Mittelstück getrennt, Blütenboden mit 5-eckigem Ringwulst. Beeren**früchte** kugelig, erbsengroß, scharlachrot, essbar, saftig, säuerlich; Fruchtreife ab Jun.

Vorkommen Auenwälder, Schluchtgehölze und Ufergebüsche von Bächen auf nassfeuchten, tonigen, nährstoffreichen Böden. W- und westliches M.-EU, fehlt im Tiefland; in vielen Gartensorten angebaut und als Beerenobst weit verbreitet.

Wissenswert! Die formenreiche R. J., auch Garten-Johannisbeere genannt, wird heute als Artengruppe mit mehreren Kleinarten aufgefasst, zu der z. B. die westeuropäische **Wald-Johannisbeere** *Ribes sylvestris* sowie die in Skandinavien und in O-EU vorkommende **Ährige** oder **Nordische Johannisbeere** *R. spicatum* gehören. Beide haben ihr Erbgut zu zahlreichen rotfrüchtigen Sorten (kl. Foto) beigetragen. Deren häufig verwilderte Exemplare lassen sich nicht sicher von den echten Wildformen unterscheiden.

Schwarze Johannisbeere

Ribes nigrum · Familie Stachelbeergewächse

Sommergrüner Strauch mit kräftigen Zweigen; alle Pflanzenteile riechen beim Zerreiben sehr stark und unangenehm. ✰ Apr–Mai

Etwa 1–2 m hoch; Triebe flaumig. **Blätter** wechselständig, an Kurztrieben büschelig gehäuft, lang gestielt, bis zu 10 cm breit, rundlich oder eckig, mit 3 großen und 2 kleineren Lappen, oberseits kahl, unterseits mit goldgelben Drüsen (kl. Foto). **Blüten** unscheinbar grünlich gelb, meist 5-zählig, Kronblätter halb so lang wie die Kelchblätter, 4–9 mm breit, zu 4–10 in langen Trauben. Beeren**früchte** bis zu 1 cm groß, kugelig, schwarz, saftig, essbar; Fruchtreife ab Jun.

Vorkommen Auengehölze, Bruchwälder, feuchte Gebüsche an Gewässerufern, bevorzugt wechselfeuchte bis nasse, humushaltige Ton- und Lehmböden, erträgt zeitweilige Staunässe. M.- und O-EU, in N- und NW-EU eingebürgert; heute in vielen Gartensorten als Obstgehölz gepflanzt und stellenweise (unbeständig) verwildert.

Wissenswert! Wegen ihres starken, oft als aufdringlich empfundenen Dufts wird sie auch als Wanzenbeere bezeichnet. Seit dem 16. Jh. in Kultur. Früchte sehr vitaminreich, auch medizinisch verwendet. Verwilderte Gartenexemplare sind nicht leicht von der Wildform zu unterscheiden.

Rote Johannisbeere

Schwarze Johannisbeere

Gold-Johannisbeere

Ribes aureum · Familie Stachelbeergewächse

Sommergrüner, dornenloser Strauch; Blütenblätter (Kron- und Kelchblätter) einheitlich goldgelb. ✩ Apr–Mai

Etwa 1–2 m hoch. **Blätter** lang gestielt, im Umriss rundlich, 3–5 cm lang, tief 3-lappig, matt glänzend, im Herbst weinrot. **Blüten** im Zentrum rötlich, zu 5–15 in büscheligen Trauben, duften angenehm. Beeren**früchte** erbsengroß, schwarz, essbar; Fruchtreife ab Jun.

Vorkommen Auengebüsche, Uferfluren, Gehölze an Bachläufen, auf lockeren, humosen Böden. Stammt aus N-Amerika (Kalifornien); häufig als Ziergehölz gepflanzt und nur stellenweise verwildert.

Blut-Johannisbeere

Ribes sanguineum · Fam. Stachelbeergew.

Sommergrüner Zierstrauch mit rötlich brauner Rinde und auffälligen Blüten. ✩ Apr–Mai

Bis zu 4 m hoch; Triebe (drüsig) behaart. **Blätter** wechselständig, oval, an der Basis herzförmig, 5–10 cm lang, 3- bis 5-lappig, oberseits etwas runzelig, unterseits dicht graufilzig, duften beim Zerreiben. **Blüten** zwittrig, kräftig rosa, zu 10–20 in bis zu 7 cm langen, rundlichen Trauben, Blütenstiele drüsig. Beeren**früchte** schwarz, stark bläulich bereift, bis zu 1 cm dick, ungenießbar; Reife ab Jun.

Vorkommen Gebüschreiche Gebirgslaubwälder, lichte Gehölze auf Abhängen. Stammt aus dem pazifischen N-Amerika (vor allem Kalifornien); in EU häufig und in verschiedenen Sorten als dekoratives Ziergehölz in Parks und Gärten angepflanzt.

Gewöhnliche Stachelbeere

Ribes uva-crispa · Familie Stachelbeergewächse

Sommergrüner, aufrechter, ziemlich ästiger Wildstrauch mit reich bestachelten Zweigen; bis zu 1 cm lange Stacheln 1- bis 3-teilig und sehr spitz. Apr–Mai

Nur 0,5–1,5 m hoch; Triebe dicht behaart. **Blätter** wechselständig, meist in der Achsel der langen Stacheln, oft in kleinen Büscheln, rundlich, an der Basis herzförmig, 3- bis 5-lappig, tief gekerbt oder gezähnt, unterseits weich behaart. **Blüten** überwiegend zwittrig, mitunter auch eingeschlechtig, meist zu 1–3 in Trauben, unscheinbar grünlich oder grünpurpurn. Beeren**früchte** rundlich, bis zu 2 cm groß, grünlich, borstig behaart, durchscheinend längsstreifig; Fruchtreife ab Jul.

Vorkommen Auenwälder, lichte Gebüsche, Wildhecken, trockene, sonnige Hänge, meist auf stickstoffangereicherten Böden, im Gebirge bis etwa 1400 m. S-, W- und M.-EU, fehlt im nördl. Skandinavien, vielerorts eingebürgert, ferner in N-Afrika und von Vorderasien bis NO-China; häufig in etlichen Sorten als Beerenobst angepflanzt.

Wissenswert! Die zahlreichen Sorten der in allen Merkmalen sehr ähnlichen, als Obstgehölz beliebten **Garten-Stachelbeere** entstanden seit dem 17. Jh. durch Einkreuzen verschiedener amerikanischer *Ribes*-Arten. Diese Gartenform wird auch unter dem wissenschaftlichen Namen *R. grossularia* geführt, abgeleitet von der frühesten bekannten Erwähnung namens ‚groselier' in einem franz. Psalmenbuch des 12. Jhs. Verwilderte Exemplare der Kultursorten sind von der – allerdings nicht allzu häufig auftretenden – heimischen Wildpflanze nicht immer sicher zu unterscheiden.

Gold-Johannisbeere

Blut-Johannisbeere

Gewöhnliche Stachelbeere
rechts: Früchte

Sommer-Linde

Tilia platyphyllos · Familie Malvengewächse

Im Gegensatz zur ähnlichen Winter-Linde sitzen auf der Unterseite der schief herzförmigen Blätter weiße Haarbüschel in den Winkeln der Hauptnerven. ✰ Jun

Sommergrün, bis zu 40 m hoch, mit breiter, rundlicher, dichter Krone auf langem, geradem Stamm; Rinde anfangs dunkelgrau oder braungrau mit feinem Netzwerk, später zunehmend borkig mit dichten Rippen und Leisten, bei alten Exemplaren auch mit dicken Maserknollen. **Blätter** wechselständig, lang gestielt, 7–12 cm lang, leicht unsymmetrisch herzförmig, vorne spitz, kerbig gezähnt, oberseits matt frischgrün, unterseits etwas blasser. **Blüten** erst nach dem Laub erscheinend, zu 2–6 in hängenden Rispen, Blütenstandsachse von der Mitte bis zur Basis mit einem schmalen Tragblatt verwachsen; Blütenhülle gelblich weiß, Staubblätter 20–25, Griffel unbehaart. Nuss**früchte** kugelig, knapp 1 cm dick, derb, graufilzig, mit 3–5 deutlichen Längsrippen.

Vorkommen Auf sickerfrischen, nährstoff- und basenreichen, lockeren Böden in krautreichen Schluchtwäldern; Leitart des Buchen-Linden-Bergwalds; Schattenholz. Von SW- über M.- bis nach SO-EU (Schwarzmeergebiet), fehlt von Natur aus nur auf den Britischen Inseln und in Skandinavien, dort jedoch eingebürgert; häufig als Forst-, Park- oder Straßenbaum angepflanzt.

Wissenswert! Die S. bildet keine zusammenhängenden Reinbestände wie Buchen oder Eichen, sondern tritt gewöhnlich nur als Begleitart in verschiedenen Waldgesellschaften auf. Wegen ihrer beeindruckenden Kronenform wird sie schon lange auf Plätzen und in Alleen angepflanzt. Sie kann bis etwa 1000 Jahre alt werden. Obwohl sie im Vergleich zur nahe verwandten Winter-Linde (⇨ S. 466) eher eine Baumart der Gebirge ist, kann man sie heute auch weit außerhalb ihres eigentlichen Verbreitungsgebiets antreffen.

Das gelblich weiße, ziemlich weiche und biegsame Holz ist wegen seiner gleichmäßigen Struktur hervorragend zu bearbeiten und wird deswegen sehr gern für Holzbildwerke und Schnitzarbeiten, für den Musikinstrumentenbau und in der Modelltischlerei herangezogen. Der feste, zähe Linden-Bast aus der Rinde wurde früher in großem Umfang für Matten, Seile und Bindegut im Gartenbau benützt. Die Lindenblüten enthalten neben ätherischem Öl auch Flavonoide, Gerb- und Schleimstoffe. Man verwendet sie in medizinischen Tees als schweißtreibendes Hausmittel bei fiebrigen Erkältungskrankheiten sowie zur vorbeugenden Aktivierung der körpereigenen Abwehrkräfte. In der Homöopathie behandelt man damit auch Allergien und rheumatische Beschwerden. Gesammelt werden die Lindenblüten stets zusammen mit ihrem bleichgrünen Tragblatt. In der Natur dient dieses nach der Fruchtreife als Flugorgan zur Windverbreitung der Früchte. Ein weiteres begehrtes Produkt ist schließlich auch der Lindenhonig. Er enthält nicht nur den Nektar aus den Blüten, sondern auch den von Blattläusen ausgeschiedenen süßen Honigtau.

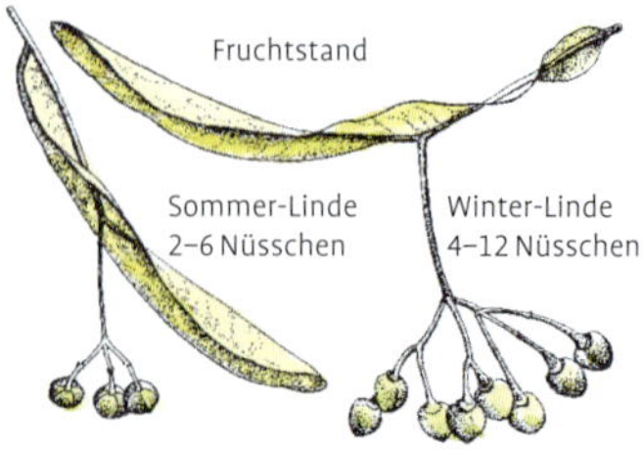

Sommer-Linde
unten links: Blütenstand, unten rechts: Fruchtstand

Winter-Linde

Tilia cordata · Familie Malvengewächse

Die meist 4–12 Blüten in hängenden Rispen mit den auffallenden Tragblättern erscheinen deutlich später als die der ähnlichen Sommer-Linde.

✰ Jun–Jul

Sommergrün, bis zu 30 m hoch, mit dichter, breiter, gewölbter Krone auf kräftigem, geradem Stamm. **Blätter** wechselständig, lang gestielt, rundlich herzförmig und leicht unsymmetrisch, bis zu 8 cm lang, nur an Wasserreisern größer, am Rand gesägt; oberseits dunkelgrün, unterseits bläulich getönt, mit bräunlichen Haarbüscheln in den Winkeln der Hauptnerven (wichtiges Unterscheidungsmerkmal zur Sommer-Linde, ⇨ S. 464). **Blüten** nach dem Laub erscheinend, weißlich. Nuss**früchte** kugelig, nur etwa 6 mm dick, relativ dünnschalig, meist kahl.

Vorkommen Frische, sommerwarme, basenreiche, tiefgründige Böden v. a. in verschiedenen Eichenwaldgesellschaften; gelegentlich in Reinbeständen. Von SW-EU (Pyrenäen) bis zum Ural, in Skandinavien nur im südlichen Teil, fehlt in Irland u. Schottland, auf dem S-Balkan und den großen Mittelmeerinseln; in D vom Tiefland bis ins Gebirge, in den Alpen bis in 1500 m Höhe.

Wissenswert! Das natürliche Areal der W. ist mehr als doppelt so groß wie das der Sommer-Linde und reicht im NO und O viel weiter in kontinentale Klimagebiete hinein. Nur in wenigen Gegenden in D gibt noch es größere Reinbestände. Sonst ist die Linde aus unseren Wäldern wirtschaftsbedingt verdrängt worden, findet aber heute im Bestandsaufbau wieder vermehrt Interesse. Nur im Freistand entwickelt sie ihre malerische, dichte Kronengestalt, im Wald bleibt die Krone eher schmal. Außerdem blüht der Baum nur im Freistand fast jährlich.

In der Holzqualität sowie der medizinischen Verwendung sind die beiden Schwesterarten völlig gleichwertig. Linden reagieren empfindlich auf Luftverschmutzung und verschwinden daher immer mehr aus dem Bild der Dörfer und Städte, obwohl sie von Natur aus über 1000 Jahre alt werden können, wie so manche urkundlich bezeugte Gedenk- oder Gerichtslinde demonstriert. Mit ihrer tief reichenden Herzwurzel ist die Linde gegen Windwurf recht stabil.

Ähnlich **Holländische Linde** *Tilia × hollandica*, eine im gemeinsamen Verbreitungsgebiet von Sommer- und Winter-Linde spontan entstandene fruchtbare Kreuzung; Blätter relativ groß wie bei der Sommer-Linde, mit bläulich graugrüner Unterseite (Foto) wie bei der Winter-Linde, Haarbüschel in den Blattnervenwinkeln gelblich; Früchte etwa 8 mm groß, undeutlich kantig und behaart; übertrifft die Elternarten sowohl in der Wuchshöhe (bis zu 40 m) wie in der Üppigkeit der Krone, daher schon seit langem als Blickfang auf Dorfplätzen, in Stadtparks gepflanzt.

Winter-Linde
unten rechts: Blüten

Gewöhnliche Silber-Linde

Tilia tomentosa · Familie Malvengewächse

Die Unterseite der großen, rundlich herzförmigen Blätter ist stets dicht weißfilzig behaart (Name!), die Tragblätter an den Fruchtständen sind pergamentartig. ✫ Jul

Sommergrün, bis zu 30 m hoch, mit regelmäßiger, schlanker oder gewölbter Krone auf kräftigem Stamm; Rinde anfangs grünlich grau, später graubraun, erst im Alter mit feinem, gleichmäßigem, sehr flachem Leisten- und Furchenmuster. **Blätter** wechselständig, lang gestielt, 7–12 cm lang, etwas schief, mit kurzer Spitze, am Rand gezähnt mit nach vorn weisenden Spitzen, aber ohne Grannen; oberseits zunächst leicht rau behaart, dann zunehmend kahl und dunkelgrün, unterseits ohne Haarbüschel in den Nervenwinkeln, im Herbst goldgelb. **Blüten** nach dem Laub erscheinend, zu 6–9 in hängenden Doldenrispen; mit fruchtbaren und sterilen Staubblättern. Nuss**früchte** länglich, meist nur zu 3, etwa 6 mm dick, schwach gerippt; Fruchtstandsachse bis zum Grund mit dem Tragblatt verwachsen.

Vorkommen Mittelgründige, nährstoffreiche, meist kalkhaltige, trockene Stein- und Lehmböden in Laubmischwäldern; selten Reinbestände. Südöstliches EU bis Vorderasien, aber auch weit außerhalb des natürlichen Areals als Park- und Alleebaum angepflanzt.

Wissenswert! Von den bei uns häufiger anzutreffenden Linden blüht die G. S. am spätesten im Jahr. Die Blüten locken mit ihrem starken Duft viele Hautflügler an, insbesondere Hummeln. Ihr Nektar ist jedoch, vermutlich wegen abweichender Zuckerzusammensetzung, für die heimischen Hummeln und Bienen unverträglich: Sie taumeln nach ihrer süßen Mahlzeit lange am Boden umher und gehen schließlich zugrunde.

Im Vergleich zu ihren heimischen Schwesterarten, der Winter- und der Sommer-Linde, ist die G. S. gegenüber Luftverschmutzung und sommerlicher Trockenheit relativ unempfindlich. Daher verwendet man sie in den Städten gern als Straßen- und Parkbaum. Oft sind diese Exemplare allerdings nicht „kernecht", wie der Gärtner sagt, sondern auf der Winter-Linde als Unterlage veredelt, was die unterschiedliche Borkenbildung im unteren Stammbereich und im Kronenteil zeigt.

Ähnlich **Hängende Silber-Linde** *Tilia petiolaris*, oft nur als Varietät der oben stehenden Art und nicht als eigene Spezies angesehen; unterscheidet sich durch ihre 5–6 cm lang gestielten, oft schlaff herabhängenden Blätter, ihre überhängenden Zweige bei relativ schlanker Krone und das schmal spatelförmige Tragblatt des Fruchtstands; stammt wie die vorige Art aus SO-EU bis Vorderasien, wird insbesondere in städtischen Parks in M.- und S-Europa häufig angepflanzt; im Erscheinungsbild ebenso dekorativ wie die Gewöhnliche Silber-Linde, färbt ähnlich goldgelb um.

Gewöhnliche Silber-Linde
oben rechts: Blüten, unten: Früchte

Schwarzer Maulbeerbaum

Morus nigra · Familie Maulbeergewächse

Die brombeerähnlichen Früchte färben sich von Weiß über Purpur nach Schwarzviolett, die bis zu 20 cm langen Blätter sind breit herzförmig.
✰ Mai–Jun

Sommergrün, bis zu 18 m hoch, mit breiter Krone auf niedrigem, oft jedoch sehr dickem und gedreht wachsendem Stamm; Rinde dunkelbraun, anfangs glatt, später faserig gefurcht und knotig verdickt. **Blätter** wechselständig, bis zu 20 cm lang, im Umriss breit herzförmig, vorn mit kurzer, schlanker Spitze, am Rand groß gezähnt und an der Basis unregelmäßig (mitunter auch nur einseitig) gelappt, oberseits rauhaarig, unterseits flaumig oder kahl. **Blüten** einhäusig verteilt, unscheinbar bleichgrün, zahlreich in kurzen, gedrungenen Ähren in den Blattachseln, ♂ Blütenstände länger gestielt als die ♀. **Früchte** (Maulbeeren) bis zu 2,5 cm lang, unreif zunächst weiß, dann rot, reif schwarz, sehr saftig.

Vorkommen Vorzugsweise auf kalkhaltigen, lockeren, steinigen Böden an besonnten Hängen. Stammt vermutlich aus Zentralasien, wird jedoch schon seit langem kultiviert und verwildert häufig; in wintermilden Gegenden (in Weinbaugebieten) auch in M.-EU angepflanzt.

Wissenswert! Schon im Altertum wurde der S. M. im Mittelmeergebiet und Vorderen Orient als Fruchtlieferant kultiviert. Seit dem 16. Jh. pflanzte man ihn zunehmend auch in M.-EU an, vor allem in Kloster- und Pastoratsgärten.

Die schwarzroten, sehr saftreichen und süßen Maulbeeren sind Früchte, die aus der fleischig gewordenen Blütenhülle hervorgehen. Botanisch gesehen ist die einzelne Maulbeere ein Fruchtstand mit einsamigen Nüssen, die jeweils von einer saftigen Hülle umgeben sind. Sie sind erst im Zustand der Vollreife genießbar. In ihrem Hauptverbreitungsgebiet verarbeitet man sie zu Marmeladen, Gelees, Säften oder Obstwein. Der dunkelrote Saft der Maulbeerfrüchte wird teilweise zum Nachfärben blasser Rotweine verwendet.

Das feste, dunkle Holz des S. M. diente früher in der Kunsttischlerei zu Einlegearbeiten (Intarsien), das stark gemaserte Wurzelholz wurde für verschiedene Drechselarbeiten (etwa Pfeifenköpfe oder Schachfiguren) herangezogen.

Weißer Maulbeerbaum

Morus alba · Familie Maulbeergewächse

Aus den grünlichen Kätzchenblüten entwickeln sich weiße bis hellrosa Früchte, die fad schmecken. ✰ Mai–Jun

Sommergrün, bis zu 15 m hoch. **Blätter** wechselständig, ungeteilt oder mit mehreren ungleich großen Lappen, oberseits glatt. **Früchte** weiß.

Blütenstand

Vorkommen In Gärten und Alleen angepflanzt. Stammt aus China; mit der Zucht von Seidenspinnerraupen, die sich ausschließlich von ihren Blättern ernähren, nach M.-EU eingeführt.

Schwarzer Maulbeerbaum

Weißer Maulbeerbaum
rechts: Früchte

Alpen-Kreuzdorn

Rhamnus alpina · Familie Kreuzdorngewächse

Sommergrüner, schlanker, wenig verzweigter, dornenloser Wildstrauch mit aufsteigenden Ästen. ✿ Mai–Jul

Etwa 1–3 m hoch; Triebe fein behaart bis kahl; Winterknospen mit deckenden Knospenschuppen. **Blätter** wechselständig, bis zu 10 cm lang, elliptisch bis breit oval, an beiden Enden gerundet oder an der Basis leicht herzförmig, fein gezähnt, vorn oft mit kurzem Spitzchen, oberseits dunkelgrün, unterseits heller und auf den Adern schwach behaart, mit 7–20 Paaren leicht bogigen Seitennerven. **Blüten** meist zweihäusig, 4-zählig, unauffällig grünlich gelb, büschelig in den Blattachseln. **Früchte** blauschwarze Steinfrüchte, giftig; Samen glänzend gelb; Fruchtreife ab Jul.

Früchte

Vorkommen Gebüsche, Waldränder, Gehölzsäume an Fließgewässern, trockene, sonnige Felshänge. Gebirge in NW-Afrika und S-EU von den Pyrenäen bis zum Balkan, fehlt im deutschen Alpengebiet; gelegentlich als Ziergehölz gepflanzt.

Wissenswert! Der deutsche Gattungsname Kreuzdorn geht auf die besondere Stellung der bei vielen Arten vorkommenden Sprossdornen zurück. Diese bilden mit den geraden Ästen ein rechtwinkliges Kreuz. Der wissenschaftl. Gattungsname *Rhamnus* greift einen Begriff auf, unter dem Dioskurides (1. Jh. n. Chr.) verschiedene Dornsträucher des Mittelmeergebiets zusammenfasste. Dort kommen in der Macchie auch einige immergrüne Arten vor, z. B. der kleinblättrige **Ölbaum-Kreuzdorn** *R. oleoides* oder der **Stechpalmen-Kreuzdorn** *R. alaternus* mit stachelspitzigen Blättern.

Zwerg-Kreuzdorn

Rhamnus pumila · Fam. Kreuzdorngewächse

Stark verzweigter, sehr kleiner und dornenloser Zwergstrauch (Spaliergehölz). ✿ Mai–Jul

Wuchshöhe nur bis zu 20 cm, mit knorrigen Stämmchen. **Blätter** wechselständig, gestielt, 1- 3 cm lang, an den Zweigenden büschelig gehäuft, lanzettlich oval, vorn rundlich, an der Basis keilförmig. **Blüten** 4-zählig, unscheinbar grünlich gelb, zwittrig oder eingeschlechtig; **Früchte** kugelige, blauschwarze Steinfrüchte, leicht glänzend, giftig. Fruchtreife ab Jul.

Vorkommen Felsspalten, sonnige Kalkfelsen, in den Alpen bis in 2350 m Höhe. Mitunter in Steingärten angepflanzt.

Felsen-Kreuzdorn

Rhamnus saxatilis · Fam. Kreuzdorngew.

Sommergrüner, sparriger, kräftig bedornter Wildstrauch mit braunroter Rinde und schmalen Blättern. ✿ Apr–Mai

Nur 0,5–2 m hoch; Triebe fein behaart. **Blätter** (fast) gegenständig, 1–3 cm lang (deutlich kleiner als beim Purgier-K. ⇨ S. 294), elliptisch, oberseits hellgrün, leicht glänzend. **Blüten** 4-zählig, hellgelb, büschelig in den Blattachseln. Stein**früchte** glänzend schwarz, giftig; Fruchtreife Jul–Sep.

Vorkommen Felsige Kalk- und Dolomithänge, Schotterböden alpiner Flüsse, Gebüsche, Waldränder, lichte Kiefernbestände. In EU von Pyrenäen bis Balkan, im Alpenvorland, Hegau u. Schwäbische Alb.

Blütenstand

Alpen-Kreuzdorn
unten rechts: unreife Früchte

Zwerg-Kreuzdorn

Felsen-Kreuzdorn

Strauch-Eibisch

Hibiscus syriacus · Familie Malvengewächse

Sommergrüner Strauch mit steil aufrechten Ästen, Triebe weich behaart, später zunehmend kahl; Blüten sehr groß und auffällig. ✿ Jun–Sep

Um 2–3 m hoch. **Blätter** wechselständig, 2–5 cm lang gestielt, 5–10 cm lang, im Umriss rautenförmig, meist jedoch undeutlich 3-lappig mit stumpfen Zipfeln, graugrün, unterseits mit einzelnen Sternhaaren, überwiegend aber kahl. **Blüten** 4–6 cm breit, einzeln in der Achsel von Laubblättern an den Zweigenden, Außenkelch glockig, Kelch 7- bis 9-teilig, Krone weit trichterförmig mit 5 freien Kronblättern, weiß, rosa, bläulich oder violett.

Vorkommen Ufergehölze an Flüssen, Wälder. Stammt aus S- und O-Asien (nicht aus Syrien!); vielfach in Gartensorten angepflanzt, in S-EU stellenweise eingebürgert.

Wissenswert! Das zarte Streifenmuster und der dunklere Fleck im Blütenzentrum sind Orientierungshilfen für die Blütenbesucher (meist Hummeln), die das reiche Pollenangebot der Blüte nutzen. Wie bei allen Malvengewächsen sind die Staubblätter zu einer zentralen Säule verwachsen. Die Blüte ist vormännig, d. h. die Staubbeutel stäuben, während der Griffel mit der mehrteiligen Narbe noch in der Säule verborgen ist. Erst später streckt sich der Griffel. So ist die Selbstbestäubung erschwert. Der S., auch Strauch-Hibiscus genannt, ist in M.-EU der einzige zuverlässig frostharte Strauch seiner artenreichen Verwandtschaft.

Früchte

Salbeiblättrige Zistrose

Cistus salvifolius · Familie Zistrosengewächse

Immer- oder wintergrüner, sehr reichästiger Strauch; Triebe und Zweige dicht mit vielteiligen Sternhaaren besetzt; Blüten sehr groß und weiß. ✿ Apr–Jun

Etwa 0,3–1 m hoch. **Blätter** wechselständig, gestielt, einfach, 1–4 cm lang, breit oval bis elliptisch, vorn spitz oder stumpf gerundet, an der Basis keilförmig verschmälert oder leicht herzförmig, runzelig, beidseits dicht mit Sternhaaren besetzt und daher graugrün. **Blüten** lang gestielt, 4–5 cm breit, einzeln oder zu wenigen in den Achseln laubblattähnlicher Tragblätter, Kelchblätter ungleich, 2 größere, herzförmige umhüllen die beiden ovalen kleineren; 5 Kronblätter, reinweiß, bis zu 2 cm lang, vorn rundlich oder leicht ausgerandet, Staubblätter sehr zahlreich. **Früchte** 5-kantige Kapseln; Fruchtreife ab Aug.

Vorkommen Gebüsche, Garigues, Macchien. Gesamtes Mittelmeergebiet bis Kaukasus, ferner S-Frankreich und SW-Schweiz.

Wissenswert! Das reiche Pollenangebot der Blüten wird von urtümlichen Schmetterlingen wie den Langhornmotten (kl. Foto links) genutzt, die noch kauende Mundwerkzeuge besitzen. Die Zistrosen sind die Charakterpflanzen der sonnig-trockenen Macchien und Garigues entlang der Mittelmeerküsten. In M.-EU für Gärten und Parks nicht ausreichend frostbeständig.

Ähnlich Die **Pappelblättrige Zistrose** *C. populifolius*, Blätter spitz, am Grund herzförmig; **Lorbeerblättrige Zistrose** *C. laurifolius* mit rautenförmigen Blättern.

Strauch-Eibisch

Salbeiblättrige Zistrose

Westlicher Erdbeerbaum

Arbutus unedo · Familie Heidekrautgewächse

Immergrünes Gehölz mit gekrümmtem Stamm; Rinde anfangs rötlich braun, später eher graubraun, im Alter auffällig schuppig zerrissen. ✩ Dez–Mär

Etwa 3–5 (als Baum 10) m hoch. **Blätter** wechselständig, an den Zweigenden büschelig gedrängt, Blattstiel rötlich und behaart, Spreite 5–10 cm lang und bis zu 5 cm breit, länglich elliptisch, glattrandig bis fein gezähnt, kahl, ledrig, oberseits glänzend dunkelgrün, unterseits blasser gefärbt. **Blüten** gestielt, Kelch kurz, grünlich, Kronen maiglöckchenähnlich krugförmig, cremeweiß, mit kurzen, zurückgeschlagenen Zipfeln, zu mehreren in hängenden Rispen. Beeren**früchte** etwa 2 cm dick, auffallend warzig, kräftig rot gefärbt; essbar; reif ab Jul.

Vorkommen Trockene, flachgründige, steinige, kalkarme Böden, lichte Eichenwälder, immergrüne Wälder und Macchien, oft in Küstennähe; im natürlichen Verbreitungsgebiet auch als Ziergehölz angepflanzt. Westliches Mittelmeergebiet, entlang der Atlantikküste nördlich bis nach Irland. Im natürlichen Verbreitungsgebiet auch als Ziergehölz.

Wissenswert! Bildet zusammen mit Stein-Eiche, Ölbaum, Baum-Heide und anderen Gehölzen eine wichtige Leitart der mediterranen Hartlaubvegetation. Er blüht im Winter. Ab Sommer reifen die anfangs orangegelben, später hochroten Beerenfrüchte, die an Erdbeeren erinnern. Ihre Reifezeit überschneidet sich gegen Saisonende mit dem Blühbeginn. Wenngleich sie mit ihrem faden, säuerlichen Geschmack nicht besonders überzeugen (Artbezeichnung *unedo* = „ich esse nur eine"), bereitet man daraus mancherorts Marmelade oder Likör.

Östlicher Erdbeerbaum

Arbutus andrachne · Familie Heidekrautgewächse

Immergrüner, reichästiger Strauch oder krummschäftiger Baum; Rinde jüngerer Äste glatt, auffallend kakaofarben bräunlich bis fuchsrot. ✩ Feb–Apr

Etwa 3–5 (10) m hoch; Rinde löst sich im Alter in langen, breiten Streifen ab. **Blätter** wechselständig, 1–1,5 cm lang gestielt, 5–10 cm lang und in der Mitte bis zu 6 cm breit, länglich oval, kurz zugespitzt, regelmäßig gezähnt oder fast glattrandig, fest, an jüngeren Trieben behaart, sonst graugrün. **Blüten** zahlreich in aufrechten Rispen, Kronen kugelig-krugförmig, cremeweiß. Beeren**früchte** bis zu 1,5 cm dick, reif tief orangegelb, mit warzig-netzgrubiger Oberfläche; essbar; reif ab Jul.

Vorkommen Immergrüne Gebüsche, Macchien, lichte Waldsäume, Brachland, Wegränder, felsige Abhänge, meist auf kalkhaltigem Untergrund. Östl. Mittelmeergebiet, Kreta, westlich bis Albanien; gelegentlich auch als Ziergehölz angepflanzt.

Wissenswert! Im gemeinsamen Verbreitungsgebiet bilden diese Art und der westmediterrane Vertreter einen fruchtbaren Bastard mit orangebauner Rinde, wobei auch die übrigen Merkmale zwischen denen der Elternarten stehen.

Aus dem festen Holz fertigte man früher in Griechenland Flöten, heute dient es zur Herstellung von Holzkohle und für Kunsttischlerarbeiten. Aus den fade süßlich schmeckenden Früchten stellt man regional einen Branntwein her.

Westlicher Erdbeerbaum
links: Blüten und unreife Früchte, rechts: reife Früchte

Östlicher Erdbeerbaum

Stiel-Eiche, Sommer-Eiche

Quercus robur · Familie Buchengewächse

Die weit ausladenden, oft knorrigen Ästen tragen die typisch gelappten Blätter und im Herbst die eiförmigen Eicheln, die in einem lang gestielten Fruchtbecher sitzen. ✿ Apr–Mai

Sommergrün, bis zu 40 m hoch, mit breiter, hoher, im Alter ziemlich unregelmäßiger Krone aus starken, gedrehten Ästen; Stamm meist schon in geringer Höhe über dem Boden in mehrere Hauptäste geteilt im Unterschied zur nahe verwandten Trauben-Eiche (⇨ S. 480); Rinde hellgrau bis braungrau, schon an jüngeren Exemplaren in ein dichtes Netzwerk aus Leisten und Furchen gegliedert; an jüngeren Zweigen grünlich grau mit kleinen Korkwarzen. **Blätter** wechselständig, kurz gestielt bis fast sitzend, 10–12 cm lang und bis zu 8 cm breit, im Umriss verkehrt eiförmig, jederseits mit 5–7 etwas ungleich rundlichen Lappen und Buchten, die ca. bis zur Spreitenmitte eingeschnitten sind und sich nicht exakt gegenüberstehen (wichtiger Unterschied zur Trauben-E.), Spreite am Grunde deutlich geöhrt; oberseits matt dunkelgrün, unterseits heller, kahl. **Blüten** einhäusig verteilt, kurz vor oder mit den Laubblättern erscheinend; unscheinbar grünlich; ♂ Kätzchen 2–4 cm lang, vielblütig, in Büscheln an den Zweigenden schlaff herabhängend; ♀ Blüten klein, zu 1–5 in gestielten, aufrecht stehenden Ähren. **Früchte** (Eicheln) eiförmig, bis zu 2 cm lang; mit dem unteren Drittel in schuppigem, flachem, lang gestieltem Fruchtbecher sitzend; zu 2–3 beieinander stehend; zunächst grün, reif rotbraun, frisch mit dunkleren grünen bzw. braunen Längsstreifen.

Eicheln lang gestielt, in vergleichsweise flachem Fruchtbecher

Vorkommen Frische, mäßig saure bis kalkhaltige, tiefgründige und lockere Böden vor allem in Flussniederungen, im Tiefland und im Hügelland. Von Portugal und N-Spanien über das gesamte M.- und NW-EU bis zum südlichen Skandinavien, außerdem auf der Apenninen-Halbinsel und im nördlichen Balkan bis zum Schwarzmeergebiet und zum Kaukasus; in D vom Norddeutschen Tiefland bis in ungefähr 1000 m Höhe in den Nordalpen.

Wissenswert! Die Namen des Baums gehen auf seine lang gestielten Eicheln bzw. den im Vergleich zur Trauben-Eiche früheren Laubaustrieb zurück. In Blattgestalt und Wuchsform entspricht die S. am ehesten dem Bild der urigen, knorrigen und wuchtigen Wotanseiche, die als „Deutsche Eiche" Eingang in mancherlei (fragwürdige) Symbolvorstellungen gefunden hat. Sie kann bis etwa 1000 Jahre alt werden (sehr selten auch noch älter: in Westfalen ist ein Exemplar von etwa 1400 Jahren Alter bekannt), beendet aber schon mit ungefähr 150 Jahren ihr Höhenwachstum.

Auf den Eichenblättern entwickeln sich unter dem Einfluss verschiedener Gliederfüßer häufig charakteristische Gallen, beispielsweise die recht farbintensiven, stark gerbstoffhaltigen Galläpfel, aus denen man früher die Rohstoffe für Schreibtinte gewann. Die Inhaltsstoffe aus der Rinde jüngerer Bäume nutzte man lange Zeit zum Gerben von Leder. Die nahrhaften Eicheln, die botanisch zu den Nussfrüchten zählen, dienten als wichtiges Mastfutter für die Schweine.

Das feste Holz der S., das vor allem zur Möbelherstellung verwendet wird, ist von dem der Trauben-Eiche nicht zu unterscheiden. Mit seinen bis zu 0,4 mm breiten Gefäßen, die man am verarbeiteten Werkstück mit bloßem Auge erkennen kann, gehört es zu den ringporigen Hölzern. Das Wasser wird im Baumstamm nur in den jeweils 3–5 äußeren Zuwachsringen transportiert.

Stiel-Eiche, Sommer-Eiche
unten rechts: Früchte

Trauben-Eiche, Winter-Eiche

Quercus petraea · Familie Buchengewächse

Anders als bei der Stiel-Eiche ist der Stamm gut bis in den oberen Kronenbereich zu verfolgen und die Eicheln sitzen in ungestielten Fruchtbechern.
✲ Apr–Mai

Sommergrün 30–40 m hoch, mit großer, gewölbter, oft etwas unregelmäßiger Krone auf geradem, ziemlich langschäftigem Stamm; Rinde zunächst glatt und kahl, mittelgrau bis braungrau, später an stärkeren Ästen und am Stamm mit dicker Borke, die mit einem dichten, regelmäßigen Netzwerk aus Leisten und Rippen überzogen ist. **Blätter** wechselständig, bis zu 2,5 cm lang gestielt, Spreite 8–12 cm lang und bis zu 5 cm breit, im Umriss verkehrt eiförmig, an der Basis keilförmig verschmälert, vorn rundlich, ziemlich regelmäßig und fast symmetrisch jederseits mit 5–9 rundlichen Lappen und Buchten; oberseits matt dunkelgrün, unterseits heller, kahl. **Blüten** einhäusig verteilt, zusammen mit dem Laub erscheinend, jedoch meist etwa 2 Wochen später als bei der Stiel-Eiche; ♂ Kätzchen schlaff an den Zweigenden hängend, beim Stäuben gelblich grün; ♀ Blüten zu 1–5 in sitzenden, d. h. ungestielten Blütenständen. **Früchte** (Eicheln) im Unterschied zu denen der Stiel-Eiche (⇨ S. 478) ohne grünlich braune Längsstreifen; stecken zu etwa einem Viertel bis Drittel in einem sehr kurz oder ungestielten Fruchtbecher; kommen noch im 1. Jahr zur Reife.

Vorkommen Die Wärme und Trockenheit liebende Art kommt vor allem auf lockeren, tief- bis mittelgründigen Stein- und Lehmböden in wintermilden Gebieten vor. Sie bildet Rein- oder Mischbestände in der Hügel- und unteren Gebirgsregion bis in etwa 700 m Höhe, in den S-Alpen bis in 1300 m Höhe. Die T. stellt die Leitart des Eichen-Hainbuchenwalds dar. Von N-Spanien bis zu den Britischen Inseln und S-Skandinavien, auf der Apenninen-Halbinsel sowie auf dem Balkan bis Bulgarien, in M.-EU überall häufig; wird auch oft als Parkbaum oder forstlich angepflanzt.

Wissenswert! Die beiden heimischen Eichenarten, die T. und die Stiel-Eiche, sind sehr nahe miteinander verwandt und bilden im gemeinsamen Verbreitungsgebiet fruchtbare Bastarde, die in ihren Merkmalen zwischen den Elternarten stehen. Diese Übergangsformen waren der Grund, dass Carl von Linné, der „Vater der Pflanzensystematik", im 18. Jh. die beiden Eichen-Arten nicht als zwei getrennte Arten erkannte.

Die T. kann 500–800 Jahre alt werden. Im Freistand ist sie bis zur Stammbasis beastet, im geschlossenen Baumbestand erst in größerer Höhe. Für Schälfurniere sind besonders die langschäftigen, unten unbeasteten Stämme gesucht. Im forstlichen Anbau unterpflanzt man die Bestände der T. daher mit Rot-Buche oder anderen Laubhölzern, die Schatten ertragen.

Das ringporige Holz ist wegen seiner Beständigkeit, Dichte und Festigkeit vor allem für die Herstellung von Möbeln und Weinfässern überaus gefragt. Seine Poren sind so groß, dass man sie im Anschnitt mit bloßem Auge erkennen kann. Es handelt sich um die alljährlich im Frühholz, d. h. in den im Frühjahr gebildeten Holzschichten, angelegten Wasserleitbahnen (Tracheen).

Trauben-Eiche, Winter-Eiche
unten rechts: Früchte

Zerr-Eiche

Quercus cerris · Familie Buchengewächse

Unverwechselbarer Baum dank des dicht mit bis zu 1 cm langen, spitzen Schuppen besetzten Fruchtbechers, in dem eine Eichel sitzt. ✿ Apr

Sommergrün, bis zu 35 m hoch, mit anfangs breit pyramidaler, später gewölbter und etwas unregelmäßiger Krone auf langschäftigem Stamm; Rinde auch an jüngeren Bäumen gefurcht, später zunehmend plattig zerrissen. **Blätter** wechselständig, gestielt, Spreite 8–12 cm lang und 5–8 cm breit, im Umriss länglich elliptisch, mit ungleich großen und tiefen Buchten gelappt; nach dem Austrieb rauhaarig, später kahl, fühlen sich jedoch immer rau an; oberseits dunkelgrün, unterseits graugrün; bleiben im Herbst nach dem Umfärben bis zum nachfolgenden Frühsommer an den Zweigen. **Blüten** einhäusig verteilt; ♂ Kätzchen schlaff herabhängend, bis zu 8 cm lang, beim Stäuben gelblich; ♀ Blüten zu 1–4 mit sehr kurzem Stiel an den Zweigenden stehend. **Früchte** (Eicheln) reifen erst im 2. Jahr nach der Blüte.

Vorkommen Nährstoffreiche Böden vom Tiefland bis in mittlere Gebirgslagen um 800 m Höhe. Bildet Rein- oder Mischbestände mit anderen Eichenarten in S-EU von Frankreich südlich des Alpenrands bis nach Kleinasien, fehlt auf der Iberischen Halbinsel, auf Korsika und Sardinien; in D im Kaiserstuhlgebiet (Oberrhein) eingebürgert; außerhalb des natürlichen Verbreitungsgebiets gelegentlich forstlich angebaut oder als Parkgehölz gepflanzt.

Wissenswert! Ein besonders kennzeichnendes Merkmal dieser Art sind die fadenförmigen Knospenschuppen, die bis zum nächsten Laubaustrieb bestehen bleiben. Das harte, feste Holz der Z. wird im Gegensatz zu dem der Stiel- und Trauben-Eiche nur selten zur Möbelherstellung verwendet, da es sich vergleichsweise schlecht bearbeiten lässt und außerdem beim Trocknen stärker schwindet. Im Verbreitungsgebiet des Baums fertigte man aus dem Holz Eisenbahnschwellen oder Werkzeugteile für die Landwirtschaft.

Ähnlich **Ungarische Eiche** *Quercus frainetto*, bis zu 25 m hoch, Blätter verkehrt eiförmig, an der Basis geöhrt, jederseits mit 6–10 ungleich großen Blattlappen, davon die größten ihrerseits lappig bis gezähnt, oberseits dunkelgrün, unterseits graugrün mit einzelnen Sternhaaren; Eicheln bis zur Hälfte im Fruchtbecher; SO-EU, stellenweise forstlich angebaut, häufiges, dekoratives Parkgehölz.

Blätter bis 20 cm lang

Flaum-Eiche *Quercus pubescens*, bis zu 20 m hoch, oft jedoch mehrstämmig und strauchartig mit unregelmäßiger, offener Krone; Blätter wechselständig, unregelmäßig gebuchtet, nach dem Austrieb beidseitig weich behaart, später auf der Oberseite verkahlend; von Frankreich über Italien und den Balkan bis Kleinasien an warmen, trockenen Standorten; in D im Ober- und Mittelrheingebiet sowie im Saaletal.

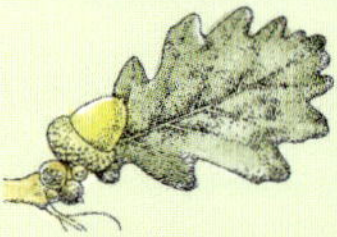

Blätter 6–12 cm lang

Pyrenäen-Eiche *Quercus pyrenaica*, bis zu 20 m hoch, im Aussehen der Zerr-Eiche sehr ähnlich, jedoch ohne fädige Anhängsel an den Knospenschuppen; Blätter unterschiedlich tief gelappt, am Grund keilförmig oder leicht geöhrt, oberseits dunkel- bis graugrün, unterseits mit gelblichem Filz aus Sternhaaren, treiben erst Anfang VI aus; Bergwälder in SW-EU, in M.-EU in Parkanlagen.

Blätter 8–20 cm lang

Zerr-Eiche
unten links: unreife Früchte, unten rechts: reife Frucht

Rot-Eiche

Quercus rubra · Familie Buchengewächse

Im Herbst fällt dieser Baum durch die leuchtend rote Blattfärbung und die rundlich dicken, in flachen Fruchtbechern sitzenden Eicheln besonders auf. ✿ Mai

Sommergrün, bis zu 5 m hoch. **Blätter** gestielt, 10–25 cm lang, vorn spitz, jederseits mit 3–5 spitzzipfeligen Lappen, oberseits matt dunkelgrün, unterseits blassgrün mit braunen Haarbüscheln.

Vorkommen Wälder der Hügel- und Bergregion. Östliches N-Amerika von Neuschottland bis Texas; in EU vielfach als Forstgehölz oder Parkbaum.

Wissenswert! Wie fast alle nordamerikanischen Eichenarten färbt sich die R. im Herbst prächtig karmin- oder zinnoberrot um.

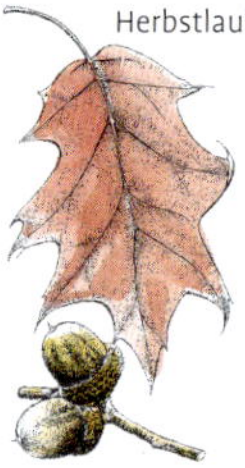

Herbstlaub

Ähnlich **Scharlach-Eiche** *Quercus coccinea*, Blätter gelappt mit breiten Buchten, bis zu 15 cm lang, unterseits mit braunen Haarbüscheln, im Herbst intensiv rot; östliches N-Amerika; in EU Parkbaum.

Herbstlaub

Sumpf-Eiche *Quercus palustris*, Blätter 8–15 cm lang, auf jeder Seite mit 2–4 breiten, 3-zipfeligen Lappen, oberseits glänzend dunkelgrün, unterseits mit grauen Haarbüscheln, im Herbst rötlich; Eicheln zu 1–2 im Becher, östliches u. mittleres N-Amerika; in EU Parkbaum.

Stein-Eiche

Quercus ilex · Familie Buchengewächse

Die ledrigen, dunkelgrünen Blätter bleiben bis zu 3 Jahren an den Zweigen dieses immergrünen Baumes, dessen Früchte geröstet essbar sind. ✿ Apr–Mai

Bis zu 25 m hoch, mit dichter, breiter Krone auf meist kurzem Stamm; Rinde schwärzlich, kantig gefeldert. **Blätter** wechselständig, gestielt, 4–10 cm lang und bis zu 5 cm breit, im Umriss länglich oval, an der Basis gerundet, vorn spitz, oberseits anfangs filzig, später kahl, unterseits graufilzig. **Blüten** einhäusig verteilt; ♂ Kätzchen gelblich grün, schlaff herabhängend; ♀ Blüten zu 1–3 beieinander, klein, unscheinbar.

Blätter vielfach ganzrandig mit leicht gewellten Rändern

Vorkommen Humusreiche, tiefgründige, meist auch kalkhaltige Lockerböden. Westliches Mittelmeergebiet, N- und W-Afrika, von der Ebene bis ins Gebirge (in S-Spanien bis 1100 m, im Atlas bis über 2200 m), Leitart des immergrünen Steineichenwalds; in D in wintermilden Gebieten (beispielsweise Rheinland) gelegentlich dekorativer Parkbaum.

Wissenswert! Die Steineichenwälder des Mittelmeergebiets wurden schon in der Antike durch Übernutzung verwüstet. Dort wächst nun die strauchreiche Macchie. Das dichte, schwere Holz der S. verwendete man früher als Konstruktionsholz.

Rot-Eiche Herbstfärbung

Stein-Eiche
oben rechts: unreife Früchte, unten rechts: reife Früchte

Kork-Eiche

Quercus suber · Familie Buchengewächse

Die sehr dicke, gefurchte Korkrinde umgibt den meist krummen Stamm mit breit gewölbter Krone. ✿ Apr–Mai

Immergrün, bis zu 15 m hoch. **Blätter** gestielt, 4–7 cm lang, elliptisch bis oval, ganzrandig und seicht gebuchtet bis gewellt oder dornig gezähnt, oberseits glatt und dunkelgrün, unterseits grauweiß filzig, ledrig. **Blüten** einhäusig verteilt; ♂ Kätzchen bis zu 4 cm lang, hellgelb in dichten Büscheln; ♀ Kätzchen kurz, aufrecht, unscheinbar. Früchte (Eicheln) bis über die Hälfte im Fruchtbecher.

Vorkommen Auf steinigen, trockenen, mäßig nährstoffreichen Böden, warmes Klima. Westliches Mittelmeergebiet. Zur Korkgewinnung auch außerhalb des ursprünglichen Verbreitungsgebiets angepflanzt.

Wissenswert! Zur Gewinnung des Werkstoffs Kork werden die natürlichen Bestände der K. ausgelichtet und in einem halbnatürlichen Zustand belassen, wobei sich artenreiche Lebensräume entwickeln. Das erste Abschälen der etwa 5–8 cm dicken Korkschicht (kl. Foto unten), die sich außerhalb der eigentlichen Rinde entwickelt, erfolgt an etwa 20-jährigen Bäumen, danach erneut alle 6–12 Jahre. Korkgewebe ist keine Sonderbildung der K., bei dieser jedoch sehr stark ausgeprägt. Die Zellwände der Korkzellen sind durch Suberin so imprägniert, dass sie kein Wasser durchlassen.

Tulpenbaum

Liriodendron tulipifera · Familie Magnoliengewächse

Die nach dem Laub erscheinenden Blüten, die an Tulpen erinnern, und die fast viereckigen, lang gestielten Blätter sind unverwechselbar. ✿ Apr–Mai

Sommergrün, bis zu 40 m hoch, mit breiter, dichter Krone; Rinde grau bis bräunlich, an älteren Exemplaren borkig mit regelmäßigem Netzmuster. **Blätter** wechselständig, 10–20 cm lang, in 4 Lappen geteilt; oberseits frischgrün, unterseits etwas heller, kahl, im Herbst prächtig goldgelb oder orangerot. **Blüten** 4–5 cm groß, außen an Basis und Spitze bläulich grün, dazwischen hellgelb, innen am Grund mit kräftig orangegelbem Farbmal. **Frucht**stände hellbraun, zapfenartig.

Vorkommen Auf feuchten, aber wasserdurchlässigen, mittel- bis tiefgründigen und nährstoffreichen Böden an Berghängen. Ursprünglich im östlichen N-Amerika von den Neuenglandstaaten bis N-Florida, von der Ebene bis ins Gebirge, in den Appalachen bis in 1200 m Höhe. In EU häufig in Parks oder großen Gärten angepflanzt.

Wissenswert! Die Blüten erinnern an eine gelbe Tulpe. Wie bei dieser ist die Blütenhülle nicht in Kelch- und Kronblätter gegliedert, sondern besteht aus 6 gleichartigen Hüllblättern. Die Blütenteile sind jedoch nicht in einzelnen Kreisen angeordnet, sondern bilden an der Blütenachse Spiralen – eine Anordnung, die als entwicklungsgeschichtlich sehr ursprüngliches Merkmal gilt.

Kork-Eiche

Tulpenbaum
links: in der Herbstfärbung

Gewöhnliche Platane

Platanus × hispanica · Familie Platanengewächse

Die zunächst einheitlich grau- oder hellbraune Rinde löst sich in handgroßen, dünnen, plattigen Stücken ab, die gelbe Flecken hinterlassen. ✩ Mai

Sommergrün, bis zu 30, selten auch 40 m hoch, mit breiter, hoher, gewölbter Krone auf dickem, geradem Stamm; Triebe blassgrün bis bräunlich, filzig behaart. **Blätter** wechselständig (Unterschied zu ähnlich belaubten Ahornarten mit gegenständigen Blättern), lang gestielt, 15–20 cm lang und bis zu 25 cm breit, handförmig 3- bis 5-lappig, die vorderen Lappen breit dreieckig, mit ungleich großen, spitzen Zähnen, im Umriss einem Spitz-Ahorn (⇨ S. 332) ähnlich, fest und beinahe ledrig, oberseits dunkelgrün, unterseits zumindest auf den Hauptnerven und in den Nervenwinkeln

weißlich behaart, fallen im Herbst ohne besondere Verfärbung ab. **Blüten** einhäusig verteilt, mit dem Laub erscheinend, unscheinbar, jedoch zahlreich in je 2 kugeligen, meist lang gestielten, hängenden Teilständen; zur **Frucht**zeit 3–4 cm dick und 15–20 cm lang gestielt, bleiben lange am Zweig.

Vorkommen Bevorzugt mittel- bis tiefgründige, wechselfeuchte Böden. In M.-EU überall häufig in Parks und an Straßen angepflanzt.

Wissenswert! Dieser auch Ahornblättrige P. genannte Baum wird heute mehrheitlich als Kreuzung aus der Morgenländischen und der Abendländischen Platane oder einer Kulturvarietät einer dieser beiden Arten angesehen. Für die Hybridnatur spricht, dass die Blüten- bzw. -fruchtstandkugeln überwiegend paarweise angelegt werden, während es bei den mutmaßlichen Elternarten jeweils nur 1 bzw. 3 Kugeln sind.

Im Stadtklima erweist sich die H. als wüchsig und stabil. Hier ist sie mit ihrem großflächigen, dichten Laub als sommerlicher Schattenspender sehr beliebt. Regional erzieht man die Krone durch Stutzen der Äste zu ähnlich flachen Schirmen, wie z. B. bei Linden. Das austreibende Laub wird gelegentlich von einem Pilz infiziert und vertrocknet dann fahlbraun. Die aus Reserveknospen austreibenden Ersatzblätter entfalten sich normal.

Ähnlich **Morgenländische Platane** *Platanus orientalis*, Rinde löst sich in größeren Platten ab, Blätter tief 5- bis 7-lappig, bis über die Spreitenmitte eingeschnitten, Blüten- und Fruchtkugeln meist zu dreien; Herkunft Türkei und Balkan, in S-EU häufig als Schattenbaum gepflanzt, nördlich der Alpen nur selten in größeren Parks.

Abendländische Platane *Platanus occidentalis*, Stamm gabelt sich meist schon in geringer Höhe in mehrere starke Äste, Rinde löst sich in kleinen Schuppen ab, Blätter breit 3-lappig mit flachen Buchten, Mittellappen stets breiter als lang, glattrandig, Blüten- und Fruchtkugeln meist einzeln; auf Feuchtböden an Fluss- und Seeufern im zentralen und westlichen N-Amerika; in EU gelegentlich in Parks angepflanzt.

Gewöhnliche Platane

Feigenbaum

Ficus carica · Familie Maulbeergewächse

Die Feigen, bei deren Ernte ein Milchsaft austritt, sitzen an kurzen Stielen in den Achseln der handförmig gelappten Blätter. ✩ Mär–Jul

Sommergrün, bis zu 10 m hoher Baum oder Strauch, mit offener Krone auf kurzem, knorrigem, gedreht wachsendem Stamm; Rinde anfangs glatt hell graubraun, später zunehmend braun und rissig. **Blätter** wechselständig, 5–8 cm lang gestielt, Spreite 20–30 cm lang und fast ebenso breit, ledrig, 3- bis 5-lappig, nach vorn verbreitert, undeutlich gezähnt, oberseits rauhaarig, unterseits blasser und nur auf den Hauptnerven weißlich behaart. **Blüten** sehr klein, im Inneren eines krugförmigen, grünlichen Blütenstands mit schmaler Öffnung für die Bestäuber. **Früchte** (Feigen) grün, violett oder schwarz, stellen fleischig verdickte Blütenstandsachsen dar.

Vorkommen Steinige, trockene, sommerwarme Böden in Gebüschen an Felshängen. Stammt aus SW-Asien, schon seit dem Altertum im Mittelmeerraum kultiviert, heute weltweit verbreitet, auch in D in wintermilden Gebieten angepflanzt.

Wissenswert! Während die Wildform der Feige einhäusig ist, treten Kulturformen meist zweihäusig auf. Eine Form der Kulturfeige, die so genannte Holz- oder Bocksfeige, liefert keine genießbaren Früchte, sondern nur die erforderlichen Pollen. Diese werden ausschließlich von einer kleinen Gallwespe in die weiblichen Blütenstände der Hausfeige übertragen. Heute gibt es allerdings auch Feigenrassen, die ganz ohne Bestäubung essbare Feigen hervorbringen.

Amberbaum

Liquidambar styraciflua · Familie Zaubernussgewächse

Die ahornähnlichen Blätter sind wechselständig, duften sehr angenehm und färben sich im Herbst karminrot. ✩ Mai

Sommergrün, bis zu 25 m hoch; gerader Stamm, zunächst kegelförmige, später dann eiförmige Krone mit relativ waagerechten Ästen, Zweige auffällig mit unregelmäßigen Korkleisten besetzt. **Blätter** wechselständig, lang gestielt, 10–15 cm lang, meist mit 5 länglichen Lappen, sternförmig, oberseits glänzend dunkelgrün, sehr dekorativer Herbstaspekt. **Blüten** unscheinbar grünlich (♂) oder gelblich (♀), in kugeligen Köpfchen. Kapsel**früchte** in 2–3 cm dicken, stacheligen, verholzten Kugeln.

Vorkommen Wechselfeuchte, tiefgründige Auen- und Talböden, sonnige Standorte; häufige Pionierart auf Waldlichtungen. Stammt aus dem südwestlichen N-Amerika; häufig als Park- und Straßenbaum gepflanzt.

Wissenswert! Das schlagfrische Holz enthält unter der Rinde ein angenehm duftendes Harz, aus dem man früher Kaugummi herstellte. Diesem balsamischen, „Styrax" genannten Harz verdankt der Baum auch seinen Namen.

Das feste, helle Holz wird in N-Amerika u. a. im Innenausbau, für Möbel, Kisten und Fässer verwendet. Im Herbst zeigt der A. über einen längeren Zeitraum ein farbenprächtiges Umfärben seiner Blätter von Grün über Gelborange und Tiefrot bis zu einem tiefen Violettbraun.

Junge Bäume sind frostempfindlich. Die Früchte bleiben oft als Wintersteher den ganzen Winter über am Baum.

Feigenbaum
rechts: Früchte

Amberbaum

Echte Weinrebe

Vitis vinifera · Familie Weinrebengewächse

Sommergrüner, mit Hilfe langer, verzweigter Ranken (= umgebildeter Blütenstände) kletternder Strauch; Ranken oder Blütenstände fehlen an jedem 3. Sprossknoten. ✩ Jun

Wuchshöhe 10–20 m. **Blätter** lang gestielt, im Umriss rundlich bis herzförmig, 3- bis 5-lappig, scharf gezähnt, oberseits kahl, unterseits dicklich behaart, im Herbst je nach Sorte goldgelb oder intensiv rot. **Blüten** unscheinbar, grünlich gelb, schwach duftend, zahlreich in aufrechten oder bogig abstehenden Rispen (von Winzern Gescheine genannt) an der Basis jüngerer Triebe, Kelch- und Kronblätter sehr frühzeitig abfallend; Blüten der Wildform eingeschlechtig (zweihäusig verteilt), bei Kulturreben überwiegend zwittrig. **Früchte** kugelige bis längliche Beeren, bei der Wildform nur ungefähr erbsengroß und schwärzlich blau, von saurem Geschmack, bei den Kulturreben sortenabhängig gelbgrün, rotbraun oder blauviolett; Fruchtreife ab Sep.

Vorkommen Wildform eine auch im Halbschatten gedeihende Liane in strukturreichen Auenwäldern, auf tiefgründigen, basenreichen Lehm- und Tonböden. SO- und südliches M.-EU, vor allem Mittelmeergebiet, in D als Wildpflanze sehr selten, nur im Oberrheingebiet und an der Donau; ansonsten in zahlreichen Kultursorten angebaut. Für die heimische Wildform gilt: **RL**

Wissenswert! Die häufig auch als eigene Art aufgefasste und dann als *V. sylvestris* bezeichnete Wildform ist heute nördlich der Alpen extrem selten geworden, weil ihre natürlichen Standorte verschwunden sind und die im 19. Jh. von N-Amerika eingeschleppten Schädlinge (Mehltau-Pilze, Reblaus) auch die wild vorkommenden Restpopulationen beeinträchtigten. Schon die Menschen der Jungsteinzeit sammelten und verwerteten die Beeren, wie Traubenkernfunde in entsprechenden Siedlungshorizonten selbst im nördlichen

M.-EU beweisen. Die heimische Rebe ist eine der wichtigsten Stammarten im heutigen komplexen Sortenbild der Kulturreben, die in veredelter Form schon seit der frühen Vorantike angebaut werden, beispielsweise in Kleinasien. Im Vergleich zur Wildrebe entwickeln die Kulturreben, die meist als Unterarten aufgefasst werden, dickere Zweige, stärker behaarte Blätter und vor allem größere, saftreichere Beeren in vielen Farbnuancen. In den heutigen Weinbaulandschaften hat fast jedes Anbaugebiet seine bewährten Leitreben, in D etwa Riesling, Sylvaner, Müller-Thurgau, Gutedel, Trollinger, Portugieser oder Spätburgunder.

Verwandt **Fuchs-Weinrebe** *Vitis labrusca*, Triebe auffallend flockig behaart, Blattranken bzw. Blütenstände ohne Unterbrechung an aufeinander folgenden Sprossknoten, Blätter im Umriss rundlich, bis zu 16 cm breit, undeutlich 3- bis 5-lappig bis 3-zipfelig, fein gezähnt, an der Basis mit enger Stielbucht, oberseits matt dunkelgrün, unterseits zunächst grau-, zuletzt braunfilzig; Früchte dunkelviolett, bei Kulturformen auch grünlich. Als Kreuzungspartner wichtige Wildrebe aus dem östlichen N-Amerika, in Sorten weltweit verbreitet, auch in EU gelegentlich angepflanzt.

Echte Weinrebe

Dreispitzige Jungfernrebe

Parthenocissus tricuspidata · Familie Weinrebengewächse

Sommergrüner Kletterstrauch, der an senkrechten Mauern oder Wänden sehr hochreicht; Ranken nur 2–3 cm lang, mit Haftscheiben. ✿ Jul–Aug

Über 20 m hoch. **Blätter** lang gestielt, 10–20 cm lang, entweder ungeteilt und breit eiförmig, vorn 3-lappig mit spitz zulaufenden, grob gezähnten Lappen oder 3-zählig mit kurz gestielten Fiedern, wovon die beiden seitlichen schief oval sind, die mittlere einen verkehrt-eiförmigen Umriss aufweist; Spreiten oberseits glänzend, kahl, unterseits mattgrün und lediglich auf den Blattnerven ein wenig behaart, im Austrieb zunächst bronzefarben bis rötlich grün, im Herbst dann prächtig orangegelb bis intensiv scharlachrot gefärbt. **Blüten** klein, unscheinbar, in Schirmrispen end- oder achselständig an wenigblättrigen Kurztrieben, grünlich getönt. **Früchte** blauschwarze Beerenfrüchte, bis zu 8 mm dick, bläulich bereift, ungenießbar; Fruchtreife ab Okt.

Vorkommen Auengebüsche, flussbegleitende Gehölze, feuchte Bergmischwälder. Heimisch in O-Asien (Japan, China, Korea); häufig in Sorten zur Fassadenbegrünung gepflanzt, gedeiht auch in Großstädten.

Wissenswert! Bei den aus ausgesäten Beeren heranwachsenden Pflanzen sind nur die auf die Keimblätter folgenden Primärblätter 3-zählig gefingert, während alle Folgeblätter gelappt oder (sortenabhängig) ungelappt sind. Obwohl die Pflanzen im Siedlungsraum reichlich fruchten und die Früchte v. a. von Singvögeln verzehrt werden, kommt es nur relativ selten zur Verwilderung oder gar Einbürgerung dieser Art.

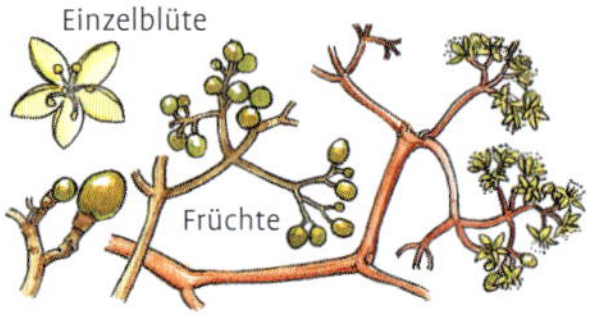

Gewöhnliche Jungfernrebe

Parthenocissus inserta · Familie Weinrebengewächse

Sommergrüner Kletterstrauch; Ranken mit je 2–5 dünnen, windenden Seitenzweigen, ohne oder mit sehr schwach entwickelten Haftscheiben. ✿ Jun–Jul

Nur 6–10 m hoch; Verzweigungsenden verkrallen sich in feine Unebenheitender Wuchsunterlage oder schwellen darin geringfügig an, wodurch eine belastbare Verbindung hergestellt wird. **Blätter** wechselständig, 5-zählig fingerförmig gefiedert, Fiedern sehr kurz oder undeutlich gestielt, bis zu 10 cm lang, elliptisch, lang zugespitzt, an der Basis keilförmig, grob kerbig gesägt, kahl, beidseits glänzend, oberseits stumpfgrün, unterseits bläulich, im Herbst leuchtend karminrot. **Blüten** unscheinbar grünlich. Beeren**früchte** erbsengroß, blauschwarz, bereift, wegen Oxalsäure ungenießbar und leicht giftig; Fruchtreife Okt. Wichtige Vogelnahrung.

Vorkommen In Schleiergesellschaften an Waldsäumen, Flussufern und Bahndämmen, ferner an Mauern und in Ruinengelände, gern auf wenig verfestigten, lehmig-tonigen und relativ nährstoffreichen Böden. Stammt aus dem westlichen N-Amerika; als Zierpflanze verwendet und in Auen verwildert, stellenweise eingebürgert.

Ähnlich **Selbstkletternde Jungfernrebe** *P. quinquefolia*, im östl. N-Amerika beheimatete Kleinart, häufig in verschiedenen Varietäten als deckender Fassadenkletterer angepflanzt; Verzweigungen der Blattranken 5–12, regelmäßig 2-zeilig angeordnet, mit gut entwickelten Haftscheiben; Blätter oberseits etwas rau, unterseits mattgrün. Gelegentlich wird mit der oft nur schwer unterscheidbaren obigen Art zur Sammelart **Fünfblättrige J.** (*P. quinquefolia* i. w. S.) zusammengefasst.

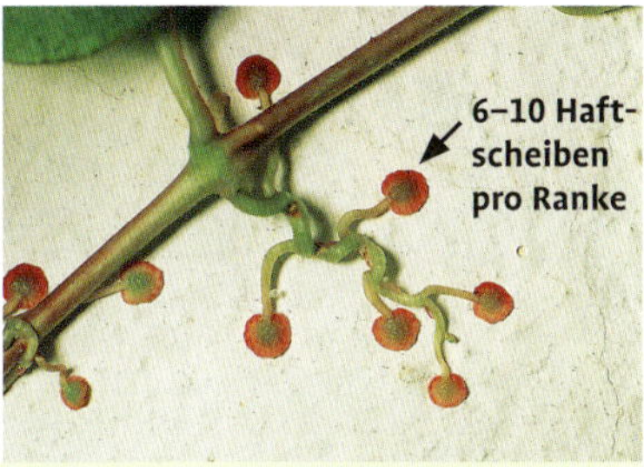

Dreispitzige Jungfernrebe
unten rechts: Ranke

Gewöhnliche Jungfernrebe
oben rechts: Ranken, unten rechts: Früchte

Elsbeere

Sorbus torminalis · Familie Rosengewächse

Die ahornartig in 6–10 breite Lappen geteilten, festen Blätter verfärben sich im Herbst leuchtend gelb oder tiefrot. ✩ Mai–Jun

Sommergrün, bis zu 20 m hoher Baum oder Strauch; Krone breit und locker; Rinde dunkelgrau, zunächst glatt, später borkig, klein geschuppt und gefeldert. **Blätter** wechselständig, lang gestielt, breit oval, gelappt, unregelmäßig gezähnt; oberseits glänzend dunkelgrün, unterseits fein behaart, später gänzlich kahl. **Blüten** bis zu 1,5 cm breit, cremeweiß, zahlreich in flachen Schirmrispen. Apfel**früchte** bis zu 1,5 cm dick, länglich kugelig, hell bräunlich rot, mit helleren oder dunkleren Korkwarzen gepunktet.

Vorkommen Auf sommerwarmen, trockenen, flachgründigen Böden in Felsgebüschen und lichten Eichenbeständen. Von NW-Afrika und W-EU bis zum Kaukasus, fehlt im nördlichen EU; in D nur in Weinbaugebieten; gelegentlich als Ziergehölz oder Straßenbaum angepflanzt.

Wissenswert! Die E. ist innerhalb der arten- und formenreichen Gattung *Sorbus* eine der wenigen Arten, die im Gegensatz zur Mehlbeere nicht zur Bastardierung neigt.

Die wenig auffälligen Früchte der E. sind essbar. Früher verwendete man sie ähnlich wie die der Mehlbeere in gemahlener Form als Brotzusatz. Außerdem dienten sie in der Volksmedizin wegen ihres Gerbstoffgehalts als Heilmittel bei Darmerkrankungen. Aus dem festen, dichten Holz des Baums fertigte man früher unter anderem Flöten und wissenschaftliche Instrumente.

Nicht zuletzt wegen seines prächtigen, leuchtend gelben bis tiefroten Herbstlaubs verdient dieses dekorative, bislang aber wenig verwendete Gehölz im Garten- und Landschaftsbau mehr Beachtung.

Schwedische Mehlbeere

Sorbus intermedia · Familie Rosengewächse

Sommergrüner, mittelgroßer Baum mit geradem, kurzem Stamm und rundlicher, gleichmäßiger Krone. ✩ Mai–Jun

Bis etwa 15 m hoch; Knospen grünlich bis bräunlich, klebrig, Triebe matt graurosa, filzig behaart. **Blätter** 5–9 cm lang, oberseits glänzend grün, unterseits graufilzig, breit oval, auffällig gelappt mit 3–7 Lappen an jeder Seite, Randlappen unregelmäßig, aber fein gezähnt, Spreite unterhalb der Mitte fast fiederspaltig, Nervenpaar 7–9. **Blüten** weiß, etwa 1,3 cm breit, zahlreich in 8–10 cm breiten Schirmrispen, Kronblätter kreisrund, Staubblätter hellrosa, Griffel meist 2. Apfel**früchte** klein, um 1 cm dick, länglich kugelig, scharlachrot, gelbfleischig, Fruchtreife ab Aug.

Vorkommen Wälder, Gebüsche, Flurgehölze. Ursprünglich nur in S-Schweden, Dänemark, S-Finnland und den Baltischen Staaten. Sehr häufig als Park- und Straßenbaum gepflanzt, da sie sich gerade an Verkehrswegen als besonders robust erwies. An vielen Stellen verwildert und eingebürgert.

Wissenswert! Die Vertreter der Gattung *Sorbus* gelten als sehr bastardierungsfreudig. Auch für die vorliegende Form nimmt man eine Kreuzung an, an der zumindest die Eberesche (*S. aucuparia*) und die Gewöhnliche Mehlbeere (*S. aria*) beteiligt sind. Manche Autoren nehmen die Einkreuzung auch der Elsbeere (*S. torminalis*) an. Da die Schwedische Mehlbeere alle Chromosomen ihrer beiden erstgenannten Elternarten (34 + 34) übernommen hat und somit 68 Chromosomen (statt normal 34) aufweist, ist sie allotetraploid. Wegen der mutmaßlich beteiligten dritten Elternart stellt sie daher das seltene Beispiel eines tetraploiden Tripelbastards dar. Obwohl sie keinen fertilen Pollen ausbildet, entwickelt sie auch ohne Bestäubung und Befruchtung keimfähige Früchte. Dieses Verfahren nennt man apomiktische Vermehrung.

Elsbeere
rechts: Früchte

Schwedische Mehlbeere

Stechpalme, Hülse

Ilex aquifolium · Familie Stechpalmengewächse

Immergrüner, stachellaubiger, stark verzweigter, dichtlaubiger Strauch, seltener auch Baum; Triebe grün, kahl, längs geriefт. ✮ Mai–Jun

1–5 m hoch, als Baum bis zu 10 m; Rinde an Ästen und Stämmen glatt, grau. **Blätter** wechselständig, gestielt, 5–9 cm lang, ledrig derb, länglich oval, beidseits mit 5 oder mehr langen, dornigen Stachelspitzen, dazwischen seicht oder tief gebuchtet (bei alten Pflanzen Wellung und Wehrhaftigkeit oft abnehmend), spitz, am Grund abgerundet, oberseits glänzend dunkelgrün, Unterseite matt hellgrün. **Blüten** zweihäusig, 4-zählig, unauffällig, mit weißer, mitunter auch rötlich überlaufener Krone. Stein**früchte** erbsengroß, kugelig, scharlachrot, mehrsamig, giftig; Fruchtreife ab Okt.

Vorkommen Lichte Laubwälder und Gebüsche. Atlantisches W-EU, westl. und zentrales Mittelmeergebiet, N-Afrika, Vorderasien; in D im Mittelgebirgsgürtel v. a. westl. des Rheins, im nördl. Tiefland und Alpenvorland auch weiter östlich. Häufig in Sorten mit abweichender Blattform als Ziergehölz in Parks und Gärten angepflanzt. **RL**

Wissenswert! Die Stechpalme ist das einzige heimische immergrüne Laubgehölz. Die Baumform entwickelt sich meist nur im Freistand. Die Blüten liefern Nektar für Hautflügler, die Früchte werden von Drosseln verzehrt. Trotz seiner Wehrhaftigkeit wird das feste Laub v. a. im Winter oft vom Wild verbissen. Das dichte, schwere, gut polierfähige Holz wurde früher zu Messerfurnieren, Intarsien oder Druckstöcken für Holzschnitte verarbeitet, auch zu Musikinstrumenten oder Spazierstöcken. In der Feintischlerei dient es als Ebenholzersatz, da es dunkle Lacke sehr gut annimmt.

Efeu

Hedera helix · Familie Araliengewächse

Immergrüner, kriechender oder mit Haftwurzeln kletternder Strauch; Blüten sehr zahlreich; die mattschwarzen Früchte sind giftig. ✮ Sep–Okt

Wuchshöhe bis etwa 20 m; Triebe mit 4- bis 12-strahligen Sternhaaren; oft mit deutlichem Hauptstamm, sonst buschig mit überhängenden Zweigen. **Blätter** von zweierlei Gestalt; an nicht blühenden Trieben 3- bis 5-lappig, am Grund herzförmig, oberseits glänzend dunkelgrün mit weißlichem Adernetz, an blühenden Trieben rautenförmig bis elliptisch, am Grund keilförmig, glänzend dunkelgrün, im Winter oberseits schwarzgrün, unterseits rötlich. **Blüten** 5-zählig, unscheinbar, zahlreich in gestielten Dolden, Kronen gelblich grün, Nektardrüse ringförmig. **Früchte** kugelige Beeren, vorn abgeplattet, giftig; Fruchtreife im folgenden Frühjahr.

Vorkommen Wälder und Gebüsche, Auengehölze, Steinbrüche und Ruinen, Friedhöfe und Gärten. In W-, M.- und S-EU bis in mittlere Gebirgslagen (etwa 1800 m) weit verbreitet, im Norden nur bis S-Schweden.

Wissenswert! Der Efeu verfügt über zweierlei Wurzeln: Das übliche Wurzelwerk besorgt die mineralische Ernährung und Wasseraufnahme aus dem Boden, während die Kletterwurzeln sprossbürtige Sonderentwicklungen darstellen. Der ungewöhnlich späte Blühtermin sichert den Insekten auch im Herbst eine ergiebige Tracht. Die für Menschen giftigen Früchte werden gern von Singvögeln verzehrt. Der Efeu kann ein Alter von über 400 Jahren erreichen.

Stechpalme, Hülse

Efeu
links: Schattenblätter, oben rechts: Blüten, unten rechts: reife Früchte

Gewöhnliche Waldrebe

Clematis vitalba · Familie Hahnenfußgewächse

Sommergrüner, dicht verzweigter Kletterstrauch (Liane) mit biegsamen, linkswindenden Zweigen, bildet dichte, lang herabhängende Schleier. ✩ Jun–Sep

Klettert über 10 m hoch; Stämme bis zu 2 cm dick; Rinde hell graubraun, löst sich in langen, schmalen Streifen ab; junge Zweige regelmäßig sechskantig und längsstreifig. **Blätter** bis zu 25 cm lang, gegenständig, lang gestielt, unpaarig gefiedert, die 5–7 Fiederblättchen weit voneinander entfernt, jeweils bis zu 5 cm lang, glattrandig oder gesägt, kahl, auf der Oberseite matt dunkelgrün, unterseits heller getönt. **Blüten** zu mehreren in blattachselständigen, lockeren Rispen, lang gestielt, mit 4 schmalen, cremeweißen, kronblattartigen Hüllblättern. Bei der Reife der **Früchte** (ab Okt) entwickelt sich der Griffel zu einem silbrig weißen, fedrig behaarten Flugorgan, das der Windverbreitung der leichten Nussfrüchte dient.

Vorkommen Häufig an Waldsäumen, Bach- und Flussufern, Feldgebüschen und Bahndämmen. In W- und M.-EU weit verbreitet, vom Tiefland bis in Höhen über 1500 m.

Wissenswert! Die G. W. ist eine der wenigen heimischen Lianen und eine der seltenen Holzpflanzen innerhalb der Hahnenfußgewächse. Ihre gegenständigen Fiederblätter sind eher untypisch für diese Familie. Die silbrigen Fruchtstände sehen besonders im Gegenlicht recht dekorativ aus. Dichte Gebüsche dieser Art bieten Kleinvögeln gute Nist- und Versteckmöglichkeiten.

Alpen-Waldrebe

Clematis alpina · Familie Hahnenfußgewächse

Sommergrüner, linkswindender Kletterstrauch mit nach Lianenart seilförmigen, biegsamen Ästen. Bildet dichte, schleierartige Gebüsche. ✩ Mai–Jun

Klettert nur 2–3 m hoch. **Blätter** lang gestielt, unpaarig gefiedert, einfach bis doppelt 3-zählig; Fiedern kurz gestielt oder sitzend, bis zu 5 cm lang und 2 cm breit, lanzettlich, zugespitzt, am Grund keilförmig, grob gesägt, unterseits wenig behaart; Blattstiele starr und oft rankenförmig um die Wuchsunterlage gekrümmt. **Blüten** auffallend groß, 2–4 cm breit, lang gestielt, hängend, einzeln an Kurztrieben in den Blattachseln der Zweigenden, Blütenhülle mit 4 (selten 5) glockigen oder ausgebreiteten Hüllblättern, hellblau oder violett, selten auch weiß; Griffel reif (ab Sep) fedrig behaart (kleines Foto).

Vorkommen Saure Böden halbschattiger, krautreicher Bergwälder, in Alpenrosen- und Latschengebüschen sowie auf bewachsenen Steinschutthalden mit Hochstauden. In den Alpen und Karpaten bis in ungefähr 2400 m Höhe, selten als so genannter Abschwemmling auch im Alpenvorland; ferner in N-EU (hier nur mit gelblichen bis blassblauen Blütenblättern). **RL**

Wissenswert! Innerhalb der blauen Blütenhülle befinden sich etwa 10 weiße, tütenförmige Nektarblätter, die umgewandelte Staubblätter sind. Die Blüten sind nicht nur eine ergiebige Pollen-, sondern auch eine attraktive Nektarquelle, die von Hautflüglern und Schmetterlingen besucht wird.

Gewöhnliche Waldrebe
reife Früchte

Alpen-Waldrebe

Berg-Waldrebe

Clematis montana · Familie Hahnenfußgewächse

Sommergrüner Kletterstrauch, der dichte, schleierartige Gebüsche bildet und die Unterlage mit seinen zu Ranken umgebildeten Blattstielen umschlingt. ✰ Mai–Jun

Klettert mit dünnen, kahlen Trieben bis etwa 7 m (selten 12 m) hoch. **Blätter** lang gestielt, immer 3-zählig gefiedert, an Kurztrieben auch rosettenartig angeordnet; Fiedern 3–10 cm lang, vorn zugespitzt, an der Basis abgerundet, gesägt, selten ganzrandig, mitunter tief lappig eingeschnitten, beidseitig kahl. **Blüten** bei der Wildform etwa 3–6 cm breit, bei Gartenformen bis zu 8 cm breit, zu 1–5 an vorjährigen Trieben, mit 4 weißen oder rosa überlaufenen, weit auseinander gespreizten, außen spärlich behaarten Hüllblättern. **Früchte** (Nüsschen) kahl, mit kurzem, fedrig behaartem Griffel; Fruchtzeit ab Okt.

Blattranken

Vorkommen Wälder und Gebüsche in den unteren Höhenstufen des Himalaja; in EU ausschließlich in Gartenkultur. In verschiedenen, z. T. sehr reich blühenden und großblumigen Sorten der so genannten Montana-Gruppe als dekorativer Zierstrauch weit verbreitet und häufig angepflanzt.

Wissenswert! Wie bei allen *Clematis*-Arten besteht die auffällige Blütenhülle aus kronblattartigen Kelchblättern – ein Merkmal, das ähnlich auch bei krautigen Vertretern der Hahnenfußgewächse vorkommt. Honigblätter wie bei der Alpen-Waldrebe (⇨ S. 500) fehlen dagegen. Die Büschel hellgelber Staubblätter sind eine ergiebige Pollenquelle für Hautflügler wie Bienen und Hummeln.

Jackman-Waldrebe

Clematis × jackmanii · Fam. Hahnenfußgew.

Sommergrüner Kletterstrauch mit rotbraunen Trieben und sehr großen, auffälligen Blüten. ✰ Jul–Aug

Bis zu 4 m hoch. **Blätter** 3-zählig gefiedert, Fiedern ganzrandig, nur unterseits wenig behaart. **Blüten** etwa 10–12 cm breit, dunkel purpurn bis violett mit 4 (selten auch 6) großen, verkehrt eiförmigen Hüllblättern.

Vorkommen Als dekoratives Ziergehölz häufig angepflanzt. In EU weit verbreitet.

Wissenswert! Die gärtnerisch verwendete Form ist eine Kreuzung aus der ostasiatischen **Wolligen Waldrebe** *C. lanuginosa* und der von S-EU bis Vorderasien beheimateten **Italienischen Waldrebe** *C. viticella*. Die europäische Elternart mit 3–5 cm breiten, purpurrosa bis violetten Blüten wird ebenfalls in Sorten angepflanzt.

Brennende Waldrebe

Clematis flammula · Fam. Hahnenfußgew.

Sommergrüner Kletterstrauch mit biegsamen Trieben und weißen, unauffälligen Blüten in Rispen. ✰ Jul–Sep

Blütenstand

Klettert bis etwa 5 m hoch. **Blätter** meist doppelt gefiedert mit meist 5 Fiedern, bis zu 4 cm lang, die unteren Fiedern schmal lanzettlich, oft 3-zählig oder mehrlappig, an der Basis gerundet, sonst gezähnt, oberseits glänzend, die oberen Fiedern meist einfach. **Blüten** weiß, 2–3 cm breit, zahlreich in großen, bis zu 25 cm breiten Rispen in den oberen Blattachseln.

Vorkommen Wälder, Gebüsche im trocken-warmen Tiefland. Vom Mittelmeerraum bis zentrales Vorderasien; gelegentlich als Ziergehölz, in M.-EU nicht winterfest.

Wissenswert! Die dekorativen Blüten duften intensiv nach Bittermandel, daher wird sie auch Mandel-Waldrebe genannt.

Berg-Waldrebe
links: Wildform, rechts: Gartenform

Jackman-Waldrebe

Brennende Waldrebe

Gewöhnlicher Walnussbaum

Juglans regia · Familie Walnussgewächse

Der stattliche Baum trägt bis zu 40 cm lange Fiederblätter und ab Oktober bis zu 5 cm große, grüne Steinfrüchte, die die Walnüsse enthalten. ✲ Apr–Mai

Sommergrün, bis zu 25 m hoch, mit breiter, gewölbter Krone; Rinde anfangs glatt und grau, später tiefrissig und braungrau. **Blätter** mit 5–9 ledrigen, bis zu 12 cm langen Fiederblättern, die beim Zerreiben nach Terpentin duften. **Blüten** einhäusig verteilt; ♂ Blüten in 3–10 cm langen, gelbgrünen Kätzchen; ♀ Blüten unauffällig, hellgelb, an den Enden jüngerer Zweige. **Vorkommen** Bevorzugt auf tiefgründigen, nährstoffreichen, kalkhaltigen Böden. Ursprünglich nur vom Balkan bis SW-Asien; seit der Römerzeit auch nördlich der Alpen weit verbreitet und oft als Zier- oder Fruchtbaum gepflanzt; heute auch in den USA.

Blatt unpaarig gefiedert, insg. 20–40 cm lang

Wissenswert! Botanisch gesehen ist eine Walnuss keine Nuss, sondern der verholzende Kern einer Steinfrucht mit fleischiger, grüner Schale. Der essbare Teil ist der ölreiche Samen. Das braunrote, dunkel gemaserte Holz wird zu Furnieren verarbeitet. Der Gewöhnliche Walnussbaum wurde einst von den Römern über die Alpen nach M.-EU gebracht.

Ähnlich **Schwarznuss** *Juglans nigra*, Blätter lang, mit 9–17 Fiedern, unterseits flaumig behaart. Heimat östliches N-Amerika; bei uns gelegentlich in Parks angepflanzt.

Kaukasische Flügelnuss

Pterocarya fraxinifolia · Familie Walnussgewächse

Auffallend an diesem malerisch wirkenden Baum sind die bis zu 3 cm breiten Früchte, die an Elefantenohren erinnern. ✲ Apr–Mai

Sommergrün, bis zu 20 m hoch, mit dichter, gewölbter Krone; Stamm kurz, dick, mit kräftigen Hauptästen; oft auch mehrstämmig; Rinde grau, netzartig längsrissig; Winterknospen groß, rost- oder zimtbraun. **Blätter** wechselständig, unpaarig gefiedert (Endfieder fehlt mitunter), 20–45 cm lang, 7–27 Fiedern, jeweils 5–12 cm lang, ungestielt, gezähnt, zugespitzt, oberseits dunkelgrün und kahl, unterseits entlang der Mittelrippe mit Sternhaaren besetzt; im Herbst goldgelb. **Blüten** einhäusig verteilt; Blütenstände mit dem Laub erscheinend; ♂ Kätzchen gelblich, 8–12 cm lang; ♀ Kätzchen bis zu 15 cm lang, grünlich, zur Fruchtzeit auf ca. 50 cm verlängert.

Vorkommen Auf nährstoffreichen Lockerböden in Bergwäldern. Vom Kaukasus bis zum nördl. Iran; in M.-EU in wintermilden Gegenden als Park- oder Straßenbaum gepflanzt, empfindlich gegen Spätfröste.

Wissenswert! Die K. F. ist anhand ihrer Flügelnüsse (Name!), die in großer Zahl an den beträchtlich verlängerten Kätzchenachsen sitzen, unverkennbar. Im Unterschied zu den Steinfrüchten des Walnussbaums stellen ihre Früchte tatsächlich Nüsse dar, da der einzelne Samen von einer gänzlich verholzten Schale umgeben ist.

Gewöhnlicher Walnussbaum
Die grüne Schale platzt noch am Baum.

Kaukasische Flügelnuss

Eberesche, Vogelbeere

Sorbus aucuparia · Familie Rosengewächse

Die kugeligen, bis zu 8 mm dicken Apfelfrüchte locken viele Vögel an und sind trotz ihres leicht bitteren Geschmacks gekocht essbar. ✩ Mai–Jun

15– 20 m hoch, sommergrün; mit unregelmäßiger, überwiegend offener, rundlicher oder ovaler Krone; Rinde zunächst graubraun, später mit prägnantem Leistenmuster aus Korkwarzen (Lentizellen), an alten Bäumen schuppig gefeldert. **Blätter** wechselständig, lang gestielt, unpaarig gefiedert, gesamte Spreite bis zu 20 cm lang und 11 cm breit; 9–17 Fiederblättchen, diese bis zu 6 cm lang und 2 cm breit, nur im unteren Viertel ganzrandig, zur Spitze hin scharf gezähnt, oberseits fast kahl, unterseits dicht behaart oder kahl; Blattspindel zwischen den Fiedern rinnig eingetieft; Laubfärbung im Herbst tief orangefarben bis blutrot. **Blüten** rund 1 cm breit, zahlreich in flachen Schirmrispen beieinander stehend; Kronblätter cremeweiß, zahlreiche Staubblätter; schwach nach Fisch riechend; Nachblüte gelegentlich im Spätsommer. **Früchte** korallenrot.

Vorkommen Auf nährstoffreichen, frischen, sauren bis mäßig basischen Lehm- und Steinböden; lichtliebendes Gehölz. Von N-Spanien bis zum Kaukasus weit verbreitet, fehlt in S-EU; in D vom Tiefland bis in die Alpen, dort bis in etwa 2000 m Höhe; häufig als Ziergehölz in Parks und Gärten oder als Straßenbaum gepflanzt, zur Blütezeit und im Fruchtschmuck gleichermaßen dekorativ.

Wissenswert! Die kleinen, meist mehrsamigen Früchte sind keine echten Beeren, sondern ähnlich wie Äpfel aus Achsengewebe entstanden. Sie erfreuen sich bei Singvögeln großer Beliebtheit, insbesondere bei Drosseln, Staren, Finken und sogar Rotkehlchen. Daher rührt der alte Name Vogelbeere. Doch auch verschiedene Kleinsäuger, wie z. B. Bilche und Eichhörnchen, verzehren die leuchtend roten Früchte gern. Als Wildobst sind sie jedoch nur bedingt geeignet, da sie in der Regel unangenehm schmeckende Gerbstoffe enthalten. Innerhalb der formenreichen Art gibt es jedoch die so genannte **Mährische Eberesche**, eine Sorte, deren Früchte weitgehend gerbstofffrei sind und sich zudem durch einen hohen Vitamingehalt auszeichnen. Diese Form wurde zu Beginn des 19. Jahrhunderts bei Spornau/Mähren von einem Hirten entdeckt. Er beobachtete, dass die Vögel von den Früchten eines bestimmten Baums besonders frühzeitig naschten, und fand beim Kosten, dass diese Beeren im Unterschied zu den meisten anderen Vogelbeeren überhaupt nicht herb schmeckten. Nachzuchten jener Lokalform sind heute überall im Anbau, vor allem in Gebirgslagen, die sich klimatisch für anderen Obstbau nicht eignen.

Vogelbeerbäume werden zumindest im Gebirge bis zu 150 Jahre alt. Das dauerhafte, schwer spaltbare Holz verwendet man heute gern für Schäl- und Messerfurniere in der Möbeltischlerei. Früher diente die Holzkohle daraus zur Herstellung von Sprengpulver.

Von dem wissenschaftlichen Gattungsnamen *Sorbus* leitet sich die Substanzbezeichnung Sorbit bzw. Sorbitol ab, ein zuckerähnlicher Stoff, der in allen Teilen der Pflanze enthalten ist. Man verwendet ihn u. a. zur Kariesvorsorge in Süßwaren.

Eberesche, Vogelbeere
oben rechts: Blüten, unten: Herbstfärbung

Schnurbaum

Sophora japonica · Familie Schmetterlingsblütengewächse

Wie Perlenschnüre hängen die zwischen den Samen deutlich eingeschnürten, sehr giftigen Hülsenfrüchte an den dornenlosen Zweigen. ✿ Aug–Sep

Sommergrün, bis zu 25 m hoch, mit breiter, runder, mitunter mehrteiliger Krone; Rinde dunkel graubraun, später gerunzelt, breit gefurcht. **Blätter** wechselständig, lang gestielt, unpaarig gefiedert, die 7–17 Fiedern oval, ganzrandig; oberseits matt dunkelgrün, unterseits bläulich und fein behaart; treiben erst spät aus, werfen Nebenblätter frühzeitig ab. **Blüten** in bis zu 25 cm langen aufrechten Rispen (Mehrfachtrauben); Einzelblüten mit grünlich weißem Kelch und gelblich weißer Krone. **Früchte** (Hülsen) 5–8 cm lang, springen nicht auf. Giftig.

Blattlänge bis 25 cm

Früchte und Blüten

Vorkommen In Bergwäldern auf lockerem, mäßig nährstoffreichem, wasserdurchlässigem Boden. Ursprünglich SW-Asien; vielfach als dekorativer Straßen- und Parkbaum angepflanzt.

Wissenswert! Wegen seiner Unempfindlichkeit gegen längere sommerliche Trockenheit pflanzt man den S. in Frankreich und England gern in städtischen Alleen an. In D sieht man die auch Pagodenbaum genannte Art meist nur in Parks. In der Traditionellen Chinesischen Medizin werden die Blüten, Rinde und Samen verwendet.

Amerikanisches Gelbholz

Cladrastis lutea · Familie Schmetterlingsblütengewächse

Dieser Baum fällt durch die bis zu 30 cm langen, unpaarig gefiederten Blätter auf, zwischen denen die bis zu 10 cm langen, eingeschnürten Hülsenfrüchte hängen. ✿ Mai–Jun

Sommergrün, bis zu 15 m hoch, mit rundlicher Krone; Rinde glatt, grau. **Blätter** wechselständig, bis zu 30 cm lang, die 7–11 Fiederblättchen kurz gestielt, bis zu 6 cm lang, ganzrandig, versetzt an der Hauptrippe stehend; Herbstfärbung leuchtend gelb. **Blüten** zahlreich in 25–30 cm langen, hängenden Trauben, weiß, seltener rötlich, angenehm duftend.

Vorkommen Auf kalkhaltigem, frischem, tiefgründigem Boden; verträgt Schatten. Ursprünglich nur im östlichen Teil von N-Amerika; in EU zunehmend als Straßen- und Parkbaum angepflanzt.

Wissenswert! Der ausgesprochen dekorative Baum blüht auch in seinem Ursprungsgebiet nur unregelmäßig alle 3–5 Jahre. Aus seinem gelblichen Holz gewinnt man einen Textilfarbstoff.

Ähnlich Mimose oder **Silber-Akazie** *Acacia dealbata* Mimosengewächse, immergrüner, bis zu 12 m hoher Baum mit breiter Krone; Blätter mehrfach gefiedert: 10–12 Paar Fiedern aus 30–40 Paar 3–4 mm lange Fiederchen, bläulich grün; Einzelblüten klein, hellgelb, zahlreich in großen Rispen; ursprünglich SW-Australien und Tasmanien, im Mittelmeergebiet häufiges Ziergehölz.

Schnurbaum
links: blühend, rechts: Früchte

Amerikanisches Gelbholz

Robinie

Robinia pseudoacacia · Familie Schmetterlingsblütengewächse

Die reinweißen Schmetterlingsblüten mit dem gelblichen Kelch bilden auffallend weiße, bis zu 15 cm lange Trauben, aus denen sich lange Hülsenfrüchte entwickeln. ✩ Mai

Sommergrün, bis zu 25 m hoch, mit offener, lichter, unregelmäßiger oder einseitig schiefer Krone; Stamm oft schon bald in große Hauptäste geteilt; Rinde anfangs glatt und bräunlich, später tiefrissig, wulstig und mit gewundenen Längsfurchen. **Blätter** wechselständig, rund 3 cm lang gestielt, Spreite bis zu 25 cm lang und 10 cm breit, unpaarig gefiedert; die 11–17 Fiederblätter etwa 3 cm lang, kurz gestielt, oval, ganzrandig, oberseits matt- bis frischgrün, unterseits hell graugrün, kahl; Nebenblätter gewöhnlich zu langen, spitzen Dornen umgebildet. Der Austrieb erfolgt erst im späten Frühjahr, dafür tritt auch das Umfärben (nach Gelb) und der herbstlichen Laubfall entsprechend spät ein. **Blüten** zahlreich in hängenden Trauben; Einzelblüte bis zu 2 cm groß; duften angenehm. **Früchte** 5–10 cm lange Hülsen, ledrig, hell- oder dunkelbraun, flach, zwischen den Samen leicht eingeschnürt; bleiben lange an den Zweigen. Giftig.

Vorkommen Vorzugsweise auf nährstoffreichen, lockeren, tiefgründigen Böden. Ursprünglich im östlichen N-Amerika (Neuengland-Staaten bis Georgia); in vielen Teilen EU und der übrigen Welt eingebürgert und oft als Parkgehölz oder Straßenbaum gepflanzt.

Wissenswert! Englische Kolonisten entdeckten die Art 1607 im Gebiet des heutigen Jamestown/Virginia. Der Hofgärtner Ludwigs XIII., Jean Robin, brachte ihn um 1640 nach Frankreich. Ihm zu Ehren nannte Linné 1753 die Gattung *Robinia*.

Die dekorativen, nektarreichen Blüten sind eine äußerst reiche Bienentracht und ergeben einen sehr hellen Honig. Die hübschen, den echten Akazien ähnlichen Blätter senken sich in der Dunkelheit herunter und legen außerdem ihre Fiedern zusammen. Dieses Merkmal teilen sie mit vielen krautigen Vertretern ihrer Familie. Alle Teile des Baums, insbesondere aber die Samen, sind durch Alkaloide giftig, vor allem für Pferde. Das feste, widerstandsfähige Holz verwendeten die ersten Siedler in N-Amerika gern zum Hausbau. Später fertigte man daraus vor allem Werkzeuggriffe und Sportgeräte (Speerschäfte, Barrenholme, Ruder, Kletterwände), aber auch Treppenstufen und Bodenbeläge.

Heute sind von der R. mehrere Gartenformen bekannt, darunter auch gelblaubige und solche mit ungefiederten Blättern. Als Straßenbaum besonders beliebt ist eine sterile Form mit dichter, rundlicher Krone, die man gärtnerisch als „Kugelakazie“ bezeichnet. Die Wildform wird häufig auf Schutt- und Rohböden angepflanzt, da sie nicht nur einen wirksamen Erosionsschutz bietet, sondern mit ihren Wurzelknöllchen erheblich zur Bodenverbesserung beiträgt. Die Wurzelknöllchen sind Sonderbildungen der Wurzeln, die unter dem Einfluss bestimmter Bodenbakterien entstehen. Die Bakterien dringen in die Wurzelwucherungen ein und leben hier von ihrer Wirtspflanze, versorgen sie im Gegenzug jedoch mit wertvollen düngenden Stickstoffverbindungen.

Robinie
unten: Früchte

Gleditschie

Gleditsia triacanthos · Familie Johannisbrotgewächse

Die Rinde an Stamm und Zweigen ist mitunter mit auffallenden Büscheln langer, starrer, verzweigter Dornen besetzt, die Blüten hängen in Trauben.
✿ Jun–Jul

Sommergrün, bis zu 40 m hoch, mit schlanker, lichter Krone; Äste relativ dünn; Rinde dunkel graubraun, anfangs glatt, später borkig in größere Platten gefeldert. **Blätter** wechselständig, einfach oder doppelt gefiedert mit 20–30 bzw. 8–14 Fiedern, diese je 2 cm lang, oval, vorne leicht kerbig gesägt, kahl, glänzend frischgrün. **Blüten** in grünlich gelben, hängenden Trauben; ♂ Blüten gelblich; ♀ Blüten unscheinbar. **Früchte** (Hülsen) bis zu 40 cm lang und 3 cm breit, ledrig, dunkelbraun, leicht schraubig gedreht.

Vorkommen Auf feuchten, lockeren, nährstoffreichen Schwemmlandböden an Flussufern. Stammt aus dem zentralen N-Amerika (Ontario bis Texas); in EU häufig in einer dornenlosen Gartenform in großen Parks oder als Straßenbaum angepflanzt.

Wissenswert! Die stattlichen Früchte, nach denen diese Art auch Lederhülsenbaum heißt, enthalten ein süßlich schmeckendes Mark, das im Ursprungsgebiet des Baums gern vom Vieh und von Kleintieren verzehrt wird. Aus den großen Samen fertigte man zeitweilig Perlenketten.

Johannisbrotbaum

Ceratonia siliqua · Familie Johannisbrotgewächse

Die direkt am Stamm entspringenden, in kätzchenartigen Trauben stehenden Blüten fallen an diesem meist zweihäusigen, immergrünen Baum ins Auge.
✿ Aug–Okt

Immergrün, bis zu 10 m hoch, mit dichter, rundlicher Krone auf kurzem, dickem Stamm; Rinde anfangs glatt, später borkig längsrissig. **Blätter** wechselständig, paarig gefiedert mit 6–8 ovalen Fiederblättern, derb, oberseits glänzend dunkelgrün, unterseits graugrün. **Blüten** klein und unscheinbar, ohne Kronblätter. **Früchte** (Hülsen) bis zu 20 cm lang, sichelförmig.

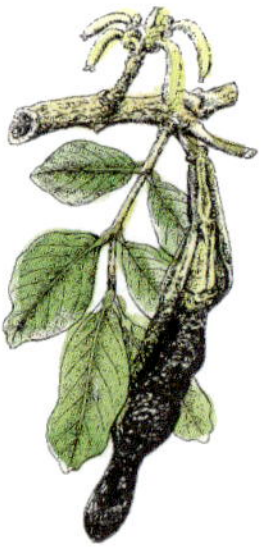

Vorkommen Auf kalkreichen, trockenen, flachgründigen, lockeren Steinböden. Ursprünglich im östlichen Mittelmeergebiet; heute im gesamten Mittelmeerraum häufig angepflanzt und zusammen mit Mandel- und Ölbäumen oder Pistazien in Sorten kultiviert, in Hausgärten als Schattenspender beliebt.

Wissenswert! Die schokoladenbraunen Hülsen enthalten ein essbares, angenehm süß schmeckendes, fettarmes und an Kohlenhydraten reiches Fruchtfleisch, aus dem man für diätetische Zwecke einen Schokoladenersatz herstellt. Der Saft wird auch ausgepresst und zu einem alkoholischen Getränk vergoren, die unreif geernteten Früchte werden als Viehfutter verwendet.

Die glänzend braunen, einheitlich großen und fast alle genau 0,18 g schweren Samen wurden früher als Juwelen- und Goldgewicht genutzt. In Notzeiten hat man aus den Samen Kaffee-Ersatz hergestellt. Gemahlen dienen sie heute als Bindemittel für Süßwaren (Johannisbrotkernmehl).

Gleditschie

Johannisbrotbaum
rechts: Hülsenfrüchte

Gewöhnlicher Stechginster

Ulex europaeus · Familie Schmetterlingsblütengewächse

Immergrüner, sparriger Strauch mit dunkelgrünen, gerillten, abstehenden Zweigen; alle Zweige enden in spitzen, starren Sprossdornen. ✩ Feb/Mär–Jul

Meist 0,5–2 m hoch. Laub**blätter** nur an Keimpflanzen, 3-zählig gefiedert, spätere Blätter zu stechenden, festen, aber biegsamen, etwa 1 cm langen Blattdornen umgewandelt. **Blüten** goldgelb, kurz gestielt, angenehm süßlich duftend, bis zu 2 cm lang, zu 1–3 in den Achseln langer Dornen oder winziger Schuppenblätter. **Früchte** ovale, schwarzbraune, holzige Hülsen, bis zu 2 cm lang, dicht behaart, deutlich länger als der Kelch; Fruchtreife Jul–Aug.

Vorkommen Bestandsbildend in küstennahen Heidegebieten, auch lichte Laubwälder, Säume, Abhänge, auf wärmeren Sand- und Steinböden. Atlantisches W-EU, von N-Spanien bis zu den Britischen Inseln, in D auf den Nordseeinseln, in S-Skandinavien vermutlich nur eingebürgert; mancherorts als Windschutz, als lebende Weidezäune oder zur Dünenbefestigung angepflanzt.

Wissenswert! Die glänzend braunen Samen weisen ein gelbes, fetthaltiges Anhängsel auf (kl. Foto). Ameisen verschleppen die Samen wegen dieser Leckerbissen und verbreiten so die Art. Alle Teile der auch Gaspeldorn genannten Pflanze sind für den Menschen giftig. Früher gewann man aus den Blüten einen gelben Farbstoff zum Färben von Textilien. Die zu Dornen umgewandelten Blätter werden als Fraßschutz gedeutet. Sie halten zwar Schafe und Rinder ab, nicht jedoch Kaninchen, Pferde oder Ziegen.

Kleiner Stechginster

Ulex minor · Fam. Schmetterlingsblütengew.

Sommergrüner, mäßig verzweigter Strauch mit stark bedornten, starren Ästen. ✩ Jul–Okt

Etwa 30–80 cm hoch; Zweige braunrot behaart, mit Längsrillen; fast alle Seitenzweige als Sprossdornen. **Blätter** als spitze, biegsame, wenig stechende, 1–1,5 cm lange Blattdornen. **Blüten** hell- bis zitronengelb, um 11 mm lang, zu 1–2 in den Achseln der Blattdornen, Blütenstiel und Kelch behaart, Flügel gerade, so lang wie das Schiffchen. **Früchte** 7–8 mm lange Hülsen, behaart, etwas kürzer als der Kelch, meist 4-samig; Fruchtreife erst ab Mär des folgenden Jahres.

Vorkommen Küstenfelsen, küstennahe Heiden, Trockengebüsche, Brachen, Wegsäume. Westl. Mittelmeergebiet, Iberische Halbinsel, W-Frankreich, Kanalinseln und westl. Britische Inseln; selten angepflanzt.

Gallischer Stechginster

Ulex gallii · Fam. Schmetterlingsblütengew.

Sommergrüner, sehr ästiger, aufrechter, dicht dorniger Strauch mit dunkelgrünen, starren Zweigen. ✩ Aug–Dez

Nur etwa 0,5–1 m hoch; Sprossdornen bis zu 4 cm lang, gebogen, gerillt oder nur leicht gestreift. **Blätter** alle in biegsame, dicht stehende Blattdornen umgewandelt. **Blüten** orangegelb, um 1,2 cm lang, Flügel gebogen, etwas länger als das Schiffchen. Hülsen**früchte** behaart, gewöhnlich 6-samig; Fruchtreife im folgenden Frühjahr.

Vorkommen Mäßig trockene Heiden, Abhänge, Küstenfelsen, Wegsäume; nur auf sauren Böden. Nur NW-EU, mittleres Frankreich, Kanalküste östlich bis Belgien.

Gewöhnlicher Stechginster

Kleiner Stechginster

Gallischer Stechginster

Purpur-Zwergginster

Chamaecytisus purpureus · F. Schmetterl.blg.

Sommergrüner, kleiner Strauch mit unterirdisch kriechenden Sprossen. ✿ Mai–Jun

Etwa 30–60 cm hoch; Triebe kantig längsstreifig; Zweige graugrün. **Blätter** wechselständig, gestielt, 3-zählig gefiedert, Fiedern elliptisch, dunkelgrün, bis zu 2 cm lang. **Blüten** bis zu 2,5 cm lang, Krone purpurrot, Fahne in der Mitte dunkler; zu 1–3 in Blattachseln an vorjähr. Trieben. Hülsen**früchte** schmal; ab Aug.

Vorkommen Zwergstrauchbestände, Heiden, magere Offenfluren, Felshänge, Kiefernwälder. S- und SO-Alpen, Balkan, häufig in Gärten als Zierstrauch angepflanzt.

Wissenswert! Gärtnerisch wird diese dekorative Art auch Purpur-Geißklee, Purpur- oder Rosenginster genannt, manchmal der Gattung *Cytisus* zugeordnet.

Kopf-Zwergginster

Chamaecytisus supinus · F. Schmetterl.blg.

Sommergrüner, dornenloser, breiter Strauch mit aufsteigenden Ästen und aufrechten Zweigen. ✿ Mai–Jul/Aug

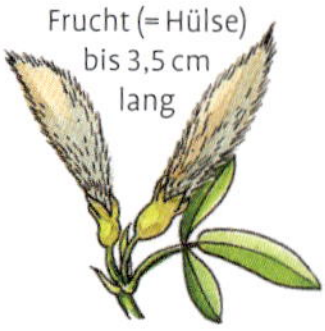

Höchstens 15–50 cm hoch; Triebe rund, zottig weißlich behaart. **Blätter** wechselständig, gestielt, 3-zählig gefiedert, Fiedern bis zu 4 cm lang, meist beidseits dicht abstehend behaart. **Blüten** hell- bis sattgelb, groß, bis zu 1,5 cm lang, Fahne mit braunrotem Fleck, zu 2–8 in kopfigen Trauben an Zweigenden oder zu 1–2 in den Blattachseln. **Früchte** dicht behaarte Hülsen; ab Aug.

Vorkommen Offene, felsige Hänge, Brachen, Ufergebüsche, lichte Wälder, Magerweiden, meist auf trockenem, kalkhaltigem, lehmigem Boden. S-EU und südliches M.-EU, in D nur im Donauraum; oft als Ziergehölz gepflanzt, verwildert aber kaum.

Regensburger Zwergginster

Chamaecytisus ratisbonensis · Fam. Schm.

Sommergrüner, unbedornter kleiner Strauch mit liegenden oder aufgerichteten, rundlichen Ästen. ✿ Apr–Jun

Bis zu 50 cm hoch; junge Triebe anliegend grauhaarig. **Blätter** wechselständig, lang gestielt, 3-zählig gefiedert, Fiedern 1–2 cm lang, unterseits dicht behaart. **Blüten** hellgelb, Fahne mit bräunlichem Fleck, länger als Schiffchen und Flügel, einzeln oder in Büscheln; mitunter eine zweite Blühphase Sep–Okt. Hülsen**früchte** dunkelbraun, dicht behaart; ab Aug.

Vorkommen Trockenwarme Gebüsche und Wälder, Trockenrasen, Bahndämme und Steinbrüche; Zeigerpflanze für nährstoffarme, magere Böden. Südliches M.- und SO-EU bis Ural; in D nur in Bayern außerhalb der Alpen; selten auch als Ziergehölz (Name: Seidenhaar-Geißklee) gepflanzt.

Blattstielloser Zwergginster

Chamaecytisus sessilifolius · Fam. Schm.

Sommergrüner, dicht buschig verzweigter Strauch mit stark kantigen, grünen, kahlen Zweigen. ✿ Apr–Jun

Nur etwa 0,3–1,2 m hoch. **Blätter** wechselständig, sehr kurz gestielt oder sitzend, Fiedern bis zu 2 cm lang, rundlich oval, mit kurzer Stachelspitze, beim Vertrocknen grün bleibend. **Blüten** gelb, um 1 cm lang, Schiffchen etwas kürzer als die Fahne, aufwärts gekrümmt; zu 2–8 am Ende der Jahrestriebe. **Früchte** schmal sichelförmige Hülsen, braungrau; ab Aug.

Vorkommen Trockene, sonnige Gebüsche, lichte Laubwälder, felsige Abhänge und Säume. Westl. Mittelmeergebiet von Spanien bis Italien, dort oft als Ziergehölz verwendet, in D nicht genügend winterfest.

Wissenswert! Diese Art wird auch Italienischer Geißklee genannt.

Purpur-Zwergginster

Kopf-Zwergginster

Regensburger Zwergginster

Blattstielloser Zwergginster

Strahlen-Ginster, Kugel-Ginster

Genista radiata · Familie Schmetterlingsblütengewächse

Sommergrüner, breitbuschiger, dornenloser Strauch mit oft allseits abstehenden, dunkelgrünen Ästen. ✩ Mai–Jul

Wuchshöhe bis etwa 80 cm; Zweige gegenständig bis quirlig angeordnet. **Blätter** gegenständig (Ausnahme innerhalb der Gattung!), kurz gestielt, 3-zählig gefiedert, Fiedern 0,5–2 cm lang, schmal lanzettlich, spitz, oberseits kahl, unterseits seidig behaart, bisweilen frühzeitig abfallend. **Blüten** kräftig gelb, bis zu 1,5 cm lang, zu 2–15 in kopfig verdichteten, endständigen Trauben, Kelch becherförmig, behaart, Kronblätter außenseits nur spärlich behaart. **Früchte** 1–1,5 cm lange, behaarte Hülsen, ab Aug.

Vorkommen Lichte Laub- und Nadelwälder, Waldsäume, Gebüsche, trockenwarme, steinige Hänge und Trockenwiesen, meist auf Kalk. Südwest- und südosteuropäische Gebirge, vom südlichen Frankreich bis zum Peloponnes; außerhalb seines natürlichen Areals häufig als Zierstrauch angepflanzt.

Wissenswert! Die Art wird wegen der grünen, oft frühzeitig kahlen Äste auch Ruten-Ginster genannt und aufgrund der abweichenden gegenständigen Beblätterung gelegentlich in eine eigene Gattung gestellt.

Ähnlich **Salzmanns Ginster** *Genista salzmannii*: 30–70 cm hoch, allseits dicht verzweigt, Hauptäste enden in kräftigen, 1–2 cm langen Sprossdornen; Blätter einfach, bis zu 7 mm lang und 3 mm breit; Blüten meist zu 2 in den Blattachseln. Nur im Mittelmeergebiet vorkommend, in Kugelbuschheiden (Garigues) von der Küste bis ins Gebirge.

Stacheliger Dornginster

Calicotome spinosa · F. Schmetterlingsblg.

Sommergrüner, aufrechter, sparrig verzweigter Strauch mit kräftigen, steifen, langen Sprossdornen. ✩ Mär–Apr.

Etwa 1–2 m hoch; Triebe schwach behaart, später kahl; **Blätter** wechselständig, gestielt, 3-zählig gefiedert, Fiedern bis 1,5 cm lang, oval, fallen schon im Frühsommer ab, beim Trocknen schwarz; **Blüten** gelb, 1,5 cm lang, zu 1–4 in den Blattachseln, Kelch zur Blütezeit ohne Zähne; Hülsen**früchte** bis zu 4 cm lang, kahl, reif glänzend schwarz; ab Aug.

Vorkommen Strauchdickichte, Macchien, Garigues, Felsgebüsche, Schlagfluren oder Brandflächen. Nur im westlichen Mittelmeergebiet, auch gärtnerisch verwendet.

Wissenswert Sehr ähnlich ist der im östl. Mittelmeergebiet vorkommende **Behaarte Dornginster** *C. villosa*: Zweige, Blattunterseiten und Kelche dicht seidig behaart.

Chin. Blauregen, Glyzinie

Wisteria sinensis · Fam. Schmetterlingsblg.

Sommergrüner, blühend sehr attraktiver Schlingstrauch (Liane) mit bis zu armdicken Stämmen. ✩ Jul–Aug

Über 10 m hoch. **Blätter** bis zu 30 cm lang, gefiedert. **Blüten** hellblau bis blauviolett, 1–2 cm lang, duften angenehm. Hülsen**früchte** derb; Fruchtreife Jul–Aug. Giftig.

Vorkommen Auenwälder, Ufergebüsche. Stammt aus O-Asien (China); häufig in Sorten gepflanzt (Pergola).

Ähnlich Der **Japanische Blauregen** *W. floribunda*, ebenfalls als Fassadenschmuck gepflanzt, ist im Gegensatz zur Glyzinie rechtswindend; Blattstiele behaart, Trauben bis zu 50 cm lange, blühen allmählich zur Spitze hin auf; Blattfiedern sind undeutlich zugespitzt.

Strahlen-Ginster, Kugel-Ginster

Stacheliger Dornginster

Chinesischer Blauregen, Glyzinie

Besenginster

Cytisus scoparius · Familie Schmetterlingsblütengewächse

Sommergrüner, reichästiger Strauch mit kantigen, dunkelgrünen, rutenförmigen Zweigen. ✿ Mai–Jul

Etwa 1–2 m hoch; Triebe leicht seidig behaart, später kahl. **Blätter** wechselständig oder in Kurztriebbüscheln, 3-zählig gefiedert, Fiedern etwa 1 cm lang, oval-lanzettlich, anliegend behaart, fallen frühzeitig ab, nur an den oberen Langtrieben auch länger bleibend. **Blüten** lang gestielt, goldgelb, bis zu 2,5 cm lang, einzeln oder zu 2 in den Blattachseln in traubigem Blütenstand. Hülsen**früchte** bis zu 5 cm lang, abgeflacht, reif schwarz; Fruchtreife ab Jul.

Vorkommen Wegränder, Böschungen, Waldsäume, Steinbrüche; fehlt auf Kalkuntergrund; zuverlässiger Anzeiger für mäßig sauren Boden. In W- und M.-EU weit verbreitet, von der Iberischen Halbinsel bis zum Balkan, in D v. a. in den atlantisch beeinflussten westlichen Landesteilen; in vielen als „Edelginster" bezeichneten Gartensorten mit lachsfarbenen, karminroten oder elfenbeinweißen Blüten angepflanzt.

Wissenswert! Der B. friert in strengen Wintern stark zurück und regeneriert sich dann aus Sämlingen. Die rutenförmigen Zweige verwendete man früher zum Besenbinden. Die Staubblätter sind uhrfederartig zusammengerollt. Drückt ein landendes Insekt das Schiffchen herab, springen sie aus der Blüte hervor und verteilen ihren Pollen über das Insekt.

Schwarzwerdender Geißklee

Cytisus nigricans · Fam. Schmetterlingsblg.

Sommergrüner, unbedornter Strauch; Äste kurz und verdickt mit aufrechten rutenförmigen Zweigen. ✿ Jun–Aug

Etwa 0,3 -1 m hoch. **Blätter** wechselständig, 3-zählig gefiedert, Fiedern bis zu 3 cm lang, behaart. **Blüten** goldgelb, etwa 1 cm lang, Fahne, Flügel und Schiffchen gleich lang, angenehmer Duft, zahlreich in bis zu 30 cm langen, endständigen, aufrechten Trauben. **Früchte** (Hülsen) gerade, 2–3 cm lang, dicht anliegend behaart; Fruchtreife ab Sep.

Vorkommen Lichte Wälder, Wegsäume, Felshänge. Südliches M.- und S-EU, Alpen, in D in den Mittelgebirgen; wird gärtnerisch in verschiedenen Sorten verwendet.

Wissenswert! Alle Teile der Pflanze verfärben sich im Herbst (oder beim Trocknen in der Pflanzenpresse) schwärzlich.

Dornige Hauhechel

Ononis spinosa · Fam. Schmetterlingsblg.

Sommergrüner, kleiner Strauch mit ziemlich lang und spitz bedornten Ästen. ✿ Jun–Aug

Formenreich, nur etwa 20–60 cm hoch; Zweige im mittleren Teil meist 2-reihig, weiter oben allseitig behaart, rötlich braun. **Blätter** wechselständig, kurz gestielt oder sitzend, 3-zählig gefiedert, im oberen Stängelbereich auch einfach, Fiedern bis zu 3 cm lang, vorn rundlich oder spitz, gezähnt. **Blüten** kurz gestielt, bis zu 1,5 cm breit, zu 1–3 an verdornten Kurztrieben, Kronen rosarot, Fahne dunkler geadert, Schiffchen sichelförmig aufgebogen. **Früchte** (Hülsen) 1 cm lang, ab Aug.

Vorkommen Magerwiesen, Halbtrockenrasen, extensiv genutzte Weiden, Wegränder. In EU v. a. in den Mittelgebirgen weit verbreitet, aber regional nur vereinzelt auftretend; ferner N-Afrika und W-Asien.

Besenginster

Schwarzwerdender Geißklee

Dornige Hauhechel

Strauch-Kronwicke

Coronilla emerus · F. Schmetterlingsblg.

Sommergrüner, dornenloser, reichästiger, aufrechter Strauch; Blüten blassgelb in gestielten Trauben. ✿ Apr–Jun

Um 0,5–2 m hoch; Triebe leicht behaart, grün, längsstreifig. **Blätter** wechselständig, gestielt, 7- bis 9-zählig unpaarig gefiedert, Fiedern kurz gestielt oder sitzend, bis zu 2 cm lang, stumpf, aber stachelspitzig, graugrün, anfangs anliegend behaart. **Blüten** duften angenehm, etwa 2 cm lang, zu 1–2 in lang gestielten Trauben, in der Knospe nickend, nach dem Aufblühen schräg aufgerichtet. **Frucht** eine bis 10 cm lange, aber nur 3 mm breite Hülse, in einzelne Glieder zerfallend; Fruchtreife ab Aug. In allen Teilen leicht giftig.

Vorkommen Lichte Wälder und Gebüsche. S-EU, ferner N-Afrika; in D fast ausschließlich im Oberrheingebiet.

Blasenstrauch

Colutea arborescens · F. Schmetterlingsblg.

Sommergrüner, unbedornter Strauch mit gelben Blüten und aufgetriebenen Hülsen. ✿ Mai–Aug

Um 1–4 m hoch; Triebe anfangs behaart, später kahl und hohl; Rinde fasert in Längsstreifen von Ästen und Stämmen ab. **Blätter** wechselständig, lang gestielt, 5- bis 11-zählig unpaarig gefiedert, Fiedern bis zu 3,5 cm lang, mit kurzer Stachelspitze. **Blüten** goldgelb, bis zu 2 cm lang, mit dunkelrot gestreifter Fahne, zu wenigen in lang gestielten Trauben. Hülsen**frucht** 5–8 cm lang, reif blasig aufgetrieben mit durchscheinenden Wänden; Fruchtreife ab Jul.

Vorkommen Trockene Hänge, Felsfluren, lichte Laubwälder, meist auf trockenen Kalkböden. S-EU und südliches M.-EU, N-Afrika, W-Asien, in D nur im Oberrheingebiet; häufig an Straßenrändern gepflanzt.

Gewöhnlicher Goldregen

Laburnum anagyroides · Fam. Schmetterlg.

Sommergrüner Strauch oder (mehrstämmiger) Baum mit glatter, grüner, längsstreifiger Rinde. Mai–Jun

Etwa 3–7 m hoch; junge Triebe auffallend seidig behaart. **Blätter** an Langtrieben wechselständig, an Kurztrieben büschelig, lang gestielt, 3-zählig gefiedert, Fiedern bis zu 8 cm lang, länglich oval, oberseits matt dunkelgrün, unterseits graugrün und anfangs anliegend behaart. **Blüten** hellgelb, bis zu 2 cm groß, zahlreich in hängenden, 10–25 cm langen Trauben. **Früchte** abgeflachte Hülsen, hellbraun, zwischen den Samen eingeschnürt; ab Aug. Alle Teile der Pflanze sind stark giftig!

Vorkommen Sonnige Felsen, Eichengebüsche. Von SO-Frankreich über die Südalpen bis zum Balkan; in D nur eingebürgert; häufig in Gärten angepflanzt.

Alpen-Goldregen

Laburnum alpinum · F. Schmetterlingsblg.

Sommergrüner Strauch mit überhängenden Zweigen; Triebe kahl, Blütentrauben kurz, goldgelb. ✿ Mai–Jul

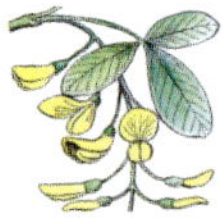

1–5 m (in Kultur bis zu 8 m) hoch. **Blätter** 3-zählig gefiedert, Fiedern bis zu 7 cm lang. **Blüten** gestielt, goldgelb, angenehm süßlich duftend, 1,5 cm groß; zahlreich (zu 20–40) in hängenden, schmalen, etwa 30 cm langen Trauben. Hülsen**früchte** bis zu 6 cm lang, hellbraun; ab Aug.

Vorkommen Sonnige Hänge, lichte Wälder, Wegränder, auf etwas feuchten Böden.

Ähnlich **Bastard-Goldregen** *Laburnum × watereri*, fruchtbarer Kreuzungsbastard zwischen Gewöhnlichem und dem Alpen-Goldregen. Bildet die Grundlage für die starkwüchsigen, neben den Elternarten häufig verwendeten Gartensorten.

Strauch-Kronwicke

Blasenstrauch

Gewöhnlicher Goldregen

Alpen-Goldregen

Erbsenstrauch

Caragana arborescens · F. Schmetterlingsblg.

Sommergrüner, ästiger, größerer Strauch mit hellgelben Blütenbüscheln und großen Hülsen. ✿ Mai–Jun

Fiedern paarig

Etwa 4–6 m hoch; Rinde olivgrün bis braungrau; junge Triebe fein behaart, später kahl. **Blätter** wechselständig, an Kurztrieben büschelig, 8- bis 12-zählig paarig gefiedert, Fiedern 1–2,5 cm lang, elliptisch, mit kurzer Stachelspitze, anfangs beidseitig behaart, später oberseits kahl, gelbgrün; Nebenblätter klein, mitunter verdornt. **Blüten** lang gestielt, hellgelb, zu 1–4 büschelig an den Kurztrieben, bis zu 2,2 cm lang.Hülsen**früchte** bis zu 5 cm lang, wenig behaart; ab Aug. Leicht giftig!

Vorkommen Waldsäume, lichte Gebüsche. Stammt aus dem nordöstlichen Asien (Sibirien, Mandschurei); häufig in Sorten in Parks oder im Straßenbegleitgrün.

Bleibusch, Bastardindigo

Amorpha fruticosa · F. Schmetterlingsblg.

Sommergrüner Strauch; robinienähnliche Blätter ohne Nebenblattdornen. Blütenstände groß. ✿ Jun–Aug

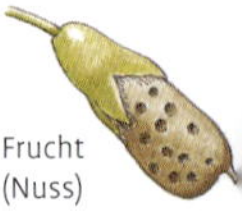

Frucht (Nuss)

Um 1–3 m hoch. **Blätter** wechselständig, lang gestielt, bis zu 30 cm lang, 9- bis 25-zählig unpaarig gefiedert. **Blüten** klein, zahlreich in 7–15 cm langen, endständigen Trauben oder Doppeltrauben, Krone nur aus Fahne bestehend, purpurblau bis blauviolett, gelbe, freistehende Staubbeutel. **Früchte** 7–9 mm lang, gebogen, kahl, ab Aug.

Vorkommen Lichte Laubwälder, Säume, Prärien, Trockengebüsche. Ursprünglich nur im kontinentalen N-Amerika (Kanada bis Florida und Mexiko), in M.-EU in trockenwarmen Gebieten als Straßenbegleitgehölz angepflanzt, in S-EU stellenweise eingebürgert; in D bisher nur unbeständig verwildert, da recht frostempfindlich.

Essigbaum, Hirschkolben-Sumach

Rhus typhina · Familie Sumachgewächse

Sommergrüner Strauch oder kleiner Baum, junge Zweige dicht samtig behaart. Blütenstände auffällig. ✿ Jun–Jul

Um 3–5 m hoch. **Blätter** wechselständig, lang gestielt, 30–60 cm lang, 11- bis 31-zählig unpaarig gefiedert, Fiedern 5–12 cm lang, länglich-lanzettlich, zugespitzt, grob gesägt, anfangs behaart, sattgrün, unterseits hellgrau, im Herbst karmin- bis scharlachrot. **Blüten** klein, unscheinbar, grünlich, zahlreich in aufrechten, endständigen, bis zu 20 cm langen, kolbenartig verdickten Rispen. Stein**früchte** rot behaart, daher intensiv rötlich- oder rostbraun; Fruchtreife ab Sep.

Blätter unpaarig gefiedert

Vorkommen Waldsäume, Wegränder, Offenland. Stammt aus dem östl. N-Amerika; in EU häufig gepflanzt; an Bahndämmen, oder auf Schuttplätzen verwildert.

Wissenswert! In Europa seit dem 17. Jh. als Ziergehölz gepflanzt, Gartenformen mit unterschiedlichen Fiederblättchen. Beim sehr ähnlichen **Kahlen Sumach** *R. glabra* sind die Triebe unbehaart.

Manche Gartenformen des Essigbaums weisen farnartig zerschlitzte Blätter auf.

Erbsenstrauch

Bleibusch, Bastardindigo

Essigbaum, Hirschkolben-Sumach
rechts: Herbstfärbung

Speierling

Sorbus domestica · Familie Rosengewächse

Die bis zu 3 cm langen Früchte, die Äpfeln oder Birnen ähneln, sind essbar und stehen zu mehreren beisammen in flachen bis kegelförmigen Gruppen.

✩ Mai–Jun

Sommergrün, bis zu 20 m hoch, mit breiter, rundlicher, oft etwas unregelmäßiger und dicht beasteter Krone; Rinde anfangs glatt graubraun, später ähnlich wie an alten Birnbäumen borkig, vielfach zerrissen und in kleine, rechteckige Schuppen gegliedert. **Blätter** wechselständig, lang gestielt, unpaarig gefiedert, gesamte Blattspreite bis zu 25 cm lang und 10 cm breit, mit 13–21 Fiedern, diese bis zu 5 cm lang und 2 cm breit, länglich elliptisch, scharf gezähnt, jedoch im unteren Drittel immer ganzrandig (wichtiger Unterschied zu der sehr ähnlichen Eberesche, ⇨ S. 506!); oberseits frischgrün, kahl, unterseits meist nur auf den Hauptnerven behaart. **Blüten** um 1,5 cm breit, cremeweiß; angenehm duftend. **Früchte** im botanischen Sinn Apfelfrüchte, lang gestielt, gelbgrün oder rotbräunlich, gepunktet, auf der Sonnenseite jeweils stärker gerötet; essbar.

Vorkommen Auf mäßig trockenen, meist kalkhaltigen, sommerwarmen, steinigen Lehm- oder Tonböden; Lichtholz, nur in Mischbeständen mit anderen Wärme liebenden Laubholzarten. Von NW-Afrika über die Iberische Halbinsel und den Balkan bis nach Kleinasien weit verbreitet; in D vor allem in Weinbauregionen angepflanzt, dort gelegentlich verwildert.

Wissenswert! Die angenehm duftenden, appetitlich gefärbten Früchte des S. ähneln in der Form mal mehr einem kleinen Apfel, mal mehr einer Birne und werden im Volksmund Männlein (Apfelform) und Weiblein (Birnenform) genannt. Erst nach längerer Lagerung werden sie etwas teigig und dann als Obst genießbar. Frisch geerntet schmecken sie dagegen fade und säuerlich.

Die schon im Altertum vor allem im Mittelmeerraum in Kultur genommene Art war über Jahrhunderte hinweg ein wichtiger Obstbaum. Nördlich der Alpen verwendet man den Saft der Früchte noch heute speziell bei der Apfelweinherstellung, entweder direkt oder zur reifenden Nachgärung. Speierlingmost verbessert nicht nur den Geschmack, sondern auch die Haltbarkeit des Apfelweins. Regional, z. B. im Elsass, brennt man aus vergorenem Speierlingmost auch einen Obstschnaps (Sorbette).

1993 und 2008 (Österreich) zum „Baum des Jahres" gewählt, hat der S. nicht nur unter Naturfreunden, sondern auch bei Gartenliebhabern eine neue Wertschätzung erfahren. Als dekoratives Schmuckgehölz wird er heute zunehmend wieder angepflanzt. Die Anzucht der Bäume aus Samen erweist sich jedoch aus bisher unbekannten Gründen als recht schwierig, es kommt immer wieder zu hohen Ausfällen.

Das feste, zähe Holz des S. verwendete man früher gern für Drechslerarbeiten, beispielsweise für die Holzgewinde von Keltern und anderen Pressen. In den Früchten ist wie bei allen übrigen Vertretern der Gattung *Sorbus* die Substanz Parasorbinsäure enthalten. Durch eine geringfügige chemische Umwandlung entsteht daraus Sorbinsäure, ein vielfach verwendeter Konservierungsstoff für Lebensmittel.

Speierling
unten rechts: Früchte

Hecken-Rose, Hunds-Rose

Rosa canina · Familie Rosengewächse

Sommergrüner, im Freistand rundlicher, sonst mit wenig verzweigten Ästen kletternder Wildstrauch mit Ausläufern; Blüten blassrosa oder rötlich, selten weiß. ✫ Jun–Jul

Etwa 1–3 m hoch; Stacheln der Zweige gleich groß, kräftig, meist nach rückwärts gekrümmt und länger als die Breite ihrer Grundfläche. **Blätter** gestielt, 8–12 cm lang, 5- bis 7-zählig unpaarig gefiedert, dünn, kurz gestielt, elliptisch, 2–4 cm lang und 2 cm breit, gleichmäßig gesägt, oberseits kräftig grün, matt, unterseits leicht bläulich, kahl oder fein seidig behaart, Nebenblätter schmal. **Blüten** zu 1–3 auf kurzen Stielen in den oberen Blattachseln, 4–6 cm breit, duften schwach. **Früchte** (Hagebutten) bis zu 2,5 cm lang, korallenrot, kahl, essbar (nur ohne die mit Widerhaken besetzten Kerne); Fruchtreife ab Sep.

Vorkommen Häufigste heimische Wildrose; Wegränder, Gebüsche, Feldgehölze, Heckenzeilen, Waldränder und Magerweiden; bevorzugt auf tiefgründigen, nährstoffreichen und eventuell auch kalkhaltigen Böden. In M.-EU die mit Abstand häufigste Wildrose, in EU mit Ausnahme des nördlichen Skandinaviens überall anzutreffen, ferner in N-Afrika und W-Asien; häufig angepflanzt.

Wissenswert! Bei den Hagebutten handelt es sich botanisch um Sammelscheinfrüchte. Das vitaminreiche Fruchtfleisch entsteht nicht wie üblich aus der Fruchtknotenwand, sondern aus dem verdickten Achsenbecher des Blütenbodens. Die darin eingebetteten behaarten „Kerne“ sind in Wirklichkeit kleine Nussfrüchtchen.

Die Art ist außerordentlich formenreich und wird heute in viele Kleinarten gegliedert, die nur schwer unterscheidbar sind. Von der Blüte bis zur Fruchtreife bietet die Art der heimischen Kleintierwelt viel Nahrung und Lebensraum. Auffällig sind auch die filzig verzweigten, bleichgrünen Gallen der Rosengallwespe (Foto unten), die auch an anderen heimischen Wildrosen auftreten.

Runzel-Rose, Kartoffel-Rose

Rosa rugosa · Familie Rosengewächse

Sommergrüner, sehr reichästiger, dichtlaubiger, dichtstacheliger Zier- und Wildstrauch mit großen Blüten. ✫ Mai–Aug

Wuchshöhe etwa 1–1,5 m; Zweige dick, dicht bestachelt. **Blätter** gestielt, 5- bis 9-zählig unpaarig gefiedert, Fiedern elliptisch, grob gesägt, derb, runzelig; Nebenblätter breit, gesägt, mit abgespreizten Öhrchen. **Blüten** tiefrosa oder purpurrosa, auch reinweiß, bis zu 8 cm breit. **Früchte** (Hagebutten) 2–3 cm groß, kugelig, breiter als hoch, weich, scharlachrot, essbar (ohne Kerne); reif ab Aug.

Vorkommen Gebüsche, Wegränder, Dünen. Stammt aus O-Asien; in M.-EU vielfach verwildert o. eingebürgert, v. a. an der Küste.

Wissenswert! Wurde um 1850 nach M.-EU eingeführt und ist seither in mehreren Sorten in Gärten und Parks anzutreffen; windfest, daher oft in Schutzpflanzungen verwendet. Für die heimischen Kleintiere besonders wertvolles Gehölz.

Hecken-Rose, Hunds-Rose

Runzel-Rose, Kartoffel-Rose

Acker-Rose

Rosa agrestis · Familie Rosengewächse

Sommergrüne Wildrose mit rutenförmig verlängerten Zweigen, Stacheln zerstreut, aber sehr kräftig. ✿ Jun

Nur 1–2 m hoch. **Blätter** mit behaartem Blattstiel, 5- bis 7-zählig unpaarig gefiedert, Fiedern 1,5–5 cm lang , elliptisch bis oval, an beiden Enden verschmälert, fein gezähnt, glänzend grün, Mittelrippe unterseits mit hellbraunen bis schwärzlichen Drüsen, die nach dem Zerreiben ein feines Apfelaroma verströmen. **Blüten** einzeln oder zu 2–5, blassrosa bis weiß, 3–4 cm breit. **Früchte** (Hagebutten) bis zu 1,5 cm lang, kugelig oder länglich, ledrig, orangerot; ab Aug.
Vorkommen Gebüsche, Ackerränder, Wegsäume; erträgt Halbschatten, benötigt aber Wärme. Von N-Afrika und der Iberischen Halbinsel bis Irland, in D vor allem in den Kalkgebieten, aber nicht häufig.

Feld-Rose

Rosa arvensis · Familie Rosengewächse

Sommergrüne, kletternde Wildrose mit bogig überhängenden Trieben und glänzenden, kahlen Blättern. ✿ Jun–Jul

Etwa 0,5–2 m hoch. **Blätter** unpaarig gefiedert, mit 5–7 elliptischen Fiedern, oberseits frisch grün, unterseits matt und heller, einfach bis doppelt gesägt. **Blüten** lang gestielt mit kahlen Blütenstielen, 3–5 cm breit, ohne besonderen Duft, immer reinweiß, Kronblätter flach ausgebreitet, Kelchblätter zurückgeschlagen, fallen bald nach der Blüte ab. **Früchte** (Hagebutten) kugelig oval, bis zu 2 cm lang, hellrot; Fruchtreife ab Sep.
Vorkommen Unterwuchs naturnaher Laubwälder, Waldsäume, Gebüsche, Wegränder, auf tiefgründigen Lehm- und Kalkböden. S-, W- und M.-EU, von Spanien bis zum Balkan, im Gebirge bis in etwa 1500 m Höhe; selten als Ziergehölz.

Essig-Rose

Rosa gallica · Familie Rosengewächse

Sommergrüne (auch wintergrüne), kleinere, aufrechte Wildrose mit bogig überhängenden Ästen. ✿ Jun–Jul

Nur 0,5–1 m hoch; Zweig grün; bildet weit reichende Ausläufer; Stacheln ungleich groß, oft gerade. **Blätter** 3- bis 5-zählig unpaarig gefiedert, Fiedern derb, rundlich elliptisch, oberseits glänzend. **Blüten** einzeln auf drüsigen Stielen, bis zu 6 cm breit, hellrot bis dunkelpurpurn, duften angenehm, Kelchblätter stark gefiedert. **Früchte** (Hagebutten) kugelig-birnförmig, ziegel- bis braunrot, vor der Reife borstig; Fruchtreife ab Sep.
Vorkommen Gebüsche, lichte Wälder, Säume von Mager- und Trockenrasen. M.- und S-EU, Kleinasien, in den Alpen bis 1500 m, in D vor allem südlich des Mains. **RL**
Wissenswert! Wichtige Stammform vieler kultivierter Gartenrosenzüchtungen.

Hecht-Rose

Rosa glauca · Familie Rosengewächse

Aufrechte, sommergrüne Wildrose mit rötlich bis hechtblau bereiften Trieben, wenig bestachelt. ✿ Jun–Jul

Etwa 1–3 m hoch; meist nur an der Basis der Langtriebe bestachelt. **Blätter** 7–12 cm lang, (5-) 7- bis 9-zählig unpaarig gefiedert, Fiedern elliptisch, gezähnt, bis zu 4,5 cm lang, kahl, bläulich grün, nicht selten purpurrot überlaufen. **Blüten** bis zu 3,5 cm breit, karminrosa, zum Zentrum weißlich, schwacher Duft, Kronblätter 1,5 cm lang, kürzer als die vorwiegend ungefiederten Kelchblätter. **Früchte** (Hagebutten) länglich kugelig, tief orange- bis scharlachrot; reif ab Sep.
Vorkommen Gebüsche, Schutt- und Geröllfluren. Gebirge in M.- und S-EU, von den Pyrenäen, Alpen und Karpaten bis zum Balkan (Albanien), auch Jura und Vogesen; häufig als Zierstrauch verwendet. **RL**

Acker-Rose

Feld-Rose

Essig-Rose

Hecht-Rose

Bibernell-Rose, Dünen-Rose

Rosa pimpinellifolia · Familie Rosengewächse

Sommergrüne, kleinstrauchige, aber großblütige Wildrose mit Ausläufern; Zweige dicht mit geraden Stacheln und Stachelborsten. ✩ Mai–Jun

Wuchshöhe nur um 50 cm. **Blätter** gestielt, 4–6 cm lang, unpaarig gefiedert, mit 5–11, meist aber 7 oder 9 Fiedern, diese nur etwa 1 cm lang, rundlich-elliptisch, einfach gesägt, stumpf, beidseits kahl, oberseits mattgrün oder bronzefarben überlaufen, mit kaum sichtbaren Blattnerven; Nebenblätter klein und spitz. **Blüten** einzeln, auffallend groß, überwiegend an gedrängten, kurzen Seitentrieben, lang gestielt, 4–6 cm breit, cremeweiß, nicht ganz ausgebreitet, in der Mitte mehr gelblich, sehr selten auch blassrosa, Kelchblätter ungeteilt. **Früchte** (Hagebutten) mit fleischig verdicktem Stiel, kugelig, aber gewöhnlich leicht abgeflacht, um 1 cm groß, tiefschwarz oder schwarzbraun gefärbt; Fruchtreife ab Aug.

Vorkommen Bevorzugt auf trockenen, lockeren oder steinigen, evtl. kalkhaltigen Böden; Trockengebüsche, Unterwuchs lichter Wälder, Braundünen, Zwergstrauchbestände. EU, Mittelmeergebiet, W-Asien; in D verbreitet in den Dünengebieten der Nordseeinseln sowie in den sommerwarmen Felsgebüschen der Mittelgebirge in der Weinbauregion, in den Alpen bis in etwa 2000 m Höhe; in großwüchsigen Sorten mit bis zu 10 cm breiten Blüten auch angepflanzt.

Wissenswert! Die B. ist eine der kleinsten heimischen Wildrosen und die einzige mit schwarzen Hagebutten. In den Küstendünen ist sie Kennart der weitgehend festgelegten, verheideten Braundüne.

Apfel-Rose

Rosa villosa · Familie Rosengewächse

Sommergrüne, verzweigte Wildrose, meist mit wenigen Ausläufern; Stacheln schlank und gerade. ✩ Mai–Jul

0,8–2 m hoch; Triebe meist sehr samtig. **Blätter** 8–9 cm lang, 5- bis 7-(9-)zählig gefiedert, Fiedern elliptisch, oberseits graugrün, unterseits dicht wollig-filzig und mit leicht harzig duftenden Drüsen. **Blüten** zu 1–3 auf stacheligen, drüsenborstigen Stielen, 3–6 cm breit, kräftig rosa bis karminrot. **Früchte** (Hagebutten) bis zu 2,5 cm lang, weichstachelig; Fruchtreife ab Aug.

Vorkommen Felsige Hänge, Hecken, Gebüsche, kalkliebend. In EU fast überall verbreitet; vor allem in Großbritannien.

Mai-Rose, Zimt-Rose

Rosa majalis · Familie Rosengewächse

Sommergrüne, großblütige Wildrose mit Ausläufern und braunroten, oft unbestachelten Trieben. ✩ Mai–Jun

1–1,5 m hoch. **Blätter** 4–9 cm lang, mit flaumigem Blattstiel, 5- bis 7-zählig unpaarig gefiedert, Fiedern 2–3 cm lang, elliptisch, dünn, einander genähert und teils überdeckend, oberseits stumpf- bis leicht bläulich grün und anliegend behaart, unterseits graugrün und dichthaarig. **Blüten** rosaweiß bis karminrot, auffällig, bis zu 6 cm breit. **Früchte** (Hagebutten) kugelig, dunkelrot; ab Aug.

Vorkommen Auengehölze, Gebüsche an Ruinen, Steinbrüche. Von S-Skandinavien bis zum nördl. Balkan; in D v. a. an den Alpenflüssen, ferner Relikte im Harz.

Wissenswert! Diese Rosenart wurde von den weißen Siedlern im östlichen N-Amerika eingebürgert.

Bibernell-Rose, Dünen-Rose
unten rechts: Früchte

Apfel-Rose

Mai-Rose, Zimt-Rose

Wein-Rose

Rosa rubiginosa · Familie Rosengewächse

Sommergrüne, dichtästige Wildrose mit aufrechten, später bogigen Zweigen, dicht mit hakenförmig gekrümmten Stacheln besetzt. ✰ Mai–Jun

Wuchshöhe etwa 1–3 m. **Blätter** 6–8 cm lang, 5- bis 7-zählig unpaarig gefiedert, Fiedern 2–3 cm lang und etwa 1,5 cm breit, oval bis rundlich, kurz zugespitzt, oberseits blassgrün, unterseits vor allem auf der Mitelrippe dicht mit dunklen Drüsen (= Subfoliardrüsen) besetzt, die beim Zerreiben charakteristisch apfel- bis weinartig duften, auf den Hauptnerven behaart. **Blüten** meist einzeln oder zu wenigen in den Blattachseln, 3–5 cm breit, hell- oder lebhaft rosa, selten auch weiß, von angenehmem Duft; Blütenstiele und Achsenbecher mit Stieldrüsen, Kelchblätter geteilt. **Früchte** (Hagebutten) kugelig-flaschenförmig, scharlachrot, etwas ledrig; ab Aug. **Vorkommen** Gebüsche, Hecken, Trockensäume, gern auf kalkhaltigem, sandigsteinigem Boden. In EU von der Iberischen Halbinsel bis zu den Britischen Inseln und S-Skandinavien weit verbreitet, ferner in den Alpen, auf dem Balkan, im Schwarzmeergebiet und in W-Asien; in N-Amerika eingebürgert; in verschiedenen Gartensorten angepflanzt.

Wissenswert! Wurde bereits im 16. Jh. in Kultur genommen, war Kreuzungspartner zahlreicher Züchtungen von Edelrosen. Ist auch unter den Namen Schottische Zaun-Rose oder Marien-Rose bekannt.

Alpine Rose

Rosa pendulina · Familie Rosengewächse

Sommergrüne Wildrose mit Ausläufern; spärlich oder nicht bestachelt, mit kräftig rosarot Blüten. ✰ Mai–Aug

0,5–2 m hoch; Triebe grünlich rot. **Blätter** gestielt, 10–12 cm lang, 7- bis 11-zählig unpaarig gefiedert, oberseits matt bläulich grün, unterseits heller. **Blüten** bis zu 5 cm breit. **Früchte** (Hagebutten) flaschenförmig, bis zu 2,5 cm lang, rot; ab Aug. **Vorkommen** Offene, sonnige Gebüsche, alpine Grasmatten. Gebirge in M.- und S-EU, fehlt in D, in den Alpen bis 2000 m.

Wissenswert! Trotz ähnlichem Namen mit Alpenrose (*Rhododendron*, ⇨ S. 396) nicht verwechselbar. Blüte bietet nur Pollen an.

Fingerstrauch

Potentilla fruticosa · Familie Rosengewächse

Sommergrüner, reich verzweigter Strauch mit braunroter Rinde, die sich in schmalen Fetzen ablöst. ✰ Jun–Sep

Bis zu 1 m hoch. **Blätter** kurz gestielt, handförmig 3- bis 5-zählig gefiedert, oberseits dunkelgrün, unterseits etwas heller, nur wenig oder gar nicht behaart. **Blüten** 5-zählig, bis zu 3 cm breit, goldgelb. **Vorkommen** Lichte Wälder, felsige Hänge, Auengehölze an Bach- und Flussufern, bis auf 2000 m Höhe. SW- bis SO-EU. Zahlreiche Kultursorten. Stellenweise verwildert.

Wissenswert! Die Blüten führen Nektardrüsen und sind ergiebige Pollenspender für Hautflügler und Schmetterlinge.

Wein-Rose

Alpine Rose

Fingerstrauch
Sorte 'Ochroleuca'

Gewöhnliche Brombeere

Rubus fruticosus · Familie Rosengewächse

Sommer- bis wintergrüner, kräftiger Strauch mit kantigen, bestachelten Ästen; Sprossenden bilden bei Bodenkontakt erneut Wurzeln. ✮ Jun–Jul

Blätter lang gestielt, meist 5-zählig gefiedert, Fiedern 5–10 cm lang, gestielt, breit elliptisch, zugespitzt, am Grund abgerundet, grob und ungleichmäßig gezähnt, oberseits matt oder leicht glänzend dunkelgrün, unterseits hellgrün, Blattstiele und Mittelrippe bestachelt. **Blüten** 5-zählig, weiß oder hellrosa, zahlreich in endständigen Rispen an den vorjährigen Zweigen. **Früchte** (Brombeeren) sind Sammelsteinfrüchte, saftig, schwarzrot, lösen sich leicht mitsamt der Blütenachse ab, essbar; Fruchtreife ab Jul.

Vorkommen Wegränder, Brachland, Waldsäume, Hecken, Gebüsche, Kahlschläge und Feldgehölze, vorwiegend in relativ wintermilden Gebieten. Überall in EU häufig; in mehreren großfrüchtigen Sorten auch gärtnerisch und im Erwerbsobstbau verwendet.

Wissenswert! Die G. B. bildet eine Sammelart, die sich nach Feinmerkmalen allein in M.-EU in mehrere hundert Sippen untergliedern lässt: Hier läuft vor unseren Augen die Evolution neuer Arten ab. Zu den Unterscheidungsmerkmalen gehört z. B. auch, ob die Pflanzen im Herbst eine lebhafte Laubumfärbung zeigen oder wintergrün bleiben. Die genauere Bestimmung der Kleinarten, die sich offenbar in weiterer Aufspaltung befinden, ist meist schwierig.

Varietät: 3-lappig

Mittelmeer-Brombeere

Rubus ulmifolius · Familie Rosengewächse

Wintergrüner Strauch mit bogig überhängenden, rötlich violetten, bereiften Trieben; Stacheln gerade oder leicht gekrümmt, über 1 cm lang. ✮ Mai–Jul

Etwa 1–2 m hoch, Triebe bis zu 4 m bis lang. **Blätter** 3- bis 5-zählig gefiedert, Fiedern recht variabel, oberseits dunkelgrün und meist kahl, unterseits leicht graufilzig, Endfieder stets mit kurzer Spitze. **Blüten** bis zu 2 cm breit, rosarot oder leicht violettrot, zahlreich in verlängertem, meist unbeblättertem Blütenstand. **Früchte** (Brombeeren) Sammelfrüchte, groß, schwarz; reif ab Aug.

Vorkommen Waldsäume, Feldhecken, Brachland, Gebüsche, Geröllhalden, Felsfluren, Ufer. V. a. im Mittelmeergebiet, auch im gemäßigten W-EU, in D im Rheinland.

Wissenswert! Gehört zum großen Formenkreis der Gewöhnlichen Brombeere; bildet oft undurchdringliche, über mannshohe Hecken. Vermutlich stellte sie auch die schon in der Bibel mehrfach erwähnten Dornsträucher dar.

Ähnlich Geschlitztblättrige Brombeere *Rubus laciniatus*: Triebe bis zu 4 m lang, nur aus der Kultur bekannte Form unbekannter Herkunft; Blüten rosaweiß in endständigen Rispen, Kelchblätter bis zu 2 cm lang, wollig behaart, Kronblätter gezähnt, Früchte rundlich, bis zu 1,5 cm dick. In EU und N-Amerika wurde die G. B. vielerorts eingebürgert.

Gewöhnliche Brombeere
unten links: Herbstfärbung, unten rechts: Früchte

Mittelmeer-Brombeere

Kratzbeere, Acker-Brombeere

Rubus caesius · Familie Rosengewächse

Sommergrüner Strauch mit langen, bestachelten, bläulich bereiften Trieben, Stacheln ziemlich gerade und kurz, dünn, zerstreut. ✫ Mai–Jun

Um 1 m hoch. **Blätter** zumeist 3-zählig gefiedert, Fiedern bis zu 9 cm lang, Endfieder gestielt, rautenförmig, grob gezähnt, angedeutet 3-lappig, Seitenfiedern fast sitzend, hellgrün; Nebenblätter schmal lanzettlich. **Blüten** 2,5 cm breit, weiß, in wenigblütigen Doldentrauben, Kelchblätter grauweiß. **Früchte** (Brombeeren) Sammelsteinfrüchte, saftig, aus nur wenigen (manchmal sogar nur 2) relativ großen Einzelfrüchten, diese auffallend bläulich bereift, essbar, schmecken jedoch säuerlich und wenig aromatisch; Fruchtreife ab Aug.

Vorkommen Waldränder, Flurhecken, Gebüsche, Weinbergsbrachen, Ufer, Staudenfluren. Die K. erträgt längere Staunässe im Boden, bildet in gelegentlich überfluteten Bach- und Flussauen undurchdringliche Dickichte. In EU weit verbreitet, ferner in N-Asien, fehlt allerdings in Kleinasien.

Wissenswert! Triebspitzen, die den Boden berühren, bewurzeln sich und bilden den Ausgangspunkt einer neuen Pflanze. Auf diese Weise entwickeln sich mit der Zeit auf Brachland oder an Gehölzsäumen weitflächige Gebüsche. Häufig kommt es zur Bastardierung mit Kleinarten aus dem Formenkreis der Gewöhnlichen Brombeere (⇨ S. 536). Die für uns nur wenig schmackhaften Früchte sind bei Vögeln sehr beliebt. Die kräftige Reifschicht auf den Fruchtschalen reflektiert den UV-Anteil des Tageslichts sehr stark und lässt die Früchte für Vogelaugen besonders grell und auffällig erscheinen.

Himbeere

Rubus idaeus · Familie Rosengewächse

Sommergrüner Strauch mit Ausläufern und rutenförmige, aufrechte sowie bogig überhängende Triebe. ✫ Mai–Jul

Wuchshöhe 0,5–1,5 m; Triebe schwach bereift und nur im unteren Teil mit kurzen, geraden, oft schwarzroten Stacheln besetzt. **Blätter** meist 3-, seltener 5- oder 7-zählig gefiedert, Fiedern 5–10 cm lang, Endfieder am größten, seitliche Fiedern sitzend, alle oberseits kahl, unterseits auffällig weißfilzig behaart, scharf gesägt, am Grund abgerundet, vorn schlank zugespitzt. **Blüten** weiß, meist etwas nickend, zu mehreren in lockeren Trauben, Kelchblätter filzig, nach dem Abblühen zurückgeschlagen. **Früchte** (Himbeeren) Sammelsteinfrüchte aus zahlreichen, rundlichen Einzelfrüchten, fleischrot (selten auch gelblich), samtig behaart, lösen sich leicht von der kegelförmigen Blütenachse, essbar, meist recht aromatisch; Fruchtreife ab Jul.

Vorkommen Lichte Wälder und Gebüsche, Waldschläge, Hochstaudenfluren, Böschungen, Ufer, Felsschuttflächen, aufgelassene Kiesgruben und Steinbrüche. Fast überall in EU häufig, fehlt nur im äußersten N und SW; im östl. N-Amerika eingebürgert, zahlreiche ertragreiche Fruchtsorten.

Wissenswert! Am Sortenbild der Kultur-Himbeeren, darunter auch gelbfrüchtige Kultursorten, sind verschiedene nordamerikanische Wild-Himbeeren beteiligt, beispielsweise die von Alaska bis Kalifornien vorkommende Lachs-Himbeere *R. spectabilis*.

Die verbreitete Gartensorte 'Meeker' hat mittelgroße, kegelförmige Früchte.

Kratzbeere, Acker-Brombeere

Himbeere
oben rechts: Blüten, unten rechts: Früchte

Eschen-Ahorn

Acer negundo · Familie Seifenbaumgewächse

Durch die unpaarig gefiederten Blätter unterscheidet sich dieser Baum von den typischen Ahornen. ✿ Mai

Sommergrün, bis zu 15 m hoch. **Blätter** gegenständig, 7–15 cm lang, unpaarig gefiedert. **Blüten** vor dem Laub erscheinend; schmucklos, ♂ Blüten in dichten, rötlichen Büscheln, ♀ in hängenden, grünlichen Rispen, vom Wind bestäubt.

Vorkommen Wechselfeuchte Böden in Flussniederungen, Talauen. Stammt aus N-Amerika, in EU häufig als Parkgehölz.

Wissenswert! E. sind überaus raschwüchsig, gedeihen auch im städtischen Umfeld zufriedenstellend. Gelegentlich verwildern sie an Straßen und Bahnanlagen.

Mahonie

Mahonia aquifolium · Fam. Berberitzengew.

Immergrüner, unbedornter Zierstrauch mit dunkelgrünen, ledrigen, glänzenden Blättern. ✿ Mär–Mai

0,5–1,5 m hoch. **Blätter** unpaarig gefiedert, mit 5–9 elliptischen Fiedern, 4–8 cm lang, mit scharfen, dornigen Blattrandzähnen. **Blüten** bis zu 1 cm breit, goldgelb, in hängenden Trauben. Beeren**früchte** reif blauschwarz, bereift, ab Sep.

Vorkommen Schattige, luftfeuchte Gebüsche und Bergwälder. Häufig als Ziergehölz verwendet, zunehmend in Gebüschen verwildert und eingebürgert. Außer für Insekten auch für Singvögel eine wertvolle Nahrungsquelle.

Pimpernuss

Staphylea pinnata · Fam. Klappernussgew.

Sommergrüner Strauch oder kleiner Baum mit dicken Ästen und aufgeblähten Kapselfrüchten. ✿ Mai–Jun

Etwa 2–5 m hoch; Zweige grünlich, später rötlich braun mit hellen Rindenporen. **Blätter** gegenständig, lang gestielt, bis zu 25 cm lang, 5- bis 7-zählig unpaarig gefiedert. **Blüten** 5-zählig, Kelchblätter gelblich weiß, leicht rötlich überlaufen, kaum von den Kronblättern zu unterscheiden, in hängenden, endständigen Rispen. Kapsel**früchte** häutig, blassgrün, bis zu 4 cm lang; Fruchtreife ab Sep.

Vorkommen Krautreiche Mischwälder, Säume, Schläge, auf kalkreichen Böden. Südliches M.-EU, Schweizer Jura Alpennordrand, Karpaten, Balkan; in D selten in der Oberrheinebene, sonst nur angepflanzt.

Wissenswert! Auch Klappernuss genannt, da reife Samen in den Früchten klappern.

Winter-Jasmin

Jasminum nudiflorum · F. Ölbaumgewächse

Sommergrüner, sehr früh blühender Kletterstrauch mit kantigen, dunkelgrünen Zweigen. ✿ Dez–Apr

Etwa 1–3 m hoch. **Blätter** 3-zählig gefiedert, Fiedern 1–3 cm lang, tiefgrün. **Blüten** einzeln in den Blattachseln vorjähriger Triebe, vor dem Blattaustrieb, hellgelb, bis zu 3 cm breit, wenig duftend.

Vorkommen Auengehölze, lichte Gebüsche. Heimisch in N-China; seit langem als auffälliger Winterblüher in Kultur.

Ähnlich Der aufrecht wachsende **Strauch-Jasmin** *J. fruticans* blüht ebenfalls gelb. Seine Blätter sind jedoch wechselständig und immergrün. Im Mittelmeerraum verbreitet, in den Südalpen (Tessin, Südtirol) stellenweise verwildert.

Eschen-Ahorn
oben: Blütenstand

Mahonie

Pimpernuss

Winter-Jasmin

Gewöhnliche Rosskastanie

Aesculus hippocastanum · Familie Seifenbaumgewächse

Im Frühjahr fallen die großen, aufrecht stehenden Blütenstände auf, im Herbst die dunkelbraunen Kastanien in der kugeligen, stark stacheligen Hülle.
✰ Mai

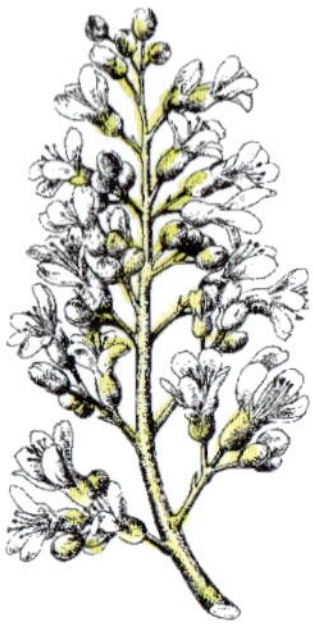

Die Blüten an der Basis des Blütenstands sind zwittrig, die weiter oben rein männlich. Die beiden oberen der 5 weißen Kronblätter zeigen ein dunkleres Farbmal.

Sommergrün, bis zu 25 m hoch, mit hoher, dichter, regelmäßiger Krone auf meist kurzem, gedrungenem, nicht selten etwas gedrehtem Stamm; Rinde anfangs hellbraun und glatt, später zunehmend dunkel- bis schwarzbraun und in gröbere Platten gefeldert; Triebe fast fingerdick, bräunlich, mit helleren Korkwarzen besetzt; Endknospen auffallend groß, vor dem Austrieb stark klebrig. **Blätter** gegenständig; Blattstiel bis zu 20 cm lang, grünlich, hinterlässt nach dem Laubfall eine große, dreieckige bis hufeisenförmige Blattnarbe; Spreite bis zu 25 cm lang, handförmig gefiedert, die 5–7 Fiederblätter verkehrt eiförmig, breiteste Stelle im vorderen Drittel (Unterschied zur Rotblühenden Rosskastanie), sitzend; oberseits dunkelgrün, im Herbst leuchtend goldgelb, zersetzen sich als Streu sehr rasch. **Blüten** zahlreich in dichten Blütenständen (Scheinrispen). Kapsel**früchte** 5–6 cm dick, grünlich, dicht und kräftig bestachelt, mit 1–3 glänzend rotbraunen Samen (= Kastanien).

Vorkommen Auf nährstoffreichen, frischen bis feuchten, lockeren Lehmböden in Bergwäldern. Ursprünglich nur im nördlichen Balkan, heute überall in EU sowie in N-Amerika angepflanzt, stellenweise eingebürgert.

Wissenswert! Die weiß blühende G. R. gelangte um 1570 von Konstantinopel nach Wien. Daher vermutete man lange Zeit die Türkei als Heimat dieser Baumart. Erst 1879 hat man die natürlichen Vorkommen in N-Griechenland entdeckt. Wegen ihrer stattlichen Blütenstände wurde die leicht zu kultivierende und rasch wachsende G. R. schon bald überall in EU als Parkbaum angepflanzt. Sie ist heute das typische Gehölz von Dorfplätzen, Stadtparks, Schulhöfen und Biergärten und so populär, dass ihre fremdländische Herkunft gar nicht mehr wahrgenommen wird.

Seinen Namen erhielt der Baum nach seiner traditionellen Verwendung als Heilpflanze: In der Türkei sollen damit Hustenerkrankungen von Pferden kuriert worden sein. Reife Kastanien sind leicht giftig. Sie enthalten Saponine und Flavonglykoside, die zur Behandlung von Gefäßerkrankungen eingesetzt werden.

Die auffälligen Blüten zeigen gleich nach dem Aufblühen, solange sie Nektar bilden, ein hellgelbes Farbmal. Mit versiegender Nektarproduktion in den folgenden Tagen verfärbt sich das Farbmal verfärbt über Ziegelrot nach Tiefpurpurn. Dann fliegen keine Bienen oder Hummeln die Blüten mehr an.

Ähnlich Die **Rotblühende Rosskastanie** *Aesculus × carnea* ist eine Kreuzung aus der meist strauchförmig wachsenden, leuchtend rot blühenden nordamerikanischen Pavie *(Aesculus pavia)* und der Gewöhnlichen Rosskastanie, die meist als Unterlage zur Veredelung dient.

Knospen grünlich grau, Blätter derb, dunkelgrün, mit kurz gestielten, gekerbten Fiedern; Blüten in langen, aufrecht stehenden Rispen, uneinheitlich fleischrot, Blütezeit Apr; Fruchtkapsel gar nicht oder nur wenig bestachelt; in EU häufig in Parks und an Straßenrändern angepflanzt.

Gewöhnliche Rosskastanie

Gewöhnliche Esche

Fraxinus excelsior · Familie Ölbaumgewächse

An den blattlosen Zweigen fallen die spitzen, schwarzen Winterknospen auf, vor dem Laubaustrieb erscheinen die unscheinbaren Blüten in dichten Rispen. ✫ Apr–Mai

Sommergrün, bis zu 40 m hoch; Rinde anfangs hellgrau, glatt, später borkig. **Blätter** gegenständig, bis zu 25 cm lang, unpaarig gefiedert, die 9–13 Fiedern oval länglich, fein gesägt, oberseits mattgrün, unterseits heller und entlang der Mittelrippe rotbraun behaart. **Blüten** ein- oder zweihäusig verteilt, vor den Blättern erscheinend, grünlich. Nuss**früchte** schmal geflügelt, hellbraun, bleiben lange am Baum, werden vom Wind verdriftet.

Vorkommen Auf sickerfrischen, nährstoffreichen Böden in Auen von Bächen und Flüssen sowie in Schluchtwäldern; Lichtholz. Fast in ganz EU außer in großen Teilen der Iberischen Halbinsel und Skandinaviens, im S nur im Gebirge, im O bis zum Schwarzen Meer; häufig als Park- oder Straßenbaum gepflanzt.

Wissenswert! Die G. E. gehört zu den hochwüchsigsten heimischen Laubgehölzen. Ihr helles, festes Holz verarbeitet man zu Furnieren, Sportgeräten, Werkzeugstielen und Biegeformteilen.

Fruchtstand ▽

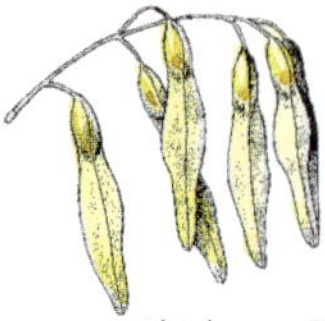

Blattlänge 20–25 cm

Blattknospe ▽

Manna-Esche, Blumen-Esche

Fraxinus ornus · Familie Ölbaumgewächse

An der Rinde, die kein ausgeprägtes Muster aufweist, und den helleren Winterknospen unterscheidet sie sich von der Gewöhnlichen Esche. ✫ Mai–Jun

Sommergrün, bis zu 25 m hoher Baum oder Strauch, mit lockerer, rundlicher Krone. **Blätter** gegenständig, unpaarig gefiedert, die 7–9 Fiederblättchen länglich oval, zugespitzt, gezähnt; oberseits mattgrün, unterseits entlang des Hauptnervs bräunlich wollig behaart. **Blüten** nach dem Laub erscheinend, zahlreich in dichten, hängenden Rispen; weiß; angenehm duftend. Nuss**früchte** sehr schmal geflügelt.

Blütenstand

Blattlänge 15–20 cm

Vorkommen Sonnig-trockene Hänge mit mäßig nährstoffreichen, flach- bis mittelgründigen, kalkhaltigen Böden; wichtige Leitart Wärme liebender Waldgesellschaften im südöstl. EU. Mehrere Verbreitungsinseln in O-Spanien, S-Frankreich, den südlichen Alpen und Italien, auf dem Balkan und in Kleinasien; in S-EU und dem südl. M.-EU häufig als Ziergehölz angepflanzt, in D im Oberrheingebiet eingebürgert.

Wissenswert! Früher sammelte man den eingetrockneten Blutungssaft angeschnittener Stämme, das süß schmeckende Manna, und baute den Baum sogar in Plantagen an. Dieses für viele Ölbaumgewächse typische Kohlenhydrat ist übrigens nicht identisch mit dem biblischen Manna. Blumen-Esche nennt man den Baum wegen seiner schmucken, von Insekten bestäubten Blüten.

Gewöhnliche Esche
oben rechts: Blüten, unten rechts: Früchte

Manna-Esche, Blumen-Esche

Götterbaum

Ailanthus altissima · Familie Bittereschengewächse

Die großen, zur Reifezeit ab dem Spätsommer hochroten, geflügelten Fruchtstände sehen von Weitem aus wie üppige Blumensträuße. ✰ Jun–Jul

Sommergrün, bis zu 25 m hoch, mit lockerer Krone. **Blätter** wechselständig, 40–70 cm lang, mit rötlicher Hauptrippe (Blattspindel), unpaarig gefiedert, die 11–19 Fiedern je etwa 5–15 cm lang, länglich oval, glattrandig; oberseits glänzend dunkelgrün, unterseits blasser, meist kahl, beim Zerreiben unangenehm riechend. **Blüten** ♂ oder zwittrig, unscheinbar klein, grünlich gelb, zahlreich in 15–20 cm langen, locker verzweigten, endständigen Rispen. Nuss**früchte** 2-seitig geflügelt, Flügel zungenförmig, etwa 4 cm lang.

Vorkommen Auf lockeren, wasserdurchlässigen, mäßig nährstoffreichen, aber häufig kalkhaltigen Böden in Wärmegebieten; Lichtholz. Ursprünglich in Auenwäldern und auf Schwemmlandböden in O-Asien (China); vielfach als Park- und Straßenbaum angepflanzt und heute vielerorts in EU und in N-Amerika eingebürgert; in D bisher fast nur in größeren Städte.

Wissenswert! Der Götterbaum erweist sich als bemerkenswert widerstandsfähig gegen Abgasbelastung und sommerliche Trockenheit. Das prädestiniert ihn als städtisches Ziergehölz. Die reiche Produktion von Samen, die als Schraubenflieger vom Wind verdriftet werden, trug dazu bei, dass sich die Art auch auf Schuttgelände, Industriebrachen sowie im Saum großer Verkehrswege immer mehr ausbreitete. Im unbelaubten Zustand kann man den Götterbaum am orangegelben Mark seiner Zweige erkennen.

Blasenesche

Koelreuteria paniculata · Familie Seifenbaumgewächse

Aus dem Laub ragen die zunächst die chromgelben Blütenstände, später die auffallenden Fruchtstände der aufgeblasenen Kapselfrüchte heraus. ✰ Jul–Aug

Sommergrün, bis zu 15 m hoch, mit kugeliger oder kuppelförmiger Krone und schlankem Stamm, oft auch mehrstämmig. **Blätter** wechselständig, 20–35 cm lang; unpaarig, z. T. auch doppelt gefiedert, die 7–17 Fiederblättchen oval, 3–8 cm lang, an der Basis gelappt, klein gezähnt; oberseits matt dunkelgrün, unterseits etwas heller getönt, Herbstfärbung kräftig gelb. **Blüten** zwittrig, etwa 1 cm breit, mit 4 schmalen, chromgelben Kronblättern; in großer Zahl in bis zu 50 cm hohen, lockeren, aufrechten oder abstehenden Rispen. Kapsel**frucht** 3-klappig, vorn spitz, mit Stielbucht, zur Reifezeit lampionartig aufgebläht und rotbraun gefärbt.

Vorkommen Auf warmen, trockenen, lockeren Böden. Beheimatet in SO-Asien (Japan, China, Korea); in M.-EU oft als Parkgehölz gepflanzt.

Wissenswert! Die B. wurde schon um 1750 aus ihrem asiatischen Ursprungsgebiet nach M.-EU eingeführt. Trotz ihrer Herkunft ist sie hier ausreichend winterhart. Neben der Wildform gibt es auch einige Gartenvarietäten mit stärker eingeschnittenen oder gar gelappten Fiedern. Wissenschaftlich benannt wurde die Art nach dem erfolgreichen württembergischen Pflanzenzüchter Josef Gottlieb Kölreuter.
Die aufgeblähten Kapseln enthalten jeweils 3 schwarze, etwa erbsengroße Samen, die in katholischen Gegenden früher zu Rosenkränzen aufgefädelt wurden.

Götterbaum
rechts: Früchte

Blasenesche
Früchte

Schwarzer Holunder

Sambucus nigra · Familie Moschuskrautgewächse

Sommergrüner, breitbuschiger Großstrauch oder kleiner Baum mit rauborkigem Stamm; Blütenstände auffallend, Früchte schwarz. ✿ Mai–Jun

Bis zu 9 m hoch; Äste und Zweige aufrecht oder bogig nach außen überhängend; Triebe graubraun, kahl, Zweige mit zahlreichen, großen, länglichen Korkwarzen (Rindenporen, Lentizellen) und weißem Mark. **Blätter** gegenständig, lang gestielt, 10–25 cm lang, an der Basis mit länglichen, höckerigen, von Nebenblättern abzuleitenden, grünen Nektardrüsen, 5- bis 7-zählig unpaarig gefiedert, Fiedern fast sitzend, bis zu 8 cm lang und 3,5 cm breit, elliptisch, lang zugespitzt, gesägt, oberseits mattgrün, unterseits zuletzt kahl und heller grün, beim Zerreiben aromatisch duftend. **Blüten** klein, scheibenförmig flach, cremeweiß, sehr zahlreich in großen, flachen, bis zu 8 cm breiten Schirmrispen, mit starkem, sehr angenehmem Duft. **Früchte** kugelige Steinfrüchte (in Norddeutschland unzutreffend Fliederbeeren genannt), 3–4 mm dick, auf hellroten Fruchtstielen, schwarzrot mit purpurrotem Saft, essbar; Fruchtreife ab Aug.

Vorkommen Waldränder, Feldgehölze, Ufer und Zäune, Feldscheunen, Ruinen- und Abraumgelände, Bahndämme, Böschungen; häufiger Siedlungsfolger, insofern auch zuverlässiger Stickstoffzeiger. In EU weit verbreitet, ferner Kleinasien und Kaukasus; in den Alpentälern bis in etwa 1200 m Höhe; vielfach auch in Fruchtsorten gepflanzt, außerdem als Ziergehölz mit abweichender gelbgrüner Blattfärbung sowie in einer extrem schmalblättrigen Form oder mit geschlitzten bzw. doppelt gefiederten Blättern; in der Normalform häufig in Parks und Gärten.

Wissenswert! Dieses Gehölz hat große Bedeutung als Heilpflanze und als Fruchtstrauch. Seine getrockneten Blüten und Früchte werden nach wie vor gegen Katarrhe und sonstige Beschwerden der Atemwege sowie gegen Fieber verwendet. Bereits die Menschen der Jungsteinzeit sammelten die schmackhaften Früchte, wie man an den Samenfunden in ausgegrabenen Siedlungen feststellen konnte. Auch mancherlei Geschichten ranken sich um den S. H. Judas soll sich nach biblischer Überlieferung daran erhängt haben, wovon angeblich der strenge Geruch der Blätter herrührt. Eine fast nur auf Holunder wachsende Pilzart heißt danach auch Judasohr. Den Germanen war der Strauch besonders heilig, als Hausstrauch sollte er die bösen Geister bannen. Sein Name ehrt Frau Holle (die der nordischen Göttin Freya entspricht), was auch in der mundartlichen Bezeichnung Hollerbusch deutlich wird. Die duftenden Blüten werden vor allem von Fliegen und kleinen Käfern bestäubt, die auf den flachen Schirmrispen umherlaufen. Holunderpollen werden jedoch großenteils auch vom Wind verfrachtet und sind bekanntermaßen Mitauslöser von Pollenallergien. Die Winterknospen weisen keine schützenden Knospenhüllen auf. Daher stehen die bereits im Frühherbst fertigen Blattanlagen während der kalten Jahreszeit halb geöffnet im Freien. Die reifen Früchte werden von Vögeln geerntet. Vögel besorgen auch die Ausbreitung der Art.

Ähnlich Der **Kanadische Holunder** *S. canadensis* unterscheidet sich vom Schwarzen Holunder durch seine bis zu 25 cm breiten Doldenrispen und nur wenige, aber große Lentizellen an den Zweigen. Er wird gelegentlich als Fruchtgehölz in Plantagen gezogen.

Schwarzer Holunder

Trauben-Holunder, Roter Holunder

Sambucus racemosa · Familie Moschuskrautgewächse

Sommergrüner Strauch mit aufrechten oder etwas überhängenden Ästen und Zweigen. ✫ Apr–Mai

Meist nur 1–4 m hoch; mäßig verzweigt, locker belaubt; Triebe kahl; Rinde hell braungrau, mit zahlreichen großen Korkwarzen; Mark rostbraun. **Blätter** gegenständig, lang gestielt, 10–25 cm lang, meist 5-zählig unpaarig gefiedert, Fiedern schmal lanzettlich, schlanker als beim Schwarzen Holunder (⇨ S. 548), oberseits matt dunkelgrün, unterseits bläulich und nur wenig flaumig behaart, im Austrieb oft rötlich purpurn, im Herbst bleichgelb; beim Zerreiben einen starken, etwas unangenehmen Geruch verströmend. **Blüten** klein, hellgelb, mit den Blättern erscheinend, angenehm duftend, sehr zahlreich in gedrungenen, aufrechten, ca. 5–8 cm langen Rispen. Stein**früchte** kugelig, etwa erbsengroß, scharlachrot, saftig; ab Jul.

Vorkommen Liebt sonnige bis halbschattige Standorte auf nährstoffreichen Lockerböden; lichte Gebüsche und Nadelforste, Nadelwälder, Schlagfluren, Säume, Flurgehölze und Wegränder. M.- und S-EU, in Skandinavien nur aus Kulturen verwildert; ferner in Vorderasienbis N-China; in den Alpen bis in 1400 m Höhe.

Wissenswert! Regional wird die Art auch Berg-Holunder oder Hirsch-Holunder genannt. Das Fruchtfleisch ist nur nach Erhitzen essbar. Man verwendet es meist lediglich zur Farbverschönerung von Säften und Kompott. Die Steinkerne sind wie die übrigen Pflanzenteile leicht giftig und können starken Brechreiz hervorrufen. Vögel verzehren die Früchte sehr gern. Insofern ist die Art ein wichtiges Vogelschutzgehölz. Die 3. heimische Art, der Zwerg-Holunder oder Attich S. *ebulus*, ist eine Staude.

Keuschbaum

Vitex agnus-castus · Familie Eisenkrautgewächse

Sommergrüner Strauch mit aufrechten, 4-kantigen, filzig behaarten Ästen und Zweigen und violetten Blüten in üppigen Blütenständen. ✫ Jul–Aug

Höhe bis zu 3 m. **Blätter** gegenständig, handförmig 5- bis 7-zählig gefiedert, Fiedern 5–10 cm lang, glattrandig, oberseits kahl, unterseits graufilzig. **Blüten** zahlreich in endständiger, bis zu 30 cm langem Blütenstand (Ähre) am Zweigende oder in den Blattachseln, Krone bis zu 8 mm lang, 2-lippig, röhrig-trichterig, selten rosa oder weißlich. Stein**früchte** pfefferkorngroß, 3–4 cm dick, schmecken beißend scharf; ab Sep. Alle Teile duften beim Zerreiben stark aromatisch.

Vorkommen Bachauen, Kiesbänke, Flussufer, Waldsäume, Küstenfelsen; bevorzugt kalkreiche Böden. Mittelmeerraum von Spanien bis zum Balkan, ferner Krim und Zentralasien; in M.-EU nicht ausreichend winterhart.

Wissenswert! Der scharfe, pfefferähnliche Geschmack der Früchte, die gebietsweise dementsprechend auch als Pfefferersatz dienten, sollte angeblich jede sexuelle Lust unterdrücken, was den Namen Mönchspfeffer erklärt. Mönche brachten die Pflanze von ihrer Heimat im Mittelmeerraum nach M.-EU. Regional wird der Keuschbaum auch Keuschlamm genannt. Die Früchte werden auch medizinisch genutzt, beispielsweise als pflanzliche Auszüge bei Menstruationsstörungen.

In der griechischen Antike war der Keuschbaum der Fruchtbarkeitsgöttin Hera geweiht, die, so berichtet eine Legende, unter dieser Pflanze geboren worden sein soll. Heute findet man den Keuschbaum in M.-EU als Kübelpflanze in Wintergärten sowie auf Balkon und Terrasse.

Trauben-Holunder, Roter Holunder
oben rechts: Blüten, unten rechts: Früchte

Keuschbaum

Chinesische Hanfpalme

Trachycarpus fortunei · Fam. Palmengew.

Die Rispen mit den kleinen, gelblichen Blüten hängen in weitem Bogen aus dem Blattschopf heraus. ✿ Mai–Jun

Immergrün, bis zu 15 m hoch, mit schlankem Stamm. **Blätter** bis zu 1 m lang gestielt, Spreite fächerförmig, 60–100 cm lang mit etwa 25 Strahlen, die fast bis zu Basis getrennt sind. **Früchte** klein, kugelig, in der Reife blauschwarz.

Vorkommen Lockere, flachgründige Sandböden. Stammt aus O-Asien (S-China, Japan, Myanmar), seit dem 19. Jh. auch im Mittelmeerraum als Park- und Straßenbaum verbreitet.

Wissenswert! In M.-EU wird diese attraktive Palme oft als eine bis zu 5 m hohe Kübelpflanze kultiviert.

Kanarische Dattelpalme

Phoenix canariensis · Fam. Palmengewächse

Der große, dichte Blattschopf umfasst 160–200, bis zu 50 cm lange, gefiederte Blätter. ✿ Mär–Jun

Immergrün, bis zu 25 m hoch, mit unverzweigtem, relativ gedrungenem, geradem Stamm. **Blätter** 2–5 m lang, frischgrün, gefiedert, meist etwas schief gedreht. **Blüten** zweihäusig verteilt, klein, gelblich, in bis zu 2 m langen, bogig überhängenden Rispen. **Früchte** (Beeren) gelbbräunlich, fast ohne Fruchtfleisch, ungenießbar.

Vorkommen Steinige, humusarme Lockerböden. Stammt von den Kanarischen Inseln, heute im gesamten Mittelmeergebiet als Park- und Straßenbaum verbreitet.

Dattelpalme

Phoenix dactylifera · Fam. Palmengewächse

Die süßen bis mehlig schmeckenden, bis zu 8 cm langen Datteln besitzen einen sehr harten Kern. ✿ Feb–Jun

Immergrün, bis zu 25 m hoch, mit schlankem Stamm. **Blätter** zu 30–50 im Schopf, 2–4 m lang, gefiedert, graugrün, die 140–180 Fiederblätter bis zu 40 cm lang. **Blüten** zweihäusig verteilt, klein, zahlreich in großen Rispen. Beeren**früchte** bis zu 8 cm lange Datteln.

Vorkommen Lehmig-sandige, lockere Böden. Stammt vermutlich aus W-Asien; heute in den Tropen weltweit und auch im Mittelmeergebiet häufig gepflanzt.

Wissenswert! Zur Gewinnung eines reichen Fruchtansatzes hängt man in Dattelpflanzungen männliche Rispenteile in die weiblichen Bäume (Windbestäubung!).

Zwergpalme

Chamaerops humilis · Fam. Palmengewächse

Die fächerförmigen Blätter am langen, stachelig gezähnten Blattstiel bilden einen Schopf. ✿ Apr–Jun

Immergrün, 2–5 m hoch, ein- oder mehrstämmig. **Blätter** 50–90 cm lang, mit 12–20 graugrünen Strahlen. **Blüten** klein, gelblich, in Rispen. Beeren**früchte** rotbraun, ungenießbar.

Vorkommen Auf trockenen, steinigen Sandböden, bildet z. T. dichte Gebüsche. Entlang der westlichen Mittelmeerküste, fehlt jedoch in Frankreich.

Chinesische Hanfpalme
Blütenstände

Kanarische Dattelpalme
Fruchtstände

Dattelpalme
Fruchtstände

Zwergpalme
Blütenstände

Register der deutschen Pflanzennamen

Register der wissenschaftlichen Pflanzennamen

Bildquellen

Die Ziffer vor dem Punkt bedeutet die Seite im Buch, die Ziffer nach dem Punkt die Bildposition auf der Seite. Die Zählung auf einer Seite läuft wie die Artenfolge von links nach rechts und von oben nach unten.

Die Fotos stammen von **E. und M. Pforr**, mit Ausnahme der folgenden:
O. Angerer: 71.3, 95.4, 159.4, 185.1, 297.5, 299.2, 311.5, 411.4, 449.5, 497.3, 497.4;
A. Bärtels: 22, 235.4, 235.5, 241.3, 243.2, 257.1, 259.2, 261.1, 265, 267.3, 277.1, 277.2, 285.3, 287.1, 287.2, 287.3, 289.1, 289.3, 313.4, 325.2, 325.3, 330.3, 333.3, 335.3, 335.5, 341.1, 341.2, 341.3, 341.4, 359.2, 359.3, 375.6, 386.1, 386.2, 389.1, 393.3, 407.1, 411.1, 421.3, 421.4, 433.1, 433.6, 435.2, 435.3, 437.2, 437.4, 443.3, 470.1, 471.1, 483.1, 487.2, 489, 509.1, 509.4, 511.1, 511.3, 513.2, 527.3, 545.5, 547.3, 553.3;
Dr. H. Bellmann: 55.1;
Siegfried Demuth: 373.2;
Dr. G. Ewald: 53.6, 55.4, 57.5, 79.2, 85.3, 88.2, 93.6, 97.6, 117.1, 129.5, 151.1, 153.3, 159.3, 159.6, 161.6, 173.1, 175.1, 189.1, 201.3, 204.1, 203.3, 203.5, 205.4, 213.5, 213.6, 261.2, 263.2, 343.3, 345.2, 365.3, 375.5, 382, 429.3, 431.2, 465.3, 481.4;
Frank Hecker: 2, 10, 12, 13, 15, 17, 19, 35.1, 35.2, 37, 40, 42, 137.1, 137.2;
Dieter Heß: 327.4;
K. Jahnke: 349.6, 349.7, 533.2;
Dr. R. König: 53.1, 56.2, 57.4, 60.1, 61.3, 62, 69.6, 81.6, 85.6, 88.1, 90, 113.2, 117.3, 117.4, 120, 127.1, 127.3, 133.1, 135.2, 136, 139.2, 147.3, 148, 149.1, 175.2, 177.5, 179.5, 187.2, 195.3, 197.6, 201.1, 201.6, 203.6, 204.2, 205.1, 207.1, 207.4, 209.2, 212.2, 213.3, 235.3, 240.2, 245.4, 248.2, 248.3, 255, 259.3, 261.3, 263.1, 263.3, 269.4, 273, 275.3, 276, 329.3, 341.3, 355.5, 385.2, 413.3, 417.2, 429.2, 443.2, 469.2, 480, 485.4, 487.1, 491.3, 505.3, 505.5, 507.3, 509.2, 526, 541.1, 547.2, 553.1, 553.4;
R. König, IBIS: 476.2;
Dr. B. P. Kremer: 26, 32, 33, 56.1, 76, 80.2, 86, 92, 96, 100, 101.2, 106.1, 106.2, 129.4, 134, 135.5, 138, 154.2, 158, 160.2, 160.3, 176.1, 190.1, 190.2, 196.2, 200, 212, 240.1, 250.2, 250.3, 254, 267.4, 275.1, 278.2, 284.2, 284.3, 297.1, 300.1, 302.2, 304.1, 307.3, 318.1, 395.4, 438, 455.3, 460.2, 493.1, 493.4, 498.1, 502.1, 514.1, 514.2, 515.2, 528.1, 534.3, 536.1, 537.2;
K. Lauber: 537.5;
H. E. Laux: 297.6, 308, 321.2, 351.1, 369.1, 369.2, 369.3, 399.1, 403.1, 445.1, 445.4, 521.2;
A. Limbrunner: 29, 89.3, 89.6, 93.3, 129.6, 131.4, 155.1, 171.5, 178.1, 207.3, 210.1, 248, 387.1, 421.1, 423.1, 479.1, 506;
G. Lopez-Gonzales: 349.3, 349.4, 369.4, 395.3, 398.2, 503.4, 515.2, 515.3, 519.2;
Dr. Richard Lorenz: 91.4, 137.3, 137.4;
mauritius images: 37, 237;
Eberhard Morell: 551.5;
Th. Muer: 67.5, 73.2, 89.5, 91.1, 95.3, 99.5, 133.2, 147.2, 153.5, 167.1, 185.2, 195.2, 199.4, 201.2, 205.4, 211.1, 323.1, 362.5, 399.2, 411.2;
B. Münker: 65.2, 145.1, 159.1, 175.3, 213.4, 383.1;
Helmut Pirc: 491.4;
H. Reinhard: 7.5, 8, 59.4, 61.1, 63.3, 67.3, 71.1, 81.4, 81.5, 85.2, 93.4, 93.5, 97.1, 99.1, 101.3, 105.1, 109.3, 117.2, 129.2, 133.3, 147.5, 150.1, 161.1, 161.2,

161.3, 167.2, 169.6, 171.1, 171.2, 173.5, 177.1, 181.5, 183.5, 191.1, 193.3, 195.5, 195.6, 197.2, 197.6, 201.5, 203.1, 203.2, 205.2, 207.5, 208.3, 211.4, 237.1, 237.2, 237.3, 243.1, 243.4, 245.1, 259.4, 264, 269.1, 271.1, 275.2, 277.3, 283, 285.1, 289.2, 293.1, 293.2, 293.3, 293.4, 329.1, 329.2, 331.4, 333.4, 335.1, 341.1, 347.2, 360, 361.1, 361.2, 361.3, 363.2, 364, 375.3, 385.3, 389.2, 431.1, 441.4, 447.1, 447.2, 447.3, 447.6, 471.3, 483.2, 491.1, 491.2, 513.3, 513.4, 545.3, 545.4, 547.4, 553.2;
J. Schimmitat: 181.2, 181.3, 181.6;
H. Schrempp: 20, 53.3, 55.2, 57.5, 61.2, 63.1, 63.2, 63.4, 65.1, 65.4, 68, 69.2, 69.3, 69.4, 69.5, 71.2, 71.4, 71.5, 73.1, 73.3, 73.4, 77.4, 78, 79.6, 85.4, 87.2, 87.3, 89.2, 91.3, 95.1, 95.2, 99.4, 101.6, 102.1, 102.2, 103.1, 103.4, 107.3, 109.1, 109.5, 111.3, 111.4, 115.2, 115.3, 115.5, 119.2, 119.6, 122, 125.4, 129.3, 131.6, 135.3, 139.4, 140.1, 140.2, 140.4, 140.5, 141.4, 141.5, 143.1, 143.5, 144.2, 146, 147.6, 155.3, 157.1, 157.3, 157.4, 159.5, 164, 165.1, 165.2, 166, 167.4, 171.3, 172, 173.3, 174.1, 175.4, 176.2, 177.6, 179.6, 183.4, 184, 189.3, 189.4, 189.5, 191.4, 193.1, 196.1, 197.3, 198.2, 201.4, 202, 203.5, 204.3, 207.2, 207.6, 209.1, 209.4, 233.5, 235.2, 239.3, 249.1, 253, 254.2, 254.4, 259.1, 267.1, 287.4, 335.4, 339.2, 339.3, 339.4, 345.1, 345.2, 345.3, 363.3, 365.4, 366, 367.1, 374.1, 385.1, 405.1, 406, 407.2, 407.4, 413.1, 421, 425.2, 429.1, 430.3, 433.3, 441.2, 445.3, 449.1, 449.2, 481.1, 481.3, 485.2, 486, 487.4, 497.2, 504, 505.1, 510, 527.1, 527.2, 541.2, 545.1, 547.1;
Schuster, Gerhard: 214/215;
S. Seidl: 302.1, 303.3, 352.1, 473.5, 477.3, 503.1;
G. Steinbach: 53.4, 58, 69.1, 77.2, 79.5, 80.1, 87.6, 103.2, 103.3, 105.2, 105.4, 109.6, 113.4, 115.6, 121.4, 129.1, 131.2, 133.4, 144.1, 147.1, 153.6, 154.1, 160.1, 163.3, 165.4, 169.1, 169.3, 170, 171.4, 179.4, 189.2, 189.6, 197.4, 199.3, 213.1, 233.1, 239.4, 300.3, 323.3, 328, 344.3, 345.4, 357.2, 363.4, 408.1, 441.3, 443.1, 465.1, 465.2, 481.2, 507.1, 524.1, 528.2, 532.1, 544;
P. Zeininger: 5.4, 79.1, 83.1, 87.1, 91.2, 97.4, 97.5, 99.2, 109.2, 111.1, 111.2, 119.4, 123.2, 125.1, 127.6, 153.1, 155.4, 157.6, 163.2, 173.4, 177.3, 181.4, 183.1, 183.2, 183.6, 185.3, 185.5, 191.3, 195.4;
P. Zeininger/M. Kühn: 5.3, 59.1, 59.3, 99.6, 101.5, 107.1, 116, 123.4, 139.3, 145.3, 145.6;
W. Zepf: 57.2, 101.1, 135.6, 139.5, 145.2, 147.4, 157.2, 159.2, 177.2, 179.2, 179.3;
Zoonar / Himmelhuber: 39;
Zoonar / Lothar Hinz: 169.2;
Zoonar / Shutterstock.com: 165;
Zoonar / Stephan Rech: 44/45;
Zoonar / tbkmedia.de: 9;
Zoonar / W. Woyke: 11.

Das Titelbild ist von **blickwinkel/M. Kuehn**.

Die Grafiken erstellten **Paschalis Dougalis** (vordere Umschlaginnenseite), **H. Held, Reinhild Hofmann** und **Fritz Wendler.**

Der Autor

Dr. Bruno P. Kremer studierte Biologie und Chemie. Nach längerer Tätigkeit in der Forschung und als Journalist bildete er an der Universität zu Köln als Hochschullehrer im Zentrum für Mathematische und Naturwissenschaftliche Bildung Biologielehrer aus. Er veröffentlichte zahlreiche Zeitschriftenbeiträge sowie Sach- und Lehrbücher.

Die Illustratoren

Hans Held (†), geb. 1914, studierte an der Akademie der Bildenden Künste in München bei Prof. Emil Preetorius. Held konstruierte Flugkörper, produzierte Filme, zeichnete, malte, modulierte und lehrte auf seinem »Rosenhof« bei Weilheim in Oberbayern.
Reinhild Hofmann, geb. 1946, studierte an der Kunstakademie in München Naturwissenschaftliche Illustration bei Nüssl. Seit 1980 zeichnet sie für die größte deutsche Gartenzeitschrift und illustrierte rund 100 pflanzenkundliche Bücher.
Fritz Wendler (†), geb. 1941, gewann mit seinem umfangreichen Werk weniger Jahre internationale Anerkennung und trug wesentlich zum Erfolg von »Steinbachs Naturführer« bei.

Der Herausgeber

Gunter Steinbach (†), geb. 1938, studierte Bildende Künste in Hamburg, war ein Jahrzehnt im Verlagswesen tätig und lebte 1978 bis 2002 auf seinem Einödhof im Allgäu. Dort widmete er sich praktisch und publizistisch der heimischen Natur.

Haftungsausschluss

Die in diesem Buch enthaltenen Empfehlungen und Angaben sind vom Autor mit größter Sorgfalt zusammengestellt und geprüft worden. Eine Garantie für die Richtigkeit der Angaben kann aber nicht gegeben werden. Autor und Verlag übernehmen keinerlei Haftung für Schäden und Unfälle.

Bibliografische Information der Deutschen Nationalbibliothek

Die Deutsche Nationalbibliothek verzeichnet diese Publikation in der Deutschen Nationalbibliografie; detaillierte bibliografische Daten sind im Internet über http://dnb.d-nb.de abrufbar.

Wollgrasweg 41, 70599 Stuttgart (Hohenheim)
Email: info@ulmer.de
Internet: www.ulmer-verlag.de
Lektorat: Ina Vetter, Helen Haas
Textredaktion: Dr. Helga Hofmann
Herstellung: Silke Reuter, Judith Schumann
Umschlaggestaltung: siegel konzeption | gestaltung, Stuttgart
Druck und Bindung: Livonia Print, Riga, Lettland
Printed in Latvia

ISBN 978-3-8186-1343-3

Hier können Sie weiterlesen

Dieser Naturführer zeigt Ihnen alle wichtigen Wildkräuter und Wildbeeren. So lernen Sie ganz einfach, essbare Pflanzen und Früchte zu erkennen und von Giftpflanzen zu unterscheiden. Für die schnelle Orientierung im Buch sind die Wildbeeren nach Fruchtfarbe und die Wildkräuter nach Blütenfarbe geordnet. Umfangreiche Hinweise zur Verwendung und viele Rezepte geben einen Einblick in die vielfältige Nutzung der essbaren Wildpflanzen.

Essbare und giftige Wildpflanzen. Über 200 Kräuter, Beeren, Nüsse. B. P. Kremer. 4. Auflage 2019. 192 Seiten, 200 Farbfotos, Klappenbroschur. ISBN 978-3-8186-0825-5.

Spielend entdecken

In diesem Naturführer steht, was Kinder wirklich wissen wollen. Über 200 Arten von Säugetieren, Vögeln, Eidechsen und Fröschen, Fischen, Insekten und anderen Krabbeltieren, von Blumen, Bäumen und Sträuchern finden Sie und Ihre Kinder in diesem Buch. Die Texte sind bewusst kurz gehalten, dafür spannend, unterhaltsam und einprägsam. Forschertipps, Rezepte und Bau- und Bastelanleitungen bieten viele Tipps für Aktivitäten in der Natur.

Der große Naturführer für Kinder: Tiere und Pflanzen.

F. und K. Hecker. 2. Auflage 2020. 256 Seiten, 230 Farbfotos, 230 farbige Zeichnungen, kart. ISBN 978-3-8186-0914-6.

Die schönsten Seiten der Natur

420 Vogelarten einfach und zuverlässig bestimmen. Fotos aus dem natürlichen Lebensraum, Detailzeichnungen, Verbreitungskarten und Fotos von Verwechslungsarten erleichtern die Unterscheidung.

Steinbachs Naturführer Vögel. Entdecken und erkennen. K. Richarz, A. Puchta. 3. Auflage 2014. 384 Seiten, 332 Illustrationen, 380 Verbreitungskarten, 580 Farbfotos, kart. ISBN 978-3-8001-8244-2.

410 Alpenblumen sicher bestimmen mit über 440 Farbfotos und über 280 farbigen Detailzeichnungen. Mit vielen Infos zur Biologie der Gipfelstürmer und Tipps zum Natur aktiv Erleben.

Steinbachs Naturführer Alpenblumen. Entdecken und erkunden. X. Finkenzeller. 4. Auflage 2014. 192 Seiten, 445 Farbfotos, 228 farbige Zeichnungen, kart. ISBN 978-3-8001-8245-9.

Für die Beschreibung von Pflanzen und ihren Organen bewähren sich die hier dargestellten Begriffe – ergänzend zu der Musterpflanze auf der vorderen Umschlaginnenseite. Den Kronblättern zweikeimblättriger Pflanzen entsprechen die Blütenblätter der Einkeimblättrigen, z. B. der Liliengewächse. Diesen fehlen Kelchblätter.

vier Kronblätter (Mohn)

acht Kronblätter (Adonisröschen)

fünf Kronblätter (Fingerkraut)

Blütenstand mit Röhrenblüten (innen) und Zungenblüten (außen)

sieben Blütenblätter (Siebenstern)

sechs Kronblätter (Küchenschelle)

Blütenstand mit Zungenblüten

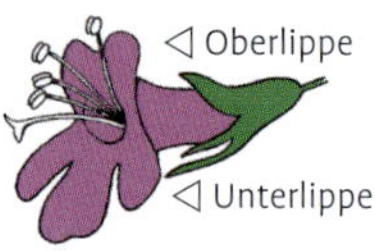

Lippenblüte (Minze)

zweiseitig symmetrisch

Körbchen im Querschnitt

Schmetterlingsblüte

getrenntblättrig

verwachsenblättrig

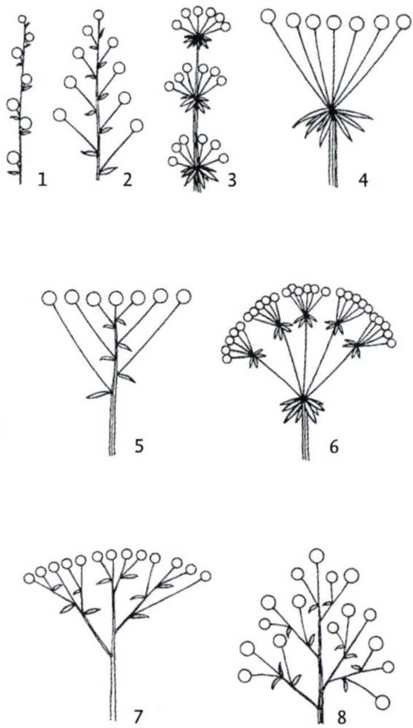

Blütenstände

1 Ähre 2 Traube 3 Quirl 4 Dolde mit Hülle 5 Doldentraube 6 zusammengesetzte Dolde: Hüllchen und Hülle 7 Doldenrispe 8 Rispe